Gunar Musik

I0487667

Die Schule der Liebe und der Schrecklichen Künste

Erster Band

1.Auflage 2008 © Gunar Musik
ISBN 978-1-4092-3352-7

Einleitung

mus0815p2perin. Hintergrundmonolog, der auf der vierten Tonspur einer digitalen Videoaufzeichnung zu finden ist, die ein im 24. Jahrhundert von der Akademie des Körperbewusstseins preisgekröntes pornographisches Ballett zeigt.

Die Einleitung ist eine Tour der Force durch die Themen der letzten dreißig Jahre. Wer sich diese hochkomprimierte Form der biographischen Standortbestimmung nicht zumuten will, sollte sie überblättern. Bei den folgenden Teilen sind die Actionszenen in den Schlagzeilenlettern einer bekannten Boulevardzeitung geschrieben, also nicht zu übersehen aber fast inhaltsleer. Die pornographischen Teile haben wir mit Rücksicht auf die prospektive Selbstzensur des Deutschen Buchhandels in klitzekleiner, aber verspielter Antiqualetter gedruckt. Wer Interesse daran hat, sollte die Vierpunkteschrift eben wieder auf das Normalmass vergrößern. Und die sadistischen Schweinereien haben wir im üblichen Lehrbuchsatz reproduziert. Wer sich also durch das Schriftbild an die Schulzeit oder den Konfirmandenunterricht erinnert fühlt und nicht in Reminiszenzen schwelgt, kann diese Teile gern überblättern. Bei einer effektiven psychischen Ökonomie müssten die folgenden Seiten in etwa zwei Stunden zur Kenntnis zu nehmen sein – wer sich aber den Subtexten, den weißen Stellen oder den subliminalen Botschaften in den Fußnoten widmen möchte, wird eine kleine Unendlichkeit bibliophiler Genüsse zu finden wissen. Außerdem noch der Hinweis für Verwertungsgesellschaften und Anwälte von Erbengemeinschaften. Im folgenden Text werden viele Tote und ein paar noch weniger lebende Autoren zitiert. Falls mit der Veröffentlichung irgendwelche Gewinne eingefahren werden sollten, werden diese gerecht nach den Anteilen am vorliegenden Text verteilt. Jeder der dem Verleger nachweisen möchte, dass so und so viele Formulierungen übernommen worden sind, sollte nach der Zahl der Buchstaben am Gewinn beteiligt werden. Wobei ich zur Vorsicht raten möchte: Ich habe bisher noch keinen Gedanken ausgebrütet, der sich bei genauerer Suche nicht bei den verschiedensten Autoren in vielfältigen Ausprägungen gefunden hat – und wenn gesagt werden konnte, dass die gesamte abendländische Philosophie aus Anmerkungen zu Plato bestehe, bleibt das nur so lange richtig, wie nicht bekannt ist, wo er sich bedient hat und welche Weisheiten der Inder oder Ägypter oder Perser er wiederum kommentierte. Wer also meint, er müsse sich auf so etwas wie sein geistiges Eigentum berufen, sollte auf jeden Fall auch in der Lage sein, zu beweisen, dass er seinem Gedanken oder seiner Formulierung nicht schon in vielfältigen Variationen aus Zeiten und Weltgegenden begegnet ist, in denen seine biographische Entelechie noch nicht einmal konzipiert worden ist. Es gibt kein geistiges Eigentum, der Geist ist nicht der Buchstabe, aus diesem Grund sind die tatsächlichen Produzenten in der Regel mit lächerlichen Honoraren und Tantiemen abzuspeisen, während die stumpfsinnigsten Kaufleute nach Bogenzahl und Schriftgröße rechnen, um aus einem gebundenen oder geklebten Stapel verschieden dicht geschwärzten Papiers ein Maximum an Umsatz zu befördern. Aber es gibt die mehr oder weniger ausgeprägte Fähigkeit, jene Bereiche des Dazwischen zu berühren und an einem energetischen Geschehen teilzuhaben. Wenn es mir hin und wieder gelingen sollte, eine Ahnung der biomagnetischen Wirbelstürme zu vermitteln – seien es die, denen wir unterworfen wurden, seien es jene, die wir ab einer gewissen Routine selbst zu entfesseln in der Lage waren –, wenn manche Beschreibung den Status atemberaubender Einsichten erlangt und manche Querverbindung den Herzschlag einer großen Gegenwart verspüren lässt, dann ist es völlig wurst, dass kein Wort von mir ist, dass ich verstummt bin, bevor es zur Illusion einer eigenen Sprache kommen konnte. Wenn wir den Wahnwitz und die Vernichtungswut, die sich in unseren Biographien austoben wollten, nach und nach in Schach halten konnten, so nur aus dem Grund, weil es gelang, die widerspenstigen Teams der Iche in Zitaten zu inkorporieren und die Bosheit wie die Intrigen in den gefledderten Leichen moderner Klassiker dingfest zu machen. Also nur zu – je mehr sich zum Copyleft eines Co-Autorentums bekennen wollen, je wahrscheinlicher wird es, dass dieser anachronistische Wälzer gelesen wird – und wenn es nur die sind, die befürchten oder hoffen, auch in diesem Text vorzukommen. Wobei hier noch der Hinweis notwendig sein könnte, dass mir die Leute, mit denen ich zu tun hatte, viel zu langweilig waren und alle mehr oder weniger schlecht nachgemacht vorkamen, als dass ich nun meinen sollte, diese Leute im Vordergrund zu situieren: Nachdem sie sich schon versuchten gegen die Beleidigung zu wehren, dass ich sie für uninteressant hielt, werde ich sie oder ihn sicher nicht gemeint haben. Ich habe ganz beliebig verschiedenste Beobachtungen und Erinnerungen zu synthetischen Romanfiguren zusammengesetzt, denn die wirklichen Handlungsträger sind tatsächlich Zitatmontagen. Sie mögen sich lieben oder töten, sie mögen sich hinterhältig gegeneinander ausspielen oder durch alle Widersprüche hindurch an einander anknüpfen, es ist tatsächlich nicht mehr, als eine Galerie der Geistesblitze, wieder einmal. Und vom Kaufen oder besser verkaufen war bisher noch nicht die Rede. Wo kein Gewinn angezielt wird, wird auch sehr wahrscheinlich keine Entschädigung einzuklagen sein... und nachdem es einigen Bildungsbeamten, von denen hier höchstens ein paar Partialobjekte auftauchen, anfangs der 90er Jahre gelungen ist, mich vom Produzieren abzuhalten, weil ich plötzlich alle vorhandene Energie darauf verwenden musste, das bisschen Geld zu verdienen, das überlebensnotwendig war, ist es nur stimmig, wenn alles, was ich jetzt produziere, jenseits der Werte des Marktes angesiedelt werden kann.

Zum Entstehungsprozess der Texte seit der Mitte der 90er Jahre ist vorab ein scheinbarer Widerspruch aufzulösen. Eigentlich hatte ich nichts mehr mitzuteilen, zu sagen schon lange nichts mehr, aber nachdem mir klar geworden war, dass wir unsere Kraft richtig investieren mussten, wenn wir eine Geschichte überstehen wollten, bei der ein Preis auf unser Verschwinden ausgesetzt worden war, hatten wir auch nichts mehr zu veröffentlichen. Die Kraft, die die Schreibe kostete, brauchten wir nun für wichtigeres – noch dazu war eine Gesetzmäßigkeit zum Vorschein getreten, nach der die Vertreter einer geisteswissenschaftlichen Institution genauso an unserem Verlöschen gewannen, wie an unseren literarischen Abwehrversuchen. Wir mussten nicht auch noch unterstützen, dass sie in Zukunft sogar von unseren Verteidigungsversuchen profitieren konnten, weil wir Stoff für die Beschäftigung und Irreführung der nächsten Generation würden liefern müssen: Entweder als schlechtes Beispiel zur Abschreckung oder als Ideenlieferanten für unterdurchblutete Arschlöcher und Schmarotzer, die sich an gefährlichen Abseitigkeiten therapieren durften. Also Cut... In jener Position des sozialen Aus wäre mit den nötigen finanziellen Reserven auszuhalten gewesen, wenn wir uns vielleicht weitere zehn Jahre hätten Zeit nehmen können, bis die Einflüsse, die eine Umzingelung bewirkt hatten, wieder abgeklungen gewesen wären. Aber diese Zeit hatten wir plötzlich nicht mehr und das Geld reichte dank der einfachsten Hilfsarbeiten – etwas anderes konnte ich nicht machen, wenn ich die Einflüsse des Geisteswissenschaften umspielen wollte – nur immer von einem Monat zum nächsten. Nach fast zehn Jahren der gemeinsamen Produktion von Texten gab es nichts mehr zu sagen oder zu erklären, eine Rechtfertigung war so überflüssig wie das Schmieden literarischer Pläne. Dann begann ich Anzeigen und Promotions zu verkaufen und es zählte erst einmal nur der Umsatz, die Abschlüsse, die wir hinbekamen, die Gelder die wir in Bewegung setzen konnten. Und erst, als die erste halbe Million Mark Umsatz geschafft war, hatten wir überhaupt wieder die Zeit und die psychischen Möglichkeiten, innezuhalten und auf den Nenner zu bringen... aber auf einmal ganz andere Interessen. Eine pittoreske Antiquität, die von den Augen gestreichelt werden wollte, konnte mittlerweile erstrebenswerter sein, als die schon lange auf mich wartende Werkausgabe von Max Weber, ein paar Rubinkreolen, die Deine Qualen vergessen machen konnten, wichtiger als eine digitale Ausgabe des Grimmschen Wörterbuchs. Tatsächlich gab es fast keinen Grund mehr, zu schreiben und an irgendwelchen Botschaften zu basteln – es galt genau zu beobachten, richtig einzuschätzen, zur rechten Zeit am rechten Ort zu sein und ansonsten: zu atmen, zu essen, zu lieben und die Zeit im Verstreichen zu spüren, Zeit, die eine enorme Beschleunigung erfahren hatte.

Nur gelegentlich, in den wenigen Wochen um den Jahreswechsel, wenn wir regenerierten, weil jetzt die Zeit dafür war und keine Abschlüsse gemacht werden konnten, schrieb ich an ein paar Seiten, weil sich ein Rest der alten Produktionslust meldete und ich gerade nichts besseres mit einem matschig kalten Wintertag anzufangen wusste. Aber die Anlässe lieferte das vergangene Jahr. Wenn ein reicher Unternehmer, der einen eigenen Hockeyclub finanzierte und Werbung für seinen Gourmettempel machen wollte, während er mir die Informationen für einen PR-Text lieferte und ich zur Abrundung mit einem köstlichen Lammrücken gefüttert wurde, auf die Idee kam, dass ich doch einmal vor einem handverlesenen Publikum im entsprechenden Rahmen so etwas wie eine philosophische Gastronomie zelebrieren könne. Oder der Inhaber einer Werbeagentur, für den ich auf die schnelle ein paar Promotions geliefert hatte und der sich mein vorletztes Exemplar *Philosophischer Sperrmüll* antat, um dann zu klagen, warum ich das Thema kulturschwule Vereinigung versus Beziehungsarbeit nicht in einer Form auf den Nenner gebracht hatte, dass es für einen normalen Leser zu verstehen sein sollte. Der sich dann aber, um sein psychisches Gleichgewicht wieder zu finden, mit einer Reihe von Fragen profilierte: Warum ich bei meinem Wissen und meiner Ausbildung am Telefon arbeitete, wie der letzte Drücker, warum ich Geld verdiente mit einer Tätigkeit, bei der außer einigen Erben, die eine Legitimation für ihr Nichtstun brauchten, nur Schwachsinnige und Kriminelle um die Wette rannten. Warum ich noch dazu meine Nächte mit der Produktion von Texten um die Ohren haute, auf die man ja wirklich nicht stolz sein konnte...

Wie zu sehen war, hatte ich den Mann mächtig beeindruckt und er hatte, wie so manch anderer im Laufe eines Jahres, ein gewaltiges Bedürfnis entwickelt, mich runter zu ziehen. Und so, wie im Augenblick die entsprechende Antwort auf Abstand zu halten hatte, während ich scheinbar nur neutral informierte, warum ich keinen besseren Job gefunden hatte und warum auch gar nicht mit irgendwelchen anderen Möglichkeiten zu rechnen war, wurden plötzlich alte Verfahrensweisen und abgestorbene Selbstverteidigungstricks wieder zum Leben erweckt. Ich wehrte mich nur dagegen, dass Leute, die sich durch mich in Frage gestellt fühlten, weil sie nie die existentielle Not erfahren hatten, aus der mir dann einige diamanthart geschliffene Erfahrungsformen zugefallen waren, die Gelegenheit nutzten, um sich für Ihren Mangel an Produktivität und ihre stillgestellte Mittelmäßigkeit an meiner sozialen Rolle zu therapieren. Und dabei wurden einige Wissensweisen und Sprachformen aktiviert, die schon lange in der Vergangenheit verschollen waren.

Wenn wir uns Möglichkeiten erarbeiteten, wenn wir uns an Dingen freuten, die einmal weit jenseits unser Möglichkeiten gelegen hatten, wenn wir endlich, nach Umwegen der delegierten Selbstzerstörung, an einem Punkt angelangt waren, an dem wir wussten, dass wir das Leben genießen wollten, durften wir nicht alle paar Tage in die Fallen zu kurz gekommener Arschlöcher tappen und dann Gefahr laufen, durch blödsinnige Fragen in die Depression gestoßen zu werden. Also erledigten wir diese neue Fragestellung mit einer Akkuratesse, die den früheren Erfahrungen zu verdanken war und dementsprechend entstand eine neue Protokollfunktion. In den verschiedensten Fällen zeigen die jeweiligen Sprachformen also weniger, welche Besessenheit durch die entsprechenden Sprachspiele bei uns vorlag, sondern mehr, mit wem wir es zu tun gehabt haben. Und in ganz ähnlicher Weise ist zu erklären, wie die folgenden Schreibformen zustande gekommen sind – nach jenem Zeitpunkt, an dem verfügt worden war, dass ich nicht mehr in der Lage sein sollte, schriftlich zu bezeugen, was wir an Erfahrungen gemacht hatten. Bei Tucholsky war ich einmal zu einer Zeit, als ich noch daran glaubte, dass mit jedem brauchbaren Buch erneut um eine große Wahrheit gerungen wurde, auf das Bild einer Treppe gestoßen: Reden-Schreiben-Schweigen. Und natürlich war ich davon ausgegangen, dass es sich um einen notwendigen Sublimationsprozess handeln musste – dass man/frau also um so weniger mitteilen konnte, je näher sie dem gasglühenden Kern, also der Wahrheit der Wahrheit, kamen. Aber das war nur eine der möglichen Interpretationen gewesen, denn das Schweigen konnte einen auch verschütten, weil man/frau zum Schweigen gebracht worden war – und das war noch nicht einmal eine Wahrheitsgarantie, es konnte geschehen, weil ganz andere Gründe zu einem Ausschlussverfahren geführt hatten. Also ergaben sich nun über die kulturellen Abkürzungen von Kitsch und Massenunterhaltung neue Techniken, hinter dem Schweigen wieder aufzutauchen.

Zu Beginn ist vielleicht gleich eine kleine Abschweifung über die in den verschiedensten Zusammenhängen angedeutete Metaphysik der Speichersysteme angebracht: So wie sich der im ,Altpapier' dargestellte Ursprung des hochkulturellen Wissenwollens im pornographischen Blick und der Fixierung auf Papier festmachen lässt, ist in der späteren Bibliomanie ein Notausgang zu finden, der in die Möglichkeiten von Körpererfahrung und Sinnensubjekten zurückführt. Nachdem es nicht gelungen war, mich zu vereinnahmen und meine Zugänge zum Wissen unter Beschlag zu nehmen, war versucht worden, uns totzuschweigen und gleichzeitig jeglichen Gelderwerb zu verhindern. Durch die geschickt ausgeklügelten Psychotisierungen sollte alles wieder irrealisiert werden, was wir an Einsicht gewonnen hatten und zugleich war unser Umfeld mit der nötigen Flüsterpropaganda vergiftet worden. Mit der Erfahrung dieses inszenierten sozialen Todes stellte sich aber eine neue Gewissheit ein, die wesentlich stabiler war, als die vergangenen, die auf der Strecke bleiben sollten. Was noch in irgendeiner Erinnerung fortbesteht, hat an der Zukunft teil, was noch nicht komplett vergessen ist, besitzt die Chance einer Wiedergeburt. Wenn es noch einmal die Mühen um eine Theodizee geben sollte, würde ich empfehlen, die Potentialität des Göttlichen in den Speichersystemen zu lokalisieren. Das erklärt für mich die vielfältigen Versuche der Menschheitsgeschichte, im alten Schrott und weggelegten Sperrmüll das Paradies wieder zu finden, in den Dingen aus zweiter Hand das Authentische zu erobern, im Verworfenen das ursprünglich versprochene Heil auszufalten. Ich werde Gründe gehabt haben, biographisches Altpapier und philosophischen Sperrmüll zu produzieren, bevor ich auf die Idee gekommen bin, mir auf den verschiedensten Flohmärkten aus dem ausrangierten Schrott mehr oder weniger frisch Gestorbener, aus überlebten Resten und anachronistischen Wiederholungen, aus zersplitterten Sehnsüchten und rabenschwarzer Verzweiflung, aus angelaufener Resignation und zerschrammten Hoffnungen, eine Galerie der Geistesblitze zusammen zu stellen. Es gab Zeiten in meinem Leben, die ich nur überlebt habe, weil es mir rechtzeitig gelungen war, verschiedene Varianten meiner Geschichte in die offiziellen Archive zu schmuggeln, ohne mich selbst auf eine Version festzulegen. Als ich längst wusste, dass es gar keinen Sinn haben konnte, mich innerhalb der Geisteswissenschaften für irgendein Pöstchen zu bewerben – weil jeder, bei dem meine Bewerbung Interesse oder Neugier freisetzen konnte, nur zum

Telefon greifen musste, um die nötigen Informationen bei den Drehpunktpersonen anzufragen, die an unserer Vernichtung arbeiteten, schließlich waren sie diejenigen, die am besten beurteilen können mussten, was es mit einer Bewerbung von mir auf sich hatte – bewarb ich mich trotzdem bei allem möglichen Scheiß, nur um die Gelegenheit zu nutzen, möglichst viele Hinweise breit zu streuen. Vermutlich hatte es aus diesem Grund nicht geklappt, mich als letzten leiblichen Rest meiner Geschichte auf mich selbst zu reduzieren und damit ohne das Risiko einzugehen, Hinweise auf eine lebensfähige Alternative zu hinterlassen, auszulöschen – oder auch, weil irgendjemand auch nach der Exkommunizierung meiner Biographie noch an eine andere der Versionen glaubte, und eben dieser Glaube holte mich dann wieder aus der Instantanität der Verlassenheit zurück in die Welt.

Solange es noch irgendwelche Subjekte, Substitute oder Substrate morphogenetischer Felder gibt, geht nichts in den psychischen Systemen verloren, es untersteht nur fortgesetzten Umformungen und transportiert in den Verwandlungen oft den Kern der ursprünglichen Bedeutung. In vielen Fällen sind es die Relationssysteme, die eine ursprüngliche Einsicht viel sicherer durch den Wandel der Zeiten transportieren, als das verbürgte Überlieferungsgeschehen. Es scheint ausgemacht, dass es gerade das Geheimnis großer Wahrheiten ist, dass die Relate ausgeblendet werden, dass sie ersetzbar sind, dass sie sogar vernichtet werden können und der Verweisungszusammenhang greift zu einem nächsten Subjekt und situiert es an der geforderten Stelle: Der Geist ist präsent in den Wechselbeziehungen, die Wahrheiten – und es ist niemals nur eine –, ziehen ihre Kraft und Lebendigkeit aus diesen Netzen der Bedeutsamkeit. Das erklärt vielleicht am besten, warum alle Arten von Archiven im Laufe meines Lebens immer wieder eine große Faszination auf jenes Sammelsurium ausüben konnten, das unter der Vereinigungsmenge „mich" auf einen Nenner gebracht werden wollte. Der Ich zersprang immer wieder in Scherben, die ganz verschieden verzerrte Abbildungen der Wirklichkeit zeigten, doch nachdem das Entsetzen der ersten Entäußerungen nach und nach dem Bewusstsein wich, dass danach nicht etwa nichts kam, sondern die Wirklichkeit vielfältiger wur de, begann das Gespür wach zu werden, dass das Selbst zu wachsen begann. Was am Anfang nur ein Schatten gewesen war, der Hauch eines Gewahrwerdens des Körpergedächtnisses, wurde nach und nach zum Verweisungszusammenhang meines Repertoires an Ausweichbewegungen und der Technik, die Kräfte unserer Gegner für uns arbeiten zu lassen. Als Sammler, Leser und Schreiber war ich irgendwann an einem Punkt angelangt gewesen, an dem ich mich selbst in ein Archiv verwandelt hatte, als Protokollant des eigenen Innern: Ich bin immer wieder neu in jedem Augenblick Gegenwart der, der ich gewesen sein werde. Und die Gegenwart ist auch immer nur das Ineinander von vergangener Zukunft und zukünftiger Vergangenheit. Ich bin wie die Musik gestaltete Zeit und wenn ich manches Mal im wehmütigen Verklingen ein besonders intensives Gefühl der Präsenz verwirklichte, hat in manchem anderen Fall die Erfahrung der Vernichtung ein stumpfes und beharrliches, ein verstummtes und gefühlloses Insistieren auf der Verkörperung der wenigen Möglichkeiten meiner Zukunft hervorgebracht. Dabei war manches nur auszuhalten gewesen, weil die Hinterbandkontrolle einer produktiven Neugier immer wieder das staunende Gewahrwerden generierte: Das-hast-du-jetzt-also-auch-erlebt! Quasi als neutrale Instanz stand ich immer wieder neben mir, während ich als Forschungsreisender in den Feldern der Verlassenheit und Ausgeliefertheit verzweifeln sollte. Eine Veranschaulichung des Themas, dass sich ein Archivar selbst zum Archiv wird, fand ich ein paar Jahre danach, als ich mir während der Zeit als Anzeigenverkäufer gelegentlich wieder erlauben konnte oder musste, meine Batterie an Themen aufzuladen, die mich früher einmal fasziniert hatten, in den Romanen William Gibsons, die in den Film: *Vernetzt – Johnny Mnemotik* mündeten. Einige der Themen, die später *Matrix* geprägt haben, sind hier schon umrissen und es deuten sich ein paar der Fragestellungen an, die zwar einiges Wiedererkennen bei Philosophiehistorikern ausgelöst haben, die aber bestimmte Fraglichkeiten unserer Welt und eine unserer möglichen Zukunften auf einen Nenner bringen, der mit dem Bezug auf Platon, Descartes, Malebranche oder Bacon noch gar nicht erfasst wird. Das Wissen, das Johnny transportiert, macht ihn zum Erretter der Menschheit, der spätere Erlöser in der Matrix ist hier noch etwas hausbacken ein Einzelgänger, der zwischen die Fronten gerät, der vor allem an sich denkt und dem die restliche Menschheit erst einmal gestohlen bleiben kann. Auf den zivilisationskritischen Firnis kann der Film nicht verzichten, es ist die Vorherrschaft der multimedialen Datenflut, die die Seuche bedingt, wie es später die Macht der Computer ist, die sich vom Einfluss der Menschheit emanzipiert haben und nun über den Status der Wirklichkeit entscheiden. An dieser Stelle sollte schon eine Differenzierung mitgeliefert werden: Es geht darum, dass die Einzelnen die Fähigkeit entwickeln, mit den Speichersystemen umzugehen und zwar in einer Form, die ihre auf eine zentrale Machtfiguration zulaufende Totalisierung unterläuft – also gerade das Gegenteil jener angstgetönten Phantasmagorie, die die Unterhaltungsmafia zu dem Vernichtungsspektakel Terminator 3 beigetragen hat, in dem die Bedrohung ganz klar aus den dezentralen Netzen abgeleitet wird, obwohl die P2P-Netze ein nicht zu unterschätzendes Symptom der anarchischen Lust und der Freude an der Subversion dokumentieren. Das Faszinosum, das den Film *Vernetzt* trägt, ist bereits der Kern der in *Matrix* ausgefalteten Konzeption, dass es Einzelnen gelingen kann, in den energetischen und semantischen Kreisläufen, die sich tatsächlich verselbständigt haben, steuern zu lernen, dass also eine Form der intensiven Verschmelzung von Bewusstsein und Informationsströmen über die Kybernetik zu bestimmen vermag, bei der schließlich nicht a priori entschieden ist, wer der Steuermann ist... Und in beiden Fällen ist an diesem Schnittpunkt, in dieser Vereinigungsmenge, einem Wissen zu begegnen, das so brisant ist, dass es innerhalb kurzer Zeit die Synapsen perforieren wird, das so dicht gepackt ist, dass es ihm mehr oder weniger schnell den Kopf sprengen kann. Buchstäblich als Überlastung des biologischen Substrats und metaphorisch als Darstellung der Seinshöhe eines Wissens, das eben deswegen, weil es die Wahrheit des Menschen beinhaltet, nicht nur die über den Menschen, den Einzelnen, der sie ins Auge fassen möchte, blendet und ihn verbrennt, wenn er ihr gegenübertritt. Und in der *Matrix* wird diese Aufgabenstellung noch auf eine andere Ebene transponiert und so, wie deutlich wird, dass der Einzelne ohne Eigentum an der Institution des Datenverkehrs scheitern muss, wird eine neue Instanz eingeführt, die gegenüber der verwalteten und simulierten Wirklichkeit mit einer potenzierten Realitätsmächtigkeit ausgestattet ist: Das Paar. Ach ja – die Liebe... selbst dem esotherischen Parapsychotiker, der in *Morpheus.-.matrix.code* Verblasenheiten der verschiedensten Geheimlehren als seine persönlichen Erfahrungen ausgibt, ist aufgefallen, dass es an den durch die Liebe freigesetzten schönen Kräfte liegen muss. Aber weil er sich nicht viel mehr darunter vorstellen kann, als was Kitsch und Massenunterhaltung mit dem ausgelutschten Terminus transportieren, muss ein weiter Umweg um alles körperliche Geschehen genommen werden, wird dem Orgasmus die Struktur eines Wurmlochs angehängt und die Liebe wird zum Ausdruck einer umfassenden Spiritualität und damit sind wir bei einem mindestens so asketischen Krampf, wie ihn das Christentum aus der Botschaft der Liebe filtern musste – oder die Anhänger Blavatskys oder Rudolf Steiners.

Die *Matrix* als Metapher, dass für viele Menschen ein selbstbestimmtes Leben nicht einmal vorstellbar ist und gesellschaftlich auch gar nicht erwünscht sein kann. Dass sie arbeiten, um eine Maschine am Laufen zu halten und dass sie konsumieren, um eine zweite Maschine am Laufen zu halten, die sich beim genaueren Hinsehen als die identisch eine erweist, weil die Lebens- und Arbeitsvollzüge so ineinander greifen, dass gar keine andere Wahl bleibt. Die Selbstdefinition und die Wunschwelten sind gleichermaßen fremdbestimmt, und wie nebenbei ist der Freizeitbereich zu einem neuen, unerkannten Arbeitsbereich geworden. Es gibt keine Muße mehr und ein Urlaub kann zu einer Form von Arbeitsentfremdung geraten, dass man/frau dankbar dafür sein muss, wenn es einen Arbeitsplatz gibt, der darauf wartet, die nötigen Regenerationsmöglichkeiten zur Verfügung zu stellen. Und dann gibt es heute noch die Vielen, die nicht einmal mehr auf diesen ersten Bereich der Entfremdung angewiesen sein dürfen, die keine Arbeit haben – was für sie heißt, dass sie dem gesellschaftlichen Auftrag noch immer in einer Form gehorchen können, eben ein Stockwerk drunter: Wenn sie in irgendwelcher sinnlosen Beschäftigungstherapie oder Selbstverdumpfung dafür zu sorgen haben, dass irgendeine sekundäre Maschine weiter läuft, und wenn es die Getränkeindustrie und der Fastfood-Sektor sind, denen gerade die Leute Umsätze bescheren, die auf jeden Euro achten müssten – oder die immerhin noch in der Lage sind, durch ihre Masse, die Arbeitsplätze akademischer Schmarotzer zu garantieren. Die Ärzteschaft, die Psychologen und Sozialarbeiter, die Pflegedienste und Leichenbestatter ... eine gigantische Industrie, die mit Hilfe von Steuergeldern noch dafür sorgen kann, aus dem Abfall und den Toten die Gebrauchswerte zu extrahieren, um neue Tauschwerte in den Kreislauf einzuleiten. An anderem Ort mehr von der *Matrix*, an dieser Stelle war nur der Hinweis wichtig, dass in den Regionen der Massenunterhaltung schon genügend Hinweise zu finden sind, an die nur angeknüpft werden darf, wenn nachvollzogen werden will, warum die Metamorphose eines lebenden Menschen in ein wandelndes Archiv keine Absurdität mehr darstellt.

Einmal, nach der Vorlage der Konzeption für ein Literaturinstitut im Dresdner Staatsministerium hatte ich, um irgendetwas Sinnvolles während der Aushilfstätigkeiten zu machen und nicht nur die Zeit zwischen zwei Vertretungen als Bankbote in Ermanglung der verantwortlichen Krüppelzüchter tot zu schlagen, unter den Vorzeichen einer ungeheuren Bedrohung aus den beiden Bänden 'Essays' von Octavio Paz exzerpiert. Ich hatte nicht mehr gewusst, was ich noch damit anfangen können würde, aber ich hatte nichts besseres zu tun und freute mich, dass aus einer ganz anderen Weltgegend des Denkens Einsichten und Klarheiten herangeweht kamen, denen ich mich in den vergangenen Jahren durch den Philosophischen Sperrmüll genähert hatte und speicherte Kopien auf mehreren Disketten ab.

Als ich dann ein Jahr später begann, Anzeigen zu verkaufen und PR-Redaktionen, Produktbeschreibungen, Firmengeschichten und Interviews für meine Kunden zu schreiben, durfte ich mir endlich eine gebrauchte Festplatte gönnen, die ersten 30 MB Speicherkapazität, bei denen nun nicht mehr diese durch psychische Blitze bedingten Diskettenfehler auftraten – ich konnte sie von der Steuer absetzen. Drei Partitionen reservierte ich für Feine Adressen und eine vierte für die Restbestände meiner intellektuellen Biographie: Neben den Ordnern Altpapier und Philsperm legte ich einen Ordner Zitate auf den verbliebenen 4 MB an und kopierte alles, was in den vergangen Jahren über meine Tastatur gelaufen war, bemühte mich, auf den zahllosen Disketten immer die Version zu finden, die nicht korrumpiert worden war. Ich war vorsichtig, nachdem erst seit wenigen Monaten wieder Geld floss, obwohl es bei der selbständigen Tätigkeit nie genug war, wartete noch ein weiteres Jahr, bis ich den alten 520 ST durch einen gebrauchten STE ersetzte, der in einer Zeit herausgekommen war, als ich in einer Stuttgarter Niederlassung der französischen National-bank beim Durchblättern des Handelsblattes aufgeschnappt hatte, dass er besser als die konformistische Welt der Kompatiblen war und trotzdem keine Chance mehr eingeräumt bekommen hatte. Schon deswegen hatte ich eine Neigung zu Atari und der STE war drei Jah-re später technisch gesehen längst weg vom Fenster und leistete mir für 600 Mark gute Dienste – wenn ich mir vergegenwärtigte, wie schwer manche Mark zu verdienen gewesen war, wie unendlich quä-lend, für Monate mit fast nichts auszukommen und wie schnell dem-gegenüber die Hightech-Industrie Produkte auf den Markt warf, die gerade noch an der Grenze reiner Prestigeobjekte angesiedelt waren und schon ein-zwei Jahre später nur noch einen Bruchteil wert wa-ren, sagte ich mir, dass es am vernünftigsten war, wenn ich immer die vorvorletzte Generation erwarb und damit an der technischen Entwicklung dran blieb, ohne deswegen zu viel Geld in den Sand zu setzen. Und manchmal sagte ich mir, dass es mit den wesentlichen Erfahrungen eines Lebens genauso ging: Die großen Menschheitser-fahrungen waren alle so gut wie bankrott und was an Neuem an ihre Stelle treten wollte, war erst einmal unerschwinglich und oft genug tödlich. Also am besten aus zweiter Hand oder auf Flohmärkten ein-gesammelt, von resignierten Krüppeln oder verhärteten Zynikern zu einem Bruchteil des Werts gekauft und dann mit neuem Leben er-füllt. Ich hatte den Ordner auch auf die Platte des STE kopiert und ihn dann für lange Zeit vergessen, das Geschäft wurde nicht leichter, man baute sich keinen Kundenstamm auf, wenn die Hälfte mit der Resonanz unzufrieden war, zehn bis 20 Prozent gar nie vorgehabt hatten zu zahlen und weitere 10 Prozent schon pleite waren, bevor das nächste Heft erschien – es galt auch nicht mehr die romantische Weisheit, am Gebäude durch Abbruch zu bauen –, ich konnte mich tatsächlich nur als rücksichtsloser Beduine und Wegelagerer am Leben und Arbeiten halten. Viele Verkaufsgespräche waren ein klarer Machtkampf, die Leute ließen einen kommen, um Kraft zu kosten, um auszusaugen und sie unterschrieben tatsächlich erst dann, wenn Sie das Gesicht wahren mussten und der dicke Abschluss darüber hinwegzutäuschen hatte, dass sie sich wenigstens mit ihrem Bankkonto von einer Niederlage freikaufen konnten. Weitere drei Jahre später stieg ich um auf Windows 95 auf einem gebrauchten 486 Notebook und machte mich mit den Standardprogrammen vertraut, als ahnte ich schon, dass ich nach meiner Zeit als Ästhetik- und Textberater mit Windows und den Officeprodukten arbeiten können musste und nebenbei spielte ich aber immer wieder einmal mit den alten Texten auf dem STE. Als die Zeit des Anzeigenverkaufs zu Ende war, gelang es nach und nach, fast das komplette Material über den Umweg der TEX-Formate in Word auf einem Pentium 166 zu konvertieren und dort weiter zu verwenden – gebraucht gegen das Notebook und 200 Mark Aufpreis getauscht. Und als ich den STE mit viel Glück elf Jahre nach Dresden für 50 € an einen Musiker verkauft hatte, der seine alten Samples weiter bearbeiten wollte, um sie für einen Mac zu konvertieren, stellte ich irgendwann fest, dass zu den Texten, die sich vor zwanzig Jahren um meine Sterilisation gerankt hatten und anscheinend bei der Konvertierung verloren gegangen waren, auch die Zitatsammlung aus diesen Essays gehört hat.

Nichts geht verloren, oft genug tauchen bestimmte Einsichten nur unter, um in ganz anderen Kontexten erneut aufzutauchen, als hätte es sie nie gegeben. Nachdem die großen Wahrheiten als totalisierte Form von Naivität und Selbstbetrug durchschaubar geworden waren, haben die Statthalter des Wissens einige Zeit geklagt und gezweifelt, dass alles nur relativ sei. Und dabei war das nur eine neue Schauseite der Wahrheiten gewesen, nicht weniger trügerisch als die alten Metaphysiken. Tatsächlich ist alles aufeinander bezogen, auch das eine Form der Relativität, aber als systemische Pointe erwies sich nun, dass die alten Hoffnungen auf das große Ganze in vielen kleinen Spielformen wieder auftauchten und sich mit der Konzeption einer uneinholbaren, weil jeder Intention entzogenen Wahrheit verbündeten. Nun war davon auszugehen, dass es die eine, große Wahrheit zwar nie gegeben hatte, aber dass sie Spiegelungen in der Geschichte der Welt abgegeben hatte, in der Kosmologie, in der Zivilisation, in der Technologie und viele mehr – damit waren Splitter der messianischen Wahrheit durch die Zeiten und die Orte in den unwürdigsten Epiphanien eingelagert und wenn sich hin und wieder in einer inspirierten Begegnung ein Netz aus Querbezügen einstellt, scheint in der Zeit des Schließens für einen kurzen Augenblick die umfassende Wahrheit wieder gegenwärtig: Eben im kleinen Funkeln im Müll, im unerbittlichen Drängen des Verworfenen, im uneinholbaren Überdruck des Triebs oder in den der Vernichtung unterstellten Abfällen, im obsolet gewordenen Anachronismus.

Vielleicht werden die Besitzzuschreibungen unklarer oder vertauscht, wenn die bahnbrechendsten Einsichten zu Kneipengeschwätz verkommen – im vergangenen Jahrhundert war häufiger zu beobachten, dass die gesellschaftliche Entwicklung fast bis zu einem Punkt vorgeschritten war, an dem sich ein fundamentales Lernverhalten hätte entzünden können, wenn nicht die Funktionäre des Zerredens und die Sozialisationsagenten der Verleugnung für die Nebenkriegsschauplätze der Selbstdarstellung gesorgt hätten, und so wurden aus den bösesten Erfahrungen Formen der Unterhaltung, an denen man sich schnell nur noch langweilen konnte. Und genau so kann es geschehen, dass in irgendwelchem Kitsch der Keim einer Wahrheit transportiert wird, bis irgendwann in einer Parallelwelt kleine, in blaues Ziegenleder gebundene Lehrbüchlein für die Sekundärstufen der Sozialisationskultur herausgegeben werden mit dem beziehungsreichen Titel: Paz' Summe der erotischen Philosophie!

Aber was ist schon eigen, wenn mancher ureigene Gedanke in einer mit Energie geladenen Sekunde an mich rangeweht worden ist und ich von da an in den verschiedensten Zusammenhängen nach seiner Bestätigung suchte, nach dem geheimen Fundament, auf dem er so sicheren Halt zu finden schien, nach seiner enzyklopädischen Ausfaltung. Manche Schlussfolgerungen, die ich gar nicht hatte finden wollen, hefteten sich mit einer derartigen Penetranz an meinen Lebensgang, dass ich nicht umhin konnte anzuerkennen, dass sie etwas mit mir zu tun haben mussten – obwohl ich mich darum bemühte, sie in fremden Zungen darzustellen, sie derart aus einer Collage von Zitaten zusammen zu setzen, dass ich weder für den Inhalt noch für die einzelne Formulierung dingfest gemacht werden konnte. Ein Versteckspiel, ich musste gewisse geheime Regeln der Macht lautstark verkünden, bevor es ein paar Mächtigen, die meine Gegner sein wollten, gelang, mich nach genau diesen Regeln abzuschlachten. Ich musste sie der Inflation unterstellen, musste sie zerreden, musste zeigen, in wie vielen Zusammenhängen sie schon aufgetaucht und formuliert worden waren, um den dahinter lauernden Mächten das Wasser abzugraben. Und ich musste die Kräfte, die dazu notwendig waren, einer übermenschlichen Gewalt standzuhalten, immer wieder neu mit Dir freisetzen, musste also in Dir die Verbündete gewinnen, obwohl Du mir in den ersten zehn Jahren bei jeder Gelegenheit bewiesen hattest, dass im Rahmen der Gesetzmäßigkeiten Deiner Familie alles unternommen werden sollte, um mich zu irrealisieren und zu entkräften. Als wäre diese Beamtensippe nur von den akademischen Krüppelzüchtern beerbt worden – und trotzdem, es gab nur den einen Weg, dass wir die Kraft ineinander fanden und freisetzten. Im Nachhinein ist es dann leicht zu sagen: Das war die Eine für mich, denn dann hat der lange Weg zu Zweit bewiesen, dass es gar nicht anders gehen konnte. Aber bis es so weit war, konnte es so aussehen, als setzten Drogen und nächtelange Partys wesentlich mehr Energie frei, als eine gegenwärtige Freundin... und als es dann soweit war, wurde in der Tiefenstruktur ein Sog freigesetzt, der die Drohung der Selbstzerstörung, die Verführung von Wahnsinn und Verzweiflung mit sich führte. Eine abgrundtief böse Macht, die nur in Schach zu halten war, wenn wir fickten wie junge Götter.

Damit waren die universitären Abhängigkeiten komplementär zu den Energien des Paars und standen gleichzeitig in einem stabilen Konkurrenzverhältnis. Eines hatten diese akademischen Geheimlehren gemein mit erotischen Praktiken und den damit verbundenen Wissensformen und Identitätsstiftungen: Wenn sie gelingen wollten, waren sie an ein volles Sprechen gebunden.

Es ist das Wort in seiner ursprünglichen Entscheidungsgewalt, wie es in der Tragödie erscheint. Denn dort ist es faktisches Wort, das, mehr Zusammenhang als ausgesprochen, die tragische Dialektik des Geschehens tatsächlich austrägt. Im richtigen Augenblick, am richtigen Ort, bringt es den Zusammenhang auf einen Nenner und wird damit vernichtend – oder es erleuchtet und transponiert die biographischen Zusammenhänge auf eine andere Ebene. Einem solchen Wort entspricht die Benjaminsche Fassung der Geistesgegenwart, wie treffender und fremder für jene Zeit nicht formuliert werden konnte: die Gegenwart des Geistes leistet allein der Leib. Und so verkörpert sich im Wort, das den Umweg über den Leib nimmt und vor allem in den konkreten, sprachlichen und körperlichen Beziehungen zwischen den Geschlechtern auf diese Weise die höchste Gegenwärtigkeit des Geschehens, in dem die Gewalten des Göttlichen wirken. Genau aus diesem Grund pervertiert der Markt mit seinen Gesetzmäßigkeiten dieses Verhältnis und saugt die Energien in die Wirkungsmächte der Marke auf. Was Benjamin im Gefolge einer langen Tradition der Spekulation über die Sprache der Schöpfung und den an den ursprünglichen Kräften teilhabenden Energien des Namens versucht hatte, sprachlich zu erfassen, ist auf der Ebene des Marketings in einer Form gegenwärtig geworden, die keine Spekulation für ein unmittelbares Verständnis mehr erfordert. Es ist die Marke, die millionenschwer sein kann, es ist die Marke, die das ursprünglich theologische Bedürfnis nach Sinnstiftung und Halt in der Welt in einer Form revitalisiert, wie dies einem klassischen Rationalisten und Aufklärer gar nicht nachvollziehbar gewesen sein könnte – wie das Erdbeben von Lissabon. Es ist die Marke, in der die ursprünglichen Kräfte der Schöpfungssprache kulminieren.

Diese Kräfte verweisen auf elementare Lebendigkeiten, auf Bedingungen des Menschlichen, unter deren Einfluss Kraft und Bedeutung noch in keinen entgegengesetzten Sphären zu Hause sind, sondern fließend ineinander übergehen können. Der Tod prägt die Bedeutung – aber die in der Liebe freigesetzten Bedeutsamkeiten können durchaus in der Lage sein, den Tod in Schach zu halten. Eben darum wurden sie schon seit Aristoteles den durchdringensten Realitäten des biographischen Geschehens zugeordnet. Und auch aus der entgegengesetzten Richtung mündete der Weg in der Tragödie, denn es sind die geschlechtlichen Gewalten, die das Paar freisetzen kann, in denen sich das Wirken der ursprünglichen göttlichen Mächte erneuert.

Die Energien müssen in jeder Generation wieder neu frei gesetzt und mit Gebrauchsanweisungen für die Gegenwart erobert werden – so erklärt sich vielleicht, warum wir in solch einen Todeslauf gestolpert waren. Eben, weil es nur darum ging einander zu gewinnen, wurden auf einmal alle bannenden Energien freigesetzt, waren auf einmal die ältesten Zaubersprüche gegenwärtig in der Welt und zu unserer Aufgabe wurde es, den Bann zu lösen. Denn es kann nicht reichen, nachzumachen, was schon vorgegeben ist, es kann nicht genug sein, zu simulieren, man/frau sei so normal, wie alle, die schon davor da gewesen sind, denn die Normalität ist eine Fiktion, mit der sich die das Leben vom Leib halten, die zu feige sind, sich auf die Entdeckungen unverstellter Wahrnehmungen einzulassen.

So wie es aussieht, ist das in jeder Generation wieder neu die Aufgabenstellung. Wobei die Alten, die es nicht mehr brachten, mit aller Macht daran arbeiten, all jene in die Irre zu führen, die zu bereitwillig an die Autoritäten glaubten und darüber jene symbolischen Zugänge zu übersehen oder sogar zu verleugnen. Die Macht ist eine Ersatzleistung, vielleicht muss man verstümmelt genug sein, um den Mangel an Hingabevermögen und die Unfähigkeit zur Verflüssigung nicht mehr zu bemerken und dann die verbohrten Kompensationsanstrengungen für das wirkliche Ziel zu halten. Im Sperrmüll hatte ich formuliert: Weil sie nicht lieben dürfen oder können, üben sie das Töten! Vielleicht mussten diese Simulanten des Charakters im Zuge einer psychotischen Verleugnung davon ausgehen, dass es gar nicht anders sein konnte, dass Triebverzicht und Sublimierung eine zwingende Vorraussetzung der Welt, in der sie sich bewegten, waren. Warum sonst versuchen sich verhärtete Krüppel als Erfüllungsgehilfen dieses Realitätsprinzips zu therapieren und sorgen mit allem, was ihnen an Einflüssen zur Verfügung steht, für die Infizierung der nächsten Generation. Und dabei könnte es so selbstverständlich sein, ein gutes Wissen, eine weiße Magie und die gelingenden Praktiken eines Verhältnisses der Geschlechter in gleicher Weise zu akkumulieren und weiter zu geben, wie es bisher nur mit den Techniken des Krieges, der Praxis des Tötens und den Delegationen der Verwünschung geschehen war.

Dass in den erotischen Erfahrungen, den Sehnsüchten und Erwartungen, den erfüllten und den enttäuschten Lüsten, den Abwesenheitsdressuren und den über Schmerzen und Hoffnungslosigkeiten vermittelten Momenten einer intensiven Nähe, einer Unmittelbarkeit der Verzweiflung, ein geheimer Lebensplan zu erahnen ist, ist nicht erst seit der relecture Freuds durch Lacan deutlich geworden. Eher ist es mit Freud selbst zu einer Wiederkehr des Verdrängten für das Wissenwollen und die Sinnsuche gekommen, das seit der Romantik immer kargere Asyle in der Kunst fand. Mittlerweile deutet sich in der nachmetaphysischen Epoche ein neues Genre von Metaphysiken an – angesiedelt an genau den Ursprüngen, an denen einmal die Mythen ihr ordnendes und Welt entwerfendes Strukturieren begonnen hatten. Und so sind es die Beziehungen zwischen den Geschlechtern, in denen diese Metaphysik der Wiederholung deutlich werden kann, in denen sich die Gesetzmäßigkeiten eines Signifikantennetzes offenbaren, wenn man/frau sie nur unter dem richtigen Blickwinkel betrachtet und den in ihnen verborgenen Sinn zu destillieren weiß. Hier offenbart sich dann die geheime Tragik eines Menschenlebens oder ihre heilsgeschichtliche Konstante, ihre burleske Komik oder ihr schwarzer Leidensweg. Und jede kleine Erleuchtung, jedes Marterl auf dem Weg, jeder Orgasmus und jede Erschöpfung sind ineinander verflochten und treten mit dem lebensgeschichtlichen Ganzen in eine virtuelle Einheit, die zwar nie vollendbar sein wird, die aber mit dem unwiderruflichen Ende zu einem Abschluss kommen muss, vor dessen Folie immer wieder eine bis zu einem gewissen Grad an Klarheit entwirrte Gestalt deutlich wird: Der Sinn, den das Leben als Ganzes nicht haben kann, als einmalige Erscheinung einer Ferne in der Nähe, als Intensität des Hier und Jetzt, vermittelt durch die intensive Durchdringung der biographischen Irrwege.

Als Folge meiner Verführung war ich aus der eigenen Generation herauskatapultiert worden, hatte mich mit den Wertsystemen und Feindbildern der Generation voll gesogen, die zu Beginn des zweiten Weltkriegs geboren worden war und sich erst mit den Wertsystemen der 68er Revolte von dem Schuldkomplex, Verbrecher- und Völkermörderkinder zu sein, die Absolution erteilen konnte. Aber natürlich hatte ich auch nicht zu ihnen gehört, so bildete ich mehr oder weniger schnell ein Sensorium für die modernisierte Form der Lebenslüge aus, mit der progressive und kritische Selbstdarstellungen den Motor einer Kunst zu speisen hatten, die immer darauf hinaus lief, es nicht gewesen zu sein und die Entschuldigung fürs verpasste Leben gleich mitzuliefern. Fremd wurde ich ausgezogen und als Fremder ziehe ich rein, was sich an Epiphanien anbietet... ohne dabei zu vergessen, oder besser noch: Mit dem Bewusstsein, dass viele der entscheidenden Einsichten und erst recht die universalen Problemlösungsformeln wie *Phallus klebt allus* oder *Coitus normalis, dosim repetur,* die sich dann breit machen durften, um der verbalen Inflation unterstellt zu werden... nicht schon deswegen widerlegt waren, weil sie von nachgemachten Menschen und perversen Charakterdarstellern im Mund geführt wurden. Ich hörte irgendwann einfach auf, mich am Rede- und Sängerwettstreit zu beteiligen, versuchte an den Einsichten festzuhalten, indem ich verstummte, gerade durch mein Schweigen gab ich zu verstehen, dass mit dem Zerreden noch nicht alles aus der Welt geschafft war, was Erinnerung und Stachel im Fleisch sein konnte. Vielleicht ist auch das ein Grund, auf einmal konnte mir Arroganz und Überheblichkeit vorgeworfen werden, warum einige Bildungsbeamte versuchten, mich aus der Welt zu schaffen – und mich damit zu einer Kehrtwendung in der Politik des Zerredens brachten. Wobei auch das ein Hohn war: Wenn die beamteten Arschlöcher nicht von sich und ihrer Neigung zu der Forderung nach einer neuen Elite ausgegangen wären, hätten sie vielleicht ganz anders argumentiert. Wenn ihnen bewusst gewesen wäre, dass sie den Sohn eines Heimkindes und Hilfsarbeiters vor sich hatten, der erst am anderen Ufer mit den notwendigen kulturellen Werten in Kontakt gekommen war, hätten sie vermutlich noch nach den Vorgaben gehandelt, denen einige meiner Lehrer angehangen hatten: Ein Arbeiterkind habe tatsächlich auf dem Gymnasium nichts verloren und wenn es noch so intelligent sei, das passe einfach nicht, denn dann sei die Intelligenz ein Störfaktor. Bei einer realistischen Einschätzung, ohne von der eigenen narzisstischen Störung irregeleitet zu werden, hätte man mir nicht die Arroganz und die Überheblichkeit eines Einzelgängers vorwerfen können, um die notwendigen Verbündeten für die Ausarbeitung und Durchführung der Intrige zu gewinnen. Denn tatsächlich war ich nur auf der Suche und weil sich all die Werte meiner Elternwelt als haltlos erwiesen hatten, war ich eben schon besonders lange auf der Suche – wenn der im Altpapier zerlegte Familienroman nur ernst genug genommen worden wäre, hätten die Krüppelzüchter vielleicht kapiert, dass ich von Anfang an in ein System eingeschrieben worden war, in dem eine identifikatorische Identität gar nicht möglich sein konnte. Also wäre es vermutlich erfolgreicher gewesen, statt der Paranoiadressuren und den auf allen erreichbaren Ebenen versuchten Psychotisierungen zu Mitteln zu greifen, die mich bestätigt und an einem Punkt der akademischen Karriere sistiert hätten, denn das hätte ich wohl am allerwenigsten ausgehalten – und dann wäre vielleicht die notwendige Disziplin verloren gegangen, die mich bis dahin vor der Selbstzerstörung bewahrt hatte. So aber wurde ich nur bestätigt in einer Haltung, die mir die Show der verschiedenen gesellschaftlichen Alternativen zu leicht als Hohlheiten und selbstverliebtes Geschwätz aufstießen ließ und damit war es auch nicht möglich, mir irgendwelche pseudoprogressiven Überzeugungen von Bildungsbeamten zu implantieren. Also suchte ich nur umso intensiver, mit der Philosophie verband sich für mich noch immer der alte Systemgedanke, dass es ein Wissen geben müsse, das die Welt auf den Begriff zu bringen in der Lage sei und zugleich als Regulativ des eigenen Lebens die notwendigen und sich an den konkreten Aufgabenstellungen bewährenden Einsichten zur Verfügung stellen konnte. Der Gott der Philosophen mochte verstorben und die Wahrheit als das geordnete Ganze eines kosmischen Geschehens mochte auf der Strecke geblieben sein, aber im kleineren Maßstab, bezogen auf die verschiedenen Aufgaben einer Lebensgeschichte, war dieses Unternehmen so aktuell wie vor Jahrtausenden. Manches, was ich als Offenbarung empfand und nach dem ich in den finstersten Winkeln der Philosophie dann nach weiteren Bestätigungen suchte, hätte ich in Graham Greenes *Reisen mit meiner Tante* oder in Durrells *Alexandria Quartet* lesen können – allerdings hätte ich mir damals dann gesagt: Das ist Literatur von alten Männern, und dann hätte ich vermutlich nicht einmal die besten Ansätze wieder erkannt, an denen ich mich damals laben durfte.

Aus den verschiedensten Archiven, in denen Texte gesammelt worden waren, die ich verbrochen hatte – Einsichten die nicht von mir waren, ja nicht einmal die Schlussfolgerungen, obwohl ich dafür bis zur Erschöpfung gehetzt worden war –, wie nichts tatsächlich von einem selbst ist – wir sind Konverter und Durchlauferhitzer und der ureigenste Zug in einem Leben gibt sich erst im Nachhinein zu erkennen, am Strickmuster der repertoriellen Verspannungen, an den Webfehlern der Texte, die in unserem Leben nach und nach zu einem neuen Text zusammen gezwungen wurden –, ist es nach und nach gelungen, jene Gedankengänge zu destillieren, die Octavio Paz irgendwann in meinem Kopf zu neuem Leben erweckt hatte. Mancher Gedanke kommt mit dem Anspruch der Einzigartigkeit, der zeitgemäßen und zwingenden Modernität daher, gerade wenn verschüttete Traditionslinien die Selbstdefinitionen einer Generation tränken, wenn einer nur in die Lage versetzt wird, einen dieser Gedanken zu ergreifen, als erfinde er sich und sein Leben neu – auch wenn es in der vorangegangenen Generation, die man dafür zur Rechenschaft ziehen wollte, dass sie so viele Verlogenheiten und Borniertheiten notwendig machte, längst die Vorkämpfer dieser Einsichten gegeben hatte und vielleicht ist auch das ein Aspekt der Erbsünde: Jede Generation muss in den biographischen Bahnen für die wesentlichen Einsichten wieder am Punkt Null beginnen, aber mit jeder Generation wächst die Wand aus Lügen, Vorurteilen und erzwungenen Resignationsformeln und es wird noch ein bisschen schwerer, die Mauer aus Dummheit und Feigheit zu durchbrechen. Das Authentische finden wir dann in jenen Erfahrungsniederschlägen, wo eine/r sich nicht damit abfinden konnte, den Nenner für die Undurchschaubarkeit der Erfahrung des Augenblicks in irgendwelchen Klischees und vorgegebenen Formen zu finden. Zu warten und zu suchen, zu beobachten und die Spuren aufzunehmen, die Zeichen zu lesen und den geheimen Regeln der Verknüpfung näher zu kommen, bis in einem Stadium der kritischen Sättigung des Mediums der Lebendigkeiten plötzlich die Bedeutung ausgefällt wird und diffuse Ahnungen und gewagte Vermutungen plötzlich zu einer Gestalt zusammengeschossen sind. Während das, was die Traditionen und ihre späten Nachfahren in den Massenmedien als Halt und Sicherheit verbürgen sollen, tatsächlich immer auf die Simulation und den Verzicht hinaus laufen soll – aus Angst vor den Fraglichkeiten einer unendlich komplexen Mannigfaltigkeit des Lebendigen führt die Flucht in ein nachgemachtes Leben einen ungeheuerlichen Betrug im Gefolge: Dass das tote das eigentliche Leben sei!

Wie ich einmal bei Muschg lesen konnte, sagen die Leute: ‚Das Leben ist zu kurz und in vierzig Jahren lernt man es nicht.' Aber das ist schlichtweg falsch. Sie lernen das Falsche, vielleicht gerade aufgrund dieser Voraussetzung. Sie ahmen nach und folgen Vorbildern, setzen sich mit allem möglichen in Beziehung, was eigentlich tot ist und befinden sich noch dazu in einer konfliktuellen Rivalität zu all jenen, denen sie nachlaufen. Sie rennen vor allem davon, was sie an die Spuren und Ahnungen ihrer Lebendigkeit erinnern könnte – so werden die Resultate der Verleugnung dann die Fundamente ihrer Wirklichkeit. Vielleicht muss man ohne verbindliche Glaubensanweisungen in die Welt geschickt worden sein, vielleicht muss die Welt wieder als der Urwald erfahrbar werden, der sie tatsächlich ist, dann lernt es sich sehr schnell – und wenn der nötige Antrieb da ist, kann schon nach zwanzig Jahren ein Weltwissen zur Verfügung stehen, das den Weisheiten alter Völker gewachsen ist und sie aufsaugen kann, wie ein unendlich aufnahmefähiges Medium. Das Problem ist dann nur, dass es einer unendlichen Geduld bedarf, die nötigen Archive ausfindig zu machen, damit dieses Wissen nicht gleich nach der Umsetzung wieder verloren geht.

Eines der ersten Archive der Zukunft fand ich in einigen alten Texten, die sich der Frage widmeten, ob eine große Liebe einer großen Feindin gelten könne. Geschrieben wohl im Stadium einer sanften Resignation, nach einer Enttäuschung, die die vorangegangenen Mühen und Zuwendungen einfach für nichtig erklärt hatte. Manchmal hatte ich mir gesagt, dass man Gott sein müsste, um aufs Geliebtwerden verzichten zu können – und genau das musste ich lernen: Dass es die Liebe als Verschwendung war, dass es nicht darum ging, auf die Resonanz oder das Resultat zu sehen, dass es nur darum ging, mit der Liebe ein Sein zu stiften, mit dem ganzen Herzen und dass es dann auch nicht darauf ankam, wenn nichts mehr von mir übrig blieb. Damals hatte sich die Frage gestellt, ob der/die, auf den man/frau sich einlässt, ein gefährliches Wagnis sein konnte, vielleicht war die Liebe ein unerbittliches Geschehen, ein Spiel auf Leben und Tod, eine Wette oder ein Würfelwurf, die den Göttern unterstanden. Tyche heißt, es gebe keinen Zufall, nur Begegnungen, Zusammentreffen in Netzen der Bedeutsamkeit, heißt, dass wir immer wieder einige klassische Rollen zu verkörpern haben, je nach dem, welche Kombination von Zügen in diesem Netz gerade Vorrang hatte. Relationssysteme, die mir manchmal wie Speicherstätten des Universums vorkamen. Manchmal drängte sich auch die Frage auf: Kann es vielleicht die Größe einer Liebe sein, die sie zum Todeslauf macht? Und zwar komplementär zur romantischen Konzeption der Abwesenheitsdressur, die die Intensitäten aus der Todessehnsucht keltern musste! Wenn Du – weil Du das Privileg genießt, ein paar Spritzer Körperflüssigkeit mischen zu dürfen – alles gesetzt hast, um Dich einer Liebe als würdig zu erweisen und es so rauskommt, als sei das gerade mal ein bisschen mehr als nichts gewesen und auf jeden Fall nicht der Rede wert – wenn Du rückhaltlos alles in die Waagschale geworfen hast und dann vorgeführt bekommst, dass es gar nicht zählt gegenüber irgendeiner alten Geschichte, die Dir wie ein neurotischer Schwachsinn vorkommt. Wenn Du für ein bisschen Zuwendung und Anerkennung auf Überzeugungen und Selbstdarstellungsformen verzichtet hast, von denen Du einmal gedacht hast, sie seien der beste Teil von Dir und eine desinteressierte Gleichgültigkeit ist die Resonanz. Die Unerbittlichkeit dieser Liebe, die einfach fordert, dass Du ihr alles zu Opfer bringst, was Dir bis dahin wichtig gewesen war – und Du, was egal unter welcher Betrachtungsweise auch immer schon ein erster großer Gewinn ist, dabei immer derart mit dieser Liebe beschäftigt bist, dass gar nicht zu bemerken ist, welch bösartige Krüppel schon geraume Zeit an Deinem Untergang arbeiten. Wenn die Leistungen, die Du bringst, nur das Ergebnis haben, Dich immer mehr zu isolieren, bis Du schließlich ganz alleine dastehst mit Deinen Großtaten und der eine Mensch, der noch übrig ist und dem Du imponieren willst, das Spiel so dreht, dass Du immer rücksichtsloser ausgereizt werden kannst. Dass so eine Liebe Kampf und Bewährung sein kann, dass sie erst hinter der Vernichtung der narzisstischen Beschränktheiten, die wir tatsächlich als die eigene Auslöschung empfinden, beginnen kann... – manchmal überlegte ich mir sogar noch, dass es ein Privileg war, wenn mich einige der ältesten Wunsch- und Horrorszenarien der Menschheit als Schauplatz gewählt hatten, sagte mir, dass es eigentlich jeder sein könnte, der sich nicht mit den einfachen Lebenslügen und den anspruchsvolleren Nachahmungszwängen abspeisen lassen würde und hätte doch oft genug viel lieber auf den Schmerz des Zerrissenwerdens verzichtet, hätte mir die ausweglose Kälte dieser Hoffnungslosigkeit lieber gespart, wenn ich nur die Wahl gehabt hätte. Der spätere biographische Gang hatte gezeigt, dass du für diese Gleichgültigkeit, die dich zu einer mythologischen Feindin werden ließ, in einer Weise gestraft wurdest, die dafür sorgte, dass für dich schließlich nur noch ich zurückblieb, alles andere war zerstört und hinfällig – obwohl du doch immer das Bedürfnis gehabt hattest, möglichst viele Eisen im Feuer zu haben, um nicht Gefahr zu laufen, auf einen angewiesen zu sein, von einem hängen gelassen zu werden – man hatte dir auch nicht den jungen Gott gelassen, den du so gerne zum Scheitern gebracht hättest, sondern nur noch einen abgeklärten, fast zerstörten Automaten, der marschieren konnte und die Zähne zusammenbeißen, bis sie splitterten, der schaffen konnte ohne etwas zu empfingen und auf dessen Härte und Gefühllosigkeit du nun zur Strafe angewiesen sein würdest. Was zeitweilig von der Liebe übrig geblieben war, erinnerte an jenes kalzinierte Kunstprodukt, das Stendal beschrieben hatte, ein Werk der Mortifikation, das durch das Farbenspiel der Lichtbrechung in den Kristallmustern auf eine andere Seinshöhe transportiert wurde – auch jenseits der Gefühle zu wissen, dass wir auf einander angewiesen waren, dass wir niemanden anders hatten, aber dass wir jeden in Schach halten konnten, wenn wir uns nur im Rahmen der gewachsenen Routinen auf einer anderen Ebene in eine bewegliche und wandlungsfähige Einheit verwandelten. In den Phasen der Erholung und den Routinen der Normalisierung stellten sich dann die Erinnerungen an frühere Neigungen wieder ein und nach und nach konnte es vorkommen, dass wir wieder ganz normale intensive Gefühle für einander entwickeln konnten. Es dauerte, bis wir kapierten, auf welchen Gesetzmäßigkeiten dieses Spiel beruhte und obwohl wir dann versuchten, die dämonischen Energien der letzten drei Generationen in unser Altpapier umzuleiten und dort ad Acta zu legen, sorgte dieser Roman sogar noch dafür, dass der nächste Durchgang noch eine Etage höher stattfinden musste. Das Schema unserer Kämpfe hatte sich in den verschiedensten Verwandlungen durch zwei Jahrzehnte erhalten.

Einmal zu Beginn der Achtziger Jahre hatte ich einen Traum notiert, der mir eine Antwort zu geben schien, hatte vorgehabt, ihn zu einer kleinen Spielerei auszubauen, in der mich außersensorische Wahrnehmungen an Informationssprüngen teilhaben lassen sollten, die jenseits der Zeit stattfinden, die unendlich schnell waren, also auch allgegenwärtig sein können: DENN MEIN IST DIE KRAFT UND DIE HERRLICHKEIT IN EWIGKEIT... – wer weiß, wie viel Allmachtsfantasien in den demütigsten Gebeten aufbewahrt werden, wie viel Größenwahn in der imaginären Identifizierung unter dem das Selbst auslöschenden göttlichen Blick unerkannt wuchern darf, wie viel Hoffnung tatsächlich ein Produkt der Verzweiflung ist – welche Farbe hat Gott? Ich musste schließlich eine Möglichkeit finden, mir ein paar Wissensweisen in einer Zeit zukommen zu lassen, in der ich sie noch gar nicht wissen durfte. Und vielleicht wuchs die Liebe an den Widerständen, vielleicht rückte sie erst in die mythologische Ranghöhe, nachdem der Ich durch die Vernichtung gegangen war – wobei dem Zyniker, der wissen möchte, was denn besonders erstrebenswert daran sein soll, wenn nach dem Todeslauf zwei ausgebrannte und abgeklärte Mittvierziger in einem Rokokozimmer in einer Siedlungsbauanlage im Wald Nudelsalat essen, während draußen die Vögel zwitschern und die Bäume die sommerliche Hitze filtern und Klimaanlage spielen, nur zu erwidern ist: Versuch es eben auch mal, versuch es solange noch Zeit ist – wenn es nichts mehr zu verlieren gibt, nachdem Du schon alles der Sicherheit deines Lebensstandards geopfert hast, gibt es auch nichts mehr zu gewinnen. Jahrelang hatte ich durch stinkige und finstere Straßenschluchten Wege in den Wald gesucht, um dann dort in der Regel nach einer halben Stunde wieder den Rückweg anzutreten, um rechtzeitig in der dreckigen Innenstadt zurück zu sein. Eine halbe Stunde Grün pro Tag als Minimum zum regenerieren, obwohl wir mindesten eineinhalb Stunden unterwegs waren und uns gelegentlich sagten, dass wohl nicht damit zu rechnen war, in diesem Leben noch einmal in einer gesünderen und natürlicheren Umgebung wohnen zu dürfen. Und siehe da, irgendwann wohnten wir wirklich mitten im Wald – bezahlbar, weil fünfzig Jahre zuvor beschlossen worden war, Riegel für Riegel sozialen Wohnungsbau in einen Wald zu stanzen. Dann dauerte es auch nicht mehr lange, gerade lange genug, um von den Strapazen der vergangenen Jahre zu regenerieren und wir zogen wieder in die Stadt, an einen Verkehrsknotenpunkt, weil wir viel mehr Sinneseindrücke, Trubel und Hektik gewohnt waren – und weil wir nun mit dreißigjähriger Verspätung endlich auch kennen gelernt hatten, wie es sich in so einer Umgebung kleiner Spießer wohnte, die uns zuvor immer ausgegrenzt hatten. Darauf konnten wir nun verzichten, aber es war vermutlich nicht unwichtig, auch diese Atmosphäre des gegenseitigen Abpassens und der Bespitzelungen kennen gelernt zu haben, der erbärmlichen kleinen Freuden und der verbogenen Sadismen Zukurzgekommener – und wenn es nur war, um zu kapieren, dass die Paranoiaspiele einer alten Betschwester, die einmal eine junge Hure für italienische Gastarbeiter gewesen war, die anmaßende Dummheit eines vertrockneten Rentnerpaares, das nichts hatte, außer dieser Ruine von Eigentumswohnung und trotzdem aufgrund eines antiquierten Besitzerstolzes der festen Überzeugung war, sich mit uns relativieren zu müssen, tatsächlich nur in einem unterschieden waren von den böswilligsten Strategien jenes Professorenehepaars, das versucht hatte uns zu vernichten: sie hatten wirklich keine Macht, während wir den Bildungsbeamten über einen Zeitraum von über zehn Jahren klar zu machen hatten, dass sie keine Macht über uns hatten. Außerdem tauschte es sich leicht, wenn ein alter Schrottkasten, der einen nötigte, die Hälfte der Heizkosten ungenutzt in den Wald zu blasen, eingetauscht werden konnte gegen eine Komfortwohnung Baujahr 2004.

Im Traum – erst viele Jahre später hörte ich dann *fucking in the bushes* – hatte ich einen Planeten besucht, der mir nicht einmal fremd war, ich hatte nur das Gefühl gehabt, unendlich lange weg gewesen zu sein. Ein zahnarztbrauner Philosoph in einer weißen Toga hatte mich durch eine freundliche Parklandschaft unter einem lieblichen Himmel geführt und mir einen Vortrag über die kosmische Gewalt der Liebe gehalten. Er begann ganz harmlos mit dem Hinweis, dass die Zeiterfahrung in der Liebe eine andere sei, als die in einer kausal strukturierten Welt und er sprach über die Darstellungsformen der Zeit in Prousts Recherche, die tatsächlich eine Darstellung der Liebe in all ihren Erscheinungsformen ausmachen sollte, ging über zu den seltsamen Zeitvorstellung der mythischen Weltbilder, erzählte etwas über Indien und die Metaphysik eines Octavio Paz, die Zahlenmagie und die Liebeskunst und etwas anderes über Huxley und die mythischen Quellen einer ewigen Philosophie, die pragmatischen Anweisungen für ein Überleben der Menschheit im 21. Jahrhundert, die sich in Eiland unterhaltsam kostümiert hatten, um dahinter eine konkrete Pädagogik auszufalten. Die Schulung der sinnlichen Erfahrung als Gegengewicht einer Spiritualisierung des Wissens. Kunst als Überlebenskunst – und von allem etwas, locker, oberflächlich, flockig und mal hier eine Anekdote, mal dort ein Zitat. Erst hatte ich gedacht, dass es irgendeine verarschende Karikatur war und die lieblichen Gestade eine Asketenwelt, in der gefastet und gebetet werden musste, aber dann bemerkte ich, dass dieser Prediger der Vereinigung von Yin und Yang gar nicht so viel sprach, oft nur einzelne Silben, aber dass er viel mehr zeigte, gestikulierte, nachzeichnete und sein Stimmton eher in einem Summen aus dem Bauch heraus bestand, dass er unterstrich, was es um uns herum zu sehen gab. Die ganze Parklandschaft war voll fickender Paare und mittlerweile roch ich es auch, das war der wirkliche Duft der großen weiten Welt. Ich habe selten einen Traum gehabt, in dem ich derart intensiven Gerüchen begegnet bin, meist waren es nur Bilder und Töne, ganz selten haptische Wahrnehmungen und manchmal war es sogar die Abwesenheit der Gerüche, mit denen ich mich bei Horrorszenarien beruhigen konnte: Es riecht nicht, es schmeckt nicht, es ist nur ein Traum! – Wobei nicht vergessen werden sollte, dass mir diese Unterscheidung später nicht mehr möglich war, so wie irgendwann meine Mimesis ausgefallen war, hatte sich auch mein Geruchssinn verabschiedet und dann, in der daraus resultierenden Unerreichbarkeit für die Manipulationsversuche anmaßender Schwachsinniger, kam es mir auf einmal gar nicht mehr abwegig vor, dass die bannende und fixierende Macht der Mimesis mit der Witterung verbunden ist, dass jegliche ursprüngliche Bezauberung auf hormonellen und damit vorpersönlichen Wirksamkeiten beruht.

Dieser Philosoph, den ich später in der literarischen Spielerei mit Zitaten von Octavio Paz ausstatten würde, um ihn mit Huxley in ein anderes Medium zu transponieren und mir als Fragesteller dann ein paar Einsichten Benjamins in den Mund zu legen, meinte mit einem wehmütigen Lächeln: Das ist das wahre Psi-Feld, alles andere kannst Du vergessen! Du musst zum rechten Augenblick kommen, aber dann kannst Du Welten bauen, Du kannst Zeiten verändern, Schicksale collagieren, wenn Du nur dafür sorgst, dass die Heranwachsenden lernen, sich auf die Macht der körperlichen Ströme einzulassen. Hier werden Götter geboren, keine beschränkten Individuen – vergiss nie, in wie vielen Hochreligionen Gott als Synonym für die Liebe steht und das ist richtig: Gott ist die Liebe, wenn Liebe der Oberbegriff ist und Gott die Erfahrungsweise. Du musst im richtigen Alter lernen, dass der Körper ein Medium ist und du nicht an seinen Grenzen aufhörst, dass du dich in Feldern bewegst und das, was du Ich nennen möchtest nur eine ungefähre Schnittmenge der verschiedensten Sphären darstellt – nein, keine substantialisierten Porträtaufnahmen, sondern magnetische Wirbel und Funkensprünge. Die Götter werden geboren in den Bereichen des Dazwischen. Nicht umsonst befinden wir uns hier auf Stroemfeld, Du findest keinen Planeten, der eine bessere Schule wäre und aus diesem Grund werden nur die Besten zu uns geschickt. Wir haben übrigens ein Verfahren entwickelt, das Deine Speicherbesessenheit auf ein anderes Niveau transponieren könnte: Wir verfügen seit geraumer Zeit über eine Technik, mit der das biomagnetische Feld eines Körpers als Datenspeicher zu verwenden ist. Enorme Mengen an Information sind in einem normalen Körperfeld unterzubringen und ohne dass es irgendwelche bewussten Widerstände geben muss, kann damit ein Körper auf den anderen wie ein Einschreibesystem wirken. Es funktioniert wie die sexuellen Duft- und Botenstoffe im Tierreich, nur wesentlich umfassender, wir können philosophische Lehrgebäude oder Theologien transportieren oder ganze Weltanschauungen – was dem einen eine Notwendigkeit, eine unumstößliche Gewissheit ist, wird in einem geteilten Gefühl, einer gemeinsamen Begeisterung, zu einer mindestens so starken Gewissheit des anderen.

Mit einem sehr harten Ausdruck im Gesicht spricht er weiter: Denn auch das ist das Geheimnis: Das Menschenjunge lernt es nicht von allein, auf sich gestellt verkümmert es. Es wird immer darauf angewiesen sein, jemandem nachzueifern, der schon da war, als es erst die Szene betrat – und wenn es verstümmelte Krüppel sind, wird es denen nacheifern, die vorgeben zu wissen: Ob sie sich als Selbstbeweis bis zur Bewusstlosigkeit besaufen oder Holzpflöcke durch die Schamteile treiben, ob sie strammstehen und Speichel lecken oder ob sie Scheiße fressen und verkommen... Das Menschenjunge muss initiiert werden, muss gewisse Zyklen durchlaufen, in denen sich das Leben spiegelt und dann in klar unterschiedenen Prozessen erfahren, was Lust und was Unlust ist, was erstrebenwert und was zu meiden sein sollte. Man kann es ihnen nicht lehren, das wäre viel zu abstrakt, man muss dafür sorgen, dass sie es erfahren, ohne dabei verstümmelt zu werden. Das ist nicht einfach, eigentlich musst Du dafür schon jenseits des Begehrens angekommen sein, aber wenn einer tatsächlich auf der anderen Seite ist, bewirkt er nur schlechtes und zerstört im besten Fall unbeabsichtigt, was ihm anvertraut worden ist – normalerweise gibt es diesen besten Fall also nicht. Du findest Hohepriester der Vernichtung, Wollüstige der delegierten Selbstzerfleischung, Libertins des absoluten Triebverzichts. Das Problem bei aller Initiation ist immer, dass Du jemanden finden musst, der mit Freude dabei ist und dennoch weiß – der mitspielt und mitspielen kann, ohne deswegen von den Blitzen des Begehrens geblendet zu werden. Wie es in einem französischen Sprichwort heißt: Die Jungen können, aber sie wissen noch nicht wie es geht – und die Alten wissen endlich, aber sie können nicht mehr! Die Frage lautet: Wie ist aus einem Lustobjekt ein Subjekt zu machen, das Herr seiner Lüste ist? Das kann nicht gehen, wenn Du Bildungsbeamte an diese Stelle im Netz der Signifikanten setzt, das kann nur scheitern oder zu einer sadistischen Selbstwiderlegung des Spiels der Initiation werden. Das können keine Verstümmelten sein, die den ganzen Krampf ihrer Inkompetenzkompensationskompetenz darauf verwenden, zu beweisen, dass sie es doch noch ganz gut getroffen haben. Nein, tatsächlich müssen es Liebende sein, lichterloh brennende Paare, die von ihrem Überschwang etwas abgeben können, ohne überhaupt eine Minderung zu bemerken! Manche/r Junge sollte nur ein Gurkenscheibchen abbekommen, mit der ganzen Gurke könnte er oder sie gar nichts anfangen, aber dieses Scheibchen und das Mobile aus Exzentrizitäten beginnt sich in Bewegung zu setzen – das muss eher ein Abenteuerspielplatz sein, an dem die Grenzen fließend werden, ein befruchtendes Feld, auf dem die Jungen selber lernen...

Natürlich ist das kein Traum, den ich damals in dieser Form geträumt habe, es sind nur ein paar Bilder und intensive Besetzungen übrig, ein paar Zeilen Bleistift auf Schmierpapier, die zum Teil fast unlesbar geworden sind und viel Geduld und Humor für die Dechiffrierung voraussetzen – der Rest ist meine Übersetzung mit der Erinnerung an eine Zeit, in der ich selbst nur als Lustobjekt getaugt habe im Hintergrund und mit Hilfe von Sprachformen und Wissensweisen, die fast zwei Jahrzehnte jünger sind. Und selbst bei diesem Überlieferungsgeschehen bleibt der Prozess nicht stehen. Wir haben ein kurzes Gedächtnis, wollen bei vielem, was uns neu erscheint, nicht wissen, wo es herkommt, weil wir sonst manche Illusionen des guten Gelingens und manchen Selbstbetrug der schnellen Befriedigung nicht akzeptieren könnten. Und so, wie es eine ewige Aktualität gibt, gibt es auch den Sog des historischen Taumels in jeder mit Jetztzeit geladenen Gegenwart. Tatsächlich sind wir schon uralt und mit jeder Generation mehr dem Totenreich verpflichtet. Wir werden als verkümmerte Greise geboren, wenn überhaupt, viele werden gar nicht bis zu Ende geboren und starten dann einen Rachefeldzug, weil sie nicht bis zur Pforte der Lebendigkeit vorgelassen worden sind, oft kommt es auch zu Totgeburten, die dann ein besonderes Bedürfnis haben, den Status der Hirntoten zu verklären. Wenn es gut läuft, finden greisenhafte Kinder nach und nach zur Naivität und Unvoreingenommenheit eines durchschnittlichen Säugetiers zurück – aber dazu braucht es Zeit und Geduld und einen jeden Tag als Übung...

Die Träume der Sechzigerjahre tauchten Ende der Achtziger in der Massenunterhaltung wieder auf, ein Generationssprung, der etwa den Abstandsbeziehungen und Anziehungskräften gehorcht, mit denen Töchter versuchen, ihre Väter zu verführen oder Mütter die

Freunde ihrer Töchter – aus diesem Grund ist in dieser anklammern-
den und den realen Partner aussperrenden Strategie der Familien-
welt schon alles zu sehen, was die Partnervermeidungszwänge begründet –, und vermutlich unterstehen solche Träume schon deshalb
den perversen Verschiebungen der Ersatzleistung und des Feti-
schismus, den sekundären Bearbeitungen des Verpassens – tatsächlich waren sie Wiedergänger von Träumen einiger Weniger aus
den Zwanziger Jahre. Keine Utopie ist wohl effektiver und umsatz-
stärker umgesetzt worden, als die von einer Schule der Liebe – vom
Christentum abgesehen, das vielleicht sogar, wenn wir einigen Gnostikern folgen, dem Sperma dieses Gedankens entsprungen ist. Und
wie die institutionelle Hochreligion dafür grausam Rache nehmen
musste, rächen sich auch die verpassten Wunschwelten einer gerade verblühenden Generation. Keine Love-Akademie und erst recht
keine Loveparade würde das je kompensieren, wenn sie Geldströme
in Bewegung setzten und enorme Abfallberge produzierten, massenhafte Castings einzuüben halfen und dafür sorgten, dass nach Prostituierten und Filmsternchen gefischt werden konnte. Strategien der
Mikropolitik, die das System von Überanpassung und Verstümmelung nur verjüngten und für die nachfolgenden Generationen erneut
konsumierbar machten, obwohl schon längst erwiesen war, dass es
ungenießbar zu sein hatte und nur Frustration und Verstümmlung
zurückließ.

Als ich aufgewacht war, hatte ich gewusst, warum ich die Zähne zusammen zu beißen hatte – und dabei gab es damals noch keine
Loveparade –, warum ich noch viele Demütigungen schlucken würde, warum ich zu akzeptieren hatte, dass ich nur ein nützlicher Idiot
war. Bis zu Dir hatte ich es maximal geschafft, mit Blutblasen auf der
Eichel zur Handarbeit zurückzukehren, hatte mir ansonsten die Birne
zugesoffen oder das Hirn mit Acid weggeblasen, hatte mich bis zur
Bewusstlosigkeit erschöpft, ohne jemals jenen Status zu erreichen,
von dem mein Körpergedächtnis wusste, dass es ihn gab, obwohl ich
schon manchmal daran gezweifelt hatte, ob es ihn für mich geben
konnte, für mich, für mein kleines Prinzip Hoffnung und dann schon
am Rande des Repertoires romantischer Selbstzerstörungen angekommen war. Bis ich diese Zuckermöse geschleckt hatte, bis ich in

kosmischen und biomagnetischen Feldern zu ejakulieren begonnen hatte, bis ich auf einmal feststellen konnte, dass die Zeit keine Rolle mehr spielte, musste ein erstes Mal so gut wie nichts von dem übrig bleiben, was ich für mich selbst gehalten hatte. Aber ich war ja noch so jung, dass ich gar nicht gemerkt hatte, wie viel während der ersten Lockerungen schon abgestorben war.

In späteren Spielereien, die vermutlich nicht einmal verloren sind, wenn jemand nur die Geduld hat, in einer Kiste voller Ordner danach zu suchen, falls diese Kiste noch zu finden sein sollte, ausgedruckt in der Entwurfsqualität eines Neunnadeldruckers mit einem Farbband, das ich aus Sparsamkeitsgründen selbst mit Farbe nachgetränkt hatte, hat sich dann ein fiktives Interview mit Octavio Paz ergeben, das ich von Aldous Huxley kommentieren lasse. Ein Text, der später wahrscheinlich durch ein paar Datenfehler im Inhaltsverzeichnis der Diskette derart komprimiert und gepackt worden ist, dass die extrem unwahrscheinliche Entität einer Kunstfigur entstanden ist, die trotzdem auf meine Fragen antwortet und manchmal auch, bedingt durch die Verschränktheit ihres jeweiligen Realitätsstatus, erst dafür sorgt, dass ich bestimmte Fragen zu stellen in der Lage bin. Und dafür gibt es kein Papier mehr, keine analoge Aufarbeitung in Schrift, sondern nur noch magnetische Speicherungen und die sich im Laufe der Jahre davon ablösenden morphogenetischen Felder. Eine solche von den Cut-ups angeregte Technik ist heute nicht einmal mehr als experimentelle Literatur zu kennzeichnen, eher als kurz vor der Standardisierung stehende Form des Textrecyclings: Keiner der in diesem Text verwendeten Texte ist von mir, keine der Personen ist erfunden, aber es gibt keine Ähnlichkeiten, die rein zufällig sind, weil Partialobjekte und Zitate wie unter einem magnetischen Wirkungsgefüge in allen möglichen Weltgegenden angesprochen und zusammen gezwungen worden sind.

Gewagt ist also viel eher das konservative Umfeld, denn ich hätte niemals erwartet, dass Paz auf der Feine Adressen Party auf Sirius ein Statement zur Erotischen Theorie abliefern würde. Nicht zufällig der Hundsstern, der kleinere Zwilling ist eine weiße Sonne mit einem lange verborgenen Planeten, Stroemfeld wie gesagt... Nun gut, ich kannte derartige Veranstaltungen noch aus den Neunzigern und hatte mich jedes Mal dazu zwingen müssen, daran teilzunehmen – nicht etwa, weil mich meine Kunden vermissten. Das war eher andersrum, nachdem sie nicht die Kapazität gehabt hatten, bei mir nein zu sagen: Du wirst selbst ein Monster, wenn dich diese Monster nicht zerbrechen – damit mein Verleger nicht die Gelegenheit benutzte, seine neuen Leute zu sehr in den Vordergrund zu spielen und meine Kunden dann viel lieber mit jemandem einen Termin machten, den sie absausen lassen konnten oder bei dem sie den Preis so unverschämt drücken konnten, dass sie für die nähere Zukunft als Umsatzspender futsch waren.

Ich erwartete nicht, dass diese Mischung aus Erotischer Theorie, Mystik und Sexualmagie bei einem Publikum, das aus konservativen Multimillionären, frustrierten und zugleich überdrehten Gattinnen, prominentengeilen Töchtern aus gutem Hause und sich prostituierendem Dienstleistungsgewerbe, das oft genug kurz vor der ersten Million stand, ankommen würde. Rechnete damit, dass neben einem opulenten Buffet und den üblichen Protzritualen der Unbescheidenheit vielleicht noch eine Pelz- oder Schmuckmodenschau vorgeführt wurde. Ich hatte nicht bedacht, dass die oberen Zehntausend auf Sirius weitgehend durch seine Schule gegangen waren. Staunte, als die Models auf eine überaus gepflegte Form der pornographischen Darstellung zurückgriffen, die prallen Schwänze kraulten und Kater ritten, die sie sonst nur tragen durften und dabei mit juwelenbesetzten Dildos spielten, die im Geglitzer immer wieder die Illusion hervorriefen, als würden die Schamlippen einen funkelnden Blick aufschlagen, als schaute einen das Geschlecht starr und bannend an. Unhold der Schwarze brachte solche Veranstaltungen immer wieder durch Gegengeschäfte zustande, sie kosteten ihm nichts, weil die Designer und Models die Show als Werbung in eigener Sache verwenden konnten – und trotzdem klagte er immer über die Mehrwertsteuer, die er wegen der Pro-forma-Rechnungen an die Konföderation abführen musste. Dabei war ich mir sicher, dass er sich an den Resten nach dem Fest noch in eigener Sache gütlich tun konnte. Wie nebenbei mitzubekommen war, gab es sogar schlagende Verbindungen, die den Namen Octopous Puzley im Schilde führten, außerdem eine ganze Reihe akademischer Zirkel, die sich auf Stroemfeld bezogen.

Was diese Leute nicht daran hinderte, neben Luxusgleitern auch noch synthetische Kokainderivate zu vertreten oder außer mit Nobel-uhren auch mit jungen Frauen aus den Dominions zu handeln oder die Herstellung exklusiver Trachten als respektablen Rahmen für den Vertrieb der Waffensysteme des 21. Jahrhunderts zu verwenden.

Und als ich soweit war, begann ich mich an den Beginn von Russels Autobiographie zu erinnern und dachte mir, aus der Antwort auf die Frage: Wofür ich gelebt habe? könnte ich fast einen programmati-schen Entwurf für eine Schule der Liebe ableiten – vielleicht ist das schon die einfache Erklärung, warum ich später diese Einladung be-kam. Russell spricht von den drei einfachen, doch übermächtigen Leidenschaften, die sein Leben bestimmt haben: das Verlangen nach Liebe, der Drang nach Erkenntnis und ein unerträgliches Mitgefühl für die Leiden der Menschheit – und wenn man/frau noch nicht ver-stümmelt ist, decken diese den gesamten Bereich des menschlichen Lebens ab. Die Liebe weil sie zum einen eine Verzückung erzeugte, für die er oft sein ganzes, ihm noch bevorstehendes Leben hingege-ben haben würde für ein paar Stunden dieses Überschwangs – und das muss richtig gewesen sein, sonst wäre er nicht so alt geworden. Zum andern aber auch eine Liebe, die von jener entsetzlichen Ein-samkeit erlöst, in der ein einzelnes erschauerndes Bewusstsein über den Saum der Welt hinabblickt in den kalten, leblosen, unauslotbaren Abgrund – und das ist genau der Sprung aus der melancholischen Verhaftetheit in die Techniken einer verkörperten Geistesgegenwart. Und letzten Endes hat er die Liebe gebraucht, weil er in der lieben-den Vereinigung, in mystisch verkleinertem Abbild, die Vorahnung des Himmels schaute. Russell schreibt, er habe mit der gleichen Lei-denschaft nach Erkenntnis gestrebt – was für mich bezweifelbar ist, denn die Höhen, die wir gelegentlich erreichten, hatten wir oft genug auch nötig, um das gesamte Elend auszuhalten, das uns in unserem Alltag umgab. Er wollte das Herz der Menschen ergründen, wollte begreifen, warum die Sterne scheinen und wir mussten dahinter kommen, welche psychologischen Gesetzmäßigkeiten, welche Gruppenphänomene und welche sozialen Barrieren wirkten, um uns ein paar kleine Freiräume zu erarbeiten und mussten feststellen, dass mächtige Einflüsse am Laufen waren, die das, was wir unter

Einsatz aller Kräfte und Wissensweisen über Monate aufgebaut hatten, mit einem Federstrich oder einem kurzen Telefonat wieder zerstören konnten. Er hat die Kraft zu erfassen gesucht, durch die nach den Pythagoräern die Zahl den Strom des Seins beherrscht und uns blieb über manche Zeit nur noch, Schritt für Schritt, ohne nach links oder rechts zu schauen, ohne dem Abgrund, der extra für uns inszeniert worden war, all zu viel Aufmerksamkeit zu schenken, weiter zu machen und uns den Gesetzmäßigkeiten der Musik anzuvertrauen. Liebe und Erkenntnis führten ihn empor in himmlische Höhen und so brauchte er das Mitleid, das ihn wieder zur Erde zurück brachte – während wir uns diesen Umweg ersparen durften, wir mussten es vor allem schaffen, ohne Selbstmitleid mit der eigenen Geschichte umzugehen.

Es war nicht so eingerichtet, dass wir uns den ganzen Tag der Liebe widmen konnten, vielleicht ganz am Anfang und für ein paar Tage der Besessenheit, aber mehr oder weniger schnell hat die Spannung nachgelassen und die Gewohnheit wollte dafür sorgen, dass es nicht noch einmal so unerträglich notwendig sein würde, wie die erste Male. Man kann nicht den ganzen Tag ficken, auch wenn es in einem gewissen Alter so aussieht, als wären damit alle Probleme aus dem Weg zu räumen. Aber mit der Elektrode im Kopf und der freien Verfügbarkeit über den Schalter, mit dem der Orgasmus in Minutenabständen ausgelöst werden kann, kommt mehr oder weniger schnell ein kraftloser Idiot mit einer weichen Birne zustande. So war auch das ein weiterer Schritt auf dem Weg, den wir irgendwann schließlich zu zweit gehen sollten. Nachdem die ersten Ekstasen abgeklungen sind, braucht es weitere Erfahrungen und Begegnungen, an denen sich das Spannungsvolumen wieder anreichert, anhand derer die kritische Masse wieder anwächst, bis die nötigen Entladungen eine Entlastung versprechen können – anfangs waren das wohl die Abwesenheitsdressuren gewesen, mein Ehrgeiz, an der Uni außer Konkurrenz zu laufen oder dein Bedürfnis, Traummänner zu sammeln. Und irgendwann waren einige der größten Aufgabenstellungen der Menschheit an die Stelle dieser Nebenkriegsschauplätze getreten, mit den obligatorischen Kämpfen gegen Mächte, die sich nur in Mythen richtig artikulieren ließen. Wie sich zeigte, gewannen die Orgasmen an diesem Spannungsvolumen eine Dauer und Intensität, die bis dahin unvorstellbar gewesen waren – und dabei hatten bereits die ersten Versuchsanordnungen, die wir gemeinsam unternommen hatten, ausgereicht, um mich von einigen meiner Süchte zu befreien. Mittlerweile hatten wir erfahren, dass diese Übung, wenn sie erst einmal in den Rahmen eines Überlebenstrainings eingebunden war, nicht einmal mehr die Gefahr des Überdrusses und der Langeweile mit sich brachte.

Wir hatten es also hinzubringen, dass die Techniken der Ekstase zugleich in den Rahmen der Sinnstiftung und in den der Erkenntnis treten konnten – auch wenn das für die durchaus üblichen Erwartungsmuster ein Gegensatz zu sein hat. Noch dazu finden sie in einem kommunikativen Rahmen statt, der sich erweitert, statt verengt, der die hoffnungslose Einsamkeit des Individuums in den Spielen der Beziehungsarbeit überwindet und Sphären der Transzendenz zugänglich macht. Der nächste Schritt war nun noch, den Drang zur Erkenntnis auf diese Beziehungsarbeit zurückzubiegen – was interessieren die Sterne oder die atomaren Kräfte, wenn wir in der Sphäre des Menschlichen über ganz ähnliche Wirkungsgewalten verfügen, wenn wir nur in die Lage gebracht werden, die nötigen Einsichten freizusetzen. Allerdings habe Russel auch unerbittlich erfahren, welche Gefahr diese Kräfte beinhalten, mit welcher Vorsicht und Disziplin sie gehandhabt werden wollen, wenn sie nicht die Grenze zur Schwarzen Magie überschreiten sollen. Aus diesem Grund die Triade Liebe-Erkenntnis-Mitgefühl – denn ohne das Mitgefühl laufen wir Gefahr, zu Verbrechern zu werden, nur weil wir uns auf das Spiel der eigenen Kräfte verlassen, zu hartherzigen Egoisten, nur weil wir dem eigenen Genuss frönen, zu willfährigen Gehilfen der Selbstzerstörungstendenzen, weil wir das eigene Glück nicht aushalten...

Das war derart überzeugend, dass ich mir lange Zeit dieses Motto mit den kleinen Modifikationen durch die Techniken eines *Blankpolierten Spiegels* zu eigen gemacht habe – bis ich in einem nächsten Schritt kapieren musste, dass mir gar nicht vergönnt sein sollte, diese himmlischen Höhen kennen zu lernen, dass der ganze Schwung, mit dem ich beschleunigt worden war, auf einem Irrtum beruht hatte, den nun ein ganzes Krüppelzüchtersystem wieder ausmerzen wollte.

Und so stellte sich für uns eine weitere Korrektur ein: Ab einem gewissen Punkt muss klar sein, dass erst einmal das eigene Überleben gesichert sein sollte – und wenn es an den Ressourcen eines absichernden Familienvermögens mangelt, was durchaus ein Vorteil sein kann, weil dadurch der Blick frei wird und überflüssige Rücksichtnahmen entfallen dürfen, kann es gar nicht falsch sein, diese Magie der Kräfte für das eigene Überleben einzusetzen. Das höchste ist die Wahrheit und nichts schöner, als ihr in einem Akt der lebenslangen Aufklärung die Erkenntnis zu widmen – aber es gibt Momente im Leben, in denen es keine Wahrheit mehr gibt, nur noch die Notwendigkeit, die Lungen wieder mit Luft zu füllen. Das tragfähigste ist die Liebe, selbst wenn es keinen Sinn mehr hat, wird sie ihn zu stiften wissen – aber es gibt Erfahrungen, da zählt sie nicht mehr als weiches und anheimelndes Empfinden, sondern dann muss sie eine harte und unnachgiebige Armatur sein, ein Waffensystem, an dem die ganzen anderen Systeme aus Lebenslüge, Sexualneid und Verleugnung zerbrechen. Und das Mitleid ist ein Luxus für jene, die nicht in Kämpfe verstrickt worden sind, in denen es ums eigene Überleben geht – ein Muss für Schmarotzer und ein Therapeutikum für jene Verbrecher, die sich hin und wieder von ihren eigenen verseuchten Strategien erholen wollen. Das Wahre, das Gute, das Schöne – das mögen die obersten Werte in einer Welt sein, die nicht die unsere ist, vermutlich nie sein wird. Oder das mögen die Therapeutika sein für jene, die sich für ein-zwei Stunden vom Geldverdienen und der Ausübung der Macht erholen wollen. Aber für die meisten anderen gilt rund um das Jahr die pragmatische Sozialisationsanforderung: Gut ist die Dummheit, schön ist die Lüge und wahr ist der Tod. – Und für uns ab dieser Einsicht die einfache Folgerung, dass wir uns durch den ganzen Dreck durchgraben mussten, ohne dabei zurück zu schauen, dass wir die Behinderungen beiseite räumen mussten, ohne einen Gedanken an die zu verschwenden, die sie geschaffen hatten, dass wir uns mit aller Kraft und ohne Vorbehalt verausgaben mussten, bis wir irgendwann wieder die Gelegenheit fanden, inne zu halten und Atem zu holen.

Archivkennzeichen mus0815p2pSDI. Dieses Protokoll der Vorberei-
tungen für eine Promotionsserie, die wohl die Grundlage der berühmt
gewordenen Lehrfilme zur Rekrutierung des wissenschaftlichen
Nachwuchses gewesen sein muss, fand sich auf den Innenseiten
eines von Hand gefertigten Nachdrucks von Klages ,Der Geist als
Widersacher der Seele'. Irgendjemand war einmal zu faul gewesen,
die Seiten einzeln einzuscannen und hatte immer eine Doppelseite
auf einem Blatt eingelesen. Und irgendwann hatte jemand mit einem
Tintenstrahldrucker auf die Rückseiten bereits bedruckter Papiere
jeweils eine solche Doppelseite gedruckt, die Seiten gefalzt und dann
das gesamte Werk unter zu Hilfenahme eines schmutzig gelben
Schuhmacherleims zu sechs dicken Konvoluten gebunden. Ein paar
hundert Jahre später musste nur jemand auf die Idee kommen, den
Schuhmacherleim vorsichtig abzuschälen und die Seiten wieder auf-
zuklappen – und der folgende Bericht, denn nichts anderes befand
sich auf den Innenseiten, trat zu Tage.

Der Ästhetik- und Textberater bei der Arbeit:

1.Tag

Nach einem ersten Gespräch bin ich aufgefordert worden, mich
frisch zu machen und etwas zu essen. In der kleinen Baumhütte in
luftiger Höhe finde ich alles, was ich brauche – im Hintergrund läuft
von den Smashing Pumpkins das Stück 'bodies', immer wieder in
allen Tonlagen und Geräuschintensitäten: „Love is suicide." Ich dusche, mache ein paar körperliche Übungen, um mich warm zu halten
und trocken zu werden, ziehe dann ein frisches Hemd und meinen
zweiten Anzug an. Als ich aus dem Badezimmer komme, steht auf
einem Tischchen unter dem Fenster eine dampfende bunte Reisplat-
te, die mit Fisch und Geflügel garniert ist und ein Zimmermädchen
bemüht sich, die Tücher über dem Bett in der Ecke geduldig und mit
Akkuratesse glatt zu ziehen. Sie tut so, als habe sie mich noch nicht

bemerkt und doch zeigen mir die starre Kopfhaltung und die affektierten Gesten, dass sie mit allen Sinnen aufmerksam ist und meine Reaktion belauert. Wie nebenbei gibt sie zu sehen, dass es unter dem schwarzen kurzen Samtkleidchen keinen Slip gibt und die durchs akkurat gestutzte Schamhaar leuchtende doppelte Schlangenlinie durch ein paar wie zufällige Bewegungen in ein zwitscherndes Spektakel zu verwandeln wäre, wenn sie sich als Futteral meiner Begierde entpuppen sollte. Ich wende mich ab, das sind die üblichen Versuche, mit denen die Mächtigen daran arbeiten, jemanden zu entkräften, auf den ihr Einfluss noch nicht feststeht. Und irgendeine kleine Möse steht immer zur Verfügung, um im genau richtigen Zeitpunkt Libido abzugraben und eine Beziehung zu stören, die vielleicht noch hätte Kraft geben können. Das ist lächerlich, als habe ich nicht über Jahrzehnte daran gearbeitet, niemandem die Chance einzuräumen, Libido abzukanalisieren und parallel dazu haben wir zusammen einen Spannungsbogen aufgebaut, der nicht nur als Schutzwall funktionierte, sondern der auch dafür sorgen konnte, dass irgendwelche bösen Wünsche reflektiert wurden und dort einschlugen, wo sie ursprünglich hergekommen waren. Anfangs beruhte diese Distanz wohl auf dem Widerwillen, dass ich mir nicht von jemandem suggerieren lassen wollte, was ich wünschen oder erwarten sollte, also noch ganz intuitiv der Versuch, alles zu umspielen, was auch nur von Ferne an die Strategien meiner Mutter erinnerte, die mir erzählte: der Gunar möchte jetzt ins Bett gehen, wenn ich ins Bett sollte, oder: der Gunar geht gerne in die Schule, wenn sie vor einer Nachbarin angeben wollte, oder: der Gunar will doch zu den ganz Guten gehören, wenn sie erwartete, dass ich mich mehr anstrengte... Und nichts anderes war das gerade. Der Hüpfer signalisierte: begehre mich und unter normalen Bedingungen war dann zu erwarten, dass der Adressat sich beweisen musste, um die Angst im Hintergrund klein zu halten, die mit den anfänglichen Überformungen einer Mutter verschmolzen war. Vermutlich beruhte mein Mangel an Identifikationsvermögen auf der Abwehr und dem Unwillen, den solche frühen Prägungsmuster ausgelöst hatten. Und diese Abwehr hätte nie in der Stärke gewirkt, wenn sie nicht von einem psychotischen Familienroman unterfüttert gewesen wäre, den wir in dem Roman *Altpapier* auseinander genommen haben. Später, als ich lernte, die typischen Verführungsversuche im akademischen Rahmen zu zerlegen, setzte ich die Distanzleistung dann ganz bewusst ein. Mit einem scheppernden Krachen fällt der Leuchter hinter mir auf den Boden, aber das war zu erwarten. Papas liebe Tochter darf jetzt die Scherben einsammeln und sich verpissen. Ich glaube nicht, dass diese Delegierte noch einmal in meiner Nähe auftaucht, das nächste Mal werden sie es mit einem mütterlichen Typ probieren. Die Vorgehensweisen sind immer die gleichen, das Repertoire ist glücklicherweise beschränkt und ich weiß auch schon, wer hier oben ein Interesse daran haben könnte, mich zu schwächen.

Ich esse ein paar Teile, die kleine, knusprige Hähnchenschlegel sein könnten oder nach Nuss schmeckende knackige Riesengarnelen – sie haben eben sehr seltsame Formen. Das Gemüse in dem Reis scheint in geometrischen Figuren gewachsen zu sein und ist dunkelblau, lila und schwarz, und was ich für Reis gehalten habe, erinnert eher an in Öl gebackene Linsen. Die gelbe Soße dazu ist schön sämig und schmeckt nach Blut. Vermutlich alles synthetisch hergestellt, aber die Sachen haben einen vollen und intensiven Geschmack, als seien sie frisch geerntet oder gerade geschlachtet worden. Auch wenn dieser Planet eine Enklave der Vergangenheit ist, in der unter gewissen Bedingungen Entwicklungen wie in einem Labor ablaufen sollten, die einmal in ihrer Realzeit gescheitert waren oder sich in ambivalenten Extremen stillgestellt hatten, musste anscheinend auf keine der technischen Errungenschaften verzichtet werden. Immerhin hielt die Gleichzeitigkeit des Ungleichzeitigen sich hier noch in einem halbwegs normalisierten Rahmen. Anders als bei meinem Besuch auf einem der noch jungen Sumpfplaneten. Ich hatte einen der erfolgreichsten genetischen Designer zu interviewen und der Kontrast, in dem dieses Hightech-Labor zur umgebenden Ursuppe stand, wurde noch übertroffen durch die bionischen und technotronischen Spielereien, die dieser späte Nachfahr des Menschen zu seinen Körperprothesen gebildet hatte. Aber das ist eine andere Geschichte, die unter dem Titel ‚Enklaven der Zukunft in der Vergangenheit' erschienen ist.

Kurz vor dem Abflug, ich kam gerade aus der AIDS-Auffrischungsimpfung, hatte mich ein Redakteur, dessen Geheimdienstkontakte allgemein bekannt waren, beiseite genommen und darum gebeten, ich solle vor allem auf das Essen achten. Der Konzern arbeitete mit der wichtigsten Organmafia zusammen, man munkelte sogar, dass die Trennung einer reinen Schauseite gehorchte, ja dass der Konzern selbst hinter den konkurrierenden Familien stand und sie gegeneinander ausspielte. In schöner Regelmäßigkeit verschwanden Kinder und Jugendliche von den einzelnen Welten und es gab nicht wenige Spuren, die hierher führten. Schon lange wurde vermutet, dass sie hier oben als Lustknaben und Gespielinnen eingesetzt wurden. Der Redakteur meinte, es gebe auch einige Indizien, dass sie in Teilen weiterverwertet wurden. Die jungen Organe waren nicht nur gefragt, es standen auch für die ungewöhnlichsten Anforderungen Reserven zur Verfügung – und das Fleisch sollte äußerst geschmackvoll sein, wenn es in gewissen hormonellen Stadien geerntet wurde... Mir kamen solche Mutmaßungen schwachsinnig vor. Die Nahrungsmitteldesigner konnten heute jeden Nährwert und jede Konsistenz synthetisch herstellen und mit Geschmacks- und Geruchsmustern ausstatten, die echter schmeckten als alle Naturprodukte. Und der Handel mit Originalorganen war zu vernachlässigen, seit wesentlich leistungsfähigere biotronische Prothesen in so großer Stückzahl gefertigt wurden, dass sie für jedermann erschwinglich waren. Und was für die Notfälle an biologischem Substrat benötigt wurde, lieferte der Strafvollzug von unbeirrbaren Wiederholungstätern und die Umerziehungslager von totalitären Fundamentalisten jeglicher Couleur. Wer für die menschliche Gemeinschaft zur Gefahr wurde, hatte ihr als Ersatzteillager zu dienen und wurde als Letztmaterie verwertet. Aber in den meisten Fällen war das gar nicht nötig. Warum sollten sich die Leute mit der Transplantation einer Niere herumquälen, wenn das vorhandene disfunktionale Organ in Form zu halten und als Medium für mikrozelluläre Automaten zu verwenden war, die viel effektiver arbeiteten. Warum auf den geeigneten Spender eines Herzens warten, auch wenn die Besorgung in Auftrag gegeben werden konnte, wenn es möglich war, das vorhandene Herz von innen her neu aufzubauen und die beteiligten

Stammzellen wesentlich stabilere und zugleich geschmeidigere Gewebe bilden zu lassen. Die jüngste Errungenschaft war eine Generierung von Stammzellen durch die Verschmelzung mehrerer Spermien, in die zusätzlich die genetische Information eines Bakterienstamms eingebaut worden war, der die Zellwände durch die Produktion unendlich feiner Teflonfäden zu verstärken vermochte und der zudem in der Lage war, ad hoc exakt abgestimmte Antibiotika zu produzieren. Die Geschichten über eine Organmaffia waren für mich paranoide Projektionen von Leuten, die es nie gebracht hatten, die ihren Modus vivendi und das damit verbundene System von Ersatzleistungen durch die Experimente auf diesem kleinen Planeten infrage gestellt sahen und die nun nach einer Gelegenheit suchten, die ganze Konzeption zu verteufeln. Wie häufig hatten sie schon versucht, die Adepten ekstatischer Routinen als Terroristen der Ekstase zu verketzern. Diese Schmarotzer in den höheren Weihen des Staatsdienstes bemühten sich vielleicht um solche Anachronismen wie Verführung und Sex im Rahmen der Schwächung oder Eliminierung von Gegnern, aber so etwas wie eine Ahnung vom Verhältnis der Geschlechter durfte es in ihrer Welt auf keinen Fall geben. Vermutlich war die entfesselte paranoide Energie, die sich in den Geheimdiensten austoben durfte, nur der in Dienst genommene Sexualneid zu kurz gekommener Krüppel. Eine Ahnung davon findet sich schon in den Produktionen des guten alten Hollywood. Das Strickmuster der an den Vorgaben der Bondfilme designten Agententhriller läuft laut Eco darauf hinaus, dass ein vom Apparat subalternisierter Homo protheticus seine Beziehungsunfähigkeit an maschinellen Wunderwerken therapieren darf, dass seine sexuellen Eskapaden mit dem Tod der Partnerin abgegolten werden und dass der Spieleinsatz seine Kastration darstellt. Die späteren Bonds, die Eco nicht mehr beachtet hat, verzichten mit Rücksicht auf die Frauenbewegung dann auf die sexuellen Eskapaden und damit auf das Opfer der Partnerin, aber dafür bleibt das Spiel der politischen Korrektheit zuliebe im vorsexuellen Bereich von Brüderchen und Schwesterchen hängen – und was an einer Analyse des Hollywoodfilms gewonnen worden war, stellte tatsächlich eine Gesetzmäßigkeit dar, die schon seit dem Entstehen der bürgerlichen Gesellschaft die Biopositive der Macht geprägt hatte. Das ist ausgelutschter Kitsch, an dem vielleicht gerade noch der kleben blieb, der vor lauter Sublimation und Fassadenarbeit an der Form von den Zeichensystemen des Primärprozesses gebannt werden konnte. Viel mehr würde mich interessieren, ob an den Gerüchten etwas dran ist, dass hier mit elektromagnetischen Feldgeneratoren daran gearbeitet wurde, die Barriere zwischen den Hirnhemisphären durchlässig zu machen oder kurzfristig auszuschalten. Wenn es gelang, das bildsetzende und mythenbildende Potenzial der rechten Hirnhemisphäre aufzuschließen ohne auf die ordnende Funktion des Logos zu verzichten, mussten hier Wahrnehmungsweisen und Speichertechniken sozialisierbar sein, die sonst nur bei den Inselbegabungen von partiellen Autisten zu beobachten waren. Eine komplizierte Komposition nach einmaligem Hören abzuspeichern und sie dann im Nachhinein Schritt für Schritt zu reproduzieren und begreifbar zu machen; eine Arbeitsbibliothek zu einem speziellen Thema in einem Rutsch einzuscannen und dann vor dem inneren Auge die zu einander passenden Passagen zusammen zu setzen und damit die Gesetzmäßigkeit zu materialisieren – damit würden Techniken lehrbar, die ich früher einmal unter dem Arbeitstitel ‚*Wirkungsweisen eines Schnellen Brüters*' anzuzielen begann.

Nach dem Essen überfliege ich das Dossier mit den Kurzportraits der geladenen Spezialisten. Das sieht ganz verheißungsvoll aus, von einigen habe ich mir noch vor ein paar Jahren ganz brauchbare Zitate zusammengeklaut. Dann mache ich zehn Minuten Atemübungen und richte die Konzentration auf die subliminale Wahrnehmungsschwelle aus. Das sind kleine Hilfsmittel. In der Regel erzählen die Leute immer zu wenig und dann die falschen Sachen, manches Wichtige ist für sie so selbstverständlich, dass sie vergessen, es überhaupt zu erwähnen, manches lassen sie lieber weg, weil sie irgendwelchen bewussten oder unbewussten Zensurmaßnahmen gehorchen. Und was sie dann tatsächlich erzählen, sind wiedergekäute Klischees. Das was jeder so oder so schon über sie weiß und dann soll ich so tun, als sei es eine Offenbarung und ich müsste es nur noch wiedergeben. Schön wär's, manchmal muss ich erst entdecken, wie jemand beim Sprechen die Zehen spreizt, manchmal muss mir auffallen, dass bestimmte Bilder einen Todesschweiß freisetzen oder manche Metaphern die Säfte schießen lassen, ein paar wie zufällig in einer Vase arrangierte Blumen können ein Stichwort liefern, ein Foto auf einem Schreibtisch, ein breit gekauter Zahnstocher, ein faulender Apfel oder eine in einer Frostnacht geplatzte und in einer Schaumfontäne eingefrorene, grün-golden durch das Fenster leuchtende Dose Tuborg-Bier. Wenn es sein muss, habe ich ein fotographisches Gedächtnis für ein bis zwei Seiten. Außerdem aktiviere ich den Nachhall und kann, wenn es notwendig wird, mancher mag mein kleines Diktiergerät nicht, ein paar Minuten Gespräche als Lautfolge vor dem inneren Ohr zeitversetzt reproduzieren. Später kann ich sie dann dem Lautbild entlang schreibend festhalten, wobei natürlich immer die Gefahr besteht, dass ich einfach Nonsens schreibe, wenn ich Namen oder Begriffe davor noch nicht gehört habe und die Lautfolge automatisch in ein Schema umgefüllt wird, das meinem Vorwissen entspringt.

Für einen Augenblick habe ich ein seltsames, schwarz-weißes Bild vor Augen – aber das ist eine Begleiterscheinung, wenn Daten unter der Wahrnehmungsschwelle zugänglich werden, ist eben immer auch eine ganze Menge Ätherrauschen mit zu bearbeiten. Aber irgendetwas ist ungewohnt, der Aha-Effekt bleibt ewig lange aus. Die Sequenz aus einem alten Gangsterfilm, die Tonspur knistert und rauscht und an der Wand gegenüber, in einem ovalen Spiegel, der in einen Barockrahmen eingelassen ist, der eine stilisierte Sonne darstellt, scheint ein Bild auf, trübe und verwackelt. Graue Schattierungen mit einer Spur Brauntönen wie die frühen Abzüge eines Renger-Patzsch. Seltsam kommt mir vor, dass ich den Film vor dem inneren Auge wesentlich klarer sehe, als in dem Spiegel, dass der Ton in meinem Kopf die schwachen kleinen Lautsprecher des Spiegels überlagert. Ein alter Daimler knattert eine Straße entlang, trübes Regenwetter, mächtige Wogen im Hintergrund, biegt über das unregelmäßige Kopfsteinpflaster in eine Gasse ein, die auf ein einzeln stehendes düsteres Backsteinhaus führt. Schüsse sind zu hören, die Alarmsirenen der Polizei. Der Wagen kommt schleudernd zum Stehen, die Türen fliegen auf und ein paar vierschrötige finstere Typen stürmen in das Haus, die Hüte tief ins Gesicht gezogen, mit wehenden Trenchcoats, ein bisschen zu schwerfällig für Sieger und gebückt unter der Last der mitgeschleppten Waffen. Die Bullen umstellen das Haus, brüllen in Megaphone, sie drohen und nähern sich unter Deckung dem Wagen. Oben splittern Fenster, im ersten Stock spuckt die gesamte Fensterfront Feuer. Der Wagen explodiert, ein paar Beamte sterben im Kugelhagel, die restlichen fliehen Hals über Kopf, beginnen erst aus einer sicheren Deckung zurück zu schießen. Ein Schnitt, jetzt sind wir bei den Outlaws. Sie haben sich in dem von schwarzem Ruß gebeizten Backsteinhaus verbarrikadiert, sie haben keine Chance zu entkommen, aber sie sind so gut mit Waffen ausgestattet, dass sie sich Gedanken darüber zu machen beginnen, wie viele Tage sie ohne Essen durchhalten werden. Sie wollen ein enormes Spektakel daraus machen, sich so teuer wie möglich verkaufen und hoffen irgendwo noch immer auf die ganz unwahrscheinliche Chance, davon zu kommen. Eine Zeitlang immer wieder Schusswechsel, es macht den Eindruck, als könnte der Ausnahmezustand ewig dauern. Die Kugeln der Polizei scheinen hilflos, die der Gangster wirksamer, sentimentale Verbrüderungsszenen, die minimale Chance wird herbei geredet, sie wissen nicht wie, aber sie wollen es noch einmal schaffen. Es scheint, als würde die Zeit bis zum Zerreißen gedehnt, die Bewegungen in Momentaufnahmen, ein über die Stirn kriechender Schweißtropfen, einzelne Atemzüge, das Rasseln eines Asthmatikers, die ungläubig aufgerissenen Augen eines ganz jungen Typs, ein gelegentlicher Schuss aus dem Fenster. Dann fährt ein gepanzerter Wagen vor und während die gesamte Feuerkraft der Typen nichts gegen ihn auszurichten vermag, wird ein schweres Maschinengewehr hinter einer Luke in Stellung gebracht. Zwei-drei Salven, es ist eingeschossen und beginnt dann systematisch die Fenster zu vergrößern und die Backsteine zu pulverisieren. Die Typen können sich nicht mehr wehren, versuchen nur möglichst flach am Boden zu liegen, beobachten, wie die Muster, mit denen Kugeln die Wand hinter ihnen sieben, langsam tiefer wandern. Sie können nur warten, bis der Fenstervorsprung so weit abgetragen ist, dass sie keine Deckung mehr haben werden. Einer hält es nicht mehr aus, er springt in eine Geschoßgarbe, zwei stecken sich den Lauf in den Mund und pusten in rosaschwarz gesprenkelten Hieroglyphen eine Hirnschrift unter die Decke. Und der vierte fällt in eine tiefschwarze

Katalepsie, über und über mit Blut bespritzt, von Verputz und Backsteintrümmern zugedeckt, verhärtet vom in Tränen angerührtem Gips, verharrt in einer zeitlosen Unendlichkeit und wird irgendwann, als vom Prinzip Hoffnung nur noch ein ganz fernes Schimmern übrig ist, durch ein Wurmloch in ein paralleles Universum gesaugt. Das könnte der Ich gewesen sein, es fühlt sich wie die Erinnerung an eine Vernichtung an. Der Spiegel fluoresziert nun, ein indirektes altrosa Leuchten geht von ihm aus – kurz überlege ich, ob es ein Zufall ist, dass der Barockrahmen den Umriss einer gespreizten Möse nachzeichnet.

Ich klettere runter, gehe zu der Besuchergruppe mitten auf dem Rasen. Vier Frauen, drei Männer, SchriftstellerInnen und Kulturleute, ich nicke ihnen zu, werde vorgestellt, höre die Namen, die mir, schon als ich die Teilnehmerliste überflogen habe, von Ferne über den Umweg von Publikationen bekannt vorkommen und beginne die Gesichter nach den Namen abzusuchen, erwarte irgendwelche Ähnlichkeiten und überlege mir dabei, warum ich nicht erstaunt bin. Sie sehen noch schlimmer aus, als ihre Schreibe vermuten ließe – es gibt plausible Gründe, warum sie hier sind. Merk, Albach und Mutzlacher, außerdem Wolhe, Bornhard, Möller und Saggu. Die Leute mögen mich vielleicht nicht weiter interessieren, aber ich bin auch dazu da, sie ins rechte Licht zu setzen. Sie werden quasi den kreativen Kontext abzugeben haben, in dem das Experiment zu situieren ist, um seine verschiedenen Facetten zum Leuchten zu bringen. Immer wieder einmal gab es in den letzten Jahrhunderten den Versuch, die wirklichkeitssetzende Komponente der menschlichen Imagination freizusetzen, es wurde mit paranormalen Phänomenen experimentiert und der Fundus der Mystiker in den verschiedenen Säftelehre lokalisiert – es wurde alles Mögliche probiert, um ein menschliches Vermögen zu funktionalisieren, das sich bisher jeder pragmatischen Instrumentalisierung zu entziehen wusste. Und falls es hier oben wirklich gelungen sein sollte, war es wohl am leichtesten, die Besonderheiten vor einem Hintergrund des Verzichts und der Selbstbestrafung, der Askese und der Abwesenheitsdressur, des Vorlustprinzips und der Resignation zu präsentieren. Eine verblühte phallische Frau, ein eitler Gesellschaftslöwe, ein rundlicher Lehrerinnentypus, ein steifer Asket, eine wuselige Kameradfrau, eine strenge Bewegungslesbe und ein grienender Fettsack. Von Mutzlacher, der sicher schon das zweite Lifting hinter sich hat, so tot sieht er aus, obwohl schon wieder alles in diesem Gesicht hängt, weiß ich, dass er sich vor vielen Jahren mit Untersuchungen über die Rolle des Theologen in Kierkegaards '*Entweder-Oder*' oder die Tücke des Objekts im '*Tagebuch des Verführers*' einen Namen machen konnte, lange vor Guy Debord hat er die Bedingungen der Aushebelung des Subjekts herausgearbeitet. Wolhe und Bornhard sind plumpe Klöpse, die hennarote Akzente gesetzt haben – sie unterrichten Literaturwissenschaft und haben sich bisher derart aufs Erbsenzählen spezialisiert – wen interessiert schon, in welchen Romanen welches Wetter als psychosoziales Kaleidoskop eingesetzt wird oder wie viele verschiedene metaphorische Darstellungen von Orgasmusproblemen das zwanzigste Jahrhundert hervorgebracht hat – dass ihre Veröffentlichung in irgendwelchen Fachbibliotheken untergegangen sind. Von Möller weiß ich so gut wie nichts, sie leitet das Kulturressort von irgendeinem Internet-Portal. Saggu hat einmal, bevor sie zu der Managementberatung wechselte und noch über weibliche Formen verfügte, einen Lehrstuhl für historische Frauenforschung innegehabt und mittlerweile ist sie eine ausgemergelte, straff gebräunte Mumie. Von Albach, der einem Kloster vorstehen könnte, gibt es eine mehrbändige 'Geschichte des Obszönen'. Merk hatte schon einmal eine große Zukunft hinter sich, und wenn er nicht zum rechten Zeitpunkt eine kleine Erbschaft angetreten hätte, wäre er wohl in einer inszenierten Psychose untergegangen. Seitdem hat er ein eigenes kleines Institut und setzt in schöner Regelmäßigkeit Thesen in die Welt, die für die Einschätzungen von Normalverbrauchern modelliert sind, um ihn als kompromisslosen Provokateur erscheinen zu lassen und die doch so genau am Abgrund vorbei zielen, dass er nicht befürchten muss, seine früheren Gegner noch einmal dazu zu bringen, sich zusammenzuraufen und das Institut zu torpedieren. Als sie dieses Spiel das erste Mal probiert hatten, weil er nicht bereit gewesen war, sich den Anforderungen eines Assistentenpostens zu unterwerfen, war mit dieser Erbschaft nicht zu rechnen gewesen und mancher der etablierten alten Krüppel hatte sich sehr weit aus dem Boot gelehnt. Welcher Genuss, den

Leuten zeigen zu können, dass er sie wirklich nicht brauchte – aber die Geschichte hatte ihn soweit gezeichnet, dass er einen nervenkranken Eindruck macht; er gehört nun nicht mehr zu den Leuten, die aus Spaß an der Sache ein Risiko einzugehen bereit sind. Soweit prägen solche Erfahrungen, denn tatsächlich könnte ihm bei seiner unabhängigen Absicherung keiner was ans Zeug flicken.

Was bin ich froh, dass ich mit dieser Welt, in der die Intrigen und Subalternitätsdressuren zu einem Selbstzweck geworden sind, nichts mehr zu tun habe. Ich bin hier, um Geld zu machen, bin guter Hoffnung, eine Anzeigenserie an einen Luxusgleiterhersteller zu verkaufen, im Gegenzug gibt's eine ausführliche Darstellung der internationalen Schule für Managementtechniken von mir als Motivationshilfe. Und falls ich es schaffe, eine Nationalschaltung für das hier ansässige Leading-Hotel unterzubringen, gibt's ein aufwendig gestaltetes Interview mit dem alten Meister als Dreingabe. Es gehört so oder so alles unter das Dach eines Konzerns – und wenn die Weltkriegstechnologien kein sauberes Image für die Werbung liefern können, müssen das eben die anderen Sparten besorgen, wahlweise Kunst und Management oder Literatur und Körpertechnologie. Und der Gag scheint zu sein, dass Liebe und Krieg wechselweise voneinander profitieren. Der verschmitzte Alte, der mich erwartet hatte, wird uns herumführen und die nötigen Erklärungen liefern. Bisher lächelt er nur und schweigt, macht eine einladende Handbewegung in Richtung des Parks und geht dann gemächlich hinter uns her.

Ein hagerer Graukopf mit dem Gesicht eines magenkranken Raubvogels doziert in einer Ecke des Parks, die Paare sind mit sich beschäftigt und scheinen ihn nicht zu beachten. Das ist wohl Mächtlicher – vor ein paar Jahren hat er seine Stelle als Programmdirektor eines Privatsenders völlig unerwartet gekündigt und die damit verbundene Ästhetikprofessur niedergelegt. Seitdem hat er hier oben in Personalunion den Vorsitz der Referate für Forschung und Öffentlichkeitsarbeit. Ich habe ein paar gute Sachen von ihm gelesen, besonders beeindruckend: „Über die allmähliche Verfertigung des Spannungsbogens" oder „Die Präzisierung der Zielvorrichtung und der induzierte Kontext". Trotzdem oder vielleicht gerade deswegen ist er mir sofort unsympathisch: Wenn jemand die wesentlichen Wahrheiten kapiert hat, sollte er in der Lage sein, sie nicht in pervertierter Form zu prostituieren. Für mich ist das ein braungebrannter Widerling und Simulant der Selbstheit – er trägt ein auffällig großkariertes, teuer wirkendes Sakko über dem offenen Rüschenhemd, das silbrige Brusttoupet wirkt schon überzogen und die Art und Weise, wie er das Mikrophon hält und irgendetwas kommentiert, was wir noch nicht sehen können, ist unangenehm affektiert.

Die Bewegung der Gruppe wird kurz durch das Lachen junger Mädchen gebremst und irritiert. Sie klatschen begeistert in die Hände und jubilieren in ganz jungen und unausgeformten Tönen. Auf halbem Weg links von ihm tut sich ein natürliches Amphitheater zwischen den grünen Hügeln auf und was wir da sehen, ist auf den ersten Blick ziemlich überraschend. Eine Klasse in Schuluniformen, die Matrosenanzügen nachempfunden wurden, fünfundzwanzig bis dreißig vielleicht sechzehnjährige Mädchen, die einen überaus braven und wohlerzogenen Eindruck machen und erstaunlicherweise klatschen sie und freuen sich, wenn einer der dort posenden und masturbierenden Bodybuilder abspritzt. Welcher Kontrast, diese Muskelpakete, die ein Praxiteles als griechische Heroen modelliert haben könnte, Oberschenkel, die den Umfang einer ihrer Taillen haben, Schwänze, die mächtiger sind, als so ein schmales Handgelenk. Und diese zarten Gemüse einer Schule für höhere Töchter schauen nicht nur zu und klatschen Beifall, sie dürfen auch erkunden und anfassen, manche ganz behutsam mit zwei Fingerspitzen und Vorbehalten und manche recht deftig, als würde sie Teig kneten. Und zwischenrein immer wieder dieses durchaus positiv hüpfige und vibrierende Lachen.

Als wir in die Nähe Mächtlichers kommen, wendet er sich uns zu, fixiert mit einem fragenden Blick unseren Begleiter und nickt dann bestätigend. Er übergibt das Mikrophon einer Assistentin und beginnt mit uns mitzugehen, wir lassen die Klasse hinter uns zurück. Nach ein paar einleitenden Floskeln, hebt er allmählich die Stimme und ich habe das Gefühl, er spricht mich direkt an: „Der Markt ist wie eine Frau junger Mann, das Publikum ist wie eine Frau. Der Markt ist launisch und eigenwillig, er widersetzt sich der Gewalt und gibt sich der Schwäche hin. Das Publikum ist schwach und haltlos und will umworben werden, es sucht sich selbst in jeder Identifikationsgestalt und versucht zugleich, jede als Sündenbock zu vernichten. Das ist eine Gegengabe für die Anmaßung, sein Führer zu sein. Aber beide sind verschlagen und verschlingend, beide rächen sich dafür, dass sie für Schwäche und Biegbarkeit belohnt werden, beide sorgen dafür, dass ihr scheinbarer Schöpfer zu ihrem Produkt wird, beide schlucken unerbittlich, was an ihnen Größe und Macht gewinnen durfte. Ein überzeugender Verkäufer ist aus diesen Gründen mit den Fähigkeiten eines guten Liebhabers ausgestattet.

Wenn Sie einen Abschluss machen wollen, müssen Sie schmeicheln und mit den Muskeln spielen. Wenn Sie die Unterschrift unter einem Vertrag sehen wollen, müssen Sie vorgeben, einen lang gehegten Wunsch zu erfüllen und dabei suggerieren, dass Sie noch ganz andere Wüschen erfüllen könnten, an die bisher noch gar nicht zu denken war. Und jeder Wunsch hat eine erotische Potenz, immer geht es um ein verbergendes Zeigen und um ein zeigendes Verbergen, immer wird nahe gelegt, dass zugleich das tiefste sexuelle Bedürfnis befriedigt werden könne – und wenn es um ein Auto geht oder einen Brillianten, eine Einbauküche oder eine Urlaubsreise. Und immer gibt es einen Punkt, an dem der Blick getrübt ist und der Mund seltsam trocken wird, ein Ziehen im Hinterkopf oder ein Pochen in den Schläfen jeden klaren Gedanken unmöglich macht – und genau da müssen Sie zuschlagen, in diesem Augenblick kriegen Sie jede Unterschrift. So wie jeder Flirt der Angstbewältigung dient, ist jedes Verkaufsgespräch ein Machtkampf auf Gedeih und Verderb. Sie wollen den Abschluss, ganz egal ob Sie das Gegenüber platt machen oder schwängern, für die Folgen haben Sie nur gerade zu stehen, wenn Sie den Abschluss nicht hingebracht haben. Wenn Sie in diesem Augenblick zögern, wenn Sie die kleine Schwäche zeigen, die Ihr Gegenüber braucht, um sich sagen zu können, das bekomme ich anderswo besser und günstiger, haben Sie verloren. Wenn die Säfte schießen und das Wasser im Mund zusammenläuft, geht es nicht mehr um die Ware, dann ist immer schon der Punkt erreicht, wo das Geschehen in die Erschöpfung abstürzt. Und dann dauert es schon nicht lange und die postkoitale Ernüchterung folgt auf den Fuß.

Wenn die Reue sich einstellt, sollte ihr Vertrag längst in trockenen Tüchern sein."

Warum erzählt der das mir? Seltsam auch diese Form der doppelten Rede, als müsste er jeden Gedanken in zwei Formen pressen. Oder nutzt er nur die Gelegenheit, mich als Stichwortgeber zu verwenden? Es hat mich jedes Mal gestört, wenn die überangepassten Banker, denen ich Anzeigen verkaufte, betonten, dass Geld geil sei oder wenn Unhold der Schwarze meinte, dass ein gelungener Abschluss mit dem Vollzug zu vergleichen sei. Der dachte nur ans Geld, mindestens vier Fünftel von dem, was ich zustande brachte, gehörten ihm und da ging es nicht darum, dass ich Spaß dabei hatte. Da ging es auch gar nicht um den Vollzug, man musste nur die asketisch verquälten Gesichtszüge betrachten. Oder die anderen Verkäufer, das Maximum, was sie an Sex zustande brachten, waren aggressive Zoten und wenn sie es gelegentlich nicht mehr auszuhalten schienen, zahlten sie dafür, dass sich jemand vor ihnen entblößte und derart demütigte, bis von den heilenden Wirkungen des Vollzugs nichts mehr zu erahnen war. Manche Sprüche hatten mir fast körperlich weh getan, die waren noch nicht einmal in der Lage, auf den Gedanken zu kommen, dass das Prinzip Hoffnung durch widerwärtige Vorstellungen und unwürdige Befriedigungen beschädigt werden könnte. Geld war die Ersatzbefriedigung an sich, von mir aus, weil man damit alles kaufen konnte – aber das Wesentliche bekam man dafür nicht. Wenn der geile Unhold vom Umsatz schwärmte, dann weil er wollte, dass seine Verkäufer auch nur noch diesem trockenen und nekrophilen Vollzug nachjagen sollten.

„Ich verspreche Ihnen, auf Tricks zu verzichten, wenn sie mir versprechen, dass sie sich ein für allemal klar machen, auf was für einem schmalen Pfad zwischen Realität und Illusion wir uns bewegen. Verwunderlich ist das nur für diejenigen, die in den traditionellen Denksystemen des Abendlandes befangen sind. Wenn Sie so wollen, aber natürlich sollte das niemand an die große Glocke hängen, sonst zieht es die falschen Leute an und verschreckt unseren Nachwuchs, haben wir es mit einem neuen Kulturbegriff zu tun. Immer wieder einmal haben die verschiedensten Gesellschaftskritiker, Soziologen und Analytiker gemahnt, dass die Verbote und das Recht, die

Tabus, das schlechte Gewissen und der Triebverzicht einen großen Teil der zur Verfügung stehenden Energie absorbierten, dass eine repressive Kultur tatsächlich ein Behinderungssystem sondergleichen darstellt und dass aus diesem Grund die wichtigsten ihrer Errungenschaften den Außenseitern, also den Kriminellen, den Süchtigen, den Erotomanen, den Unglücklichen und den Selbstmördern zu verdanken sind. Wie schon Max Frisch einmal monierte, zeigt das nur, wie wenig eigentlich geklärt ist, was Kultur bedeutet. Der Satz: Ein Volk habe eine Kultur, wenn es Symphonien habe, liefert auf jeden Fall eine Rechtfertigung der Barbarei, längst aber keinen brauchbaren Begriff von Kultur. Und über Marcuses Bemühung um einen repressionsfreien Ansatz muss ich Ihnen nichts erzählen, viel interessanter ist seine Kennzeichnung der Nekrophilie in den gängigen Kulturtechniken. Bisher haben wir nur ein allumfassendes Unvermögen ausmachen können, einen positiven Begriff der Kultur zu gewinnen – schon allein deswegen, weil in der Massengesellschaft ein Rückgriff auf die Möglichkeiten einer aristokratischen Lustpolitik nicht mehr gegeben ist. Wir haben uns also vor geraumer Zeit schon auf die Suche nach einer anderen Kulturtechnologie gemacht: Es geht nicht ums Verständnis, die Bedeutungen werden so oder so nur im Nachhinein drauf geklebt. Tatsächlich geht es um Körpertechniken, um Technologien des Selbst und der Verständigung, um gelingende Praktiken des Austauschs. Wir konzipieren die Enthemmung als Disziplin, als sportliche Übung und erreichen eine ganz andere Ranghöhe der Produktivität, wenn wir den Eros im Dienste einer Lustökonomie entfesseln.

Die wichtigen Anregungen für eine Schule der Liebe sind alle bei den literarischen Zeitgenossen der 60er Jahre zu finden – damals war der Erwartungsdruck so hoch, dass wieder nach den ewigen Wahrheiten gesucht werde konnte und außerdem waren die Themen noch nicht durch die Techniken des leeren Geredes und der unverbindlichen Bildwelten in die Inflation getrieben. Man muss sich auch klar machen, dass die Fragestellungen tatsächlich aus den Zwanzigern stammten, vergegenwärtigen Sie sich die Gespräche der Surrealisten, die unter dem Titel *Recherchen im Reich der Sinne* erschienen sind – es ist erstaunlich, dass diese Protagonisten der Avantgarde mit einer Behäbigkeit und Unsicherheit an den Techniken der Liebe, der Selbstbefriedigung, des Orgasmus der Frau, der Homosexualität und den Perversionen herumstochern, ohne auch nur eine klare Linie zu erreichen. Wenn wir dagegen halten, was ab den Sechzigern in den Massenmedien zum ersten Mal für eine breite Bevölkerungsschicht konsumierbar wurde, als Entlastung von den alltäglichen Zwängen des Triebverzichts, so wird nicht nur deutlich, wie deren hausbackene Explorationen mittlerweile zu neuen kulturellen Standards geführt haben, sondern auch, dass zu den Zeiten der Sexwelle noch ein theologischer Motor im Prinzip Hoffnung arbeitete. Noch ganz anders und mit vielen frohen Erwartungen besetzt, als ab der zweiten Hälfte der siebziger Jahre, als der Lustgewinn zu einer neuen Form des Leistungsprinzips geworden war und es schon wieder Strategien der Entlastung brauchte. Außerdem ist nicht zu unterschätzen, welche Funktion das Verhältnis der Geschlechter in dieser Schaukelbewegung zwischen Geilheitsdressuren und entlastenden Ausweichmanövern spielt. In einer Zeit der Heimlichkeiten und der Verbote wird der Sexus als Weg ins Paradies ersehnt, während er in einer Zeit der Informalisierung und Entsublimierung als Bedrohung des Scheiterns und der Ausgeliefertheit an ein fremdes und übermächtiges Geschehen geflohen werden will. Was die Alten leben, wird zur Kontrastfolie der Wünsche und Ängste, von denen die Heranwachsenden gebeutelt werden.

Ich möchte noch einmal in Erinnerung rufen, was Sloterdijk zu Beginn des neuen Jahrtausends in dem Dialog ‚Die Sonne und der Tod' konstatiert hat: Wenn man sich erinnert, was wir in den sechziger und siebziger Jahren schon einmal für zum Greifen nahe hielten und welche Öffnungen sich ankündigten, kommen einem die heutigen Verhältnisse unsäglich vor, als eine einzige Betäubung, Neuspießertum im Sozialen, Neuscholastik im Theoretischen, Verblödung in den Medien, Ressentiment bei den Älteren, böse gewordener Ehrgeiz bei vielen Jüngeren, eine entgeisterte Zeit. Von den wenigen, die das Feuer hüten, sitzen die meisten isoliert in ihren Tunneln. Das mindeste, was man sagen darf, ist wohl, dass die Zeit für große Zusammenfassungen nicht günstig ist. Und das mag richtig sein für die gute alte Erde, aber aus diesem Grund haben wir hier ein Spielfeld zur Verfügung, auf dem alles in Bewegung gesetzt werden kann, was ansonsten von den Verwaltungsvollzügen erdrückt wird, wenn es nicht zuvor schon durch die Regelungswut überhaupt am Entstehen gehindert worden ist.

Etwa seit dieser Zeit ist davon die Rede, dass die Menschheit einer Mutation unterstehe oder besser noch, dass es eben diese Mutation sein wird, die eine bisher nur vage zu ahnende Zukunft aufschließen wird. Und mittlerweile haben wir jenen Punkt erreicht, an dem eine postbiologische Existenz realisierbar geworden ist, sei es als Spiritualisierung der Artefakte, sei es als Digitalisierung des Individuellen – aber wir stellen fest, dass auf diesem Weg der Ballast eines Erbes mitzuschleppen ist, der mit dem Gewicht aller ungelöster Fraglichkeiten des Menschengeschlechts auf uns lastet. Jetzt wollen Sie vielleicht von mir wissen, was das mit moderner Personalführung und optimalen Verkaufsstrategien zu tun hat – alles! Das große Problem ist heute für jede Generation, und zwar für jede unter den verschiedenen Verkleidungen tatsächlich das, was die Fachleute vor langer Zeit schon das Gesetz des Lower-Sexual-Desire genannt haben. Es ist die Gefahr der systematischen aber ungewollten Stillstellung in der Erfahrung einer verwalteten Welt, das Ende des Antriebs und damit die ziellose Degeneration in der Verwaltungsmentalität. Wir müssen den Antrieb auf allen Ebenen in einem Triebgeschehen verankern, das positiv kodiert ist und sich im Überschwang und der grenzenlosen Steigerung erfahren möchte. Der Rest ist dann eine Sache der Lehrbarkeit, eine Kombination von Rhetorik und Selbstinszenierung, eine Wirkung der überzeugenden Ausstattung und des effektvollen Charakterdesigns. Unterschätzen Sie vor allen Dingen nicht die Schauspielmetapher – wenn wir nach der Substanz suchen und alles abziehen, was sich bisher als haltlos erwiesen hat, bleibt am Ende nichts anderes übrig.

Ich darf an eine Stelle aus Jaspers Philosophischer Biographie erinnern. Obwohl er Max Weber idealisierte und es nötig hat, darzustellen, wie er sich gegen die Ablehnung Rickerts durchzusetzen wusste, ist seinem Text ein gewisses Zögern, ein zweifelndes Staunen anzumerken, als er berichtet, dass Rickert bei der Vorstellung seiner Wertlehre eine Wertebene des Sexus kennzeichnet, die er als einen Status der reinen Unmittelbarkeit definiert – und Weber rigoros abwehrt und die Geschichte als naive Gartenlaubenromantik abtut. Und es ist genau jene Rigorosität der Ablehnung, jene Übersprungbildung der Verleugnung, an der zu sehen ist, was dieser Neurastheniker und hysterische Mann als bedrohlich empfindet und deswegen um seine Wirklichkeit betrügen muss – er konstatierte nicht nur das stahlharte Gehäuse der Moderne, er brauchte es auch gegen jede mögliche Verführung der Entgrenzung. Vergessen Sie dabei auch nicht, dass Weber in die lange Reihe derer gehörte, die die Freudsche Psychoanalyse mit dem Vorwurf des Pansexualismus meinten zurückweisen zu müssen. Derselbe Mann, der sich ein derart hohes Leistungsideal gesetzt hatte – mal abgesehen von den Schuldgefühlen, die er der Situation verdankte, in der er seine Mutter im modisch gewordenen Streben nach weiblicher Emanzipation bestärkte und damit den Zusammenbruch seines Vaters bewirkte – dass er den eigenen Zusammenbruch durch den Formwillen herbeiführte und erst in der Erfahrung der unmittelbaren Notwendigkeiten des Ersten Weltkriegs wieder auf den Weg zu einer normalen, realitätsgerechten Leistungsfähigkeit zurückgeleitet wird. Es ist genau diese Unmittelbarkeit der alltäglichen Zwänge bei der Organisation eines Lazaretts, die ihn gesunden lässt, ich betone noch einmal das Stichwort Unmittelbarkeit, um Ihnen klar zu machen, gegen was in der Rickertschen Wertlehre er sich zur Wehr setzen muss, es ist diese Verleugnung, die uns zu verstehen gibt – und vermutlich hat Jaspers etwas davon gespürt, warum sonst hätte er diese kleine Episode sonst reproduzieren sollen –, an was es tatsächlich mangelt, wenn die obersten Ansprüchen mit einem Riesenbrimborium darüber hinweg täuschen sollen, dass die einfachsten Vollzüge der Unmittelbarkeit einem Tabu unterstehen.

Genau an diesen neuralgischen Zentren setzen wir an. Es gibt viele solcher Anspruchssysteme, ob das ein neuer Rolls-Royce ist oder eine multimediale Dimensionierungs-Anlage, ein unbezahlbares Diamantcollier oder ein riskantes Eschatometer. Mancher macht Umsätze, weil ihn der Rausch des Geldverdienens davon abzulenken hat, dass ihm die bis in jede einzelne Zelle rauschende Ekstase verwehrt ist. Mancher stellt in wichtigen Augenblicken fest, dass er viel zu schnell gelebt hat und beim Unterfangen der Sinnstiftung ein klein wenig zu langsam war – aber die Besten sind gute Verkäufer, weil sie von einer Aura der gegenseitigen Erfüllung umhüllt sind und jeder, der mit ihnen Geschäfte macht, will tatsächlich ein möglichst großes Quantum von diesem biomagnetischen Kraftfeld ab. Was von den Wirkungsweisen biomagnetischer Kraftfelder zu erwarten sei, können Sie in einem alten Nachschlagwerk über *Die sanfte Verschwörung* zur Kenntnis nehmen. Schon damals sind Leute auf den Gedanken gekommen, dass in der Schule ein Zugang zur paranormalen Fähigkeiten geschaffen werden sollte und zwar nicht, um überflüssige Esoteriker nachzuzüchten, sondern um diese Kräfte für die Ökonomie und die Politik nutzbar zu machen. Und was taugte besser für diesen Ansatz, als eine Freisetzung der Kräfte, die in der Liebe zusammenfließen. Der Gedanke einer Schule der Liebe kündigt sich bereits im Gefolge der stilisierten Bekenntnisliteratur einer Fanny Hill oder einer Josefine Mutzenbacher an, aber die Anfänge finden sie in den Vorformen des Bildungsromans, also in Moll Flanders oder Tom Jones und einen Höhepunkt im Wilhelm Meister – und den wirklichen Gehalt hat Sade auf einer Negativfolie entwickelt, so präzise und langweilig, wie es von einem Gefolgsmann der mathesis universalis auch zu erwarten ist. Und wenn Sie den Archetyp aller arkadischen Schäferspiele nur genau genug ansehen, finden Sie in Longos Daphnis und Chloe alles, was zu einer Schule der Liebe notwendig ist und alle späteren Bildungsromane erreichen nicht mehr die Leichtigkeit und die Sicherheit, mit der der erotische Bildungsgang die Liebe mit der Weisheit an einem heiligen Geschehen teilhaben lässt.

Also wechseln wir lieber das Genre und gehen für einen Augenblick von der Schwundstufe Literaturwissenschaft zu den Ursprüngen der Philosophischen Fakultät zurück. Schon in Platos Gastmahl haben wir in exemplarischer Weise vorgeführt bekommen, wie Pädagogik und Erotik in einander verschränkt sind, wie die Disziplin Bildung nur in kleinen Schritten versucht, einzuholen und zu vermitteln, was den Kräften der Begeisterung und Anverwandlung wie von alleine zu gelingen scheint. Wenn wir uns die verschiedenen Systeme der Pädagogik ansehen, könnte sogar der Verdacht nahe liegen, dass es wichtiger war, einzudämmen und trocken zu legen, als diese Kräfte für sich arbeiten zu lassen – nicht umsonst ist einigen klügeren Köpfen schon aufgefallen, dass ein Sokrates völlig aus dem Register der Erotik heraus fällt. Bei diesem Sein-zum-Tode ist in exemplarischer Form alles Begehren ausgegrenzt worden – er hat im Dienste seines Apologeten Plato eine Form der Weisheit zu verkörpern, die jenseits der Möglichkeit der Erfüllung und liebenden Vereinigung situiert ist. Schon hier entsteht ein Bildungsgedanke, der auf Askese und Sublimation setzt, für den die Erfahrung des sozialen Todes das Aufnahmekriterium in den feinen Club der Mächtigen darstellt. Und in Aristoteles haben wir dann den ersten Denker der Selbstdistanzierung... Wie heißt das später im Sinne Humboldts so schön: Bildung, die den ganzen Menschen durchdringt und verwandelt... Ich möchte nur kurz andeuten, wie in diesem Bildungsgedanken noch immer die Erinnerung an die Veranderung aufbewahrt ist, verstellt und pervertiert, aber noch immer wirkungskräftig und dass in der Tiefenstruktur noch wie bei aller Bildung die erotische Vereinigung das Modell abgibt – der Rest wird dann Ihre Sache sein. Wenn es bei Gadamers Hermeneutik ganz schlicht heißt, Bildung beruhe auf Verstehen und alles Verstehen wachse an dem mit-einander-Reden und bilde sich am an-einander-Lernen, so geht das über Dilthey zurück auf Schelling, der in seinen Vorlesungen zur Methode des akademischen Studiums den Studierenden und den Kanon des Wissens als zwei Körper kennzeichnet, die einander durchdringen und zu einem neuen, davor noch nicht Dagewesenen verschmelzen sollen. Schelling griff für diesen Vorgang auf einen Terminus Kants zurück und nannte ihn „die wahre Intussuszeption" – mich wundert fast, dass niemand lacht! Diese zwei Körper, die miteinander verschmelzen und im Akt der gegenseitigen Durchdrungenheit zu einem dritten, energetisch neuen Zustand werden, demonstrieren tatsächlich die Lebenslinie des Bildungsbegriffs – und für uns wird deutlich, dass Bildung und Erotik auf den identischen Wirkungsmächten beruhen. Was schließlich auch erklärt, warum der Bildungsroman immer auf amourösen Abenteuern beruht und alles andere an Bildung tatsächlich austauschbar und beliebig ist. Womit wir wieder bei der Literatur sind.

Im verbalerotisch geschwätzigen Geist der 60er Jahre des letzten Jahrhunderts taucht der Gedanke in Greenes *Die Reisen mit meiner Tante* scheinbar harmlos wieder auf, als dem Neffen, der der Sohn ist, die Lebensweisheit einer früheren Prostituierten zensiert und verstellt unter die Nase gerieben wird, bis er an Einsicht gewinnt und wie nebenbei das komplette bürgerliche Wertsystem auf den Kopf gestellt wird. Der biedere Banker ist ein Dieb und Verführer, der antriebsgestörte Verwaltungsdepp ist des schlimmsten Vergehens überführt, er hat die Erfahrung des Lebendigen prostituiert und seine Moral bezieht ihre Kraft aus dem Schmarotzen an den bei anderen abgestraften Übertretungen. So wie es nach Brecht ein profitableres Verbrechen ist, eine Bank zu gründen, als verschiedene Banken auszurauben, wird der Banker bei Green verantwortlich für den Verrat an der Lebendigkeit – wie sich für unseren jungen Freund noch vor ein paar Jahren der Bildungsbeamte als Funktionär der Lernbehinderung und der Lebensunfähigkeit darstellte. Und in der Tiefenstruktur reicht das bis zu Heideggers Kritik am Fundament der abendländischen Wissenskonzeption. Es gibt keine Hinterwelt, wie es kein besseres Leben nach dem Leben gibt. Wir haben nur die Erscheinungen und unsere jeweilige Art und Weise, uns darin zurecht zu finden, wir müssen bei den Empfindungen beginnen, wenn wir vermeiden wollen, in der Sackgasse der Subjekt-Objekt-Dichotomie zu landen – und es kommt vor allem darauf an, wie die Antriebe erhalten und gefördert werden, damit sie im Fortgang der Sozialisation nicht versiegen. Ich beginne ganz unreflektiert mit einer Reihe von Zitaten, die ihnen vielleicht plump oder oberflächlich oder auch gekünstelt erscheinen mögen. Aber Sie werden feststellen, dass in diesen auf den ersten Blick recht wenig sagenden Texten schon alle wichtigen Stichworte auftauchen. Also versuchen wir es mit einem Sprung ins kalte Wasser: «Ich finde, das gute alte Bordellsystem war viel gesünder als diese übertriebenen Zerstreuungen von Amateuren. Denn der Amateur geht immer zu weit. Er verliert leicht die Kontrolle. Früher herrschte Disziplin in den Bordellen. Die Madame hat in mancher Hinsicht eine ähnliche Rolle gespielt wie die Direktorin eines Mädchenpensionats. Schließlich ist ein Bordell eine Art Schule, und nicht zuletzt eine, in der man richtiges Benehmen lernt. Ich habe ein paar wirklich hervorragende Puffmütter gekannt, die jedem Mädchenpensionat zur Zierde gereicht und in jeder Schule Ehre eingelegt hätten.» Greene, ‚Die Reisen mit meiner Tante‘.

Der Gedanke einer Schule der Lust und des Lebens ist hier präsent, und im Kontrast zu den Lebensrichtlinien und Sozialisationsverstümmelungen eines Bankers lernt man/frau gerade dort, wo man nicht so genau hinschauen darf und nur mit schlechtem Gewissen die Szene wieder verlässt. Das, was verboten wurde, was mit dem Tabu belegt worden ist, was in einer verbogenen Form immer gerade genug Reiz ausübt, um eine/n durch das schlechte Gewissen und die Katerstimmung dann besser beherrschbar zu machen, obwohl die versprochene Erfüllung nie zu gewinnen ist, das, genau das ist es, wo eine Schule des Lebens ansetzen muss...

In Durrells ‚Sebastian' finden wir eine Variante, die den historischen Bogen vom Gilgameschepos bis zur ersten Aufklärung im alten Griechenland spannt und dabei voraussetzt, dass der Mythos immer das Repertoire der Philosophie bereitgestellt hat, dass es ohne den Mythos gar keine Aufklärung geben könnte. Und vergessen Sie dabei nicht, dass das Koordinationsfeld des mythischen Denkens der ganze Körper ist, dass es die sexuellen Energien sind anhand derer er sich noch eins weiß mit der Natur." «Und all dies hat mich in den pouf von Mrs. Gilchrist geführt. Ein junger Diplomat auf der Suche nach tiefgründigen Sensationen war so nett, mich zu begleiten. Ich wusste damals noch nicht, dass sie eine internationale Berühmtheit ist. Sie ist anscheinend wie so viele Dinge in unserem Zeitalter ein Kettenladen mit Filialen in ganz Indien, der Türkei, in Griechenland, Frankreich und Travemünde. Sie züchteten - buchstäblich! - Mädchen für den diplomatischen und militärischen Markt.» Und lassen Sie sich nicht in die Irre führen. Es geht in diesen Zusammenhängen nicht um eine Idealisierung der Prostitution, sondern wir haben hier den immer wieder gesuchten Ansatz fast zum Greifen nah, wie die abendländische Subjekt-Objekt-Dichotomie überwunden werden kann und ein vernagelter Persönlichkeitsbegriff..."

Mutzlacher wirft ein: „Diesen Gedanken finden wir doch schon in Millers *Wendekreis des Krebses*. Allerdings in einem derart unästhetischen Rahmen, dass er sich selbst widerlegt. In solchen Zusammenhängen sollten wir die theologische Argumentation nicht aus den Augen verlieren. Dass käufliche Liebe, die ihren Preis hat, der zu dem, was zwischen den Partnern geschieht, ohne jede Beziehung ist, mit Liebe nichts zu tun hat, darüber braucht man mit Sicherheit kein Wort verlieren. In dem Augenblick, in dem der oder die andere als Sache betrachtet wird, die nur im Dienste des eigenen Vergnügens gebraucht wird, können Sie das Ganze doch vergessen." Mir ist kurz eine Stelle aus dem *Wendekreis des Steinbocks* präsent, in der sich Miller mit den Stärken des Schizo porträtiert, eine Reise nach Innen durch den Körper, eine Reise durch den Tod, eine Reise hinter die Grenzen des Triebs und des Begehrens. Und das ist leicht als die uralte schamanistische Reise zu erkennen – aber ich halte mich zurück.

Unser Begleiter winkt ab: „Ich hatte vorhin darum gebeten, dass Sie sich während der Vorstellung der thesenhaften Texte mit Ihren Einwänden und Kommentaren zurückhalten mögen. Ich bestehe auf dieser Regelung!" Mutzlacher versucht versöhnlich zu lächeln, es wird eine verrutschte Grimasse mit einem Anflug von Gekränktheit.

„Die Ästhetik ist gerade nicht das Thema", fährt Mächtlicher fort, „und die Theologie ist hier nur im ästhetischen Rahmen gefragt. „In wie weit es erkenntnisfördernd sein könnte, wenn wir lernen würden, das Objekt unseres Vergnügens so hoch zu schätzen, wie das Vergnügen selbst, weil es sonst nur abträglich für das Vergnügen ausgeht, muss ich nicht extra erklären. Noch in dem theologischen Postulat, den anderen so zu lieben, wie man oder frau sich selbst liebt, steckt dieser Wahrheitsgehalt – damit ist also zu vermuten, dass es eine Form des reziproken Verhaltens ist, wenn die Leute ihren Selbsthass auf den oder die andere übertragen. Die meisten sind nämlich gar nicht in der Lage, sich selbst zu lieben, sondern wiederholen nur immer wieder neu, was ihnen selbst an Negationen angetan worden ist – dann soll mir niemand erzählen, er verstehe nicht, warum die Liebe in vielen Fällen zum Scheitern verurteilt ist, warum vor Ihren Anforderungen in Selbstzerstörung und Abwesenheit ausgewichen werden muss. Damit wäre die erste und wichtigste Aufgabe, die Bedingungen der Möglichkeit dieses Selbsthasses aus der Welt zu schaffen. Ansonsten ist der Gebrauch noch immer der lauterste Zugang zu den Wahrheiten gewesen. Eine der größten Behinderungen können wir aus dem Weg räumen – nur weil die Knappheit in der Ökonomie den Wert heraufsetzt, heißt das nicht, dass eine ständig verfügbare sexuelle Befriedigung die Liebe entwertet. Das eine hat mit dem anderen nur vermittelt zu tun, Eros ist von Alters her ein Vermittler, ein Medium, das divergenteste Erwartungen und Erfahrungen mit einander verknüpft. Aber so lange die Knappheit herrscht, wird die Wahrscheinlichkeit einer Kunst des Liebens gegen Null gehen. Vermindern Sie den Zwang und die Not und Sie werden erst einmal den Rahmen schaffen, in dem dann andere Erfahrungen stattfinden können. Wie sie sich entwickeln und wie sie aussehen, wird dann aber ganz anderen Bedingungen unterstehen.

Der Gebrauch der Lüste will gelernt sein. Der Trieb ist ein dumpfer Motor, er muss zum wachen Bewusstsein seiner selbst sozialisiert werden. Die Sorge um sich ist tatsächlich, wie dies Foucault nachvollzogen hat, ein höchst kommunikatives Unternehmen, das sehr viel Disziplin erfordert und mit dem nötigen langen Atem, in the long run, wie Peirce die Logik der Forschung verstand, landen wir bei den verschiedenen Techniken, mit denen man/frau sich den großen Wahrheiten der Menschheitsgeschichte nähern kann. Diese Wahrheiten sind ja alles andere als harmlos, wer nicht richtig ausgestattet ist, wird in ihrer Nähe einfach verbrannt. Es geht schließlich darum, wie ein Wesen, das erst über den Umweg des anderen wird, das erst einmal nichts ist und nur Anhängsel und irgendwann der Illusion gehorcht, es sei es selbst, gerade wenn es nur das tut, was von ihm erwartet worden ist, in eine strategische Position zu bringen ist, in der die Potentialität der Souveränität zu Hause ist. Der symbolische Tausch, die beiden Körper des Königs, das Prinzip Verschwendung, der blankpolierte Spiegel und das Verhältnis der Geschlechter sind jeweils Themengebiete, die sich dem untergründigen Feuer der Metaphysik unter einem spezifischen Blickwinkel nähern. Aus diesem Grund ist es gar nicht so erstaunlich, dass sich im pornographischen Blick eine unerbittliche Wahrheitssuche verbirgt, es ist tatsächlich die metaphysische nach den letzten Dingen. Aber der Blick ist zu abstrakt, zu fleischlos und im schlechtesten Fall ein Antrieb des Sadisten. An den Finger- und Zungenspitzen, in den erogenen Zonen findet ein ganz anderer Austausch statt, das ist mehr als immaterielle Bilder bieten können, wir nähern uns dem umfassendsten Kommunikationsgeschehen, das für einen Säuger vorstellbar ist – im Extremfall findet ein Austausch mit dem kosmischen Geschehen statt. Aus diesem Grund ist Greenes Roman ein Plädoyer für die Lebenserfahrung und die gibt es, ganz im Sinne von Fromms Gegenüberstellung *Haben oder Sein* nicht für die Mentalität eines Bankbeamten. Das Haben und das Sparen sind synonym und unterstehen tatsächlich den Zwängen des Todes – das Leben wird unter ihren Vorgaben verpasst. Das Sein in diesem Sinne ist nicht das Sein des Seins, also der Begriff, sondern die Beweglichkeit und Offenheit und Lernfähigkeit der Lebendigkeiten selbst. Aus diesem Grund hat die alte Dame, die einmal in jungen Jahren als Hure gelernt hat, um später als Puffmutter lehren zu können, für das Sparen nichts übrig. Nicht nur, weil sie fünfundsiebzig ist und mittlerweile unwiderlegbar feststeht, dass mit ihr ihre Welt verschwinden wird, sondern auch, weil in ihrem Alter ganz andere Notwendigkeiten vorgegeben sind, wenn sie noch in der Lage sein soll, dem Leben den nötigen Genuss abzugewinnen. Es ist nämlich längst nicht so, wie Kierkegaard behauptet hat, dass das auf den Genuss gestellte Leben in der Verzweiflung enden müsse, sondern es sind die richtig gewählten Genüsse, die das Herannahen des Endes erträglich machen. In den folgenden Zitaten finden Sie schon den Ansatz einer auf die Lebensalter bezogenen Gewichtung der Lüste. Einmal heißt es:

«Ich habe mich in meiner Jugend oft eingeschränkt, und es war nicht weiter schlimm, denn jungen Menschen bedeutet Luxus nicht so viel. Sie haben andere Interessen als Geldausgeben, und die Liebe ist schön bei einer Coca-Cola, einem Gebräu, das im Alter Brechreiz bewirkt.» Und in diesem Zusammenhang: «Wahre Lust kennen sie kaum: Selbst ihr Liebesspiel ist häufig überstürzt und unvollkommen. Glücklicherweise lernt man in mittleren Jahren die Lust, die Lust an Liebe, Wein und gutem Essen. ... Auch der Liebesakt verschafft in der Regel nach fünfundvierzig ein anhaltenderes und abwechslungsreicheres Vergnügen.» Und dann die Quintessenz: «Zunächst musst du lernen, Verschwendung zu genießen», antwortete meine Tante. Armut befällt einen so plötzlich wie Grippe; da ist es gut, in schlechten Zeiten einige Erinnerungen an Extravaganzen auf Lager zu haben.»

Die Verworfenheit der Prostitution und Praktiken der Verschwendung, dies also liefert uns die Lehrpläne einer Schule, in der wir für das Leben lernen. Nicht der Triebverzicht und nicht die eigene Befriedigung, sondern der dienende Umgang mit dem Geschlecht des anderen, die Unterwerfung unter die Gesetzmäßigkeiten des Triebs als eines anonymen, über dem Einzelnen angesiedelten Geschehens. Was auf den ersten Blick befremdlich erscheinen mag, hat Teil an einem umfassenden Geschehen, das uns in der Liebe mit Flügeln versehen kann und in der Eifersucht zu Hellsehern macht. Wir müssen das Gehäuse des Ich sprengen und nur wer sich völlig verliert, hat die Chance, sich zu gewinnen. Wer sich weggibt wie einen Mantel an einen frierenden Bettler, gewinnt das Himmelreich – und es ist kein jenseitiges, wir lernen nicht, um in Askese zu verkümmern. Wir lernen, um unschlagbar zu werden, wir lernen, um Umsätze in Bewegung zu setzen, um bei Bedarf auch durch Wände zu gehen. Wir lernen, um die Dauer eines Lebens mit jenen Intensitäten zu sättigen, die es ermöglichen, die Punktualität, die Instantaneität des Lebendigen für uns zu bewahren und nicht in der schweren Zeitlosigkeit der Melancholie unterzugehen. Und dann liefert der Zeitpunkt, an dem die kleinen überangepassten Klemmer ihrer Midlifecrisis erliegen, genau jenen Scheideweg: Wer es kann, empfindet keinen Überdruss und keine Langeweile, wer an der kosmischen Verschwendung, an den Fontänen des Überfließens, teilhaben darf, empfindet jedes Mal wie neu und einzigartig, es gibt da keine Wiederholung mehr, nur noch das Staunen des gelebten Augenblicks, das Gewahrwerden der Unendlichkeit einer momentanen Empfindung.

Greene führt vor, wie die Prostituierte mit einer Chance versehen wird, an einem Geschehen zu lernen und zu wachsen, das vielen aufgrund von Arbeitsteilung und Tabuisierung nicht zugänglich war – und auch hier klingt die uralte Denkfigur mit, dass im Verworfenen das Heil zu finden sei. Einmal, berichtete sie, als sie ihrer kleinen Nebenbeschäftigung hinter dem *Messaggero* nachging, kam ihr früherer Zuhälter in den Empfangsraum – und nun ziehen Sie von dieser Situation die soziale Deklassierung, die psychische Not und das gesellschaftliche Stigma ab und stellen sich einmal vor, wie diese Begegnung in anderen Zusammenhängen ausfallen kann. Ein purer Zufall. Er war gar nicht meinetwegen gekommen. Aber wie glücklich waren wir doch, wie glücklich. Einander wieder zu sehen. Die Mädchen verstanden es nicht, dass wir uns an den Händen nahmen und zwischen den Sofas zu tanzen begannen. Es war ein Uhr nachts. Wir gingen nicht hinauf. Wir gingen hinaus, auf die Straße. Dort war ein Trinkbrunnen, der die Form eines Tierkopfes hatte, und er hat mein Gesicht mit Wasser bespritzt, bevor er mich küsste. ... Wir waren wieder beisammen, er hat mich angespritzt und wieder angespritzt, er hat mich geküsst und wieder geküsst.» Nicht umsonst klingen in dieser Erinnerung die Assoziationen von Taufe und Akt zusammen – und der Banker und Neffe, der nicht in der Lage ist, die Lagune während der Eisenbahnfahrt oder die wunderschöne Stadt Mestre zu sehen, nur hohe Schlote mit fahlen Gasflammen, die im Licht des späten Nachmittags kaum zu erkennen sind, was nichts anderes als eine Konkretisierung seiner psychischen Dumpfheit darstellt, steht mit seinen moralisierenden Fragen nur für die verlogene Doppelmoral: «Hast du ihn denn nicht verachtet, nach allem, was dir dieser Mann angetan hatte?» Während wir als Leser die Empörung der alten Dame bereits nachvollziehen können, trifft ihn der Ausbruch seiner Tante völlig unvorbereitet: Vor Wut funkelnd, stürzte sie sich auf mich, wie auf ein Kind, das achtlos eine Vase zerbrochen hat, die sie ihrer Schönheit und der Erinnerungen wegen, welche damit verbunden waren, ein Leben lang in Ehren gehalten hatte. «Ich verachte niemanden», sagte sie heftig. «Niemanden. Man kann bereuen, was man getan hat, wenn man gern in Selbstmitleid badet, aber verachten darf man nie, niemals. Niemand darf sich einbilden, die Moral gepachtet zu haben. Was glaubst du eigentlich, was ich in dem Haus hinter dem *Messaggero* getan habe? Ich habe betrogen, nicht? Warum sollte mich Mr. Visconti nicht auch betrügen? Aber du hast sicher nie wen betrogen, du kleiner Provinzbankier. Weil es nichts gibt, was du wirklich haben wolltest, nicht einmal Geld, nicht einmal eine Frau. Du hast dich um das Geld anderer Leute gekümmert, wie ein Kindermädchen um anderer Leute Kinder. Ich seh dich vor mir, in deinem Käfig, wie du aus deinen Fünf-Pfund-Scheinchen Stapel baust, bevor du sie denen auszahlst, denen sie wirklich gehören. Angelika hat aus dir genau das gemacht, was sie wollte. Dein armer Vater stand auf verlorenem Posten. Er war auch ein Betrüger. Wärst du nur wie er. Dann hätten wir wenigstens etwas gemeinsam!» Lawrence Durrell geht noch einen Schritt weiter, er demaskiert die Hinfälligkeit der männlichen und weiblichen Rollenanweisungen, um dahinter ein kosmisches Geschehen erahnbar zu machen, energetische Potenzen, die sich seit unvordenklichen Zeiten in den Masken der Götter entladen und in den vielfältigen erotischen Gesichtern der Liebe wiederscheinen. Ein anonymes Geschehen, das sich seine Schauplätze in den zartesten Erwartungen, im Brennen der Begierde, in der Wut des Fleisches schafft. Durrell ist einer der wenigen, der die Abstammungslinie eines Wissens kennt, das von kosmischen Systemen des Austausches und der Kommunikation berichtet, die das Geschehen in der einzelnen Zelle mit der Geschichte dieses Planeten verknüpfen – tatsächlich beginnt er genau dort, wo die Romane Huxleys aufhören, bei einer Offenbarung, die sich durchs Geschlecht artikuliert. In einem Essay Umberto Ecos über die Gnosis werden die verschiedenen Traditionslinien der romantischen Liebe verfolgt und auf einmal offenbart sich die Gnosis als ihr Quellpunkt, der abwesende Gott, der seine Schöpfung einem Demiurgen überlassen hat, wird zum Impulsgeber aller späteren Abwesenheitsdressuren, ja dieses Wissen des kosmischen Verzichts hallt noch in Lacans Dictum: >Es gibt kein Verhältnis der Geschlechter< nach. Dann wäre bei Durrell – und das macht seine Bedeutung für unser Unternehmen aus – die Anstrengung auszumachen, von dieser gnostischen Kosmologie und Erkenntnistheorie auszugehen, um die Liebe in die Präsenz einzufangen, eine aus der Gnosis entwickelte Alternative zur Abwesenheitsdressur auszuarbeiten. Denn Durrells Romane sind nur Variationen über das Thema Liebe und die Intensitäten, denen er sich widmet, dienen dem Kampf gegen die Abwesenheit. Er kann begründen, warum der Mythos vom gemeinsamen Orgasmus mehr als ein Mythos ist, und nicht nur ein Zwangssystem, mit dem sich Nichtskönner, Alkoholiker und Tablettensüchtige aneinander ketten, um eine Entschuldigung fürs Leben zu haben und gemeinsam unterzugehen. Und auch da begegnet der Mann dieser Fragestellung in einer Prostituierten, als bringe die Käuflichkeit die Chance mit sich, den symbolischen Tausch im vollen Sinn zu erfahren. Als setze das Geld als inhaltsleerster Signifikant eben jene Potentialität frei, die mit der verdinglichenden und Mehrwert anreichernden Ehe verloren gegangen ist – als sei die Elternschaft ein gigantischer Betrug und das System Mutter die Bankrotterklärung eines Verhältnisses der Geschlechter. Auch in den philosophischen Gefilden einer

Kritischen Theorie wurde schon vermutet, dass in der Prostitution die Utopie vom vollen Tausch ohne Rest und ohne Vorbehalt aufleuchte. Aber um welchen Preis? Mit dem sozialen Tabu und den Schmerzen der erfahrenen Würdelosigkeit ist alles dahin, was an Erfüllung versprochen war – in der Zeit, als Durrell schrieb, hatte eine Prostituierte noch keine Möglichkeiten, in eine Kranken-, Alters- oder Arbeitslosenversicherung einzuzahlen. Ein japanisches Sprichwort lautet: Auch der Fuji zeigt seine Schönheit nicht demjenigen, der hungrig ist und friert! Damit sind schon die Bedingungen genannt, um deren Erfüllung wir vorab sorgen müssen. Wer den ganzen Tag geil durch die Gegend hechelt oder aufgrund der unerfüllbaren Sehnsüchte gar nicht mehr von dieser Welt ist, wird für unser Unternehmen nicht in Frage kommen. Wenn es allerdings gelingt, ein Lustobjekt in das Subjekt zu verwandeln, das Herr seiner Lüste ist, arbeiten wir an einer Entfesselung des symbolischen Tausches unter den Bedingungen des Vollen Sprechens. Mit der Sozialisierung des Triebgeschehens bemühen wir uns um die Umwandlung der Energie, wir können schließlich keine Energie erzeugen, wir können sie nur umwandeln. Und einem großen Masturbator ist nicht so viel zu entnehmen, wie einem hingeschluderten käuflichen Akt – was meinen Sie, welch mächtiges Kraftwerk der Liebe von den ungebändigten Stürmen und Sturzbächen einer großen Leidenschaft auf der Grundlage gleichberechtigt reziproker Austauschvorgänge betrieben werden könnte. Es ist wirklich nur eine Frage der Geduld und der Technik – erst ganz spät kommen wir zu Differenzierungen, die der Größe einer Leidenschaft gewidmet sind oder der Begabung der Kraft oder besser der Gelassenheit der Hingabe entsprechen. Wenn die Routinen erst einmal sitzen, beginnen die Körper in einer Weise zu kommunizieren, die die Möglichkeiten des sprachlichen Austauschs weit übersteigt. Worte sind nur Annäherungen, sind abgegriffene Münzen eines weit zurückliegenden Abstraktionsprozesses, während der energetische Austausch die Botschaft am Ursprung der Erfahrung erfasst. Beileibe nicht alles in der Welt ist sprachlich konstituiert, aber unsere Welt wird erst durch das Verstehen zu unserer Welt. Und das ist eben nur mit Hilfe der Sprache möglich. Aber es ist immer wieder erstaunlich, wie tief das Verstehen gehen kann, wie umfassend und anschmiegsam sich die Sprache erweist, wenn die Reduzierung auf die lexikalischen Bedeutungseinheiten wegfällt. Auf einmal geht sie in die wolkigen Gefilde der Seele über und ist zugleich in den Sinneswahrnehmungen präsent. Natürlich gibt es vorsprachliche Impulse, als magische Nachahmungszwänge oder bildhafte Ähnlichkeiten – aber all das ist nichts, wenn es nicht benannt und begriffen wird. Wir arbeiten daran.

Die vorhin angedeuteten Probleme brachten Traurigkeit und Verwirrung in das Liebesleben unserer Romanfigur. Und es ist kennzeichnend, dass er mit der Hoffnung liebäugelt, die untergründige Bedeutung von Lust und Schmerz herauszufinden – und das heißt ja wohl, vom anderen nicht mehr durch eine Barriere getrennt zu sein, die unselige Trennung zu überwinden, die den anderen auf den Objektstatus reduzierte. Was gewinnen wir beim Sex, wenn es nicht gelingt, die Grenzen zwischen dem Subjekt und dem Objekt so durchlässig zu machen, dass beide zugleich beides sind – nun, nichts! In vielen Fällen zeigt dann der Lebensgang, dass es ein frustrierender und demütigender Versuch war, den man sich lieber hätte sparen sollen. Und nun horchen Sie beim folgenden Zitat auf Seite 20 genau hin, in diesen wenigen Zeilen ist tatsächlich alles zusammengefasst, was für uns von Bedeutung ist: Gelegentlich zündete ich eine Kerze an, um die schlafende Gestalt zu betrachten, da sie mich wegen ihrer mysteriösen Herkunft beunruhigte. … Sie hatte recht hübsche, kleine Zähne, obwohl das Gebiss im ganzen eine Spur zu unregelmäßig war – genug, um ihrem Lächeln etwas zugleich zaghaftes und gieriges zu geben. Sie war zu zügellos um mit ihren Kräften – im gewerbeübliche Sinn – hauszuhalten. Oder war sie vielleicht zu anständig, um nicht den Wunsch zu haben, ihre Kunden gut zu bedienen? Sie konnte sexuell völlig erschöpft sein und sich in eine Mattigkeit flüchten, die so extrem war, dass sie dem Tod glich. Arme Iolanthe, sie hatte nie genug zu essen, so dass es für einen gut ernährten Mann leicht war, ihr einen Orgasmus nach dem anderen bis zum totalen Zusammenbruch aufzuzwingen. In unserem Falle funktionierte es ausgezeichnet – ja sogar so ausgezeichnet, dass es sie beunruhigte. Der Funke sprang über wie bei zwei perfekt synchronisierten Motoren. Dies war natürlich eine reine Frage der Technik – eine vollkommene psychische und physische Anpassung –, merkwürdig, dass man nie einen Lehrstuhl für sexuelles Verhalten einrichtete, oder eine Schule, um es auf experimentellem Wege zu erforschen. Wenn wir das Sexualleben mit derselben Sorgfalt behandelten wie – sagen wir – der Maschinenschlosser sein Werkzeug, könnte viel Unglück in der Liebe vermieden werden. In unserem Zeitalter der fortgeschrittenen Technik ist es verwunderlich, dass man auf dieses Problem nicht mehr Aufmerksamkeit verwendet. Durrell, ‚Tunc‘.

Die ersten Lehrstühle dieser Art gibt es etwa seit der Zeit, in der dieser Roman veröffentlicht wurde - aber mit der Expansion der Sexologen ist es nicht etwa zu neuen Formen der Bewusstseinserweiterung gekommen, eher zu Verdinglichungen und weiteren Entwertungen des Körpers. Dabei war bei Durrell schon zu lesen, warum das Paar zu einer gefährlichen Konkurrenz zu den bestehenden Institutionen wird und vielleicht hat gerade die Propagierung der Selbstbefriedigung durch die Sexologen dazu gedient, diese Infragestellung der Ersatzleistung gleich wieder auszuhebeln. Es ist immer das gleiche: Finde einen Weg, eine Geisel der Menschheit zu erledigen, und du wirst über die Hälfte der Betroffenen gegen dich haben. All jene, die ihr Leben dem Kampf gegen diese Plage gewidmet haben und dann außerdem noch die vielen, die aufgrund ihres Systems von Behinderungen und er damit verbunden Selbstbestrafungsriten gar nicht auf den Anlass der Qual verzichten können. Aus diesem Grund bitte ich zu beachten, dass es niemals um eine Idealisierung der Prostitution gehen darf, dass wir uns auf keinen Fall mit der Ersatzbefriedigung oder der Perversion abfinden sollten. Das sind lediglich die notwendigen Gegenstücke eines arbeitsteiligen Systems der Geschlechter, bei dem alle Beteiligten nur verlieren. Aber es darf nicht übersehen werden, dass an der Prostitution, wie sie bei Greene, Miller oder Durrell eingesetzt wird, die Gesetzmäßigkeiten des symbolischen Tauschs in einer Weise deutlich werden, wie dies in einer durch Lebenslüge und Verzicht geordneten Welt gar nicht vorstellbar ist. Do ut des! Wir kommen näher an eine Wahrheit heran, als es die Süchte und Abhängigkeiten zulassen würden, die den Normalverbraucher in seiner Angst und Unfähigkeit bestätigen, wenn es darum geht, die tatsächlichen Ansatzpunkte zu verleugnen und zu verpassen.

Die höchste Form des symbolischen Tauschs findet auf der Ebene der emotionalen Intelligenz statt – deswegen hilft auch kein abstraktes Lernen dabei, sondern nur die Praxis. Ein dauerndes Üben, bis das Wissen ganz tief im Körper verankert ist, bis es nichts mehr zu kapieren gibt, sondern die Wahrheit einfach präsent ist: Dass Gefühle, die geteilt werden, sich verdoppeln, dass sich geteiltes Leid halbiert.... Dass alles, was man für sich behalten will, verloren geht und entwertet wird und alles, was geteilt wird, sich vermehrt – und einem tatsächlich mehr zurück gibt, als man selbst gegeben hat. Und ich plädiere hier nicht für die selbstlose Liebe, obwohl bei unserem Geschehen vom ursprünglichen Selbst nicht viel übrig bleibt. Die Konzeption der Agape beruht auf einem perversen Irrtum von Theologen, die sich durch eine Großinstitution definieren und aus dem Grund über die realen Antriebe täuschen müssen. Es gibt nur das Begehren des Menschen und genau dies darf nicht verwechselt werden mit dem infantil zurückgestauten und verstümmelten Egoismus jener Missgeburten, die sich ihrer Antriebe nicht bewusst werden dürfen und sie aus diesem Grund Gott nennen müssen. Die Begierde ist der Beginn alles Guten und Großen, so wundert es nicht, dass die meisten auf der Askese beruhenden Unternehmen, selbst wenn sie großen Zielen gewidmet waren, in Selbstverstümmelung und Weltzerstörung endeten. Wenn wir diesen Motor richtig anlassen und auf Touren bringen, kommen Ergebnisse zustande, die eine Verbesserung der Welt implizieren.

Die Körper müssen zu Organen des Sprechens werden, erst dann wird die Sexualität zu jenem umfassenden und alles durchdringenden, alles erreichenden Kommunikationsgeschehen. Wie Durrell einmal in *Nunquam* eine Frau sagen läßt: *Er hat mir in der Liebe einen unschätzbaren Dienst geleistet – er hat mich gelehrt, <mit der Klitoris zu hören>, wie er es nannte.* Der Funke, der überspringt ist ein Gottesgeschenk, keine Selbstverständlichkeit. Die Techniken, die dazu entwickelt werden müssen, erfordern eine ausdauernde Geduld, denn erst einmal müssen bewusster Wille und motorische Bahnung aufeinander abgestimmt werden – aus diesem Grund ist auch der Hinweis auf Erschöpfungszustände nicht unwesentlich. Später dann, in der Erfahrung des Anderen gelingt es in der Regel, die Trennung zwischen körperlichen Erfahrungsformen und spiritueller Wahrnehmung zu überwinden. Es sagt sich gar zu leicht, dass die

Scheidung von Körper und Geist nur künstlich sei – wir müssen Jahr-tausende überspringen, um die wache Intelligenz der Körpererfah-rung wiederzugewinnen. Die früheste Magie der Seele beruht auf der Krafterzeugung! Wir können, nachdem wir alles christliche Brimbori-um abgezogen haben, Eduard Spranger paraphrasieren: Der Glaube dient der Kraftgewinnung, die Liebe erzeugt ihre Welt und schafft das Du, die umfassendste Kommunikationsform Sexualität verspannt den Körper selbst mit der Metaphysik. Gerade die Liebe erscheint in den verschiedensten Gestalten, die in metaphysische Tiefen zurückgrei-fen. Es geht um die Aufhebung der Getrenntheit, um das Wiederge-winnen einer ursprünglichen Einheit, um das Einswerden, sei's mit dem Du, der Welt oder dem Gott. Wir entdecken das Göttliche in uns selbst, wir sind ein Teil davon, und wir sind von da an nicht mehr al-lein, nicht mehr im Gefängnis des Ich eingemauert. Wir sind Benet-zungen, Überlappungen, Wirkungen über weite Entfernungen hin-weg, wir sind tatsächlich selbst jene Wünsche, die zur Wirklichkeit werden.

In seltenen Ausnahmefällen wird das Paar zu einer Realitätsschöp-fungsmaschine – und dann hat die Versuchsanordnung bei Durrell einen Aspekt, der zum Trauern Anlass geben könnte. Ist der Mythos vom gemeinsamen Orgasmus erst dann kein Mythos mehr, wenn die Frau so geschwächt ist, dass sie keine Behinderungen mehr in den Vollzug einbrechen lassen kann. Und das Gegenstück, vielleicht ist ein Muttersohn erst dann in der Lage, sich hinzugeben, wenn sein Gerüst zusammengebrochen ist. Uns stört die Hinfälligkeit, als wäre die Erfüllung erst mit einem Todesbezug zu haben. Aber vielleicht musste Durrell für diese Darstellung wirklich bei de Sade in die Lehre gehen, denn wo gibt es den Versuch, das Göttliche aus der Reserve zu locken, klarer destilliert, als bei diesem Gefängnispsychotiker. Und vielleicht ist der Rekurs auf die Grenzphänomene des Sadomaso-chismus auch nur eine Metapher für die Notwendigkeit, hinter die Szene der bürgerlichen Menschenabrichtung zu schauen und zu zei-gen, welche Verkennungsanweisungen und Lebenslügen an der Zer-störung der wirklichen Bedingungen der Erfahrung beteiligt sind. Das Bedürfnis, sich am Schmerz des anderen zu weiden, gehorcht nur der Trennung, der Barriere zwischen den beiden. Es ist ein billiger

Ersatz für die Erfahrung des anderen und wenn sie annäherungsweise zu gelingen scheint, dann in dessen Auslöschung, womit tatsächlich nichts mehr übrig ist von dem, an dem man eigentlich wachsen wollte. Die Erfahrung des Opfers ist nicht die Erfahrung des Opferpriesters – doch erst wenn beides in einem zu haben wäre, wären die Borniertheiten und Denkbehinderungen des Sadomasochismus überwunden. Wobei wir an den Ursprüngen des beschränkten Ich angekommen sind, an jener Erfahrung der Einheit eines Selbstbildes, das nur unter Bedingungen zustande kommt, in denen einem nicht einmal der eigene Schmerz gehört. Und damit ist auch nachzuvollziehen, warum der spätere Versuch, die Einheit zu sein, immer mit Fäden aus diesem ursprünglichen Schmerz zusammengeflickt werden muss. Bei Malraux finden Sie ein treffendes Bild, wenn er zweierlei Hören unterscheidet: Wir können mit den Ohren hören, wenn wir jemandem zuhören und wir können mit dem Kehlkopf hören, wenn wir selbst sprechen und der Stimmton in uns mitklingt. Es gilt, diese beiden Formen des Hörens zu verbinden und das geht nur über die Erfahrung der Liebe – wie es bei Benjamin einmal heißt, er habe im Traum mit den Augen seines Körpers gesehen.

Die von de Rougemont aufgezeigten Partnervermeidungszwänge im Verhältnis der Geschlechter werden genau gesehen und im Alexandria Quartett bis ins letzte durchgespielt, jeder Liebende braucht einen Abwesenden als Schutzschild gegen den Anwesenden – und es ist kennzeichnend für den psychotischen Sog, dass sein Ausgangspunkt im Missbrauch eines Kindes zu finden ist. Diese primäre Erfahrung für Justine liefert dann den Motor eines Unternehmens, das sich als Nymphomanie tarnt, um die frühe Traumatisierung ertragbar zu machen, indem sie allen anderen Protagonisten aufgezwungen wird. Die Verfügung über das Kind hatte eben jene mühsam während des psychischen Wachstums geschaffene Regulierung zwischen Nähe und Ferne, zwischen eigenem und fremden ganz brutal platt gemacht. Es ist der Dritte, den das Sozialisationsgeschehen mit dem Namen des Vaters eingeführt hat und der tatsächlich dafür zu sorgen hat, dass es niemals mehr zu jener exklusiven Nähe kommen darf, die einmal von der Mutter-Kind-Dyade als totales Zwangsverhältnis vorgegeben worden war. Und es ist genau diese Ordnungsstiftung, die in jeder

Verführung, in jedem Missbrauch eingeebnet wird. Damit ist allerdings auch genau jene Stelle angegeben, an der der heilsame Schnitt im Gewebe des Lebendigen anzusetzen ist. Tatsächlich müssen die Fundamente eines Ich ins Wanken kommen, vielleicht muss buchstäblich der gewohnte Boden unter den Füßen beben, wenn zwei in der Lage sein sollen, am umfassendsten Kommunikationsgeschehen teilzuhaben. Vielleicht muss man/frau wirklich die Erfahrung des Todes durchlaufen, nicht nur als Opferpriester machen, sondern als Opfer erfahren, muss zerrissen werden, vor Schmerz in Stücke zerfallen. Wer dann vor den Trümmern des bestgehüteten Geheimnisses stehen darf, wird bemerken, wie wenig tatsächlich an der Identität dran war, ein dürres Gerippe, an dem bis zum Schluss die Mutter wie eine stinkende Hyäne nagt.

Und so führt Durrell unter der Verkleidung eines alchimistischen Sprachbombasts immer wieder neu auf jene Erfahrung einer ursprünglichen Zweiheit, die sich zu einer symbolischen Einheit zusammen zu schließen versteht – und damit den Bann der ursprünglichen realen Einheit auszuheben in der Lage ist. Das ist die wirklichkeitsstiftende Kompetenz des Paars: Wenn es uns nur gelänge, die gesamte Zeit der Realität anzunähern, so könnten wir ein wenig tiefer in das Innere unserer Verworrenheiten blicken; die Syzygie mit ihrer Verheißung des doppelten Schweigens ist Männern und Frauen im gleichen Maße zugänglich. Sollten die beiden je auf diesem Gebiet ihre Kräfte vereinen, dann könnte die Liebe mehr sein als nur eine Vokabel für das Tierisch-Unklassifizierbare. Wenn es passiert, ist es unverkennbar. Es ist, als ob die Erde ihr Epizentrum etwas verlagert hätte. Wie schade, dass wir, Abbilder fader Schleimer, unsere Zeit damit vergeuden, uns als so seltsame Wesen zu projizieren – bevollmächtigte Trugbilder perfektionierter Lust. Der mystische Greif, «das vollkommene Symbol» der Alexandrinischen Psychologie, ist ein Versuch auf telenoetischem Gebiet. (Der Raum ist für die Materie das, was die Seele für den Geist ist.) Es gab «verdorrt-visionäre» Heilige. (Ruck-ruck, aber nichts kommt; und so wählten sie den «jammervollen Weg» des Nachbildens der Lust.) So jagten die armen Schlappschwänze irgendeinem aufgemöbelten Lebensinhalt nach oder dem infantilen Wunsch, von einem Gott adoptiert zu werden. Leider vermögen Worte solche Anklagen nicht zu stützen, deswegen das Manko an Wahrheit auf allen verbalen

Gebieten. Hier könnte der Künstler helfen. «Kunst ist Zunge, Zunge ist Schlüssel, Schlüssel ist Schloss.» Andererseits ist ein System nicht mehr als die schüchterne Umarmung, durch die der arme Mathematiker hoffen kann, seine Braut so weit zu bringen, dass sie sich ihm erschließt. Durrell, Tunc.

So absurd dieses Zitat auf Seite 23 klingt, ich rate Ihnen, sich die wenigen Sätze ein paar Mal auf der Zunge zergehen zu lassen. Die vielen Spielereien um das Geschehen von Einweihungszeremonien erinnern, wie Eliade überzeugend gezeigt hat, an das Thema des sozialen Todes und der Wiedergeburt auf einem anderen Signifikantenniveau und das Entstehen dieses Symbolbegriff im Zusammenhang eines heraldischen Universums können Sie sehr schön im Briefwechsel zwischen Durrell und Miller nachvollziehen. Ein als Abstraktion vorgestellter Raum der doch nur eine Form der Anschauung präsenter Materie ist und zugleich ein Verweisungszusammenhang symbolischer Bezüge, die in gewisser Weise wirklicher sind, als die realen Begebenheiten, soweit wir der Illusion huldigen, die Wirklichkeit sei ein von uns unabhängiges Geschehen. Das Symbol verweist auf einen Weltzustand zurück, in dem das Zeichen und das Bezeichnete noch identisch sind. Vor allen Gewaltenteilungen und Machtbesetzungen ist das Wahre, das Gute und das Schöne noch eines und identisch und zwar als Einheit der Wirklichkeit. Aus diesem Grund ist für Durrell alles Streben, die Entfremdung zu überwinden nur der Entfremdung verpflichtet – es erledigt sie nicht etwa, sondern potenziert sie erst noch. Kein Kampf gegen das Schlechte wird es vermindern, die in den Kampf investierte Kraft wird das Böse viel eher rechtfertigen. Während es einen anderen Weltzustand gegeben haben muss, in dem es nur darum ging, diese Einheit zur pflegen, dieser umfassenden Wirklichkeit gerecht zu werden. Einen Nachhall findet er in den Beziehungsgefügen großer Kunstwerke oder in den umfassenden Besetzungen der Liebe, aus denen die fragile Schöpfung des Paars hervorgeht. Es bringt nichts, die Einheit zu erstreben, damit wird sie sich immer nur entziehen, sie ist der Intention nicht zugänglich. Aber es gibt eine unmittelbare Abkürzung ins Herz der Gegenwart, wenn es in der Liebe gelingt, selbst zum Symbol zu werden, das Symbol zu verkörpern und in einem emergenten Punkt die Bejahung der Einheit zu sein. Es gibt da nichts zu erklären – oder alle

Erklärung wäre nur unbefriedigendes Gerede, es gibt nur die Verwandlung. Gerade war es nur Theater, ein Spiel mit Zitaten, ein Werben mit bedeutungsvollen Gesten, aber ab einem gewissen Punkt der semantischen Sättigung gibt es den Punkt des Umschlags und auf einmal befinden sie sich im Status der Wahrheit, auf der Ebene der unmittelbaren Präsenz.

Bei diesem Versuch, die vollendete innere Leere zu streifen, der zugleich das Ergebnis mit sich bringen kann, das Geschehen auf den richtigen Nenner zu bringen, als rückwärts gewandter Prophet einen Namen zu geben oder ein Gesetz zu finden, kann noch einmal Greene helfen. Das Dunkel des gelebten Augenblicks erfordert seine eigene Wahrsagekunst und es sind die Intensitäten, die Körper einander als ekstatische Qualitäten vermitteln, die uns davon überzeugen, in welchem Maß wir außer uns sind und wie verlogen die Beschränkung auf die Mauern des Ich tatsächlich sein muss. Greene kann bei diesem Zitat mit einem verschmitzten Lächeln deutlich machen, dass den anderen als karge Notation die Kunst und die Literatur zu dienen haben, ein minimales Quantum an Exzentrizität. Und genau für die stillgestellten und antriebsgestörten Vertreter der Normalität ist zu zeigen, wie verschränkt die Schrift und das Begehren sind, wie das, was der einen Generation im wahren Leben begegnet, noch ein-zwei Generationen zuvor erst einmal den weiten Weg von der Imagination aufs Papier finden musste – womit auch schon angedeutet ist, dass die Fantasie in einer multimedialen Welt längst nicht mehr diese Umwege gehen muss und trotzdem dafür sorgt, dass die verbohrten Furzideen eines spezifischen, dem Verzicht und der Askese verpflichteten Menschentypus dann zur Wirklichkeit der gerade nachwachsenden Generation werden können: Viel schneller und viel umfassender als zu Zeiten, in denen die Selbstbefriedigungsriten einsamer Autoren das Register der Wünsche von morgen prägten. Damit einher geht die entsprechende Selbstdefinition und ein quasi eingemauertes Ich. Wenn es heißt, dass die Vision ohne Moral auskomme, so meint das vor allem, ohne Antriebsstörung, ohne Selbstbehinderung. Denn nichts anderes wird dem Ich in der westlichen Welt aufgebürdet: Es hat ein tragbares Gefängnis zu sein, es hat dafür zu sorgen, dass wir vor lauter Vorstellungen gar nicht in der

Lage sein sollen, einfachste Entscheidungen zu treffen. Eine abschließende Zusammenfassung finden Sie bei Greene auf der Seite 165. Unser Leben, meine ich mitunter, wird mehr von Büchern als von Menschen bestimmt: aus Büchern lernen wir von Liebe und Schmerz, sozusagen aus zweiter Hand. Selbst wenn es das Glück will, dass wir lieben, dann geschieht das nur, weil uns geformt hat, was wir gelesen haben, und wenn ich nie geliebt habe, so vielleicht deshalb, weil die Bibliothek meines Vaters nicht die richtigen Bücher enthielt. ... Vielleicht sind unsere Moralbegriffe nur ein armseliger Schadenersatz, den wir schätzen lernen wie einen Strafnachlass für gute Führung. Die Vision ist ohne Moral. Meine Geburt war, wie meine Stiefmutter gesagt hätte, das Ergebnis einer unmoralischen Handlung, ein Werk des Bösen. Mein Beginn war Freiheit ohne Moral gewesen. Und warum befand ich mich dann in einem Gefangenenhaus? Meine wahre Mutter war gewiss niemandes Gefangene gewesen.

Jetzt ist es zu spät, sagte ich zu Miss Keene, die mir aus Koffiefontein verzweifelte Zeichen machte, ich bin nicht mehr dort, wo Sie mich vermuten. Früher einmal hätten wir vielleicht einander trösten können und wären zufrieden gewesen in unserer Gefängniszelle, aber ich bin nicht mehr der, den Sie mit einer Spur Zärtlichkeit über die Klöppelspitzen hinweg betrachteten. Ich bin entkommen. Ich habe keine Ähnlichkeit mit irgendeinem Phantombild, das Sie von mir haben mögen.

Derselbe Sachverhalt aus der Perspektive Durrells bringt dieses Wechselverhältnis von Lebenssinngestaltung und Fiktion auf einen Nenner! Nicht nur, dass die Wirklichkeit von der Fiktion vorbereitet und herbeigeführt wird, sondern auch, dass es ein Kampf ums Überleben ist, die Rettung vor dem Ertrinken oder die Flucht aus einem brennenden Haus. Wir sind dringend auf die Fantasie angewiesen, ohne sie wäre die Menschheit in einer Unmasse Nichts längst zum Untergang verurteilt gewesen. Und wir sind auf das ekstatische Potential angewiesen, das im Trieb entfesselt wird – wir unternehmen alles menschenmögliche, dass es von der Kunst und den Techniken gebändigt werden soll und laufen damit wieder Gefahr, das Wispern des Wunsches zum Schweigen zu bringen, die Ströme des Geschehens stillzulegen – aber nur die Liebenden können jenen Status der Welt erreichen, in dem der Wunsch Wirklichkeit wird. Es ist ein lebensgefährliches Unternehmen, aus diesem Grund sind sie im Rahmen der Menschheitsentwicklung die wahren Märtyrer – sie sind Zeugen. Die Schriftsteller, die sich diesem Geheimnis zuwenden, haben alle diesen Schulungsgang der Liebe durchlaufen, waren Produkte der Imagination eines anderen, bemühten sich oft um die gleichen Frauen, fädelten sich den gleichen Wiederholungszwang. Und wenn sie berichten, dann mit dem Bewusstsein, dass sie mit den Leichenteilen einer vergangenen Liebe versuchen, eine gegenwärtige zu bannen oder ihrer Übermacht zu entrinnen. Das ganze Leben selbst untersteht den Gesetzmäßigkeiten der Fiktion! Also packen wir es doch an wie ein Kunstwerk – aus diesem Grunde ist auch die Möglichkeit gegeben, für einen beschränkten Zeitraum ein Gelingen anzuzielen, vielleicht kann sogar hin und wieder, auch wenn wir nie etwas davon mitbekommen, ein Meisterwerk gelingen. Aber das ist dann für sich, vielleicht sogar eine Bedingung der Selbsterhaltung, denn wenn es für andere wäre, wäre es nicht mehr lange. Zusammengefasst heißt das: Ich sah ganz deutlich, dass wir Künstler eine jener rührenden Ketten bilden, zu denen die Menschen sich formieren, um beim Brand Wassereimer weiterzureichen oder ein Rettungsboot an Land zu ziehen. Eine ununterbrochene Kette von Menschen, geboren, die inneren Reichtümer des einsamen Lebens für die gleichgültige, unerbittliche Allgemeinheit zu entdecken; und nur die gleiche Begabung hielt sie zusammen. Ich begann einzusehen, dass weder Arnautis noch Pursewardens Schriften wahrhaft <fiction> waren – auch nicht meine eigenen. Das Leben selbst war <fiction> – wir alle sagten es auf unsere verschiedenen Arten, und jeder verstand es gemäß seiner Natur und seinem Talent. Das finden Sie in Clea auf der Seite 190. Oder früher schon die Ergänzung auf Seite 76: Ich meine die veränderlichen Aspekte der Wahrheit. Jedes Faktum kann tausenderlei Motive haben, alle von gleichem Gewicht, und jedes Faktum tausend Gesichter. So viele Wahrheiten, die unabhängig von den Fakten bestehen! Es ist deine Aufgabe, darauf Jagd zu machen. An jedem Punkt in der Zeit wartet diese ganze Vielfalt auf deinen Zugriff. Wenn das Faktum immer schon ein Resultat der Fiktion ist – es mag vermutlich nur in dem umfassendsten zwischenmenschlichen Kommunikationsgeschehen besonders deutlich werden, das wir die Liebe nennen – dann sind die inneren Reichtümer, auf die wir uns beziehen wollen, das ganze Ausmaß an Aufwendungen der Lebenssinngestaltung, immer schon ein Resultat dieses fiktionalen Vermögens. Das Fundament der Welt ruht auf einer Nebelwolke oder auf dem Rücken einer Schildkröte, die in einem unermesslich weiten Meer schwimmt. Und seltsamerweise sind theoretische Physiker eher bereit, diese erschreckende Wirklichkeit zu akzeptieren, als der gesunde Menschenverstand. Erst einmal scheint es so, als laufen wir in dieser Wirklichkeit immer erst Gefahr, uns zu verirren oder von anderen verführt und in die Wüste geschickt zu werden. Und zwar genau dann, wenn wir den realen Standindex des körperlichen Geschehens aus den Augen verlieren. Weltanschauungen, Parolen, Schlagwörter... sind die Erben des monotheistischen Unternehmens, die Vielfalt des Lebendigen und die Unermesslichkeit der spiritualen Mächte auf einige wenige Einheiten zu reduzieren. Das geht nur mit Lüge und Gewalt, mit Erpressung und Verstümmelung. Aus diesem Grund finden wir natürlich in den Gewalten des körperlichen Geschehens der Liebe, die deswegen nicht weniger unendlich ist, alle Ansatzstellen einer unwiderlegbaren Überzeugungsstrategie. Es gibt nichts Wahreres als körpereigene Drogen, an keinem Punkt der Erfahrung ist ein Wesen aus Fleisch und Blut näher an den Emanationen des Göttlichen – denken Sie kurz daran zurück, dass für Teilhard in der Liebe eine Emergenz des Punktes Omega auszumachen ist, anders konnte er sich die Evolution des Kosmos gar nicht erklären – und nichts fegt die verkrampften Simulationen anmaßender Schwachsinniger sicherer vom Spielfeld. Obwohl ganz klar zu sagen ist, dass es gerade der gefühlte Mangel ist, der einen enormen Machtwillen hervorbringt, gerade die, die es nicht bringen, wollen dann darüber herrschen, was die anderen empfinden dürfen. Aber eigentlich verwundert das auch nicht. Wer in der Lage ist, sich dem Strömen des Triebgeschehens hinzugeben, wird kein Bedürfnis dazu haben, kontrollieren zu wollen, was sich seinen spontanen Empfindungen entzieht.

Wir können uns nicht ohne weiteres von dem Ende bei Greene abwenden, wir können es eigentlich nur auf einen Nenner bringen: Weiterbildung ist möglich – aber höchst unwahrscheinlich. Warum erleben wir Zeitgenossen, die sich jeden Tag aufs Neue mit den Problemen des 18. Jahrhunderts herum schlagen wollen, warum leben mitten unter uns, hinter der Schwelle zum dritten Jahrtausend, noch immer genügend Protagonisten einer Bedürfnisstruktur, die im zwölften Jahrhundert schon als altmodisch gelten konnte? Ich werde es Ihnen sagen! Weil der Mensch ständig versucht, dem Phantombild ähnlich zu werden, das die anderen von ihm haben, das ist der Sog des Anachronismus, der uns so ungleichzeitig sein lässt: Der, der neu hinzukommt und noch lernen muss, trifft immer auf eine Traditionslinie der Verwünschung, die ihn wie der chinesische Totenkult in die Bedürfnisse und Erwartungen der Alten, der Lernbehinderten, der sklerotischen Zwangskranken einwickeln will, bis nichts mehr von seinen Möglichkeiten, von seiner Anweisung auf Zukunft, übrig bleibt. Im evolutionären Rahmen wäre das ein Widerspruch, der sich selbst recht schnell erledigen müsste. Und doch leisten wir uns diese Behinderungssysteme, weil der Mensch auf der Gattungsebene vor diesem Bann ausgewichen ist, indem die Techniken als verlängerte Organe des Körpers entwickelt wurden. Die Techniken hatten dann in stellvertretender Position am evolutionären Geschehen teil, während die Lebenden und ihre Körper zurückblieben. Was ein Geigenvirtuose, ein Trapezkünstler, ein Feuerspucker, ein Gewichtheber, ein Sprinter oder ein Perlentaucher eingeübt haben, sind die Teilaspekte, die wir alle beherrschen und zu einer nichtimaginären Ganzheit zusammenfügen müssten, um von der hoffnungslosen Antiquiertheit des Menschen wegzukommen, um die Evolution der Artefakte wieder in den Griff zu bekommen. Und wo stände diese Aufgabenstellung näher in einer lösbaren Reichweite, als im maximalen Unwahrscheinlichkeitskriterium der Sexualität."

Wenn ich daran denke, welcher Aufwand unternommen wurde, um mich davon abzubringen, dass mit meiner Form der indirekten Wahrnehmung immer wieder Synergien zustande zu bringen waren, die mich in die Lage versetzten, vorauszuahnen, was andere von mir wollten, verstehe ich, worauf er hinaus will. Mit dem subliminalen Wahrnehmungskonzept bist du wesentlich schwerer zu linken und außerdem sorgt es dafür, dass die notwendige Geistesgegenwart im Körper steckt und nicht in irgendwelchen Lehrgebäuden und Ideologien. Und das war eben nicht nur nützlich und für mich einnehmend, wenn ich schon bevor jemand fragte: Gibst du mir mal ... in der Lage war, das gewünschte Werkzeug wie zufällig in die richtige Richtung zu halten – es steigerte sich mit den Jahren, dass ich sogar in der Lage war, zur richtigen Zeit am richtigen Ort aufzutauchen und wie zufällig die entsprechenden Arschlöcher dabei zu ertappen, wie sie irgendeine Falle vorbereiteten, in die ich dann nicht reintappte. Treffend und kennzeichnend scheint mir, dass diese Techniken der Körpersensualität und des Sinnenbewusstseins in dieser Welt vor allem in den Kampftechniken repräsentiert werden. Als dürften sie nur dem Krieg und der Zerstörung dienen, als sei überhaupt nicht daran zu denken, dass dieselbe geistige Disziplin, die es brauchte, um Ziegelsteine zu zerschlagen, dieselbe Reflexkonditionierung, die notwendig war, um mehrere fast gleichzeitige antagonistische Impulse derart aufzunehmen und miteinander zu verknüpfen, dass mit den Kräften des Gegners zu arbeiten war, auch für ganz andere Zwecke verwendet werden konnte. Dafür gab es die Nische der Martial Arts und dann durften diese Kapazitäten besonders eindrucksvoll vorgeführt werden, wenn sie in prächtigen Spektakeln der Zerstörung selbst zu Bruch gingen und am Ende nur Müll und Trümmer übrig blieben. Außerdem bewegt dieses Bild einer Kette von Leuten, die Eimer für Eimer Löschwasser weitergeben, irgendetwas in mir, eine Assoziation sagt mir, dass das Feuer, das sie löschen müssen, das des Lebens in seiner Ungeregeltheit ist. Der Typ beginnt mich neugierig zu machen auf eine Trainingsform, die nicht bei der sehnsüchtigen Erinnerung ansetzt, was mit dem Körper alles anzufangen gewesen wäre, wenn er nicht als ordentlich trainierte Kampfmaschine der Bestimmung gehorcht hätte, in die Brüche zu gehen...

„In einer modernisierten Form des Kolportageromans bringt Burgess das Geschehen auf einen platten, aber immerhin auch für einfache Gemüter fassbaren Zusammenhang. Zwar scheint er von der Metaphysik des Verhältnisses der Geschlechter nicht mehr viel wissen zu wollen – obwohl die Kategorie des Heiligen wie nebenbei spielerisch mit eingebaut wird, wir haben es tatsächlich mit Graden der Erfahrung des Göttlichen zu tun –, aber er greift auf genau die pragmatischen Lösungen zurück, die das neunzehnte Jahrhundert gebraucht hätte, um sich aus der eigenen Scheiße zu graben, die aber im

Rahmen der Informalisierung des ausgehenden zwanzigsten Jahrhunderts vermutlich nur noch eine verpasste Chance darstellten. Und das ist vielleicht die Qualität eines Burgess: Er hat die großen bürgerlichen Themen noch einmal so angepackt, wie es für den möglich ist, der noch Zukunft und utopischen Vorschein in ihnen zu sehen in der Lage ist – in seinen besten Romane können sie zusehen, wie die bürgerlichen Werte Amok laufen. Dennoch, vergessen Sie nie, dass in den ältesten Texten des Tantrismus der Leib mit einem Musikinstrument verglichen wurde, das gestimmt und eingespielt werden wollte, um dann aufgrund der täglichen und über Jahre haltenden Disziplin ungeahnte Welten zum Klingen zu bringen. Das Tantra war die Substanz, als es noch gar keine Substanzenlehre gab, die Essenz, aus der irgendwann einmal eine Ideenlehre gefiltert werden sollte, die Verheißung eines präsenten und allgegenwärtigen Sinns in der Welt! Im Geschlecht ist man/frau Gott näher, als sonst irgendwo in der Welt. In einer Frau ist man Gott näher als in einer Kirche. ‚Der Mann am Klavier', auf der Seite 181. War bisher die Rede davon, dass die Prostituierte richtig angeleitet werden muss, haben wir nun den Ansatz, dass es der Mann ist, am leichtesten der Heranwachsende, der richtig angeleitet gehört. Eine Seite vor dem genannten Zitat werden Schritt für Schritt die notwendigen Voraussetzungen für eine Schule für Liebhaber aufgezeigt. Ich fasse kurz zusammen: Nicht jeder kann Klavierspielen ... und kein Mann, der's nicht kann, ist so ein Idiot, dass er behauptet, er kann's doch. Aber jeder Mann glaubt, er beherrscht den Sex. Und damit sind wir schon bei der ersten Schwierigkeit, sie machen sich gegenseitig etwas vor, sie suchen eine Frau, die noch möglichst keine Erfahrung haben darf und simulieren dann genau die Erfahrung, die ihnen abgeht – und am Schluss hat es so wenig getaugt, dass sofort bei der nächsten Gelegenheit der nächste Versuch unternommen werden muss und sie lernen nichts dabei, weil das in ihrer Rollenkonzeption gar nicht vorgesehen ist. Bei einem Klavier gibt's nur dieselben zwölf Noten, die sich nach oben und unten wiederholen. Bei einer Frau ist mehr da. Es gibt blöde Bastarde, die spielen auf einer Frau, als hätte man ihnen die Hände abgehackt. Also ergibt sich die klare Schlussfolgerung: es ist einfach eine Verschwendung, dass so wenige Bescheid wissen und es unter solchen Schwierigkeiten lernen müssen. ...man muss es ihnen beibringen, sie brauchen eine Ausbildung. Das finden sie auf der, Seite 180. Dann, bei der praktischen Umsetzung, die so erfolgreich verläuft, dass sie den Grundstock für fünf dieser Schulen in Süd-Ost-Asien liefert, fasst die Dame auf der Seite 185 noch einmal zusammen: dass eine Frau ein sehr sensibles Instrument ist, dem man sich mit Liebe, Achtung und Wissen nähern muss. Der Gebrauch der zwei Hände, der acht Finger und zwei Daumen, des Mundes, des Rhythmus ... Ich schrieb auf, was gelehrt werden musste, und überwachte die praktischen Übungen »Die Frau als Klaviatur«, wobei ich Freiwillige zusammenholte, ganz junge Männer, die von nichts eine Ahnung hatten, obwohl sie zu Anfang dachten, sie würden sich prima auskennen, und sehr überrascht waren, was sie alles lernen mussten: mit denen wurde geübt. Vor allem anderen legte ich die Betonung auf Tempo und Zeit, ich wies darauf hin, dass mein Vater fünfzehn Tage am Stück Klavier gespielt hatte und dass Sex kein Schnellimbiss ist, sondern ein Bankett, bei dem man sich Zeit lässt.

Nun haben wir nur noch den kleinen Schönheitsfehler, dass die Dame eine Erfindung von Burgess ist. An einer Stelle wird der Widerspruch besonders deutlich, als er sie sagen lässt, dass eine Übertragung dieses Schulprinzips keinen Sinn haben würde, weil der Westeuropäer oder Amerikaner in der Schule der Liebe eine Art Bordell sehen würde. Und an etwas anderes kann beim klassischen Bildungsroman schließlich auch gar nicht gedacht werden – nur Burgess Charakterisierung der Dame durch den Kommentar: Ein schreckliches Wort, und doch für mich irgendwie komisch, heimelig sozusagen ... erscheint dann in einem harten und unbarmherzigen Licht, das uns zeigt, dass es mit dieser Form der Arbeitsteilung nie zu einer wirklichen Bildungsarbeit zwischen den Geschlechtern kommen wird, wenn man als Mann darauf angewiesen ist, sich mehr oder weniger heimisch im Puff einzurichten.

Die Lösung finden wir in einer weiterführenden Version des Gedankens bei Durrell, bei der vor allem die Betonung eines umfassenden Ja bedeutsam wird. Dieses Ja erscheint übrigens auch schon bei Miller: In einer Situation, in der nichts mehr zu verlieren ist, alles gleichgültig scheint, erfährt er auf einmal eine Leichtigkeit, die ihn vom Ballast seiner kleinbürgerlichen Sozialisation trennt, wo all das am Boden liegt, mit dem das Ich-bin-aber-wer gemästet worden war, willigt er auf einmal in ein umfassendes Ja ein und spürt, wie ihn eine Kraft durchpulst, die er in dieser Intensität noch nicht erfahren hat. Ein Schulungsgang des Sexus, der bei Durrell jene schöpferische Potenz zurückerstattet, die zum letzten Mal in dieser Klarheit und Konsequenz in der revolutionären deutschen Frühromantik auf einen Nenner gebracht werden konnte. Und natürlich mit einer Verbeugung vor D. H. Lawrence.

Für Durrell ist das Paar die grundlegende Einheit, nur aus diesem Grund kann er in der Erotik den Schlüssel der Metaphysik finden: Wenn es uns erst gelänge, den Würgegriff des so genannten Himmelreichs zu lockern und zu lösen, der die Erde zu solch einem blutgetränkten Ort gemacht hat, könnten wir im Sexus den Schlüssel zu einem metaphysischen Streben wieder entdecken, das unsere raison d'être hienieden ist! Wenn das geschlossene System und der moralische Exklusiv-Anspruch auf göttliches Recht ein wenig gemildert würde, was könnten wir nicht alles vollbringen? Ja was? ...

Denn immer und zu jedem Zeitpunkt besteht eine Chance, dass der Künstler über das stolpert, was ich nur als Den Großen Wink bezeichnen kann. Wann immer dies geschieht, ist er mit einemmal frei für seine befruchtende Rolle; aber das kann nie so gründlich und vollständig eintreten, wie es müsste, solange sich nicht jenes Wunder ereignet – das Wunder von Pursewardens idealem Commonwealth! Ja, ich glaube an dieses Wunder. Unsere ganze Existenz als Künstler bestätigt es. Es ist der Akt des Ja-Sagens, von dem der alte Dichter der Stadt in einem Gedicht spricht, das du mir einmal in Übersetzung zeigtest. ...

Die großen Schulen der Liebe werden sich auftun, und sinnliches und intellektuelles Wissen werden einander wechselseitig Impulse geben. Das menschliche Tier wird aus dem Käfig entlassen, der von seinem schmutzigen kulturellen Stroh und koprolithischen Glaubensmüll reingefegt wird. Und der menschliche Geist, der eine lichte Heiterkeit ausstrahlt, wird sich leichtfüßig auf dem grünen Rasen bewegen wie ein Tänzer, wird sich mit den Formen der Zeitlichkeit paaren und der Welt der Elementargeister Kinder schenken: Undinen und Salamander, Luft- und Waldgeister, Gnomen und Vulkane, Engel und Zwerge.

Ja, den Bereich des physischen Sensoriums ausweiten, dass er Mathematik und Theologie mit umfasst: die Intuitionen zu nähren und nicht zu hemmen. Denn Kultur meint Geschlecht, meint das Ur-Erkennen, und wo diese Fähigkeit fehlgeleitet oder verkrüppelt ist, entwickeln sich auch ihre Ableger – wie die Religion – zwergenhaft oder verkrüppelt: statt der symbolischen mystischen Rose gibt es nur judaischen Blumenkohl für Mormonen oder Vegetarier, statt der Künstler kleine Schreihälse und statt der Philosophie Semantik.

Die sexuelle und die schöpferische Energie gehen Hand in Hand. Sie verwandeln sich ineinander – das Solar-Sexuelle und das Lunar-Spirituelle in einem ewigen Zwiegespräch. Die Spirale der Zeit ist ihre gemeinsame Bahn. Sie umfassen die Gesamtheit der menschlichen Antriebe. Die Wahrheit ist nur in unseren eigenen Eingeweiden zu finden – die Wahrheit der Zeit.

«Paarung ist die Lyrik des Pöbels!» Jaaa, und auch die Universität der Seele, aber heutzutage eine Universität ohne alle Lehrmittel, ohne Bücher und sogar ohne Studenten. Nein, ein paar gibt es schon. Das finden Sie in ‚Clea‘ auf den Seiten148 bis150.

Als der Traum von einer exakten Fantasie das erste Mal aufgetaucht ist, war damit die Hoffnung verbunden, mit den Mitteln der Naturwissenschaft dem Göttlichen auf die Spur zu kommen – und dem ursprünglichen Romantisieren war die Liebe – denken Sie an den Skandal, den die Lucinde bewirken konnte – in Ihrer körperlichen Gegebenheit noch nicht fremd geworden, eher wurde sie noch einmal neu für den Tag entdeckt, bis dann die gesellschaftliche Entwicklung das ganze Projekt der Verleugnung unterstellte. Dass Kultur im vollen Sinne die Vermittlungen der weiblichen und der männlichen Potenzen zu bewirken habe – dass immer dann, wenn dies nicht gelingt, der Krieg für eine Verkürzung des notwendigen Umwegs zu sorgen hat und außerdem die überflüssigen Esser beseitigt –, ja dass sie erst aus dieser wechselseitigen Anverwandlung des Solar-Sexuellen und des Lunar-Spirituellen wachse und gedeihe, ist eine uralte Menschheitsweisheit, die in den verschiedensten Geheimlehren überdauert hat. Und so wie der Magnetismus, auch der tierische, im ausgehenden achtzehnten Jahrhundert zur Metapher dieses Wechselgefüges geworden war, ist es für uns heute die musikalische Mystik der subatomaren Wechselverhältnisse. Ich hätte gerne, dass

Sie im Kontext jenes Biblischen Erkennens immer daran denken, dass eine ursprüngliche Einheit mit der Welt noch auf der Nachwirkung eines Äons beruht haben muss, in dem die Instinktresiduen noch nicht abgekoppelt worden waren. Ohne eine auch noch so verdünnte Ahnung, die in diese Zeit zurückreicht, ist das Programm der Philosophie genauso wenig denkbar, wie alle spätern Versuche, die Welt als Ganzes zu verstehen. Und dafür ist das Sexuelle eine Form des autopoetischen und sich akkommodierenden Vorstellungsmodells, das nicht ohne Grund bis auf die Ursprünge zurückreichen kann. Manchmal kann man oder frau sich nur darüber wundern, warum ein Wesen, dessen Existenz aus einer Zeugung resultierte, so viel Kraft darauf verwendet, genau diesen Ursprung in allen seinen Folgen verleugnen zu müssen.

Aus diesem Grund gehen wir noch einmal zurück zu Burgess, der uns auf der Seite 188 einen fast handwerklich bodenständigen Zuschnitt der Rahmenbedingungen liefert – auch wenn wir die Konzeption einer neuen Metaphysik und diesen Akt des Bejahens nicht mehr aus den Augen verlieren sollten. Tatsächlich beschreibt so ein Mann, im Zeitalter der Frauenbewegung, durch den Sprechton einer Frau, wie die Welt aussehen müsste, wenn er auf seine Bordellbesuche verzichten können sollte: Unsere Schule befasst sich sehr ernsthaft mit der Lehre von der Liebe in allen ihren Aspekten – christliche Liebe, eheliche Liebe, universelle Liebe –, weil wir glauben, dass die Liebe die Lösung der Probleme unserer Welt darstellt. ... Die Liebe umfasst den Sex, aber der Sex nicht die Liebe. Eine Frau ist kein bloßes Objekt, das der Mann gebrauchen kann, um sich sexuell zu befriedigen, sie ist ein komplexer psychosomatischer Organismus, und ihre sexuellen Bedürfnisse sind von ihren spirituellen nicht zu trennen. ...

Das von einem Meister gespielte Klavier kann Musik hervorbringen, deren Bedeutung eher eine spirituelle als eine physische ist, obwohl die physische Seite des reinen Klangs natürlich zu berücksichtigen ist. Kein Mann würde sich für befähigt halten, dieses Instrument zu spielen, wenn er nicht dafür ausgebildet und bereit ist, regelmäßig und sorgfältig zu üben. Aber die meisten Männer glauben, sie seien in der Lage, den Liebesakt zu vollziehen, ausgestattet lediglich mit ihrem Instinkt und ihrem Bedürfnis. Der Zweck der Schule der Liebe oder Schola Amoris, was auch schon als Benennung vorgeschlagen wurde, um dem Unternehmen intellektuelle Würde und eine gewisse klassisch-humanistische Patina zu verleihen – der Zweck ist es, Männer sozusagen zu sensiblen Virtuosen in der Musik der Liebe zu machen... So, wie hoch entwickelte spezielle Fähigkeiten für die Kunst des Klavierspiels vonnöten sind, so ist eine ebensolche Spezialisierung von Fähigkeiten, wenn nicht eine noch größere, notwendig, wenn der Liebesakt eine Erfahrung von spiritueller Bedeutung werden soll, was seine wesentliche Bestimmung ist.

Wenn es der Zeit entsprach, von einem beschämenden, riesenhaften Defizit zu sprechen und die von mir zitierten Stellen tatsächlich nur einen Erwartungshorizont umreißen, die wahren Probleme ernst zu nehmen, welche der Begriff »Liebe« umfasst, so hat sich in den folgenden Jahrzehnten eine ungeheure Sexualisierung der Medien und der Warenästhetik ergeben. Aber es hat sich so gut wie nichts getan, um auch nur die rudimentärste Vorstellung davon zu vermitteln, wie man zu jener psychoneuralen Befriedigung gelangen kann, welche, abgesehen von den religiösen Erfahrungen der Mystik, zu den größten Geschenken zählt, die der Schöpfer seiner höheren Schöpfung anvertraut hat. Auch dieses Zitat finden Sie auf der genannten Seite. Eher ging die Entwicklung in eine Richtung, in der in immer weiter ausdifferenzierten gesellschaftlichen Nischen immer mehr experimentiert werden konnte, im großen Ganzen die Fähigkeit aber sogar abgenommen hat, ein Sensorium für die Erfüllung zu entwickeln. Es wurde immer mehr versprochen, die Erwartungen wurden immer weiter hoch gekitzelt, aber die realen Möglichkeiten einer erfüllten Befriedigung sind durch diesen Taumel der Zeichensysteme eher verschütt gegangen. Auch aus diesem Grund wirkt es so überzeugend und unwiderstehlich, wenn wir jemandem gegenüber stehen, der das Begehren gelöscht hat, vielleicht noch die Spur eines Nachklingens und Vibrierens zu vermitteln vermag, aber im Moment derart in sich ruht, dass nichts mehr von jener süchtig gierigen Form des Lauerns und Witterns zu bemerken ist. Und genau so jemandem werden Sie so ziemlich alles abkaufen! Sie oder er rufen nämlich jene Ahnungen wach, sie stellen einen Appell an jene Erwartungen dar, die der Schöpfer seiner paradiesischen Frühgeburt mit auf den Weg gegeben hat. Wenn jemand schon diesen indirekten Blick hat, schräg über die eigene Schulter hinweg, der heißt: Sieht man mich auch, bringe ich mich richtig zur Geltung – oder jemand anders schon nicht mehr gerade denken kann, weil der pralle Blick ständig von allen möglichen Reizen abgelenkt wird, werden Sie sich immer gefühlsmäßig sagen: Warum sollte ich ihr oder ihm glauben? Warum sollte ich haben wollen, was sie mir andrehen möchten? Wenn es etwas taugte, wären sie nicht derart unbefriedigt. Und das sind keine bewussten Schlussfolgerungen, sondern diese Einschätzung findet im Augenblick der Wahrnehmung statt. Sie ist quasi die intellektuelle Distanzleistung in der Wahrnehmung, mit der die bezaubernde Wirkung des Blicks gebannt wird, der versucht, eine Kraft der Verführung auszuüben. Ganz nebenbei habe ich damit schon angedeutet, dass der Versuch, die nötigen Kräfte freizusetzen immer auch damit zu tun hat, in welcher Form wir mit den visuellen Gestaltbildern umgehen."

Mächtlicher schweigt eine Weile, als müsse er sich sammeln, dann schaut er selbstgefällig in die Runde und streicht mit der flachen Hand die Haare aus der Stirn: „Ich muss nicht daran erinnern, dass auch Burgess aus dem Stall der Gnostiker entlaufen ist. Eine unendliche Produktion, die sich sogar an den großen Themen der Schöpfung und der Utopie versucht hat, und die tatsächlich das Kind eines Hirngeschwürs gewesen ist. Ich darf Sie vielleicht darauf hinweisen, dass das nächste Trimester Burgess gewidmet sein wird."

Ich sage mir, dass die Aufbereitung des Themas nicht übel gelungen ist, die Zitate kommentieren sich gegenseitig und bewirken, dass die klaren Begriffe zu schillern beginnen und ein geheimnisvolles Leuchten zwischen ihnen entsteht. Und doch ist mir der Mensch unbehaglich, es sind die größten Themen, die den Erwartungen eines noch jungen Körpers entsprechen – und heute fühle ich mich alt und bin hier quasi in Trauer. Wenn ich dann daran denke in welchem Rahmen das hier stattfindet: Der fette Mutzlacher, der, wie es mir scheint, den gemütlichen Dicken spielt, um zu verbergen, dass er ein Sadist reinsten Wassers ist, der frisst, um wenigstens eine der Schwundstufen des lustbetonten Lebens zu simulieren, während er doch tatsächlich nichts wichtigeres kennt, als andere warten und hungern zu lassen. Oder dieses verhungerte Fürzlein im schwarzen Strampler und hautengen, bis zu den Vorhöfen der Brustwarzen ausgeschnittenen Trikot, das ständig so hippelig rumtut, als sei es die Anstrengung der Selbstinszenierung gar nicht wert, als attraktivste Frau immer im Zentrum des Interesses zu stehen – und dabei war diese Zeit sicher schon zwanzig, vielleicht sogar dreißig Jahre vorbei, falls es sie jemals gegeben hat und die Attraktivität nicht nur in der fehlerhaften Identifikation mit den Models der anspruchsvollen Frauenzeitschriften bestanden hatte. Ich kann mir nicht vorstellen, dass ein Mann, der nicht impotent oder schwul ist, so eine asexuelle Kindfrau, egal in welchem Alter, überhaupt zur Kenntnis nehmen will – aber häufig genug finden zwei solche Simulanten einen modus vivendi, der sie auf Kosten der Lebensfähigkeit dritter zusammenschweißt. Oder diese hennarot eingefärbte Seekuh, die sich in endlose Tücher und Schals in allen möglichen Varianten von Schottenmustern einwickelt, um damit vergessen zu machen, dass so etwas wie Körperproportionen bei ihr nicht mehr existiert. Ich habe mal flüstern hören, dass sie tagelang im Bett verbringt, gewärmt von ihren stinkigen und verpissten Hunden, sie nennt das dann ihre kreativste Zeit und die kleinen, hübschen Asiatinnen, die ihr den Haushalt bestellen, die Hunde ausführen und die dampfende Bettpfanne wegbringen dürfen, wissen ein Lied darüber zu winseln, dass diese Phasen, bis sie ihre Verstopfung überwunden hat, eine dauernde Quälerei darstellen. Aus diesem Grund ist sie auch der Ansicht, dass niemand sie so versteht, wie die Hunde, denen sie noch nie den Auslauf gegönnt hat, den solche Lauftiere tatsächlich brauchen würden, aber die sie voll stopft und fett füttert und sich zudem dran freut, wenn sie kurz mal, wenn die Dienerschaft nicht gleich zur Stelle ist, die Scheiße von der Bettpfanne schlappern.

Warum soll ich mich unter solchen Missgeburten bemühen! Wenn die Fältchen eines Elefantenrüssels über der Oberlippe das Resultat eines dauernden inneren Naserümpfens sind, weil sich so eine Kuh tatsächlich zu fein für dieses Leben vorkommt, es stinkt schließlich und verwest – warum sollte ich mir irgendwelche Zuwendung abquälen. Wenn die schmal zusammen gekniffenen Lippen und die hinter einem maskenhaften Bart versteckten Gemütsbewegungen verbergen sollen, dass es da einer allen und jedem im speziellen übel nimmt, dass die früheren Größenfantasien nicht einzulösen waren – warum sollte ich es auf die Erfahrung ankommen lassen, dass er mich in jeder Hinsicht versuchen würde auszubeuten, nur weil er der Überzeugung ist, dass ich privilegiert sein musste, wie alle, die nicht so beschissen aussahen wie das Bild, das ihn immer wieder misstrauisch aus dem Spiegel entgegen blickte. Wenn bisher die häufigste Erfahrung war, dass die Leute ihre Fiesheiten und ihr parasitäres Verhalten immer damit zu rechtfertigen wussten, dass es ihnen ja viel schwerer gemacht wurde, dass sie längst nicht diese Voraussetzungen gehabt hätten und aus diesem Grund auch gerechtfertigt war, dass sie in gewissen unbeaufsichtigten Augenblicken auch mal nur an sich dachten – oder, wenn es von oben freigegeben wurde, im Dienste der Sache quasi, besonders sadistisch sein durften... Und das irre daran ist, dass ich überhaupt keine Privilegien hatte, dass ich mir die Kleinigkeiten, die mir missgönnt und geneidet wurden, mit Hilfsarbeiten zustande bringen musste, während diese Erben von Bildungsbeamten, die auch schon Bildungsbeamte beerbt hatten, mit der festen Überzeugung in die Welt geschickt worden waren, sie seien die Hüter der höchsten Werte und dabei jeden Tag bewiesen, durch Kleinlichkeiten, Hass und Ressentiment, dass sie sich nicht einmal für die selbstverständlichsten kleinen Werte des täglichen Zusammenseins bewähren konnten. Am besten habe ich so wenig wie möglich mit ihnen zu tun.

Wobei das Thema natürlich genau die Problematik all dieser Zukurzgekommenen auf den Nenner bringen könnte. Denn nichts hatte diese Krüppel derart angetrieben wie der Sexualneid. Früher hatten wir einmal versucht, uns das Paradies zu ervögeln und natürlich hatte es nicht geklappt – mit der nötigen Geduld und Übung ist es dann ein paar Jahre später, als es schon nicht mehr darauf ankommen sollte, weil andere Besessenheiten uns einfangen wollten, tatsächlich gelungen. Ganz nebenbei ergab sich wie von selbst eine Form der Sexualmagie, und wir konnten mit den freigesetzten Kräften zaubern. Aber das waren Gaben für Ausnahmesituationen, Geschenke für Sternstunden – und dann gehen die kleinen Infragestellungen und die beschissenen Zwänge jeden Tag einfach weiter und von der natürlichen Magie der Körper bleibt immer weniger übrig. Ich habe in den letzten Jahren Geld gemacht, wie es mir früher unvorstellbar war, wie es in den Jahren der Verfolgung sogar noch zusätzlich tabuisiert worden sein musste. Aber auch das hat seinen Preis und ist nicht selbstverständlich – an manchen Tagen stand ich derart unter Strom, dass die Spannung nur nach einem GV kurz nachließ, an anderen war dann der Dampf derart raus, dass ich es nicht mehr brachte. Vielleicht war das auch die Kehrseite der Sexualmagie – diese göttlichen Kräfte wollten sich nicht instrumentalisieren lassen, sie standen zur Verfügung, wenn es auf unser Überleben ankam, aber sie begannen launisch und unwillig zu werden, wenn es nur ums Geld ging. Was ja auch kein Wunder war, wenn die meisten Verkaufsgespräche, gerade weil es um Beträge geht, die erst im vierstelligen Bereich beginnen, ein Kampf um die Selbstdefinition waren und es vielen Geschäftsleuten nicht so gut ging, dass sie es sich leisten konnten, den Eindruck zu erwecken, dass sie es sich nicht leisten konnten. In diesem Fall ging es für sie ums wirtschaftliche Überleben, während es mir nur um den nächsten Abschluss ging, und ich hatte im Laufe der Zeit einige zu Unterschriften genötigt, die, nur weil sie nicht mehr die Kraft gehabt hatten, bei mir Nein zu sagen, diese Rechnungen wenn es soweit war, gar nicht mehr bezahlen konnten.

Vielleicht hatte Mächtlicher mich deswegen als Verkäufer angesprochen – als Philosoph war ich nicht hier oben eingeladen worden. Er musste gar nicht wissen, was und wie viel ich in den letzten Jahren verkauft hatte – nach Dresden gab es keine Berührung der Sphären mehr –, es reichte wohl schon, dass er die Gesetzmäßigkeiten kannte und ihre Anwendung hier oben unterrichtete. Obwohl ich immer wieder staunte, wenn uns Zufälle darauf verwiesen, was diese Krüppel alles über uns wussten. Aber manchmal sagte ich mir auch, dass es keine Zufälle waren, sondern viel eher suggeriert werden sollte, wie genau ihr gesamtes Netz aus offizieller Datenerfassung und inoffiziellen Zuträgern funktionierte. Vermutlich war das auch die richtige Einschätzung, denn der Machttrieb von stillgestellten Verwaltungsbeamten war nur zu befriedigen, wenn sie tatsächlich möglichst viel über die Leute in Erfahrung brachten, auf die sie Einfluss nehmen wollten und, wenn sie erst einmal den Ergeiz entwickelt hatten, stören zu wollen, dann am liebsten nahe legten, sie seien allgegenwärtig und ihnen entgehe nichts. Der Hohn schien, dass ein grundsätzlicher Antrieb im Sexualneid zu finden war. Und dabei war mir in den letzten Jahren schon oft genug die Lust vergangen. Manchmal war ich so genervt, dass ich mich dem Aggregatzustand des Gläsernen näherte und es dann nicht mehr brachte, nach einer halben Stunde mit einer weichen Gurke aufgab. Da half dann keine Übung mehr, sondern es brauchte ein paar Tage Ruhe.

Selbstverständlich ist gar nichts, wenn es tatsächlich darauf hinausläuft, dass man ums Überleben kämpft – und diese Erfahrung verdankte ich den Verwaltungskrüppeln. Allerdings hieß das auch, dass sie beim Anzeigenverkauf als Routine umzusetzen war, dass ich eine Schule der Härte oder der Frustrationstoleranz durchlaufen hatte, an der die Machtspiele kleiner Unternehmer oder die Wichtigkeitsrituale begüterter Erben zu Bruch gehen mussten – wie bereits einmal an anderer Stelle zitiert, bestes Liedgut aus den Charts: Du wirst ein Monster, wenn du es schaffst, dass dich diese Monster nicht schaffen. In vielen Fällen befanden sich diese Leute in einem Kampf ums Überleben und dann ging es eben nicht bloß ums Geld, wenn sie auf einmal vor der Tatsache standen, dass sie einen Vertrag unterschreiben sollten, der ihre ganze Planung durcheinander bringen konnte, und sie sich aber auch keinen Rückzieher leisten konnten oder wollten. In solchen Situationen war es kein Wunder, wenn sie die übelsten Tricks verwendeten, um ihr Gegenüber fertig zu machen. Und wie es viele gab, die meinten, sich an die Sogwirkung eines wohlig nachklingenden Orgasmus ranhängen zu müssen, gab es genauso viele, die die Witterung dafür hatten, dass man gerade eine besonders fiese Absage reingedrückt bekommen hatte und die dann den Spaß genossen, eine mindestens so fiese Absage zustande zu bringen. Es gab Kettenbildungen, und so schön es sein konnte, einer vom Erfolg getragenen Assoziationskette noch einen Abschluss zu verdanken, so gefährlich konnte die Sogwirkung einer Absage sein. Und das musste nicht einmal zu einer der Formen der akademischen Antriebshemmung führen, sich vorzustellen was alles schief gehen konnte und dann schon unter dem Druck der Vorstellungen in die Knie zu gehen. Dazu war gar nicht die Zeit, jeder Tag begann wieder von vorne, jedes der Vierteljahresmagazine begann wieder bei Null, es gab kein Polster, auf dem man sich ausruhen konnte und es gab auch nicht den Luxus, eine Niederlage immer wieder durchzukauen, einen Misserfolg zu beklagen oder einer verpassten Chance nachzuweinen. Es gab nicht einmal die Möglichkeit, auf einen anderen Zug aufzuspringen, wenn einen eine schlechte Serie von Absagen erwischt hatte – es gab nur die Möglichkeit, weiter zu marschieren, nicht nach hinten zu schauen, jede Gelegenheit beim Schopf zu packen und ein paar hundert Absagen durch dreißig Verträge im Quartal in Schach zu halten, auch wenn dabei Möglichkeiten versiebt wurden, die in späteren Quartalen sichere Abschlüsse hätten werden können. Wer sagte denn, dass es diese Kunden dann überhaupt noch gab, wer wusste denn, ob ihnen nicht gerade deshalb, weil man sie großmütig geschont hatte, der nächste Verkäufer so brutal die Haut über den Kopf gezogen hatte, dass nichts mehr von ihnen übrig sein würde, wenn man schön brav und allen Anstandsregeln gehorchend dann ein viertel Jahr später wieder bei ihnen anklopfte. Die Zeit und die Kraft, sich Gedanken um die Legitimität eines Abschlusses oder die Qualität eines Orgasmus zu machen – wenn es kommt, dann kommt es, die Intensität oder die Größenordnung sind keine Sachen der Wahl sondern Formen der Gunst der Stunde –, kann keine/r haben, der nicht innerhalb irgendwelcher Wattewelten abgesichert ist und die haben ihren Preis.

Mein innerer Monolog rattert vor sich hin und im Hintergrund höre ich wie die vertrocknete Indianerin Saggu ganz bedächtig formuliert: „Der Bezug auf die Sexologen macht doch aber klar, dass gar nicht viel zu erwarten ist, eigentlich ist mit ihnen nur deutlich geworden, dass der GV ein Masturbieren zu zweit ist. Es mag ein Akt der Aufklärung gewesen sein, als der Mann sich bewusst werden musste, dass er tatsächlich nur immer mit den eigenen Fantasien kopuliert und der weibliche Partner gerade mal als Projektionsfläche zu taugen hat. Seitdem es so weit gekommen ist, dass einer zum andern sagen kann, ‚leih mir doch mal deinen Körper', sind ein paar Illusionen verloren gegangen – was tatsächlich heißt, dass jeder den anderen immer nur als Katalysator der eigenen Fantasien genommen hat und Sie wissen, der Katalysator tritt in keine Verbindung. Das ist doch so traurig wenig, dass frau es auch sein lassen kann. Bei Durrell gibt es schon diesen Hinweis, dass die Liebe darauf hinausläuft, mit den Ausgeburten der eigenen Schöpfung handgemein zu werden..." Mächtlicher lächelt sie an und nickt dazu: „Genau da setzen wir an!" Und Merk zischelt dazwischen: "Das mag für Sie so aussehen! Der Einwand, dass es ein einsames Wichsen zu zweit ist, dass mittlerweile massenhafte Einsamkeiten hergestellt werden, ist doch selbst ein Produkt der verwalteten Welt. So kann, so muss es sich für ein Behördenprodukt darstellen – der Rest existiert nicht für jemanden, der auf Konventionen setzen will und Formalismen. Aber auch das ist ein Sozialisationsprodukt, jeder der sich außerhalb der Behördenwelt bewähren muss, weiß, dass reale Ströme freigesetzt werden, auch wenn wir sie nicht unmittelbar wahrnehmen können. Bezaubernde Gerüche, benetzende Säfte, Hormonwolken und feuernde Synapsen, körpereigene Drogen und die offenbarende Überzeugungskraft des Hier und Jetzt... Das ist jenseits der Simulation, das hat auch nichts mit ihrer konventionalisierten Wirklichkeit zu tun – das ist auf der Ebene, auf der die Wirklichkeit erst hergestellt wird!" Er spricht nicht mal erregt, aber in seinen Mundwinkeln haben trockene Speichelflöckchen Schaum gebildet und als er flüchtig mit der Zunge darüber wischen will, laufen ihm Speichelfäden übers Kinn und er sabbert sich aufs Revers.

Mächtlicher hat geduldig zugehört und genickt: „Sie haben ja Recht! Nun echauffieren Sie sich nicht so. Es ist ganz unbestritten, was wir Freud alles zu verdanken haben. Aber wir brauchen seinen verleugnenden Rückzug zugunsten des Wissenschaftssystems nicht mehr mitzumachen. Am Ursprung der sexuellen Erfahrung steht nun einmal die Verführung und wenn wir uns nur genau genug umschauen, stellen wir fest, das die Kategorie der Verführung quer steht zu allem, was die abendländische Ratio als richtig behauptet, und dass sie aus diesem Grund, quasi aus der Richtung der Tücke des Objekts, wesentliche Korrekturen bereitstellen kann. Außerdem geht der Regressionsbegriff fehl, wenn die Autoerotik als ein ursprüngliches Besetzungslevel behauptet wird. Tatsächlich entsteht Autoerotik aus Frustration und Verzicht, sie ist nicht primär, sondern eine Ersatzbefriedigung, die mehr oder weniger stark durch den Verlust der ursprünglichen symbiotischen Einheit bedingt wird. Denken Sie an die intrauterinen Erfahrungsformen, an die vielfältigen Lernprozesse, die das Ungeborene über das Horchen steuert. Der primäre Zugang zur Welt geht über Rhythmen und Töne – aus diesem Grund gibt es innerhalb der Dyade schon Differenzierungen, die die spätere Trennung vorbereiten und sie auszuhalten helfen. Aus diesem Grund ist die Lust am anderen vorgeordnet, also kategorial auf einem höheren Level angesiedelt und der Selbstbezug entsteht erst aus der Verzichtleistung."

„Aber ich möchte doch die Frage in den Raum gestellt haben", wirft Saggu ein, „ob so etwas wie eine Schule der Liebe nicht für die meisten viel zu spät kommt. Der richtige Zeitpunkt wäre vermutlich die Pubertät – aber wenn sie erst mit zwanzig oder später beginnen, ist doch gar nicht mehr zu erwarten, dass noch ein richtiger Funke überspringt. In der Regel sind die Leute dann viel zu sehr mit sich beschäftigt, als dass sie irgendetwas nahe genug an sich herankommen lassen würden. Denn ist es ja nicht etwa so, dass wir es mit einem offenen System zu tun haben! Und dann sind sie in der Regel auch noch derart stumpf, dass die dumpfeste Selbstbefriedigung gerade noch recht ist. Ich habe mir schon einmal erklären lassen müssen, dass die Initiation eine fast unabdingbare Voraussetzung ist. Von alleine lernen sie es nicht und wenn ein Heranwachsender nur blind vor sich hinstochert, ist nicht unbedingt mit einem Lernerfolg zu rechnen."

Er wendet sich an Saggu und insistiert: „Diese Beobachtung ist sicher richtig – und in manchem Ausnahmefall können wir selbst damit noch etwas in Bewegung setzen. Aber wenn wir hier ein Literaturinstitut leiten würden, hätten wir uns auch keine Gedanken darüber gemacht, wie wir einen Bauarbeiter oder eine Versicherungsagentin zum kreativen Schreiben bringen können. Das ist nur vergebene Liebesmüh. Natürlich denken wir daran, die richtigen Leute auszusuchen. Natürlich muss das Potential schon vorhanden sein, außerdem eine gewachsene Basis von Routinen, an denen wir anknüpfen können. In der Bemerkung des Kollegen Merk finden Sie einen wichtigen Ansatz, um jede Reduzierung auf Imaginäre zu parieren. Alle Offenbarung geschieht durch das Ohr, der symbolische Umweg wird schon präformiert durch den Vorrang des Vernehmens. Natürlich werden Sie genügend Verstümmelte finden, die – häufig genug aufgrund der negativen und destruktiven Kräfte, die schon in vorgeburtlichen Zeiten auf diesen vermeintlichen Störenfried einstürmten – nicht mehr in der Lage sind, sich wirklich auf einen anderen Menschen einzulassen. Aber das ist noch lange kein Grund, zu behaupten, dass es so sein muss und gar nicht anders geht. Wenn wir eine/n anderen wahrzunehmen beginnen, prägen immer Erwartungsmuster und Wiederholungszwänge, was wir zu sehen glauben. Doch wenn körpereigene Drogen ausgeschüttet werden, wenn Rhythmen und Stimmfiguren aufeinander einzuwirken beginnen, ist der Status des Katalysators längst verloren gegangen. Wenn wir zu verstehen beginnen, befinden wir uns in einem Feld der Übertragung, wir hören mal mit den eigenen Ohren und mal mit denen des anderen, wir sehen zugleich wie gewohnt und mit den Augen unseres Gegenübers. Was Sie beschreiben, ist die massenhafte Einsamkeit gegenüber den visuellen Medien, und die beruht schon immer auf dem Rückzug auf Surrogate."

Saggu hat ihn starr fixiert: „Aber als Beleg könnte man für Ihre These wohl auch Houellebecqs *Plattform* oder *Elementarteilchen* heranziehen. Ein letzter literarischer Skandal, der wohl auch dadurch motiviert wurde, dass hier der körperliche Vollzug sinntragend werden soll, dass er die Kraft und die Sinnstiftung einer Metaphysik zu übernehmen hat. Damit wird der Sextourismus als letztmöglicher Selbstheilungsversuch des westlichen Menschen propagiert, als wäre das nicht gerade die größtmögliche Einwilligung in die Selbstverstümmelung. Für mich ist das nicht akzeptabel, jede freiwillige Askese beinhaltet ein größeres Gesundungspotential, denn erst einmal muss ich mich einer Disziplin unterwerfen, muss mir selber meine Grenzen abgesteckt haben, muss wissen, auf wie wenig ein menschlicher Körper mit seinen Bedürfnissen zu reduzieren ist – nur dann bringe ich auch dem anderen Körper und dessen Begehren das angemessene Verhalten entgegen. Und was erfahren wir tatsächlich, wenn uns die penetrante Behauptung zugemutet wird, jemand habe gerade den umfassendsten und erschütterndsten Orgasmus seines Lebens gehabt, wenn er sich danach und zur Bekräftigung gleich noch einen

runterholen lässt oder in einer anderen Situation nach ähnlich beschworenen Intensitäten gleich noch einmal ein bisschen Analver-
kehr genießen muss. Da stimmt doch was nicht, das ist doch so
falsch, dass eindeutig festgestellt werden kann, dass über den Modus der Intensität einer Selbstbefriedigung gar nicht hinaus gekommen wird. Ab einer gewissen Intensität gehe ich davon aus, dass ein
Feuer nicht nur glimmt, sondern seinen Brennstoff verbrennt und
dann ist erst einmal eine Zeit lang nichts!"
Mächtlicher nickt mehrfach, während sie spricht und unterstreicht:
„Das haben Sie sehr gut beobachtet. Genau das ist das Problem und
keine Propaganda des Sextourismus wird in der Lage sein, das kategorial bedingte Defizit jeglichen élans masturbatrice zu beheben. Ab
einem gewissen Grad der Beziehungsunfähigkeit werden nicht mehr
die Intensitäten erreicht, die es möglich machen, lichterloh zu brennen. Deswegen geht Houellenbecq auch davon aus, dass der Reiz in
einer Beziehung unweigerlich nachlasse – und wir wollen genau das
Gegenteil in Bewegung setzen, wenn wir die Kraft akkumulieren. In
Plattform haben Sie genau jene Position des großen Masturbators,
der nur darauf hinarbeitet, einen Zustand der seelischen
Ausgebranntheit zu erreichen, in dem dann alles gleichgültig ist und
er aus Mangel an Welt vor sich hinsterben kann, eben am Schluss,
nachdem ihm ein terroristischer Akt die angebliche große Liebe
nimmt. Aber das ist nur eine Metapher, denn wie sie richtig gesehen
haben, benützt er diese Liebe nur als Anlass der Autoerotik und ist
ansonsten schon davor antriebs- und beziehungsgestört – tatsächlich
ist er von Anfang an in einem Absturz in die Anomie begriffen. Der
Roman liefert eine nacherzählte Phantasmagorie typischer Szenen
aus Pornofilmen und dann verwundert es nicht, dass der Reiz nachlässt, wenn nicht immer noch ein wenig mehr herausgekitzelt wird.
Der Blick und das Phantasma sind immateriell, da kann es nur den
Weg geben, über Folterrituale oder herausgezögerte Erstickungsan-
fälle noch einen kleinen Schritt auf den ultimativen Kick hin zu versuchen: der Exitus interruptus – aber dem wirklichen Kick wird man/frau
auf diese Weise nicht begegnen. Denken Sie daran was ich über das
Horchen angedeutet habe, über die Erfahrungsform der primordialen
Symbiose. Wir sind alle erst einmal in die Welt entlassen worden, um

diese ursprüngliche Intensität der Einheit wieder zu gewinnen und um so weiter der Umweg ist, den wir in der Welt zurücklegen, um vom Bedürfnis zur Befriedigung zu kommen, je größer ist die Chance, dass sich die ursprüngliche Erfahrung der Einheit wieder ergibt. Nicht der reduzierende Kurzschluss auf die sich selbst befriedigende Monade und nicht die Regression auf die ursprüngliche Einheit, denn das wäre die Vernichtung, auf die Houellebecq in den Romanen zusteuert, sondern die vermittelte Erfahrung der Einheit. Und daraus sind Energien abzuleiten, die einen sehr hohen Überzeugungscharakter haben, die auf einen magisch-animistischen Weltzustand zurückgreifen können, wenn es darum geht, Wirksamkeiten in der Wirklichkeit auszulösen und unsere Wirklichkeit ist eben nur als ein umfassendes kommunikatives Geschehen zu begreifen."

Saggu wirkt streng und als sie antwortet, ist an den an ihrem Hals hervortretenden Sehnen und den tiefen Kerben um die Mundwinkel zu sehen, wie angespannt sie ist: „Dann müssen wir doch nur noch eins und eins zusammenzählen und die Fraglichkeit Ihres ganzen Unternehmens wird sichtbar. Natürlich hat es den Gedanken einer Schule der Liebe in den verschiedensten Ausprägungen gegeben und offensichtlich sind in der Regel nur die verschiedenen Formen der Prostitution zustande gekommen. Aber wir sollten uns doch einmal überlegen, in wem eigentlich die Kräfte wurzeln, die dafür sorgen können, dass selbst noch die mindesten Befriedigungen eine heilsame Wirkung haben. Ich darf an Fröbel und Pestalozzi erinnern, die die frühen Lebensjahre unter der ausschließlichen Verantwortung der Mutter als magische Märchenzeit gekennzeichnet haben, als die Zeit, in der die Wünsche und Erwartungen der Mutter noch unmittelbar und ohne Übersetzung prägend wirken, in dem das Sinnen und Hoffen noch auf eine ursprüngliche Einheit zurückgreifen kann und bei richtiger Anleitung kann eine Frau ihr Kind für ein Leben mit den richtigen Kräften und Wahrnehmungsweisen ausstatten. Wir sollten das nicht einfach vergessen, nur weil es heute nicht mehr selbstverständlich ist. Aber das, was Sie die Verwurzelung im magisch-animistischen Zeitalter genannt haben, liegt beileibe nicht tausende von Jahren zurück. Sicher, für viele hat es so etwas nie gegeben und damit gehört es ins Reich der Märchen und Sagen – aber die, die eine solche Erfahrung gemacht haben, können vielleicht vieles von dem wie von allein, was Sie hier mit vielen Tricks und mancher gefährlichen Fraglichkeit bei jungen Menschen sozialisieren wollen. Immer wenn es um die Kräfte der Liebe geht, um jenes Einswerden mit der/dem Anderen, um ein umfassendes Einswerden das bis zur Einheit mit dem Kosmos reichen kann, ist tatsächlich unsere Anspielstation jene ursprüngliche Einheit Mutter-Kind."

„Auch das stimmt, gegen dieses Argument wäre gar nichts einzuwenden, wenn es nicht der Mutterbezug wäre und die in diesem absorbierten psychischen Energien, die eine wirkliche Öffnung des Ich zum anderen verhindern. Ob einer immer auf der Suche nach der Mutter in der möglichen Partnerin ist oder ob eine nur die strafende und zensieren Mutter im Genick hat, von der sie sich freikaufen will durch ein Kind – solche zwei werden nicht genug Kraft und nicht die Aufmerksamkeit für einander haben, damit mehr zustande kommt, als die von einer anderen Instanz programmierten Versagungen. Aus diesem Grund haben wir einen ganz anderen Weg einschlagen müssen. Wir gehen von der Erotik aus, folgen hier Bataille, der dieses den Sexus übersteigende Streben, das ganz der Vorstellung und der Erwartung angehört, als ureigenste Dimension des Menschen gekennzeichnet hat. Ein Streben und zugleich ein Sterben, beachten Sie dabei, dass es nur ein einziger Buchstabe ist, der seinen Platz wechselt und sofort ist der gesamte Bereich des Imaginären abgesteckt. Die ersten Zeichen, die der Mensch aufgerichtet hat, waren Grabmale, sein erstes Begehren, dem Tod zu widerstehen, dem Vergehen standzuhalten!" Dann spricht er wieder in die Runde. „Und die zweite Korrektur, die uns mindestens so wichtig ist, passt genau in diesen Zusammenhang. Dass Lust die Rückkehr auf einen Status der Spannungsfreiheit sei, ist vielleicht Freuds größter Irrtum und tatsächlich das Resultat eines zivilisatorischen Prozesses, in dem keine Künste der Liebe zugelassen waren, weil sie durch Abwesenheitsdressuren ersetzt werden mussten. Wir können vielleicht noch den Terminus Spannungsabfuhr akzeptieren, als Kenzeichnung eines relativen Geschehens, aber nicht als Triebziel. Es ist auf jeden Fall zu kurz gegriffen, Lust im Sinne der Stoiker als Vermeidung von Unlust zu definieren, das Nirwanaprinzip gehorcht vielleicht dem Gesetz der Entropie – aber es hat nichts mit einer produktiven und überfließenden Lust zu tun. Wir arbeiten an Formen der Spannungsabfuhr, die dazu befähigen, eine immer größere Spannung aufzubauen, eine Spannung zu halten, die den normalen Lebensvollzügen nicht mehr vorstellbar ist. Wenn der nötige biologische Kondensator dahinter arbeitet, können wir eine lustgetönte Spannung aufbauen, wir können mit ihr arbeiten und bleiben nicht am Vorlustprinzip hängen. Das ist sicher der Vorwurf, den wir Freud als Institutionstheoretiker machen können: Mehr als das Vorlustprinzip hat er nicht zugelassen! Ja, schlimmer noch, durch Spuren einer Ahnung von einem Mehr fühlte er sich gefährlich bedroht und er konnte dann auch sehr gefährlich werden für die Leute – ich erinnere an Tausk, dem wir vielleicht die erste stimmige Schizophrenietheorie verdankt hätten, wenn er nicht auf der Strecke geblieben wäre –, die auf sein Wohlwollen angewiesen waren."

Merk wirft ein: „Dass Sie den magisch-mimetischen Wirkungszusammenhang der Mutter-Kind-Dyade auf einen Nenner bringen, mag ja nützlich sein, aber daraus ist noch lange nicht zu folgern, dass diese Beziehung das wichtigste Geschehen in unserem Leben zu sein hat. Sie ist es vielleicht für eine kurze Zeit, aber in vielen bestehen die späteren Selbstheilungsversuche nur aus den fortwährenden Beweisversuchen, dass diese ursprüngliche Abhängigkeit auf immer der Vergangenheit angehört. Ich erinnere mich an die *Begegnung am Fudschijama* und daran, wie Tschingis Aitmatow und Daisaku Ikeda über Natur, Geschichte, Sinn und Zukunft philosophierten – und wie nebenbei wird die Mutter bei beiden das Heilige in ihrer Welt, der Quellgrund von Erfahrungen, vor dem sie sich in Demut verneigen. Und mir kommt das wie der letzte Hohn vor, ein kirgisischer Aksakal und ein Sensei aus Nippon, zwei urwüchsige Patriarchen, wetteifern um die Hochschätzung der Mutter, finden in ihr den Ursprung ihres literarischen Vermögens oder der langen Geduld zur Weisheit. Es tut mir leid, aber wenn ich mich in unseren Welten umschaue, hat das für mich fast etwas Obszönes an sich – das ist fast so fraglich, wie wenn uns ein Adolf Muschg über die Weisheit des Körpers zu predigen weiß."

An diesen Themen klebt ein Wahrheitsbezug, der wohl von keinem der anwesenden einfach beiseite gewischt werden kann und wie es aussieht, hat jeder seine eigene Art, sich die Brisanz vom Leib zu halten. Ich ertappe mich dabei, dass ich einen Moment ganz zufrieden damit bin, dass mir das alles von der Zeit überholt scheint. Und wenn ich dann an unsere Mütter denke, packt mich das kalte Grausen. Vielleicht erklärt das auch, warum ich die Faszination an der Psychotikerin nicht teile, warum für mich das Werk und damit die objektivierte Leistung den wesentlichen Unterschied gegenüber der nivellierenden und verleugnenden Diffusion ausmacht. Wobei im Laufe der Jahre klar geworden ist, dass wir beide, jeder jeweils seine Mutter für eine besondere Katastrophe halten will und dahinter versteckt sich noch immer der letzte Rest an Exklusivität. Ob eine gefühlsblinde Erpresserin, die ihre ganze Lebensenergie darauf verwendet, den möglichst klein gehaltenen Lebensbereich ihrer familialen Homöostase maximal zu beherrschen; ob eine einfühlsame Egoistin, die es schaffte, alles zu ihren Gunsten zu verwenden und im Endeffekt nicht davor zurück schreckte, den Mann oder die Kinder zu opfern, wenn sie damit ihrem Ziel näher kommen konnte – in beiden Fällen hatten wir es nur mit Todesmaschinen zu tun und zwar dummerweise als auserwähle Delegierte. Mancher mag ein Leben lang dankbar für den sein Bedürfnis des geliebt-werden-Wollens bestätigenden Blick sein – aber es ist genauso zu verrechnen, dass die Gesetzmäßigkeiten dieser ursprünglichen Dyade versuchen, sich in allen späteren Beziehungen zu reproduzieren. Und obwohl ich zugestehen kann, dass mir gewisse Energien und musikalische Schwingungen dieser frühen Zeit einen Vorsprung vor all den andern liefern konnten, mit denen ich um die Wette laufen musste, weiß ich, dass ich auf das Experiment verzichtet hätte, wenn man mich nur rechtzeitig gefragt hätte. Eine Psychotikerin als Zaches, genannt Zinnober, die es in schöner Regelmäßigkeit schaffte, sich im Glanz all derer zu sonnen, die in Ihrer Umgebung Leistungen zu bringen hatten und die außer dem hochgeschraubten Anspruch, über alles urteilen zu wollen, tatsächlich so gut wie keine herausragenden Fähigkeiten vorzuweisen hatte und aus diesem Grund vor allem eine Fähigkeit trainierte: Vor keinem Wert aus der ungerechten Männerwelt Respekt haben zu müssen – und damit traf sie sich, spätestens zu dem Zeitpunkt, als ihr gelungen war, einen Bildungsbeamten für eine zweite Ehe aufzutun, mit dem Lebensprinzip deiner Mutter, die von Anfang an von der Nichtanerkennung ausgegangen war und ansonsten zu genießen wusste, dass die ganzen Anstrengungen ihrer psychotischen Verleugnung von einem Beamtensystem getragen wurden. Ansonsten ist das Thema öd, das auf der Mutter-Kind-Einheit aufsitzende Prinzip Hoffnung scheint längst verkarstet und ausgemergelt – für große Hoffnungen und Gefühle braucht es tatsächlich immer einen Bereich, der vor der experimentellen Selbstwiderlegung anzusiedeln ist. Wenn ich rechtzeitig gefragt worden wäre, hätte ich meine Mutter aus dem Kreis derer, die mit der Berechtigung, sich fortzupflanzen, versehen werden sollten, ausgeschlossen. Und wenn ich gewusst hätte, was auf mich zukommen würde, hätte ich später auch gar nicht versucht, mich in eine große Liebe zu investieren, sondern eher Wert darauf gelegt, auf einem vermotteten Sofa zu kiffen und gelegentlich aus einem Trip ein an die Surrealisten erinnerndes Bild zu machen und mich ansonsten an Pornos zu freuen und möglichst viel in der Weltgeschichte herum zu trampen. Aber das ist es eben, wir wissen nicht davor, welche Folgen unsere Ziele oder Ausweichmanöver haben werden – und so hätte es auch geschehen können, dass ich genau jenen Parcours nicht gemacht hätte, mit dem ich einige Drehpunktpersonen der Literaturwissenschaft zu meiner Vernichtung zusammengetrommelt hatte – nur um am Ende den selben Effekt mit ein paar Kleinkriminellen oder Drogensüchtigen oder Dealern zustande zu bringen. Ich habe also wirklich keinen Grund, mit irgendwelcher Dankbarkeit an meine Mutter zu denken, ich bin schon froh, dass ich sie meist vergessen habe und nur in solch künstlich hergestellten Zusammenhängen an sie erinnert werde – denn sie hat das Koordinatensystem ihres Wahngebildes mit all meinen Wünschen, Ängsten und Anstrengungen verspannt und während ich daran arbeitete, immer weiter von ihr wegzukommen, war auf anderen Ebenen immer wieder neu die Erfahrung zu machen, dass ich unter fast den gleichen Vorraussetzungen, die im Familienroman des *Altpapier* beschrieben worden sind, ums Überleben kämpfen sollte. Aber was soll's, genau die Fähigkeiten, die ich der ursprünglichen göttlichen Einheit verdanke, haben mich zum Sündenbock machen wollen und mir zugleich die Kraft geliefert, durch die Vernichtung hindurch zu gehen und die Mutter in den Nichtigkeiten zurück zu lassen. Und dann die große Liebe, die genau jene Widerstände freisetzte, die sie brauchte, um an Kräften zuzunehmen und uns dann in die Lage versetzte, einer absoluten Übermacht standzuhalten. Und irgendwo ist das ein Hohn: Wir hatten Angst gehabt, das Leben zu verpassen, hatten befürchtet, dass das Leben von Lebenslüge und Verzicht aufgesaugt würde – wenn meine Starthypothek betrachtet wird – oder dass es vor lauter Verwaltung und Wattewelt gar nicht stattfinden darf – das war die Hypothek, die Du auf die Waage werfen musstest – und dann hatten ein paar Bildungsbeamte aus der Behördenuniversität auf einmal dafür gesorgt, dass wir um unser Leben rennen mussten, dass jede scheinbar so nebensächliche Kleinigkeit neu erobert werden wollte, dass vieles, was gegenüber den großen Erwartungen gar nicht ins Auge gefallen war, plötzlich als das Wesentliche deutlich wurde. Nun hatten wir Spannung, auf einmal war mächtig was los, und es konnte nicht mehr die Rede davon sein, dass in der Welt der nachgemachten Menschen nichts statt fand – und wenn ursprünglich nichts einen Wert zu haben schien, begann alles einen Sinn zu stiften, was wir in die Wege leiten oder am Leben halten konnten. Nun war nicht mehr die Frage, ob das Leben vielleicht keinen Sinn hatte, denn in den Überlebenskämpfen stifteten wir den Sinn selbst. Und irgendwann stellte sich auch nicht mehr die Frage, ob die ganze Anstrengung, die Not und Ausgeliefertheit, die Wunden und die Verzweiflung überhaupt gewählt waren, ob wir nicht im rechten Augenblick hätten nein sagen sollen und abspringen – denn jetzt hatte unser Leben begonnen, sich in einen Mythos zu verwandeln und wollte in immer neuen Varianten durchlaufen werden, erzählt und erlebt und modifiziert und in der nächsten Variante wieder neu und anders erlebt... Jetzt sind wir eben einmal dabei und die Frage, ob es nicht besser gewesen wäre, wenn nichts gewesen wäre, stellt sich einfach nicht mehr. Nun wird es von den nötigen Einsichten und Überlebenstricks abhängen, ob es nicht doch gelingen soll, dieser Lebenszeit ein paar Ergebnisse abzugewinnen, mit denen der Umweg zwischen zwei Unendlichkeiten die notwendige Rechtfertigung erfährt. In den normalen Sozialisationsregeln haben die Leute längst eingesehen, dass große Erwartungen nur große Frustrationen mit sich bringen. So beschäftigen sie sich lieber in den verschiedenen therapeutischen Nischen mit dem, was ohne große Mühe an Befriedigung und Illusion zu haben ist. Die Zeit ist begrenzt und die Kraft beschränkt, und mehr als das Vorlustprinzip steht für die meisten auch gar nicht zur Verfügung. Wer ist schon so wahnwitzig und lässt eine/n andere/n so nahe an sich ran, dass das ganze gewohnte Lebenssystem umgekrempelt wird – wir haben das auch nicht freiwillig gemacht und als es geschehen ist, ist es geschehen, weil nicht mehr viel von uns übrig war. Also niemals freiwillig – man musste schon so eine Enklave der Vergangenheit zur Verfügung haben, um ein paar längst verpasste Chancen erneut ins Spiel einzubringen und die Illusion zu pflegen, das sei so etwas wie eine umfassende Form des Abenteuerurlaubs. Und doch: Die Paradebeispiele sind alle irgendwie antiquiert, rhetorische Prunkstücke einer großbürgerlichen Epoche, die längst untergegangen ist, um dann nach dem zweiten Weltkrieg als eine Form des kulturellen Phantomschmerzes wieder aufzutauchen. Reichs Schriften lesen sich für mich wie eilig hingeschluderte Dokumentationen einer Expedition in unbekannte Gefilde, und dabei verwundern viele Beobachtungen und Funde heute nur noch ob ihrer Selbstverständlichkeit. Irgendwann in den Sechzigern hat sich der Sexus zu einer gewaltigen Medienmacht aufgebläht, und vielleicht blieb anfangs sogar noch eine dünne Nabelschnur zu den realen Körpern erhalten – aber in den Siebzigern verlor die Wolke jede Bodenhaftung, die Erfahrung des Körpers wurde demgegenüber etwas derart armseliges und beschränktes, dass es nicht verwundert, dass sich der Sexus in den Achtzigern unter dem Einfluss der AIDS-Hysterie dann in den Medien und im Geschwätz verflüchtigen musste. Derart irrealisiert, dass für den, der mehr wollte, auf einmal Antworten bei Bhagvan oder den Scientologen im Angebot waren – bei Esoterikern der Inflation oder Machtfanatikern des kleinsten Spießertums –, wobei genau diese neu entstandenen gesellschaftlichen Nischen ermöglichten, die Legitimität des Bedürfnisses nach Authentizität, die Notwendigkeit der Suche nach Intensitäten, die Möglichkeit des Echten, ganz ins Jenseits zu befördern. Auf einmal war die conditio humana, ja selbst die Frage danach, nur noch ein Problem der Pubertät oder ein Anachronismus der Adoleszenz – auf einmal konnte behauptet werden, dass die Begierde so oder so immer nur mit ihren eigenen Projektionen verkehrt hat, dass der Sexus gar nicht verschwinden konnte, wenn er nie mehr als eine Form der Selbstbefriedigung gewesen war. Ein gewaltiger Betrug, nicht mehr, aber vielleicht musste auch deswegen wieder auf die Sechziger zurückgekommen werden. Es ist gar nicht verwunderlich, dass in dieser Zeit die Kultivierung von Extremerfahrungen zu neuen Körperzugängen führte, ob desexualisiert oder polymorph libidinös besetzt, dass die verschiedensten vorindustriellen Produktionsformen wieder entdeckt wurden, dass magisch-mythische Erlebensformen eingeübt werden konnten – und gleichzeitig die großen Erwartungen an eine sexuellen Befreiung auf den Status neutral heruntergeschraubt wurden. Und in den Neunzigern kamen dann die Sechziger wieder und prägten bis zum Ende des Jahrtausends die verschiedensten retrospektiven Anverwandlungen. Mit einer Übermacht der Medien, die alles grell überzeichnet und prall übertrieben präsentieren, dass den um die Jahrtausendwende Herangewachsenen oft nur schlechte und verkrampfte Nachahmungen übrig bleiben oder grell überzeichnete Karikaturen der Wirklichkeit des Geschlechts. Es ist die Frage, was länger hält: Die narzisstisch gestörte Selbstdarstellung dieser alternden Simulanten oder der Wettstreit der nächsten Generation mit den vorgegebenen Größenphantasien der postmodernen Medien. Merk ist mir schon ein paar Mal aufgefallen, bei bestimmten Formulierungen bekommt er hektische Zuckungen, es schüttelt den ganzen Körper, als habe er Fieberschübe, was auch zu dem abwesenden Blick passt, der Mann macht den Eindruck eines Besessenen.

Mit einer angedeuteten Verbeugung gibt Mächtlicher zu verstehen, dass das alles war, was er uns zu sagen hat. „Stellen Sie Ihre Erwartungen unter die Vorgabe der Prophezeiung Durrells aus ‚Tunc‘ auf der Seite 119: Der Held der modernen Commedia wird ein verliebter Wissenschaftler sein, der mit den zwitterblütigen Formen seiner eigenen Lust handgemein wird. Auch das ist ein Kommentar zu unserer Schule der

Liebe. Wir müssen die Jungen richtig anleiten. Und wenn sie sich abstrampeln, gibt es auf jeden Fall immer die Funktion Weiser-vom-Berg, in der Sie sich zu situieren haben, wenn aus dem Gewimmel noch andere Genüsse abgeleitet werden wollen. Aber erwarten Sie nicht mehr, als Sie selbst in der Lage sind zu geben. Sie werden diesen Helden, diese Heldin verkörpern müssen. Sie werden sich auf dieses Energielevel einpendeln und es wird der Strom sein, den Sie Ihren eigenen Synapsen entlocken können, der die Qualität unserer nächsten Generation bestimmt."

Mächtlicher will abtreten, aber er bekommt ein Zeichen und scheint noch auf etwas zu warten. Wir gehen gemächlich weiter, hinter einer uralten Eiche sehe ich einen sauber am Hals abgetrennten Vogelkopf, der in einem runden Kreis weißer Federn liegt – ein großer Kopf, der starr ins Jenseits blickt. Ich überlege mir, ob es möglich ist, dass gewisse unumstößliche Wahrheiten vielleicht auf einem mittlerweile sehr dünnen Boden wachsen müssen, dass sie, obwohl ihr evolutionäres Fundament schon vor etwa 100000 Jahres gelegt worden ist, falsch und hinfällig werden können, wenn sie von den falschen Leuten im Mund geführt werden. Der Typ wirft einen kurzen Blick auf die goldene Rolex am Handgelenk, als wolle er festhalten, wie lange wir ihm zugehört haben, um sich nun wieder zu seinem anfänglichen Auditorium zu begeben. Für einen Moment irritiert mich eine seiner Handbewegungen. Er scheint die Rüschen akkurat zurechtzuzupfen und irgendwelche Falten glatt zu streichen und kurz habe ich den befremdlichen Eindruck, die Fingerspitzen huschten über eine Tastatur.

Unser Begleiter nickt und wendet sich mit einem weisen Lächeln Wolhe zu, die mehrfach angesetzt hatte, zu kommentieren, was sie von der Zitatsammlung des Graukopfs hielt und sich immer wieder zurückgehalten hat. „Das mag im Großen und Ganzen richtig sein, aber Sie wollten etwas sagen...?" Ich frage mich, was so jemand hier will, eine amorphe Couch-potatoe mit Blumenkohlfrisur, welkes Fleisch, das mich an die Haut auf der Milch erinnert – dieser Typus Pfarrerstochter steht für mich für die politische Korrektheit pseudo-progressiver Arschlöcher. Solche hässlich missratenen Klopse findet man in den großen Parteien, und der objektive Rahmen irgendeiner

Kommission oder Arbeitsgruppe darf dann den Anlass bieten, dass auch sie sich vor den Augen der Öffentlichkeit produzieren, als wären sie attraktiv und eine Augenweide. Dabei ist das, was uns die Parteien bieten in der Regel eine Beleidigung fürs Auge und oft schlimmeres, die Psychotisierung der Schöpfung. Wenn ich von meinen Erfahrungen auf der schönen alten Erde ausgehe, muss ich fast annehmen, sie ist hier, um sich für den Lehrkörper zu bewerben. Ein für mein Gefühl obszönes Unterfangen in einer Schule der Liebe, denn so jemand teilt maximal die Sexualität kulturschwuler Vereinigungen – dann stellt sich allerdings nicht mehr die Frage, warum ich mir die Mühe mache, in diesem Rahmen ein Interview zustande zu bringen: Dann heißt es viel eher, alles an Abschluss rauszukitzeln, was überhaupt zu holen ist.

Im Brustton mütterlicher Überzeugung, als habe sie das Recht für die anderen zu sprechen und außerdem die Macht, wie nebenbei über den kategorialen Rahmen der Wirklichkeit zu verfügen, sagt Wolhe: „Das mag ja schön und gut sein, aber es gibt auch noch wichtigere Dinge im Leben, als die Sexualität. Das wird doch seit Freud maßlos überschätzt, es gibt Menschen, die haben einfach nur Hunger, die brauchen eine Arbeit, die einfachste medizinische Versorgung usw. Und erst einmal ist der Mensch ein unentwegter Sinnsucher, will wissen, wozu das alles gut ist, will selbst eine gewisse Wichtigkeit haben. Die Überbetonung der Sexualität ist doch nur als Stressabfuhr und als eine Kompensation der durch die Schnelllebigkeit der Zeit bedingten Sinnlosigkeit zu verstehen. Seitdem die Folgen der Permissivität deutlich wurden, es begann in der zweiten Hälfte der Siebziger und war dann die ganzen Achtziger prägend, ist das für die meisten langweilig bis zum Überdruss geworden. So lange noch die nötigen Tabus ungebrochen waren, erhoffte eine breite Masse in der Erfüllung sexueller Wünsche das Glück zu finden. Und dann wurde es zu einem neuen Leistungsprinzip. Heute ist das doch nur noch ein Thema für Pubertäre und Zwangsneurotiker, die Augenblicksbesessenheit der Lustgewinnjünger ist eine Schwäche und ein Verlust an Kultur – außerdem vielleicht noch für einige Spezialisten, die damit viel Geld in Bewegung setzen. Der Scholastiker Pieper, von dem wir in diesen Zusammenhängen manches lernen könnten, der auch im-

mer wieder betont hat, wie die Frage nach den großen Zusammenhängen, nach dem Sinn des Ganzen wesentlich zum Menschen dazu
gehört, hat schon in den Sechzigern darauf hingewiesen, dass die
Betonung des bloßen Sexus das Dämonische im Gefolge hat, also
Selbstzerstörung, Verlust der Achtung vor dem eigenen und vor dem
fremden Leben. Außerdem frage ich mich, wo dabei das Glück bleibt.
Wie lange wurde der erfüllte Trieb, der befriedete Eros, mit dem
Glück in Verbindung gebracht? Ich könnte mir vorstellen, dass die
großen alten Aufgabenstellungen der Philosophie gerade in einer
Schule der Liebe eine Renaissance erfahren. Gerade wenn es junge
und noch suchende Menschen sind, die Fragen nach dem Sinn des
Lebens, nach der Freiheit, nach der Unsterblichkeit. Warum haben
wir das Wörtchen Glück bisher noch nicht einmal gehört?"
Merk meckert böse: „Vermutlich haben Sie es selber abgeschafft. Als
wir gerade soweit waren, dass eine Form der repressionsfreien Entsublimierung möglich wurde, als es fast schon so aussah, als hätten
wir die Chance, den Trieb zu kultivieren, ist uns die Frauenbewegung
dazwischen gekommen. Vielleicht hättet ihr am emanzipierten Mann
gewonnen, doch während des ganzen Dramas um die Emanzipation
der Frau haben wir auf jeden Fall beide verloren. Mit dem, was Sie
die Anspruchsgesellschaft nennen, sind wir soweit weg von der Erfüllung, wie wir es noch nie waren, eher bekommt ein Avatar Hitzewellen, eher wird die Selbstinszenierung auf dem Videoscreen eine Erleuchtung, als dass sich diese historische Chance noch einmal einstellt, die mit der Entwicklung der Pille für einen weltgeschichtlichen
Augenblick bestanden hat.
Ich darf Russel paraphrasieren: Warum die Liebe, wenn nicht gerade
deswegen, weil sie eine so gewaltige Verzückung erzeugt, dass wir
im Augenblick alles dafür hingeben würden, für die Erfahrung der
Zeitlosigkeit dieses Überschwangs. Und nicht als mythisches Unternehmen, das sich der Kontemplation eines Einsamen verdankt, sondern eher als Erlösung von jener entsetzlichen Einsamkeit, die wir
dem Pseudoindividualismus des Abendlands verdanken, in der ein
einzelnes erschauerndes Bewusstsein über den Saum der Welt
hinabblickt in den kalten, leblosen, unauslotbaren Abgrund. Weil die
schönen Kräfte, die die Liebe freisetzt, eine real-mystische Realisie-

rung der Vereinigung der Gegensätze und der Vergegenwärtigung der Erfüllung fühlbar machen, die bisher nur in der Vorstellung der Heiligen und Dichter zugänglich war. Lawrence wurde dafür lächerlich gemacht, dass er an die Erlösung von allen Übeln glaubte, an ein Ins-Lot-kommen der Welt durch den Koitus – und so wie es aussieht, hat die Menschheit diese historische Chance mittlerweile verpasst! Und dabei ist irgendwo alles noch da, es muss nur in die rechte Beziehung gesetzt werden. Wir könnten ganz harmlos mit Herders Einsicht beginnen, dass Schönheit die sinnliche Wahrnehmung eines Maximums ist, Ausdruck einer körperlichen Vollkommenheit, die sich dem Gefühl harmonisch offenbart – und wir müssten nur daran erinnern, dass dies ein Geschehen zwischen zweien ist und beileibe nicht die zurück gestaute Autoerotik der abgegrenzten bürgerlichen Monadenkonstitution – und wir haben schon die wesentlichen Bedingungen des Glücks genannt." Er wirkt sehr angespannt und schneidet dabei Grimassen wie einer, der vergeblich versucht, einen Clown nachzuahmen, weil er nicht kapiert, dass die Traurigkeit im Zirkus zur lustigen Abfuhr präsentiert wird wie ein dressiertes Tier, während er sich nur an Grinsgrimassen abquält und dabei bemerken muss, dass sie nicht ansteckend wirken. „Die Energien selbst sehen wir nicht, wir sehen nur ihre Wirkungen, also etwas vermitteltes – nicht anders geht es mit der Liebe, mit dem Glück. Wir sind Medien in Medien, es gibt in den Berührungen und Überlappungen immer ganz verschiedene Durchlässigkeiten, verschiedene Leitfähigkeiten und manchmal springen auch Blitze über. Um noch einmal Herder zu paraphrasieren: Das Gefühl besitzt die Welt dann echt, wenn der Übergang fließend ist, wenn es keine starre Trennung mehr braucht. Dann kommt es zu einer mitschwingenden Anteilnahme und wie sich mit allem Wirklichen der göttliche Lebensgeist erspüren lässt, der in diesem Wirklichen uns anredet und eine Sympathie und Anziehung in uns weckt, die sich der Wollust nähert. Ein bisschen altertümlich formuliert, aber wir haben unter der Voraussetzung, dass unter dem Terminus Gefühl jener Zwischenbereich gekennzeichnet ist, in dem die Subjekt-Objekt-Dichotomie nur künstlich ist, alles was wir brauchen: Die Schönheit, die Wollust und das Göttliche bilden eine Relationstriade unter der das Glück erscheint. Und ich würde gerne noch einen weiteren altertümlichen Begriff für unsere Zwecke aktualisieren und zwar den Begriff der Offenbarung. Wenn wir die Energie selbst nur in den Vermittlungen wahrnehmen, so können all ihre Äußerungen unter dem Begriff der Offenbarung verstanden werden. So platt sie sein mögen, so oberflächlich und nichts sagend, wenn wir sie erst in diesem umfassenden Zusammenhang verstehen und fördern, dann sind sie ein Teil der göttlichen Kraft. Die Schönheit wurde einmal als das sinnliche Scheinen der Idee bezeichnet, aber tatsächlich ist sie eine der Weisen des Göttlichen in der Welt, die Wollust eine andere... man komme mir nur nicht damit, dass es unsere Großinstitutionen sind, denen wir die Kraft verdanken sollen. Es ist genau anders herum, die Institutionen schmarotzen an aller wachen Lebendigkeit und es ist die entwendete und pervertierte Erotik, die sie zu Mörtel und Kitt umfunktioniert haben."

Ohne dass das Lächeln aus seinem Gesicht verschwindet, aber mit einem fast tonlosen Gesäusel, erwidert unser Begleiter: „Vergessen Sie das Glück. Wir sind hier, um die Effektivität zu steigern, aus diesem Grund wird jeder Umweg über Sexualmystizismen à la Lawrence müßig sein – obwohl ich gerne zugestehe, dass fast keiner der Autoren, auf die wir uns in der Regel beziehen, nicht von ihm die wichtigsten Anregungen erfahren hat. Und wenn jemand meint, an das Bauchgefühl, an die Intuition, appellieren zu müssen, dann ist daran zu erinnern, dass auch diese sich einem langen Prozess von Abstraktionen und Verallgemeinerungen verdanken – die Intuition kommt nicht aus dem Nichts und hat auch nichts mit einem archetypischen Wissen zu tun, sondern sie resultiert aus dem vorbewussten Vergleich von Situationserfahrungen, die sich im Laufe des Lebens zu Gestaltwahrnehmungen kondensiert haben. Wir setzen auf Verfahrensabläufe, auf wiederholbare kleine Schritte, auf eine positive Form der Sexualmagie – und so wie Sie im Kampfsport aus dem Körper einen perfekten Reflexapparat machen können, können sie auch in den kommunikativen Bezügen eine Kraft der Überzeugung ausarbeiten, der nicht mehr zu widerstehen ist. Der Dämon lässt sich sozialisieren und in Dienst stellen, das kann nicht das Problem sein. Aber wenn es heute noch einem gelingt, dem Glück zu begegnen, dann ist das seine oder Ihre eigene Sache und geht niemanden et-

was an – es ist nicht einmal notwendig, dass es, wie Walter Benjamin einmal gesagt hat, notgedrungen im Geheimen stattfinden muss. Wir setzen anders an, wir arbeiten daran, den Verkauf zu befördern und den Umsatz zu steigern, wir haben schon manchem genialen Strategen hervor gebracht und auch unter den großen politischen Rhetoren haben die Besten bei uns gelernt. Der Handel kann den Krieg ersetzen, auf allen Ebenen, es muss nur dafür gesorgt sein, dass er nicht selbst zu einer Form des Krieges degeneriert – und diese Einsicht versuchen wir bereits im körperlichen Geschehen zu verankern. Erzählen Sie mir nichts von dem doch so notwendigen Idealismus, von den für Leistungen notwendigen Sublimationsaufwand. Häufig genug entspringt der Idealismus nur der Handlungshemmung und ist ein Deckmantel für den Zweifel am Erfolg und an der Verwirklichung der eigenen Möglichkeiten. Und dann ist es viel einfacher, sich hinter den hehren Idealen zu verstecken, als der Tatsache ins Auge zu sehen, dass man oder frau einfach zu feige war, also zu antriebsgestört. Außerdem darf ich daran erinnern, dass einige der größten Verbrecher der Menschheit unbelehrbare Idealisten waren, die für ihre favorisierte Weltbeglückungstheorie ganze Völker ausgerottet haben. Dann hatten wir noch verbitterte Zyniker, die für ein paar grammatische Spitzfindigkeiten über Leichen gingen – und zwar nur deshalb, weil sie nie gelernt hatten, sich hinzugeben, weil ihnen die Disziplin alles zu ersetzen hatte, was den Menschen erst zum Menschen macht – und das ist, dass er sich überschreitet, dass die Grenzen eingeebnet werden können und nicht noch zusätzliche Schranken das armselige Ego zu schützen haben.
Also vergessen Sie's! Wir optimieren und setzen neue Ideen in die Welt, wir erweitern, vergrößern, beschleunigen. Das Glück ist Selbstbescheidung, es haust in den kleinen Details und Nebensächlichkeiten, ist ein Geschenk der Götter und will dann noch durch Sorgfalt und Behutsamkeit ein zweites Mal erworben werden, und wer das nicht zugange bringt, wird gleich doppelt gestraft. Es gibt keine Gaben des Schicksals, derer man sich nicht als würdig erweisen muss, sonst sind sie nämlich Todesurteile. Das ist uns zu umständlich und alles andere als effektiv – wenn es sein muss, warten wir nicht auf das Schicksal, wir sind in der Lage, einen Planeten mit

biblischen Plagen zu überziehen und in die Steinzeit zurück zu befördern. Das Glück gehört in einen anderen Wirklichkeitsraum, in eine andere Raumzeit. Es setzt eine Kosmologie, göttliche Mächte und ein Wesen, das sich bewähren muss, voraus. Wenn Sie genau hinsehen, ist das Glück ein Resultat des Verzichts und der Beschränkung – wir aber arbeiten an der Maximierung und fördern den Größenwahn."

Ich muss mich zurückhalten. Ich habe mir vorgenommen, mich nicht zu exponieren, ich muss Geld verdienen, der Rest zählt hier nicht. Wie oft ist die Widerwärtigkeit der Melancholie und die Undankbarkeit der Psychose nur das Resultat der Verzärteltheit und des Mangels an realen Mängeln – der metaphysische Hunger fett gefressener Abhängiger, der Überdruss der Wohlversorgtheit. Warum begegnen Leute auf einmal dem Glück, wenn sie unter großen Entbehrungen gelitten haben, warum wissen sie auf einmal zu schätzen, was sie davor nicht einmal zur Kenntnis genommen hätten? Was soll's, ich kann es zu Hause aufschreiben und dann versuchen, wenn ich einmal eine Rente bekomme, ein paar Bändchen Lebensweisheiten zu veröffentlichen – aber vielleicht wird es auch darauf hinauslaufen, dass ich im Rentenalter auf Teufel komm raus noch irgendwelchen alten Scheiß veröffentlichen muss, um wieder die Möglichkeit zu haben, Vorträge zu halten oder Beratungen zu machen, weil die vielen Jahre, die ich damit verbracht habe, unlesbare Texte zu produzieren, nun an einer minimalen Rentenzahlung fehlen werden. Aber solange ich noch auf den aktiven Gelderwerb angewiesen bin, werde ich diese Einsichten auf jeden Fall für mich behalten müssen. Ich will nicht noch einmal die Anstrengungen von Cracks provozieren, mir jede Möglichkeit zunichte zu machen, die ich angeblich aufgrund meiner Leistungsfähigkeit erst geschaffen habe. Wenn hier vom Schicksal die Rede ist, darf ich nicht erzählen, dass das Schicksal mir in Form einer Versammlung von Verwaltungskrüppeln entgegentrat. Aber ich darf auch mein Gegenargument nicht vergessen, zu Hause sollte ich den Keim einer anderen Form der Algodizee festhalten. Als die Krüppel uns fast erledigt hatten, als kein normaler Job mehr zu bekommen war und selbst bei Aushilfstätigkeiten als Bankbote oder Nachtwächter schnell zu bemerken war, wenn ihre Einflüsse an unseren Fersen zu heften schienen und ein einfacher und alles andere als beanspruchender Job plötzlich immer anstrengender wurde, weil ihnen jemand den Gefallen tun wollte oder musste, es uns schwer zu machen – und wir auf einmal die Erfahrung machten, dass in einem Status, in dem alles zu Ende scheint, auf einmal Kleinigkeiten eine Offenbarung vermitteln können.

Bisher hattest Du immer die Erklärung oder Entschuldigung für mich liefern können, dass ich mich auf diesen Scheiß nur eingelassen hatte, weil es Dich gab, weil ich einen Kompromiss hatte finden müssen, um es überhaupt bis zu der Wette dieser Beziehung kommen lassen zu können. Dass ich mich nie um solch einen Spießerscheiß bemüht hätte, dass ich nach Indien verschwunden wäre, wenn ich nicht auf einmal eine Wohnung für uns hätte finden müssen, wenn ich nicht das Geld mit Hilfsarbeiten hätte verdienen müssen, um die Miete und das Essen zu bezahlen, dass ich nicht angefangen hätte, Philosophie zu studieren und längst nicht auf die Idee gekommen wäre, Dir und der ganzen Sippe, die dahinter zum Vorschein kam, durch ein paar Abschlüsse zu imponieren oder den bösen Formen der Missachtung das Wasser abzugraben. Ich war ja kein Streber, ich hätte mich geschämt dafür, aber um dieser Liebe zu genügen wurde ich auf einmal besser und belesener, als die vertrockneten Streber – ich hatte überhaupt nichts von einem geregelten Arbeitsalltag gehalten und nun war ich zuverlässig und dabei leistungsfähiger als all die angepassten Deppen gewesen. Und dann war der Punkt erreicht, an dem ich kapierte, dass ich durchhalten musste und konnte, weil es Dich gab, dass Du nicht die Entschuldigung für ein verkorkstes Leben sein musstest, wie es wohl ursprünglich einmal für Dich geplant gewesen war, sondern dass die ganzen Widerwärtigkeiten der vergangenen Jahre Prüfungen gewesen waren, um den Punkt zu erreichen, an dem ich sagen konnte: Gut, dass es Dich gibt! Denn ohne Dich gäbe es mich schon lange nicht mehr – gut Dass es Dich gibt! Und das veränderte auch die Wahrnehmung, auf einmal konnte ich sehen, dass es die kleinen Details sind, die fast fotografische Genauigkeit gewisser Wahrnehmungen, in denen sich die Offenbarung zu erkennen gab, in denen das Glück wieder erahnbar wurde. Dass es all die Kleinigkeiten um uns herum waren, die ständig da waren und doch fast nie wahrgenommen worden waren, in denen sich der notwendige Sinn zu erkennen gab: Dass wir in der Lage waren, uns am Leben zu freuen! Die flammende Maserung einer kleinen Wandkonsole vom Trödler, die nach einigen Polierdurchgängen auf einmal eine Götterschrift aufscheinen lässt, Jahresringe in denen sich das Sonnenlicht vergangener Jahrzehnte gespeichert hat, die gleichzeitig ein Versprechen auf Zukunft anklingen lassen. Ein Licht, das dein Gesicht zum Aufleuchten bringt, ein Lachen, das einige bittere Falten zurückverwandelt in sprechende Mimikfältchen. Wenn man fast nichts mehr hat und alle Türen zu sind, wenn eben die Kräfte, über die man einmal im Vollgefühl der eigenen Macht wie selbstverständlich verfügte, sich gegen einen gewendet haben und nun nur noch zu bemerken sind, wenn sie Brauchbares in die Unbrauchbarkeit überführen, wenn Waffensysteme nach hinten losgehen und die besonders ausgearbeiteten Fähigkeiten als Schwächen erfahren werden müssen. – Und dann auf einmal die Illumination im Müll zu glitzern beginnt und die Erleuchtung durch die letzten Winkel in der Gosse dringt und einen von dort aus in den kleinsten Münzen anspringt, die auf der Strasse einzusammeln sind. Und wir mussten uns nur bücken, einmal morgens, als wir mit den Hunden in die Krumme Straße einbogen, bekamen wir 178 Mark zusammen, vielleicht waren es auch 187 Mark – wir mussten nur bereit sein, die Augen auf zu halten und uns zu bücken – anders als der Behördendepp, der uns überholte und irritiert wirkte und erst als er am Eingang in der nächsten Kurve an der Klingel stand, kapierte, was wir gemacht hatten, als ihm, schon als der Türdrücker ging, ein großes silbrig glänzendes Geldstück aufgefallen sein musste und er sich erst einen Ruck geben musste, um den Fünfer aufzuheben, um dann festzustellen, dass die Tür wieder zu war. Wenn alle gewohnten Sicherungen weggeflogen sind, stellt sich wie von alleine ein sehr nüchterner und klarer Blick ein. Und dann bietet sich sogar an, dass die selbstverständlichen Wissensweisen, die nie ernst genommen wurden, weil sie einfach schon präsent waren und jeden Tag geübt worden sind, auf einmal zu ganz neuen Chancen führen können. Wenn einer siebzehn Jahre lang jedes Jahr ein paar Monate als Packer und Bote in allen wichtigen Geschäften und Behörden ein- und ausging, um das Studium oder später die Zeit als freier Autor zu finanzieren, war das vielleicht ein größeres Kapital, als eine Promotionsurkunde, die nur den Anspruch der geisteswissenschaftlichen Fakultät auf dieses eine, verwaltbare Leben bestätigen sollte. Tatsächlich fehlte nur der AHA-Effekt, dass mit diesen wie nebenbei errungenen Routinen auch jede Menge Wissen über die führenden Geschäfte und die notwendigen Einflusszentren verbunden war. Wir mussten nur noch auf die Idee kommen, für ein regionales Luxusmedium Anzeigen und Promotionstexte zu verkaufen und auf einmal begannen die Geldquellen zu sprudeln. Wie nebenbei war die in allen Ecken verbreitete Botschaft unseres sozialen Todes damit auch widerlegt und wir hatten sogar ein Medium zur Verfügung, auf das diese Krüppelzüchter keinen Einfluss hatten, also hypothetisch wieder einen Anteil an den Verteilungsmechanismen der medialen Öffentlichkeit.

Ich bin also anderer Ansicht, aber ich habe vor allem Zeit, kann sie für mich behalten – einmal hatte ich den Punkt erreicht, dass ich vorführen konnte, um wie viel besser und weiter ich war, als eine ganze Ansammlung von kulturellen Größen – mit dem Erfolg, dass ich damit nicht etwa meine Unentbehrlichkeit bewiesen hatte, sondern das glatte Gegenteil: Dass man mich zum Schweigen bringen musste. Und als ich einen Prozess durchlaufen hatte, der mein Wissen auf die Punktualität reduziert hatte, meine Geistesgegenwart auf ein mühsames und unsicheres Torkeln von Jetzt bis gerade Eben, als nichts mehr zählte, für was ich mich einmal angestrengt und begeistert hatte, blieb tatsächlich nur noch eines zu tun: Schritt für Schritt für die einfachsten Lebensmittel zu sorgen, kleinste und früher unwichtige alltägliche Kleinigkeiten zu erarbeiten und wieder zu gewinnen. Als sie mich soweit gebracht hatten, dass nichts mehr zählte, stellte sich auf einmal die Weisheit der kleinsten Unterschiede ein – als wäre genau im Angesicht der Vernichtung das zu finden, was früher mit dem größten intellektuellen Brimborium versucht wurde, zu erreichen, um nur immer wieder neu vorgeführt zu bekommen, dass es a priori gar nicht zu erlangen sei. Als ich das erste Mal Peter Gabriels *Don't give up* gehört hatte, war ich genau über diesen Punkt hinaus gewesen und das Wechselspiel einer männlichen Stimme, die in der Erinnerung an eine frühere Unschlagbarkeit nun das Gefühl eines hilflosen Endes auszukosten hatte, mit einer weiblichen Stimme, die in ihrer fast kindlichen Unbefangenheit an einen Weltstatus anknüpft, der noch vor der Erfahrung angesiedelt war, dass auch übermenschliche Fähigkeiten einer massenhaften psychotischen Nadelstichstrategie nicht standhalten konnten. Und dass die Psychose keinerlei Kraft hatte, wenn sie nicht mit den autistischen Größenfantasien gefüttert wurde. Dieses Wechselspiel der Stimmen, dieses Verhältnis der Geschlechter, wies mich wieder einmal darauf hin, wo die wesentlichen Beziehungen anzusiedeln waren. Das erste war nämlich nicht die autoerotische Bezüglichkeit der Monade, warum auch, das erste war das aus einer ursprünglichen Einheit hervorgehende Paar und alle späteren Selbstheilungsversuche aktualisierten diese Einheit von Zweien, die zu einem Paar verschmolzen gewesen sein werden. Die Autoerotik war schon Verzicht, entstanden, als die ursprüngliche Symbiose gestört und zerbrochen war und wurde Versagen, wenn es nicht gelang, im späteren Leben, wieder an der Einheit des Paars teilzuhaben, wurde zum Rückzugsgefecht, wenn die Virulenzen und Machtstrategien einer lebensfeindlichen Um- und Mitwelt dafür sorgen wollten, das es so etwas wie eine Erfüllung gar nicht geben durfte. Und genau das kann ich für mich behalten! Warum sollte ich mich bei Leuten exponieren, deren ganzes Bestreben darin begründet ist, die eigene Verstümmlung zu idealisieren, das eigene Unvermögen als Kulturleistung umzudefinieren.

Ich hatte mich einmal aus dem untersten Dreck hochzuarbeiten gehabt, war schon mit der Programmierung in die Welt geschickt worden, dass ich besser sein sollte, als alle anderen und dass ich dafür auch zu bezahlen hatte. Dass ich mich mehr anstrengen musste, dass mir mehr Verantwortung aufgebürdet werden durfte, dass ich für das Versagen der anderen den Kopf hinzuhalten hatte und dann mich eben aufgrund meiner unterstellten Privilegien so kaputt prügeln lassen musste, dass ich nicht einmal mehr schreien konnte. Ich war ein Kind der Lüge und der Dummheit gewesen und erst eine Verführung hatte die Möglichkeiten zur Verfügung gestellt, die nötige sprachliche Intelligenz zu kultivieren, um den Wahrheiten auf die Sprünge zu helfen. Und weil ich erst einmal einer Homöostase des Elends unterworfen worden war, hatte ich die Negation hinterrücks zu bestätigen und mich den Künsten der Selbstzerstörung zu widmen. Als fordere manche Wahrheit sogar, dass ihr in einer durch Lüge und Verleugnung zementierten Welt nur gehuldigt werden konnte, wenn man selbst durch die Vernichtung ging und die Aufhebung in einer hilflosen Stellvertretung erst einmal an sich selbst exerzierte. Und erst die Liebe hatte den Impuls freisetzen können, das immerhin vorhandene Übermaß an Energie richtig zu investieren. Es war schon fast unwahrscheinlich, auf wie vielen Gebieten ich mich bewähren konnte – vielleicht auch, weil mir von früher die Gewohnheit anhing, für alles mögliche die Verantwortung aufgebürdet zu bekommen – und so wurde die Homöostase des Elends in einem ersten Schritt objektiviert und ein kleines Stückchen weit außerhalb von mir sistiert. Alles was ich zustande brachte, musste unter den Einflüssen deiner Elternwelt mehr oder weniger schnell wieder zerstört oder zumindest unbrauchbar gemacht werden. Es blieb tatsächlich wohl nur jene Enklave der Unwahrscheinlichkeit, die sich Philosophie nannte und unter der sich diese Zwangsneurotiker aus der Beamtenwelt so wenig vorstellen konnten, dass sie nicht daran heran kamen. Die Philosophie sollte einfach ein Teil der beiden linken Hände sein, die mir angedichtet worden waren, obwohl ich uns mit diesen Händen durch alle möglichen Hilfsarbeiten recht gut über Wasser halten konnte. Und als es mir unter Zuhilfenahme der Statuszuweisungen von Bildungsbeamten endlich gelungen war, die Ansprüche der schwachsinnigen Beamtenwelt auf unsere Beziehung auszuhebeln, warst du in die Knie gegangen. Dein System von Behinderungen hatte Halt und Sicherheit und Identifikation verbürgt – und mit dem Sieg, der Dich gewann und zudem eine Option zugänglich machte, die in Deiner Elternwelt dem Tabu unterstellt worden war, war auf einmal nicht mehr viel von Dir übrig. Nun hatte ich meine Exerzitien im Bücherregal erst einmal zu vergessen, um eine Psychosomatik in Schach zu halten, die schlimmste Ängste freisetzte – jetzt mussten sich diese Hände zum Heilen bringen lassen, um über Jahre hinweg die Bosheit und die Negation einer missgünstigen Mutter aus diesem so perfekten Körper heraus zu massieren. Während ich mich um Dich bemühte, rekonstituierte sich die Homöostase des Elends auf einem neuen Niveau: Es waren dieselben Einsichten, mit denen ich Deine Eltern-

118

welt an die Wand gespielt hatte, durch die sich nun die Cracks unter den Bildungsbeamten infrage gestellt fühlten, weil ich mir während dieser Zeit ihrem Einfluss entzogen hatte. Und weil ich es nicht für notwendig hielt, eine akademische Karriere anzuzielen und meine Zeit lieber Dir und einem gemeinsamen Roman widmete, befürchteten sie, an Einflussmöglichkeiten zu verlieren und begannen Netze zu knüpfen, mit denen wir nach und nach eingefangen werden sollten. Einige Jahre gelang es, ein bisschen etwas aufzubauen, in gemeinsame Texte zu investieren, von einer Zukunft zu träumen, in der keine Hausmeistertätigkeit und keine beschissenen Hilfsarbeiten mehr notwendig sein würden – während die Nachstellungen zunahmen und der Kreis sich um uns schloss. Und dann, nachdem der Roman erschienen war, als sollte damit bewiesen werden, dass wir selbst mit dieser Veröffentlichung an unserem Untergang gearbeitet hatten, ging auf einmal alles sehr schnell und es bleib kein Stein auf dem andern, unsere Welt bestand nur noch aus rauchenden Trümmern; ich hatte sogar den Glauben an meine heilende Hände verloren, nachdem mein kleiner Chow unter unvorstellbaren Qualen in meinen Händen gestorben war und ich ihm nicht einmal die Schmerzen lindern konnte. Ich war früher schon häufiger weniger gewesen, ein kleiner Arsch fängt eben ganz klein an, aber ich hatte noch nie die Erfahrung gemacht, aus der Illusion einer fast unschlagbaren, umfassenden Stärke in den Status eines Nichts zurecht gerückt zu werden. Und wieder einmal die Aufgabe, mich von ganz unten aus der Scheiße hoch zu graben – aber dieses Mal wuchs dabei eine unerschütterbare Freude an den kleinen Genüssen, an den alltäglichen Wahrnehmungen, wie ich dies als Familienkrüppelchen nie gekannt hatte...

Aber unser Begleiter ist noch nicht fertig – und seltsamerweise folgt er einem Ansatz, den ich mir einmal aus Einsichten Kampers und Sloterdijks zusammen gebastelt hatte: „Wir fördern hier jede Art von kreativem Ansatz, aber Sie werden schnell bemerken, dass die Institution Kunst bei uns genau so überflüssig ist, wie die Institution Religion. Hier kann jede/r glauben, was er will, solange er oder sie mit diesem Glauben Energien freisetzt, die Kraft und Überzeugung ausmachen. Wir brauchen keine Kunst mehr, mit der sich der Mensch sein eigenes Bild vor Augen stellt, mit dem er seine Substanz und auch seine Aufgabe auf einen Nenner bringen kann. Wir gehen einfach davon aus, dass es vieler solcher Substanzen bedarf, wenn eine Welt im Lot sein soll, eine allein ist nur schädlich. Die vielen Versuche, aus ihrem realen Mangel dann in Lebenssinnersatzfunktionen fehl zu investieren oder vor Wut über die Mängel der Surrogate dann wieder in den Krieg zu marschieren oder der Selbstzerstörung zu huldigen, zeigen zu Genüge, dass dies der falsche Weg ist. Wir brauchen auch keine Religion mehr, in der der Mensch sich selbst in seiner Substanz projiziert und dann im Vergessen der eigenen Leistung im Himmel vergöttert. Wir müssen nicht über den Verlust der Mitte klagen, wenn wir die Techniken beherrschen, aus denen die Erfahrbarkeit der Mitte erst hervorgegangen war – wir schaffen eine Versuchsanordnung, mit der es möglich ist, diese immer wieder neu herzustellen. Also keine Transzendenz, sondern die Immanenz des Göttlichen im Akt, in der Erfahrbarkeit des anderen Geschlechts: Von der einfachen Funktionslust bis zu den Künsten der Liebe dient dieses Verfahren der Verwirklichung der ewigen Werte, die sich tatsächlich nur im Augenblick ergeben. Vergessen Sie dabei nie, dass Eros und Thanatos die beiden Seiten ein und desselben Geschehens sind. Es war ein falscher Weg der Verdinglichung, aus Komplementärverhältnissen Gegensätze zu machen und im Fortgang der Kulturen hat sich gezeigt, wie schädlich alle Verdinglichung für den Prozess der Zivilisation ist. Die Pflege der kulturellen Werte beruhte tatsächlich auf dem Totenkult, jedes Kulturdenkmal ist ein spätes Enkelkind der Bestattungsriten und der Grabpflege. Und das kann nicht die Mitte sein, in der wir aus der Kraft unserer Lebendigkeit Halt und Sicherheit zu schöpfen wissen. Ein anderes und erfolgreicheres Kulturverständnis muss durch den Tod hindurch auf den Eros bezogen sein. Keine toten Werte mehr, an die sich die Menschen zu entäußern haben, sondern lebendige Kräfte, Felder der Bedeutsamkeit, Orte der Begegnung, Dokumentationen des Verschmelzens."

Wolhe lässt sich nicht aus der Ruhe bringen: „Das mag ja sein, aber vermutlich führt es uns wirklich zu weit weg von unserem Thema. Also wieder zurück zum ursprünglichen Thema. Der Argumentationsgang gehorcht doch einem ganz unaufgeklärten Phallozentrismus. Dieser widerliche Charakterdarsteller zitierte nur Männer, die sich an einem Wunschbild der Frau versucht haben. Die ich weiß nicht welchem Ziel nachjagen und im Endeffekt nicht einmal an dem kleinen Wunder vernünftig werden, dass sie eine Frau zur Mutter gemacht haben. Das Göttliche ist nicht dieser Akt der rücksichtslosen Selbstbefriedigung, sondern es erweist sich an der Schöpfung und darüber verfügen nun einmal wir Frauen als Mütter. Die männlichen Selbstinszenierungen bis in die höchsten Höhen der Metaphysik sind doch nur verschiedene Formen der Ersatzbefriedigung. Wenn sie Ihrem Haupte eine Tochter entspringen lassen könnten, wenn sie sie im Oberschenkel austragen würden, sähe die Sache doch ganz anders aus. Dann wäre mancher Mann, wenn es zu einer Aphrodite schaumgeboren reichen würde, vermutlich sogar bereit, diesen kleinen Verlust, es ist schon blutiger Schaum, wir verhehlen nicht, dass eine Göttin der Schönheit das Resultat der männlichen Kastration sein muss, zugunsten einer umwerfenden Schöpfung einzutauschen.

Und wenn wir dann wissen, dass es sich um einen Mann handelt, der die Knaben liebt, ist uns auch die Auswahl der Zitate hanebüchen! Das ist doch, als wollten Sie Prousts Recherche als eine Enzyklopädie der menschlichen Liebe präsentieren und dabei handelt es sich in den meisten Fällen nur um kaschierte Perversionen eines Homosexuellen. Was wäre denn, wenn wir die Berichte aus den Federn von Frauen dagegen halten könnten? Was wäre, wenn diese Berichte Fiktionen über die Befindlichkeiten verführter Knaben wären? Was wäre an Lebensweisheit herauszuhören, wenn ein alternder Lüstling in der Konstruktion einer Schreiberin seine Lehrzeit als Lustknabe zurückzuholen hätte? Man kann mir wirklich nicht unterstellen, dass ich Devereux mag, ich finde ihn ekelig. Aber was käme denn dann für eine Metaphysik der Geschlechter zustande, wenn wir die Geschichte aus dieser Perspektive angehen würden? Vielleicht noch eine weitere Variante des von Platon sicherheitshalber einer Frau in den Mund gelegten Mythos von den beiden getrennten Hälften einer ursprünglichen Ganzheit!"

Proteste, Gemurmel, Gelächter. Unser Begleiter beugt sich in ihre Richtung vor und spricht ruhig und eindringlich in die Runde: „So wie es eine Zeitlang Mode war, einen Großteil der Errungenschaften in den Schönen Künsten als Werk von Homosexuellen zu behaupten, wird seit geraumer Zeit mit dem Terminus kulturschwule Vereinigung gespielt. Das eine sagt so wenig wie das andere. Tatsächlich müssen sie den funktionellen Rahmen sehen, in dem die Bedingungen stehen, die das Erscheinen eines großen Kunstwerks begünstigen. Und das ist sicher nicht der besessene Wahn zu zweit und auch nicht die Notwendigkeit, ein paar hungrige Mäuler zu stopfen – wenn einer den ganzen Tag damit beschäftigt ist, ein göttliches Wesen anzubeten, wird er nicht weniger asozial sein wie eine, die alle Kraft darauf verwendet ein eigenes Häuschen abzustottern. Die wirklichen Schöpfungen sind immer das Ergebnis von Ausnahmesituationen in kleinen, abgezirkelten gesellschaftlichen Nischen – während die Bindungskräfte, die die Gesellschaft zusammenhalten, relativ desexualisiert sein müssen und deshalb mehr aus gleichgeschlechtlichen als aus gegengeschlechtlichen Energien gespeist werden. Das muss uns hier nicht weiter interessieren, aber ich möchte doch so weit vorbauen, dass uns nicht längst überholte Klischees am Arbeiten behindern."

Saggu – das kleine Fürzlein mit dem grauen Pagenkopf, das noch immer in der anachronistischen Autosuggestion hängt, dass sie einmal mit langen dunklen Haaren und einem unschuldigen Kindergesicht ungemein attraktiv wirkte und nur das Problem hatte, dass sie sich für den besseren Mann hielt – lacht mit einem gehässigen Zischeln und sagt dann im Brustton männlicher Überzeugung: „Ihre Version des Tantrismus ist zu Genüge bekannt. Und es wurde schon häufiger darauf hingewiesen, dass Sie Kali zu viel Kredit einräumen. Dann möchte ich auch betonen, dass die Energien die gleichen bleiben, ob Gleich- oder Gegengeschlechtlich, es sind nur verschiedene Formen der Selbstdarstellung, komplementäre kulturelle Umwege – aber wenn es darum geht, die Kräfte freizusetzen, mit denen wir die Zukunft gestalten wollen – ich darf daran erinnern, dass das Ich des abendländischen Individualismus zum ersten Mal in der Lyrik Sapphos entsteht – sind, wie gesagt, die Energien die gleichen."

Wolhe deutet ein Lächeln an und fällt ihr dann mit einem sehr bestimmten Ton ins Wort: „Das mag zwar in eine andere Richtung führen, aber ich möchte doch klarstellen, dass es für mich nicht nachvollziehbar ist, warum die Frauenbewegung den Tantrismus nicht für sich entdeckt hat. Diese Praktik zeigt uns, worin die Gewalt der großen Göttin bestanden hat, sie kann uns noch heute den Zugang zu den mächtigsten Formen der Magie aufschließen. Und das hat nur vermittelt mit Sexualität zu tun, vor allem geht es um die Akkumulation von Kräften, um die Fähigkeit, die Spannung zu halten, um die Erfahrung, eins zu werden mit dem Zentrum aller Erfahrung." Sie wendet sich Merk zu: „Und ich gebe Ihnen Recht mit ihrem Einwand. Aber das heißt noch lange nicht, dass man deswegen jene verhärteten und verstümmelten Ersatzbefriedigungen des Prothesenmannes bejahen muss. Nehmen Sie einen Spinner wie Julius Evola und der Tantrismus verwandelt sich in ein Machtritual des patriarchalisch geprägten Mannes, der vor allen Dingen Angst hat, sich an die Frau zu verlieren. Er predigt eine Form des psychischen Vampirismus, die selbst aus de Sade einen Adepten des Tantrismus macht. Wie bei manchen Esoterikern spüren Sie schon im Satzbau und in der Wortwahl, dass hier psychotische Energien zwischen den Zeilen irrlichtern. Weite Teile des Textes haben sich von der Erfahrung abgelöst und die Energie liegt nun nicht mehr darin, in irgendeiner Form in Einklang mit den Anforderungen des Realitätsprinzips zu kommen, sondern viel mehr, den Text durch den irrwitzigsten Bezug auf irgendwelche Autoritäten zu einer unendlich dichten, unangreifbaren und abgeschlossenen Einheit werden zu lassen, die dem Geisteszustand des Autors entspricht. Unterschätzen Sie bitte niemals, welche wichtige Funktion zwei-drei solcher Spinner für den Nationalsozialismus oder den italienischen Faschismus gehabt haben. Evola tritt als Eingeweihter auf, um aus den verschiedensten Schriften zu belegen, was ihm tatsächlich eine mündliche Initiation in ein absolutes Wissen vorgegeben hat – er betont an manchen Stellen sogar, dass seine schriftlichen Gewährsleute gar nicht mehr auf dem Papier bieten dürfen, weil die wichtigen Sachen nur mündlich weitergegeben worden sind. Er legt einen Maßstab des Wissens an seine Quellen, der ihnen schon kategorial übergeordnet ist und dabei fällt an manchen Stellen nicht einmal mehr auf, dass er hanebüchenen Schwachsinn zitiert und ihm Autoren zu Autoritäten taugen, die außerhalb ihrer parapsychotischen Zirkel kein Gehör gefunden haben, weil sie sich etwas zu weit vom nachvollziehbaren Wissen entfernt haben oder weil sie schon als klassische Psychiatriefälle zu erkennen sind. Es gibt Floskeln und Überleitungen, die zeigen, dass er zuweilen nichts mehr denkt, wenn sich die lediglich vom Papier verbürgten Wahrheiten verselbständigen. Und an einigen Stellen zitiert er zwei anonym erschiene Monographien, die die Quintessenz der vermittelbaren Wahrheit beinhalten sollen – so wie er das zu präsentieren meint, können wir vermuten, dass er selbst der anonyme Verfasser war, der nun als Kommentator endlich über die Autorität verfügen kann, die er sich als Autor nicht zutrauen würde. Beachten Sie diese Struktur, die nicht nur auf die passiven Genies unserer Hochschulen zugeschnitten ist, sondern im Ansatz der Vorgehensweise aller anmaßenden Schwachsinnigen entspricht. Gerade wenn jemand nur in ungefähr die Distinktionskriterien nachahmt, ohne in den inneren Kreis des Wissens aufgenommen worden zu sein, finden Sie eine besonders rigorose und selbstgefällige Form des Urteils oder des ständigen Aburteilens – und in Zusammenhängen, in denen es diesen inneren Kreis gar nicht geben kann, weil er von jemandem erfunden wurde, der sich damit einen Wissensvorsprung ertrickst, sieht es nicht anders aus. Jeder Depp, der sich überhebt, um bestimmte kulturelle Größen in den Schmutz zu ziehen, von deren Erkenntnis er sich bedroht fühlt, entwickelt in einer ausgefuchsten Form von Bauernschläue indirekte Beweise für die Unhaltbarkeit der ihn widerlegenden Wahrheiten, so dass es gar nicht sinnvoll sein kann, auf eine logische Beweisführung einzugehen. Viel sinnvoller ist es dann, zu begründen, aus welchem untergründigen Mangel diese Esoterik ihr unheimliches Strömen ableiten will. Evola häuft manchmal Zitate, die unverständlich sind und die er auch nicht mehr versteht und rechtfertigt dies mit einer gewollten Unverständlichkeit, er möchte aus dem Mangel an Verständnis die Macht des Geheimnisses ableiten – das ist fast auf einer Ebene mit einer spießigen Hausmeisterin, die sich über ihre Nachbarn zu stellen meint, wenn sie am Sonntag zum Kirchbesuch ein Kostüm anzieht und dann lästern muss, dass die

Kinder des Hausbesitzers leger gekleidet zum Tennis gehen. Das sind Mystifizierungen von Leuten, die nicht wissen, um was es geht, die zu verstümmelt sind oder zu wenig Ahnung vom Leben haben, die sich dann mit Gleichgesinnten in einer esoterischen Nebelwelt stabilisieren. Soviel zu Ihrer Thematisierung des Tantrismus. Evola und die anderen, die meinen, sie könnten in irgendwelchen Spielarten des Sadismus eine Nische für die Bedürfnisse von Verwaltungskrüppeln finden, sind eigentlich arme Hunde, die immer wieder einmal den Kitzel spüren, aber nicht mehr den Mut oder die Kraft haben, bis zur realen kynischen Befriedigung vorzudringen! Und Sie sollten nicht übersehen, dass es genau solche verbogenen esoterischen Spinnereien waren, die die Ideologien des Dritten Reichs, den metaphysischen Reiz des deutschen oder des italienischen Faschismus ausmachen konnten."

Saggu lässt sich nicht von ihrer Argumentation abbringen: „Aber wenn ich Ihrer Gedankenbewegung folge, kann ich zu Burgess nur ergänzen, dass sein Mädchen den Orgasmus wie ein kleiner Junge bekommt. Jeder geht eben von sich aus. Was die Frauenbilder der männlichen Romanciers angeht, hat schon Flaubert auf den endgültigen Nenner gebracht: Die Bovary, das bin ich selbst! Burgess Mädchen ist ein Junge, der die Spannung nicht hält, der abspritzt, weil ihn ein Bild oder eine Vorstellung so erregt, dass er sich nicht mehr beherrschen kann. Aber was bei Burgess nicht steht, übrigens bei keiner dieser fingierten Lebensbeschreibungen von Prostituierten, ist das, was das Problem unserer Kultur ausmacht. Das ist die Selbstentfremdung der Frau, die dafür gesorgt hat, dass sie seit dem Mittelalter den besten Verbündeten in der Kirche fand und seit dem sechzehnten Jahrhundert als triebloses Wesen definiert wird. Zur Selbstdefinition des Mannes gehört es, dass er einen Orgasmus hat, sonst ist er kein Mann. Aber zur Selbstdefinition der Frau gehört seitdem eine derartige Leibferne und Körperfremdheit, dass es nur ein weiteres Rätsel dieser Kultur ist, dass der Mann meint, in der Frau die Lösung seiner Probleme zu finden. Was ist von der universalen Problemlösungsformel Sexualität zu erwarten, wenn sie mit solchen Lösungen aufwartet. Nirgends steht, dass diese Frauen spezielle Techniken erworben haben, dass sie von den alten Frauen, wie frau oder man das eigentlich erwarten müsste, in die richtigen Praktiken eingewiesen worden sind. Bei Burgess kriegt die Kleine ein paar spontane Orgasmen und damit ist ihre Ausbildung abgeschlossen – also genau der Punkt, der bei der Bedürfnisstruktur des Mannes erst die Probleme herbeiführt. Dass der Druck auf der Pfanne nicht auszuhalten ist, wird von Burgess schon für die Lösung des Problems gehalten. Aber vielleicht haben Sie auch in dieser Hinsicht Recht, vielleicht erklärt das, warum einige der feinsten und differenziertesten Geister der letzten Jahrhunderte über Frauen schrieben, weil sie die Knaben liebten."

Wolhe zuckt nur mit den Achseln: „Ach was, das stimmt alles vorne und hinten nicht! Von den Päderasten können Sie immerhin lernen, dass es beim Jungen ein grundsätzliches und umfassendes Bedürfnis zum Spritzen gibt, während das Mädchen erst über Umwege und mit den nötigen Prämien in dieses Stadium zu bewegen ist. Und dazu kommt noch ein grundlegender Widerspruch, der sich eben der gleichen Arbeitsteilung in der Rolle der Geschlechter verdankt: Puff und Prostituierte sind nur komplementär zur bürgerlichen Ehe – und schon Adorno hat darauf hingewiesen, dass beide auf dem Betrug beruhen, eine – je eigene – Befriedigung zu suggerieren, die sie gar nicht bieten können. In dieser Trennung spiegelt sich die gesellschaftliche Arbeitsteilung und tatsächlich läuft alles darauf hinaus, die menschlichen Triebkräfte derart zu pervertieren, dass sie für alle anderen Zwecke herzuhalten haben. Und dann noch der Mythos von den Orgasmen, den gemeinsamen, am besten auf Knopfdruck, an und abzuschalten, wie ein Haushaltsgerät! Das hat für mich nichts mehr mit sexueller Befreiung gemein. Hier wird einfach verkannt, dass eine Begegnung höchster Unwahrscheinlich ihren Wert aus der Exklusivität erhält. Wenn es so einfach wäre, dass es jeder könnte, der eine Münze in den Schlitz steckt, wäre das so wenig wert, dass es niemanden interessieren würde. Wie gesagt, das stimmt vorne und hinten nicht…"

Merk lacht wiehernd und schlägt sich wie ein Besessener auf die Schenkel: „Das ist es, genau das ist es! Am besten zwei Motoren, die perfekt synchronisiert sind und dann springt der Funke über. Mehr gibt es so oder so nicht! Oder wollen Sie noch immer darauf hoffen, dass zwei Menschen für einander bestimmt sind, dass schon vor ihrer Zeit die Gesetzmäßigkeiten bestanden haben, die sich in ihrer Vereinigung erfüllen. Wie heißt es doch so schön: Die Ehe wird im Himmel beschlossen! Nichts anderes meint die Voraussetzung: Gott ist die Liebe – selbst wenn sich diese göttliche Kraft erst in der sexuellen Vereinigung realisiert. Ich glaube, es sollte einmal ganz klar heraus gearbeitet werden, dass alle metaphysische Fundierung in der einen oder anderen Weise auf diese Argumentation zurückgreifen muss. Selbst wenn wir Gott heute das Signifikantennetz nennen, kommen wir unter der Voraussetzung eines solchen weltgeschichtlichen Ballasts nie dazu, die Liebe auf ihre konkreten Rahmenbedingungen zu beziehen und immerhin in kleinen Schritten ein paar lehrbare Verbesserungen zu schaffen. Mit scheint es an der Zeit, dass wir die Bedingungen zur Verfügung stellen, mit denen die Kategorie des Schicksals abgeschafft werden kann."

Irgendetwas weckt dieser Ausbruch bei mir. Natürlich haben wir jeder das Gefühl, als habe mit uns die Welt erst begonnen. Und am Anfang wirkt alles noch zufällig und unverbindlich, als werde geprobt und beiseite gelegt, als griffen gelegentlich mal ein paar Gelenke ineinander und die Versuche würden treffsicherer – aber wie viel bleibt dann auf halbem Weg stehen und wird wieder vergessen oder scheitert an ein paar zufälligen Kleinigkeiten und wird von da ab verflucht. So wie gewisse Bedingungen aber ineinander greifen, kann es auf einer nächst höheren Ebene weiter gehen und je weiter die Entwicklung geht, je mehr sieht es so aus, als verwirkliche sich tatsächlich eine Art von Plan oder Vorherbestimmung. Warum haben wir uns kennen gelernt, warum waren die jeweiligen Familienromane derart aufeinander abgestimmt, dass wir über die ersten zehn Jahre daran gearbeitet haben, den jeweils anderen mit seiner Basisprogrammierung ins Unrecht zu setzen oder zu widerlegen? Warum ergab sich nach dieser Zeit, als wir uns endlich zusammen gerauft hatten, eine Neuauflage des Kampfes auf dem gesellschaftlichen Level des Bildungssystems? Warum wurden immer mehr der vergangenen Unrechtssysteme bzw. deren Nutznießer und späte Rechtfertiger zu unseren Gegnern und Bewährungshelfern? Warum konnten wir uns durch die Bewährung in diesen Kämpfen in einer Weise finden, wie

das sonst nie möglich gewesen wäre? Und wenn wir dann die Unrechtssysteme unter die Lupe nahmen, konnte es wirklich so aussehen, als hätten diese Gesetzmäßigkeiten seit mindestens drei Generationen die Bedingungen vorbereitet, an denen wir uns bewähren
und zu einander finden konnten? Die Wahrheit erkennt man immer
am Ergebnis, heißt es – an so etwas wie Vorbestimmung bin ich
nicht in der Lage zu glauben, aber mittlerweile habe ich immerhin das
Gefühl, dass es innerhalb der Zeiten einen kleinen Grenzverkehr
gibt: Wir werden zu unseren eigenen Geschöpfen, wir sind es nicht
am Anfang, aber wir werden es immer mehr, mit jeder Aufgabe, die
wir in der Lage waren, in einer Weise zu lösen, dass Türen aufgesto-
ßen wurden und neue Wege in der Welt entstanden. Ich vergaloppie-
re mich! Mit Hilfe des Nachhalls versuche ich mich wieder auf den
aktuellen Stand der Diskussion einzupendeln.

Wolhe hat ihn einfach ignoriert: „Es ist die Frage, ob wir uns die Alternative Sexualität gegen Herrschaft oder Sexualität und Herrschaft
überhaupt noch leisten können. Kate Millet hat einmal Henry Miller
nach allen Regeln der Kunst zerlegt, aber wenn frau/man ihre eigenen Romane einer ähnlich rigorosen Kritik unterwerfen würde, könnte
ein ähnlicher Vorwurf des Sexismus formuliert werden. Oder nehmen
Sie Huxley, der immer wieder zeigt, dass Sexualität, Intellektualität
und Spiritualität von einer gleichen Seinsmächtigkeit sind, der für eine gegenseitige Durchdringung der Sphären plädieren könnte und
der in ganz klarer Form immer die Spiritualität als Oberbegriff setzt –
ganz präzise abgewogen in den Parallelen der Liebe, wenn ein alter
Ego Huxleys von sich sagen kann, dass seine Begabung eine für die
Liebe sei und dass er zu Gunsten der Metaphysik verzichte, weil die
irdischen Genüsse nie genug sind, wenn es um die dem Tod geweih-
ten Fragen nach den letzten Dingen gehe. Oder nehmen Sie Orwell,
der als einer der ganz wenigen schon fast hellsichtig artikuliert hat,
dass sich ein Kunstverständnis, das vom Surrealismus befruchtet
worden ist, mit einem radikal neuen Lebensbegriff verbunden hat,
und Orwell konnte weder wissen noch erleben, dass in den Sechzigern eine Form von Alternativkultur auf diesen Fundamenten jegliche
hergekommene konservative Kulturkonzeption in die Schranken weisen konnte. Zu Orwell will ich hier nur noch andeuten, dass er in

‚1984' den grundlegenden Konflikt auf einen Nenner gebracht hat, wie er klarer nicht formuliert werden könnte: Der Actus purus stellt die Grundlagen des Staats und der Herrschaft in Frage, die ausgelebte und überbordende Sexualität ist die größte Bedrohung für jedes bürokratische System, das vom aufgeschobenen Trieb lebt, das die Sublimierung lehrt, um die aus dem Aufschub resultierenden Kräfte abzuzweigen und zu akkumulieren. Man/frau sollte es nicht für möglich halten, aber der trockene und asketisch wirkende Orwell, hat mit diesen Szenen ..."

Unser Begleiter räuspert sich und wartet einen Moment bis es still ist: „Ich darf daran erinnern, dass Orwell in der Gutenberg-Galaxis zu Hause war. Für ihn hatte das Buch oder das Wissen noch etwas Heiliges und aus diesem Grund musste er sich so etwas wie die völlige Pervertierung der Wahrheitsfunktion der Sprache einfallen lassen, aus diesem Grund gibt es die Gehirnwäsche und das Tabu auf dem richtigen Wissen in der von ihm dargestellten totalitären Welt. Ich glaube nicht, dass uns Orwell bei unseren Versuchen groß weiterhelfen kann. Diese starre Aufteilung der Welt ist mindestens so antiquiert wie das so genannte Bildungsgut. In diesem Sinne ist Huxley tatsächlich wesentlich weiter und hat viel eher die Angelpunkte im Blick, die einer multimedialen Welt angemessen sind. Es ist ein anderes Zeitalter, wenn keiner mehr für eine Wahrheit kämpfen muss, weil Wahrheiten quasi a priori nicht mehr interessieren. Huxley hat schon in *Brave new World* gezeigt, dass sich eine ganz andere Form der Gehirnwäsche ergibt, eine viel durchgreifendere Umkonditionierung, wenn die früheren Bildungsgüter nun als Varieté präsentiert werden. – Wobei ich den Roman nicht für die Antiutopie halte, für die er manchmal ausgegeben wird. Er zeigt vielleicht, wie die Entwicklung verlaufen kann, wenn sich alle Gesetzmäßigkeiten zugunsten der Verblödung und dem Aushebeln der Eigeninitiative verschworen haben. Aber sehr viele Momente sind hier schon präzise und genau geschildert, die dann später in *Eiland*, einer echten und überzeugenden Utopie, in der noch einmal alle wichtigen Einsichten, die das Werk Huxleys geprägt haben, Revue passieren, zu einer stimmigen Einheit verbunden werden. Unterschätzen Sie Huxley nicht: Er hat ein unwahrscheinlich feines Gespür für Wahrheiten gehabt, aus diesem Grund ist das an der Konversationskultur gebildeter Salons geformte erste Werk schon von jenen Gedankensplittern durchzogen, denen er sein Leben und die Erleuchtung gewidmet hat. Huxley setzt nicht auf das Buch, sein Bildungsbegriff setzt an der Anleitung zur richtigen körperlichen Betätigung an, sei es der Augen, der Muskeln, der Geschlechtsorgane."

Mutzlacher, der breitbeinig vor sich hin watschelt wie eine Schwangere, fällt ihm ins Wort: „Ich darf noch einmal auf Henry Miller zurückkommen und auch unterstreichen, was die Kollegin gerade gesagt hat. Schon in den frühen Romanen fällt auf, dass der Erotismus auf Prostituierte angewiesen ist, dass die Erfahrung der Entwertung aller menschlichen Kategorien ein erbärmliches Schlachtfeld zurücklässt. Ich will ihm einen vorbewusst metaphysisch-theologischen Entwurf nicht absprechen, aber wie er seine Ergebnisse präsentiert, ist doch alles schon besudelt und zerstört, bevor es überhaupt klar wahrgenommen werden kann. Aber etwas anderes springt ins Gesicht, was ich für viel wichtiger halte. Nämlich, wie wenig die Protagonisten können, was für sexuelle Dilettanten und blindwütige Pfuscher hier dargestellt werden. Wie viel Selbstzerstörung, wie viel Hass auf den anderen, wie viel Unfähigkeit, die einfachsten Lektionen des sexuellen Geschehens zu lernen. Ich werde nie verstehen, warum Generationen in Miller einen Propheten der sexuellen Revolution sehen konnten, oder auch wieder doch, er spricht den Unfähigen und Verstümmelten aus der Seele. Solange die gesellschaftliche Arbeitsteilung das Paar Freier-Prostituierte produziert, um von der eigentlichen Aufgabenstellung eines Verhältnisses der Geschlechter abzulenken, können die Leute nicht einmal die richtigen Fragen stellen. Vielleicht ist das der wahre Sexismus: Wenn die Wahrnehmungs- und Empfindungsfähigkeit so deformiert ist, dass man/frau im anderen nur noch die eigenen Fragmente erkennen kann und der Selbsthass dann ausagiert werden darf."

Wolhe hat aufmerksam zugehört und geneigt gelächelt: „Das kann also nicht des Rätsels Lösung sein. Viel eher käme man mit Batailles Kategorie der Entgrenzung weiter, allerdings erst jenseits des Opferkults. Wie wir gehört haben, gibt es auch noch andere Arten, um aus den Eingeweiden zu weissagen. Ich frage mich manchmal, ob wir

seit dem magischen Weltzeitalter nicht etwas Wesentliches vergessen haben, das nur manchmal noch in gewissen Texten zwischen
den Zeilen oder in scheinbar überflüssigen Nebensätzen wieder auftaucht. Hinter der Verschwendung und den Fruchtbarkeitskulten
taucht die Sexualmagie auf, wie hinter der sprachlichen Esoterik die
alten Zaubersprüche. Die Komplexitätsreduktion heißt: Sex sells!
Und das ist uns schon wieder zu einfach, das ist so primitiv, dass wir
nicht einmal mehr bereit sind, uns darüber Gedanken zu machen,
warum das so ist. Wenn Sie dann aber sehen, wie viel Geld umgesetzt wird, wie viele Wirtschaftszweige nur deswegen existieren, wie
viele Menschen dieser Magie alles verdanken, was ihr Leben darstellt, können Sie nicht mehr sagen, das sei nichts. Vermutlich ist das
sogar mehr, als wir uns vorstellen können. Und vielleicht sind diese
uralten Gesetzmäßigkeiten noch genauso wirksam wie bei den
Wildbeutern – es ist ihnen nämlich egal, ob wir sie kapieren oder
nicht. Und gerade deswegen sollten wir nach und nach auf die Gesetzmäßigkeiten kommen, die uns in der theoretischen Physik oder
in der Kosmologie so fremd oder übermächtig erscheinen, während
wir in der Sexualität in ihrem Zentrum zu stehen meinen und uns aus
diesem Grund gar nicht bemühen, das Geheimnis überhaupt als Geheimnis zur Kenntnis zu nehmen."
Albach habe ich bisher nicht weiter beachtet. Wenn ich jetzt genauer
hinsehe und von den Schlagworten absehe, die sich bei diesem Namen eingestellt haben, sehe ich einen hageren Asketen in einer ab-
gescheuerten schwarzen Lederjacke, von dessen kahl geschorener,
bläulich schimmernder Birne die Pfeife wie ein Henkel absteht. Sein
Gesicht hat einen gelblich grauen Ton und die Augen liegen ganz tief
in den Höhlen. Er bewegt sich unbeholfen und schlaksig, etwas
stimmt an den Proportionen nicht, der Leib scheint ein wenig zu kurz,
die Extremitäten dafür ein ganzes Eck zu lang, in der Mitte wirkt der
Leib wie geknickt. Beim Sprechen winkelt er die Unterarme an und
bewegt die nach innen gedrehten überdimensionalen Hände, als
jongliere er mit Eisenkugeln, die Handflächen sind unnatürlich fahl.
Er zieht einen ganzen Stapel loser Blätter aus der Tasche. Ich denke
mir, das ist ein existentialistisches Gespenst, irgendeine Figur, die in
einem Film der sechziger Jahre eine Rolle als Kommissar gefunden

hätte, um das Pathos des Widerstands in die Postmoderne zu retten. Das sind Seiten, die er aus allen möglichen Büchern rausgerissen hat, er stottert irgendetwas unverständliches vor sich hin, zündet ein Streichholz an und lässt es langsam abbrennen, bis es an einen kleinen, schwarz verkohlten Galgen erinnert, zieht dann einmal kurz, anscheinend froh um die Pfeife, dann fällt der schwere Sprachfehler nicht so auf und beginnt hektisch zu sprechen. Wenn ich ihn richtig verstanden habe, hat er gesagt: „Aber es geht doch um die Intensität, wir müssen endlich wieder auf Power setzen, wir wollen wieder erfahren, was es heißt, am lebendigen Leib zu brennen!" Als er die Pfeife dann aus dem Mund nimmt und sie mit einer selbstdistanzierend ablehnenden Miene in die Jackentasche steckt, spricht er fast normal: „Durrells Frauenbild ist die verkörperte und im Fall Justines todbringende Abwesenheitsdressur. Selbst im Avignon-Quintett ist einer Psychotikerin das Maximalmass an Faszinosum zugewiesen. Und der Ansatz, dass wir Gott nirgendwo so nahe sind, wie in der Erfahrung des Geschlechts, schlägt einen Bogen von Reichs Orgonlehre zu Teilhard de Chardins Konzeption eines kreativen Kosmos. Einmal heißt es: *Weißt du, ein Teil der Verwirrung ist in mir selbst, doch in der Hauptsache ist sie gleichzeitig in uns dreien. Es ist schrecklich, das Schlachtfeld dreier Ichs zu sein.* Und damit ist mehr über die Konstitution des Ichs verraten, nicht nur bei einer Frau, als dem Leser in normalen Zusammenhängen zugemutet werden kann – und außerdem natürlich über die Funktionen der Liebe und der Kunst, als Kanon für Unwahrscheinlichkeitskriterien. Die Liebe und die Kunst machen den Rausch der Bedeutungen zugänglich, ohne dass wir der Gefahr völlig ausgeliefert sind, in ihren Fluten verschlungen zu werden. Obwohl auch das vorkommen kann – womit uns der Grund des Imperativs Tertium non datur vorliegt. Der Mensch baut sich ein ausbruchssicheres Gefängnis, er sorgt selbst dafür, dass er lebendig begraben wird, weil er nichts so sehr fürchtet, wie einen Weltzustand, in dem alles alles werden kann, indem die Geschehnisse einander durchdringen und in der Berührung schon verzaubern. Und doch dürfen wir den Kontakt zu diesem Wunder der Schöpfung nicht völlig verlieren: *Dadurch, dass ich allem, was sie sagte, wie wirr es auch sein mochte, einen rationalen Wert zuschrieb, bewog ich sie zu dem*

Versuch, ihrerseits allem einen solchen Wert zu verleihen. Ich tat so, als hätte es alles seine Bedeutung, und in einem anderen Sinne hatte es die natürlich auch – wenn man sie nur hätte herausbekommen können! Ja, alles ging buchstäblich unter in Bedeutung wie ein von Wasser überflutetes Tal." Er wird unterbrochen, als könne ein Hemingway schon eine Entlastung von den Fragestellungen dieser Variation der Talking Cure sein, die bei Durrell mit höchster Kunstfertigkeit aufgeworfen werden. Was ihn allerdings nicht daran hindert, noch ein Zitat als Wellenbrecher in die anbrandende Stimme zu stellen: „*Man muss die Liebe entziffern wie einen Code oder auch wie ein Rätsel, wobei die Lösung immer doppelsinnig sein wird – im delphischen Sinne.*"

Bornhard beginnt aus dem Gedächtnis Hemingway zu zitieren, als müsse sie ein Gegengewicht zur Thematisierung der Psychotikerin setzen: „Für ihn war es ein dunkler Weg, der nach Nirgendwo führte und weiter nach Nirgendwo und abermals weiter nach Nirgendwo und noch einmal nach Nirgendwo, immer und ewig nach Nirgendwo, schwer auf den Ellbogen in die Erde gekrampft nach Nirgendwo, dunkel, ohne Ende nach Nirgendwo, hangend immer und alle Zeit nach dem bewusstlosen Nirgendwo, diesmal und immer für ewig nach Nirgendwo, unerträglich jetzt, immer wieder und immer nach Nirgendwo, unerträglich jetzt aufwärts, aufwärts, aufwärts und ins Nirgendwo, plötzlich, versengend, umfassend, und alles Nirgendwo ist dahin, und die Zeit steht still, und da waren sie beide, da die Zeit stillstand, und er fühlte, wie unter ihm die Erde wich und versank." Eine hässliche Frau, die gelernt hat, sich jenseits der Kategorie weiblicher Schönheit zu situieren, ein ausgemergeltes, asketisches Gesicht mit stechenden Augen und einer Adlernase, auf einem plumpen, unförmigen Körper, der einer Seekuh gehören könnte. Eine absolute Missgeburt, noch dazu der hennarote Bürstenhaarschnitt: Das Schicksal sei der Schönen gnädig, die auf diese Gönnerin angewiesen sein wird. Auch sie ist hier nicht eingeladen worden, um der Lust zu frönen. Ich frage mich, ob der süchtige Bezug aufs Nichts nicht vielleicht eine Legitimationsanstrengung ist. Wenn es wirklich nur das Nichts ist, um das sich alles dreht, kann man auch behaupten, es brauche die ewigen Werte, um es in Schach zu halten, und natürlich braucht es auch jemanden, der den Mut oder die Unverfrorenheit hat, zu behaupten, dass sie oder er über einen exklusiven Zugang zu diesen Werten verfüge. Zackig und mit hektischen Handbewegungen, zitiert sie, als schlage sie sich selbst den Takt, bis sie von unserem Begleiter unterbrochen wird.

Anscheinend hat er ein Handy inklusive Datenbank in seiner Toga eingearbeitet, er tippt auf Kreise, Karos oder Rechtecke am linken Ärmel. Albach lacht leise vor sich hin und stottert wieder stärker. Nachdem schon das erste Wort nicht zu verstehen ist, nimmt er wieder seine Pfeife, die keine Pfeife ist, in den Mund und nun ist immerhin mit einiger Mühe, während der Rotzkocher noch diverse andere Geräusche von sich gibt, zu verstehen, was er sagen will: „Auch im Hier und Jetzt des Zen, in der Aufmerksamkeit für die minimalen Intensitäten des Nichts eines Laotse, finden wir immer wieder die gleiche Aufgabenstellung. Der ganze Hochbuddhismus ist eigentlich davon durchdrungen, es geht um minimale Intensitäten, die die Ewigkeit sind, und die man in einem Augenblick erwischen kann. Nur in einem Augenblick. Alles was Ihnen wichtig erscheint, ist nur Schein und vergänglich, aber ganz an der Oberfläche der Dinge, wo es noch gar nichts zu sehen gibt, weil das Auge zu nah dran ist, erwischen wir aus einem Augenwinkel plötzlich das Panorama der Ewigkeit."

Ein seltsam unterirdisches Geräusch spaltet den Horizont. Ein brummendes und jaulendes Wanken und Vibrieren, das einen in der Bauchgegend ergreift und die Ausgeliefertheit und Hinfälligkeit des biologischen Systems zu verstehen gibt. Ich habe ein Dünnschissgefühl, kurz zucken Blitze durch das Panorama, die Szenerie macht den Eindruck als spiegele sie sich in einem Spiegel, der gerade in mehrere große Scherben zersprungen ist, die Einheit des ganzen Bildes war gerade noch da, aber im selben Augenblick wird es in den Scherben vervielfältigt und mit diesem Oszillieren zwischen der Ganzheit und den Fragmenten und der Konkurrenz durch mehrere kleinere Abbilder entstehen schwarze Risse in der Wirklichkeit. Mutzlacher wirkt böse drohend, als er Merk mit einem strengen Unterton zurechtweist: „Wir wissen, dass Sie sich mit solchen Spielereien vergnügen! Wir wünschen das hier nicht. Wenn Sie mit dem

Gefurze nicht aufhören, werden Sie erfahren, dass unsere Wirklichkeit aus ehernen Gesetzmäßigkeiten gewebt ist."

Merk lacht nur raus und ich frage mich, wo dieser weichliche Fettsack die Autorität hernimmt, das klingt fast, als habe er mitzubestimmen, wer hier oben welche Funktion übernehmen darf. Aber unser Begleiter lächelt nur duldsam und sagt dann besänftigend: „Unterschätzen Sie dieses Vermögen nicht! Wir wären froh, wenn wir häufiger auf eine Person mit dieser natürlichen Begabung stoßen würden. Viele Jahre haben wir mit Hilfe von Tank- und Drogenexperimenten, mit den Tricks aus der Wahrnehmungspsychologie und den Techniken der Wissenschaft des Bewusstseins daran gearbeitet und die zugegebenermaßen spärlichen Ergebnisse haben nicht etwa Mut gemacht. Erst seitdem wir auf die Idee gekommen sind, die Wirkungsweisen einer Lobotomie durch elektromagnetische Felder nachzuvollziehen, können wir jene Fähigkeiten aufschließen, die das Genie kennzeichnen oder die bei Inselbegabungen untersucht worden sind. Wir sind mittlerweile in der Lage, jene Sonderfähigkeiten, die durch das Durchbrechen der Barriere zur rechten Hirnhemisphäre freigesetzt werden können, zu nutzen und sogar derart zu trainieren, dass sie mit dem so genannt wachen Denken fütternd und bewusstseinserweiternd zu koordinieren sind. Und dabei stellte sich heraus, dass Rückwirkungen auf die Wirklichkeit freigesetzt werden, die sich in der Regel durch Erschütterungen in den gewohnten Sinnesfeldern bemerkbar machen, obwohl sie viel weitergehende Wirkungen haben. Ich kann also noch nicht sagen, was der Kollege Merk in den nächsten 48 Stunden bewirkt haben wird, aber ich kann ihnen garantieren, dass gerade das Koordinatensystem Ihrer Wirklichkeit um ein paar nicht unwesentliche Grad verschoben worden ist. Damit haben wir wirklich einen Bezug auf Castanedas Techniken, eine andere Wirklichkeit erfahrbar zu machen und ein weiterer Bezug hat sich wie von alleine eingestellt. Die Kunst des Träumens findet bei Paul Tholays Techniken des luziden Träumens eine wesentliche Verstärkung. Allerdings setzt Tholays kritisch rationale Vorgehensweise voraus, dass es nur darum geht, sich in einem inneren Raum zu orientieren und damit den Gesetzmäßigkeiten einer Phänomenologie der Gestaltwahrnehmung auf die Spur zu kommen, während wir mit

Castaneda einen Schritt weiter gehen und damit der wirklichkeitssetzenden Kompetenz des Geistes auf die Sprünge helfen. Wenn Sie diesen Riss in der Wahrnehmung bemerken, wenn ein Déjà-vue kurz irritiert, wenn Sie einen Augenblick das Gefühl haben, einem Doppelgänger zu begegnen, können Sie sicher sein, dass sich Ihre Wirklichkeit geändert hat. Nicht umsonst wird in der *Matrix* einmal ausgeplaudert, dass ein Déjà-vue dann auftauchen kann, wenn die Basisprogramme gerade durch ein Update überspielt werden. Wie wir experimentell nachvollzogen haben, ist dieser Einfluss auf die Wirklichkeit im gesteuerten Traumerleben, in dem was bei Tholay Klartraum heißt, unter gewissen Voraussetzungen gegeben – und seltsamerweise haben wir diesen Einwirkungsraum von 48 Stunden festgestellt. Erinnern Sie sich vielleicht daran, dass Heraklit und Parmenides einst von einem Traum sprachen, den alle Menschen teilen – noch Apollinaire hat sein Schlafzimmer mit der Tafel gekennzeichnet: le poète travaille – während es später immer heißen musste, dass jeder seinen eigenen Traum bewohnt."

Mutzlacher macht immer noch einen grimmigen Eindruck: „Das gefällt mit gar nicht! Wenn es früher einmal hieß: ‚Politik ist die Kunst, in anderer Leute Köpfe zu denken', wollen Sie hier Techniken lehren und fördern, die die Gabe beinhalten, in anderer Leute Köpfe zu träumen. Noch weiter kann die Entfremdung gar nicht vorangetrieben werden, ich finde das ungeheuerlich. Erinnern Sie sich an Roszaks Roman ‚Dreamcatcher', und es wundert mich nicht, dass das aus einer Ecke kommt, in der kritische Soziologie und New Age Esoterik verschmolzen worden sind – allein der Gedanke, dass es möglich sein könnte, einen Menschen ohne sein Wissen bis in die Tiefenschichten der Physis zu verstören, ist mir sehr verdächtig. Ich finde es so oder so sehr gefährlich, dass Rationalisierungsstandards, die zweitausend Jahre daran beteiligt waren, dass wir das Unkontrollierbare der Lebendigkeiten und das damit verbundene in vieler Hinsicht auch bedrohliche Numinose an den Rand der menschlichen Lebenswelt verbannt haben, nun nicht mehr gelten sollen. Nehmen Sie die Romane eines Lustbader, die sich darin überbieten, östliche Weisheiten mit pornographischen Wahrnehmungen zu kreuzen und die brutalsten Kampfsporteinlagen mit ihrem immer noch so beliebten Castaneda zu amalgamieren. Dann ist der Weg eines Kriegers auf einmal keiner mehr in die außerweltliche Askese, sondern einer, der die Größenfantasien freisetzt, wie einer aufgrund der Routinen irgendeines besonders gestörten Schamanen die Fähigkeiten entwickelt, unter den Gewalten einer Atombombenexplosion hindurch zu tauchen. Das ist schon sehr stark, es schüttelt mich vor Ehrfurcht. Aber wenn ich an die Heranwachsenden denke, die mit ihrem neuen durch multimediale Computerspiele geprägten Realitätsprinzip mit solchen Heilsgeschichten voll gestopft werden, wird mir angst und bange. Denken Sie einmal daran, was wir heute für Waffensysteme zur Verfügung haben und genau jene Kids, die am Computer gelernt haben, ganze Welten auszulöschen, werden später einen Job in den Schaltzentralen haben! Zu was alles werden sie in der Lage sein, wenn man die spielerische Exploration am Computer als konkrete Sozialisation auffasst! Und am fraglichsten erscheint mir ein Widerspruch, den der Film selbst transportiert. Wenn die Größenfantasien am Erlöser in der Inkarnation eines Supermanns ansetzen und der Heranwachsende teilhat, indem er sich identifiziert, bedeutet das doch, dass hier eine Sozialisation im Sinne einer Matrix stattfindet. Wobei das Stichwort Supermann hier nur als Metapher gilt, die wirkliche Supermannfigur weicht nämlich in ihrer marienhaften Reinheit und Unanfechtbarkeit durch den Trieb von den gängigen Projektionen menschlicher Größenfantasien ab, weil diese immer auch Personifikationen der Trieberfüllung sind: Selbst das Rot und das Blau nehmen die Emblematik der Marienfigur auf und damit sind wir an den energiearmen und widerspruchsfreien Paradiesvorstellungen des amerikanischen Männermatriarchats angelangt. Davon einmal an anderer Stelle, jetzt kommt es mir darauf an, auf eines besonders hinzuweisen: Die außergewöhnlichen Fähigkeiten gibt es nur im Imaginären des digitalen Netzes. Außerhalb ist der arme und ausgelieferte Körper, der verletzt und geblendet werden kann, außerhalb ist die Wüste des Realen, die unwirtlich ist, wie die Rückseite des Mondes. Von was soll der Erlöser denn für zwei Stunden Kinowirklichkeit erlösen, wenn nicht von der Tatsache, dass wir uns mit dem Scheitern der magischen Kräfte des Wunsches abfinden mussten. Der Verräter, der nicht für ein paar Silberlinge, sondern für ein butterzartes, au point gebratenes Steak und das Versprechen einer Hollywoodexistenz ins ewige Vergessen der Matrix zurück will, ist tatsächlich ein Stellvertreter des Zuschauers im Kino – und es gibt nur einen Wehrmutstropfen: Dass der Konsum im Netz oder auf der Großbildleinwand noch längst nicht so überzeugend ist, dass das Steak zugleich so gut schmeckt, wie es anzusehen ist. Sie können alles digitalisieren, aber Sie werden nie die Tatsache aus der Welt schaffen, dass unsere Wirklichkeit ursprünglich nicht in digitaler Form vorliegt. Alles Spätere sind Übersetzungen in ein anderes Medium, Transponierungen, die nur aufgrund einer phänomenologischen Epoché funktionieren – und gerade das, was weggeschnitten wird, ist das ureigenste der Wirklichkeit, das Hier und Jetzt im biochemischen Substrat, die biomagnetischen Spannungsfelder, um die wir uns doch bemühen wollen, weil sie die Kräfte des Lebendigen ausmachen. Natürlich haben wir schon die technischen Fertigkeiten und das bionische Umfeld, um einen lebenden Menschen in einen Gedächtniskörper umzuschaffen. Aber es bleibt dabei zu wenig übrig, es sind die realen Vollzüge und die enorme Dichtigkeit der Vernetzung mit der Lebensgeschichte, dem sozialen Körper und den Sinnensystemen des Körpergedächtnisses. Unsere Apparaturen nötigen uns, eine Entscheidung für eine der drei Ebenen real-imaginär-symbolisch zu treffen – doch schon die Unterscheidung ist ein künstliches Behelfsmittel, weil es tatsächlich nur eine unendlich intensive Verwobenheit aller drei Ebenen gibt.“

Das beinhaltet für mich natürlich die Fraglichkeit, ob die im Imaginären gefundene Befriedigung eine ähnliche Intensität der Befriedigung erreichen kann, wie die in der Begegnung zweier Körper, der Reibungsintensität und den Unwahrscheinlichkeiten der Verständigung, die sich zwischen zwei mit ihren eigenen biographischen Verweisungszusammenhängen in der Vereinigungsmenge zweier Welten treffenden Individuen einstellt – wenn alles gut geht. Natürlich bewegen sich die Leute in der Matrix nicht in einem solipsistischen Traum – anders als mir früher einmal drogeninduzierte Intensitäten eine leibliche Partnerin ersetzen sollten und der Wunsch in einem negativen Unendlichen taumelte und nie genug bekam, bis zur absoluten Erschöpfung –, soweit liefert diese Konzeption des Cyberspace doch einen realen Rahmen der Kommunikation, in dem mehrere Leute den gleichen Traum, mit ihren konkret in den Vorstellungen präsenten Körpern, bewohnen: Im Endeffekt die ganze Menschheit. Und doch gibt der Film schon einen frühen Hinweis auf den Mangel der gemeinsamen Phantasmagorie, wenn Trinity, nachdem sie eine größere Bewährungsprobe hinter sich haben, Neo, als es funkt, zurückhält mit dem Hinweis: Nicht hier! Also nicht im Raum der gemeinsamen Vorstellungen, sondern den ersten Kuss auf den Zeitpunkt außerhalb der Matrix verschiebt. Es ist das Begehren, das die Menschen über den Status der Batterien hinaus für die Matrix wichtig macht – aus diesem Grund ist der Architekt im zweiten Teil der Clon eines Freud – es ist der Trieb als Antrieb, der für die Maschinenwelt eine Lebendigkeit supplementiert, über die sie aus eigenen Kräften nicht verfügt.

So hätte ich vielleicht noch ein bisschen mehr an Intensität zusammengekratzt, wenn in meinen von Pornos und Popmusik gespeisten Halluzinationen eine Partnerin aufgetaucht wäre, die nicht nur von den Energien meiner Bedürfnisse gespeist worden wäre – aber ich glaube nicht, dass das Programm eines Cypher in the long run tragfähig wäre. Zurück in der Matrix, mit allen imaginären Befriedungen, die überhaupt vorstellbar sind, aber unter der Bedingung, nicht zu wissen, dass es nur Vorstellungen waren. Mehr oder weniger schnell wäre der Reizhunger gewachsen, wären die Versuche, noch ein bisschen mehr rauszukitzeln, in einem negativen Unendlichen abgedriftet, in dem irgendwann der eigene Tod als der letzte Gipfel der Genüsse erschienen wäre: Das ist das Ende der Geschichte, wie es schon einige Spezialisten für eine Menschheit vorhergesagt haben, die in ihren Medien verloren geht. Die Drogen sollten mir damals befriedigende sexuelle Erfahrungen ersetzen, zu denen ich mich nicht traute oder die ich, wenn erst die künstlichen Antörnungen notwendig waren, um mir den nötigen Mut zu machen, dann nicht so hinbrachte, wie ich eigentlich erwartet hatte. Und ich erwartete viel, die Erwartungen stiegen sogar noch im Verhältnis zur ihren realen Frustrationen. Ich hatte einige Trips, die sehr überzeugend waren, hatte an der Schöpfung des Universums teilgenommen oder mich in der Wahrnehmung eines allwissenden und umfassenden Wesens befunden und allein unter der Einwirkung dieses Feldes keine Fragen mehr zu stellen gewusst, sondern in einer sanften aber durchdringenden Form alle Antworten gleichzeitig gespürt... ich war manchmal halbtot am nächsten Mittag in die knirschende und stinkige, kurz vor dem zerbröseln stehende Wirklichkeit zurückgekehrt und hatte dabei eine Erfahrung gemacht, die später nachvollziehbar machte, welchen Abscheu diese auf Zerfall und Verwesung wachsende Wirklichkeit in einem digitalen Agenten Smith auslösen konnte. Einmal war ich auf einem Horrortrip gestorben, aber erst nachdem ich mich in verschiedene Partialobjekte zerlegt hatte, die dann wie flüssiges Wachs über den Teppichboden krochen um in Erkalten zu erstarren – und in der nächsten Woche schlotterte ich und fror und war erbärmlich weit von der normalen Welt getrennt. Und einmal in Berlin erfuhr ich, dass eine chemische Ekstase sogar stärker sein konnte, als ein Orgasmus, ich sah die ersten Tröpfchen, wie sie in einer silbernen Kaskade zersprangen, ich spürte wie die Bewegung im Schwanz die Lungenflügel vibrieren ließ, die Pumpbewegung übersetzte sich in die Farb- und Spiegelspielereien eines Kaleidoskops und ich spritzte in Zeitlupe, aus mehreren Perspektiven in den verschiedensten Kurvenverläufen und stellte auf einmal mit einem fragenden Staunen fest, dass ich den Orgasmus gar nicht spürte, gar nicht gespürt hatte – es war nur ein Bilderspektakel gewesen, die ganze Energie war in die visuelle Gefräßigkeit umgeleitet worden. Im Altpapier hatte ich den Bezug zu Benjamins Haschischversuchen angedeutet, die Parallelen zur esoterischen Sprachtheorie gesehen, wenn das Zauberwort Braunschweig den Protagonisten in einen braunen und schweigenden Beduinen verwandelt und bei mir ein Raumschiff zu einer eigenen Wirklichkeit geworden war, obwohl die Bestandteile des Wortes zuerst einmal aus der Notwendigkeit gekommen waren, dass ich mich in einen anderen Raum bewegt hatte, auf ein Außenklo, weil ich schiffen musste. Und das war zu einer Zeit, in der ich nachweisbar noch nichts von Benjamin oder den frühen Ausprägungen der Kritischen Theorie wusste, sondern als Tramper in den Schulferien in einer wirklich kalten Frostnacht auf einem kleinen ungeheizten Außenklo, das sich für diese Ewigkeit in ein Raumschiff verwandelte, dessen Wände durchsichtig wurden und in den verschiedensten Tönungen leuchteten, je nach dem, wie weit ich war, alle vorhandene Energie visualisiert hatte. Und als ich mich in den nächsten Tagen wieder den normalen menschlichen Aggregatzuständen annäherte, wurde mir auf einmal klar, dass die chemische Dusche stärker gewesen war, als alles was ich bis dahin an Intensitäten kennen gelernt hatte. Doch tatsächlich war es unbefriedigender, als jedes noch so miese Wichsen zu zweit, wie es im Kontext des Süddeutschen Rundfunks zum Rahmen meiner sexuellen Sozialisation getaugt hatte und nach diesem Besuch in Berlin nahm ich nur noch wenige Trips. Aber es verwundert nicht, dass ich, nachdem ich mit dir Intensitäten erreicht hatte, die mir bis dahin nicht weniger vorstellbar waren, die Drogen fast abstellte, den Alkoholkonsum auf einen halben Liter Wein pro Tag reduzierte, die anderen Sachen, von denen ich auch noch abhängig war, einfach wegließ und dann daran arbeitete, diese Befriedigungen in einem realen Rahmen zu einer neuen Wirklichkeit werden zu lassen. Und so erklärt sich vielleicht auch, was ich mir alles an Schwachsinn gefallen ließ, was ich alles erduldete, was ich an kulturellen Umwegen bereit war, zu Stande zu bringen, nur um diese gemeinsame Intensität in aller Fülle immer wieder auskosten zu können – und dann waren die ersten zehn Jahre vorbei und der universitäre Todeslauf begann, um die nächsten zehn Jahre auf dem nächst höheren Level der Macht wieder die Disziplin der Beziehungsarbeit, diesmal verknüpft mit der Makellosigkeit derer, deren Bedürfnisstruktur nicht mehr durch außengeleitete Impulse zu irritieren war. Schritt für Schritt hatten wir gemeinsam jenes Hochplateau der göttlichen Intensitäten angenähert – um dann festzustellen, dass es jedes Mal wieder ganz von vorne begann. Oder noch genauer: Dass es gerade wegen der täglichen Übung und weil es nicht mehr dem Zwang einer Geilheit unterworfen war, sondern sich als Disziplin zu entfalten hatte, jedes Mal ab einer gewissen Höhe des Spannungslevels so einzigartig wurde, dass wir den Bereich der sprachlichen Erfassbarkeit verlassen hatten. Im Augenblick nur noch die unbenennbare Erfahrung der Vergegenwärtigung des Göttlichen – und danach schließlich das Eingeständnis, dass die Erinnerung wieder schwächer wurde und verwehte, dass wir ab einem gewissen Zeitpunkt dann nicht einmal mehr in der Lage waren, uns die Intensität vorzustellen. Das Drumherum ja, die Spielereien davor, bis eine Schwelle erreicht war, das Ausklingen danach, wenn wir in einer Mischung aus Erschöpfung und Bedürfnislosigkeit zurückblieben – wie es tatsächlich gewesen war, während wir uns in dem zeitlichen Rahmen einer Zeitlosigkeit bewegt hatten, entzog sich und ließ nur die Hoffnung zurück, dass wir bei den nächsten Versuchen noch einmal so nah an das Hier-und-Jetzt herankommen würden.

Merk wiegelt desinteressiert ab: „Mit Zizek möchte ich daran erinnern, dass es kein Außen des Außen gibt. Auch die Wüste des Realen befindet sich noch in einer Matrix. Den Film nehmen wir uns an anderer Stelle unter Gesichtspunkten der Pädagogik vor. Aber was sagt das schon zum gegenwärtigen Zeitpunkt der Argumentation, wo wir uns gerade den magischen Kräften nähern. Und es gibt sie, daran ist kein Zweifel, auch wenn sie den meisten Kindern abdressiert werden und dann für ein ganzes Leben fehlen. Sie können auf jeden Fall davon ausgehen, die Leute, denen heute mit sanften und sympathetischen Mitteln zu einer Erweiterung ihrer Fähigkeiten verholfen wird, haben gar keinen Grund, diese zu missbrauchen. Warum denn? Es gibt keine schweren Verstümmlungen mehr, es ist nicht mehr die Gefahr damit verbunden, dass eine/r nicht mehr zurück kommt oder wenn, dann vielleicht als stumpfer Depp. Ich finde die Fortschritte sehr wesentlich, denn ohne Traumatisierung gibt es kein Ressentiment. Überlegen Sie einmal, mit welchem Risiko früher in Ausnahmefällen eine Sonderbegabung freigesetzt wurde. Es hatte epileptische Anfälle gebraucht, psychotische Entdifferenzierungen die auf die Erfahrung der Zerstörung des Ich hinausliefen und später hatten einige klinische Cracks versucht, mit Insulin- oder Elektroschocks zu einem ähnlichen Ergebnis zu kommen. Und was war in den meisten Fällen das Resultat, wenn nicht ausgebrannte Wracks und um allen Antrieb beraubter menschlicher Abfall – was dann noch in Ausnahmefällen an Antrieb übrig geblieben war, war der lauterste Hass, der Wille, allen anderen jene Erfahrung der Vernichtung anzutun, die man/frau selbst durchlaufen musste. Und heute machen wir ein bisschen Urlaub vom Ich, lernen unsere Träume bewusst zu steuern, laden dann mit einer gewissen Übung diesen vagabundierenden Ichpunkt in den Cyberspace und kommen mit Trainingsformen in Verbindung, die wie nebenbei erweisen, dass die imaginative Gewalt der Liebe schon alles an Transformationsenergien mitbringt, was zur weiteren Arbeit notwendig ist."

Mutzlacher schüttelt den Kopf: „Ganz so einfach ist es nicht! Ich war bei einigen Experimenten dabei, die in einer Form misslungen sind, dass ich ihnen garantieren kann: So geht es auf gar keinen Fall. Ich bin ja kein Pessimist, obwohl mir das sehr häufig unterstellt wird. Als Realist meine ich, dass wir nicht skeptisch genug sein können, wenn wir uns einen bescheidenen Optimismus bewahren wollen.

Sicher war das ein wichtiger Ansatz, nachdem die Bildwelten sekundär geworden waren und beherzigt wurde, dass die vorgeburtliche Kommunikation auf einem unendlich genauen Horchen beruhte, dass die ganze Welt, bevor sie sich zu einer Wirklichkeit formte, erst einmal erhört werden musste – im wahrsten Sinne des Wortes und genau dieser Zugang musste für die virtuellen Welten erschlossen werden. Wirklich konnte nur werden, was zuvor den Gang durchs Labyrinth des Ohrs gefunden hatte. Und so, wie in einem ersten Anlauf mit den Dämpfersystemen eines elektronischen Ohrs die gefilterten Töne der intrauterinen Wahrnehmung wieder zugänglich wurden und den Körperpanzer sprengten, war in weiteren Schulungsgängen die unendliche Komplexität unserer Wahrnehmungswelt anzunähern. Zur weiteren Übung, die von Moravec inspiriert worden war, gab es einen feinen Nebel von Mikrosensorien, die über eine virtuelle Schnittstelle mit dem Gehirn vernetzt waren und Schritt für Schritt die Komplexität der wahrgenommenen Daten erhöhten. Als nächste, noch weitergehende Übung folgte schließlich die Vernetzung mit den unendlich vielfältigen Informationsspeichern des Internets. Das wurde alles gemacht und noch immer war das Ich ein Horchposten der das virtuelle Wissen im Cyberspace versuchte abzugleichen mit den Erinnerungen und Prägungsmustern der eigenen Biografie, der sich dank der Routinen in einer balancierenden Schwebe hielt, während er durchs Wissen surfte.

Das alles waren ja nur Vorbereitungen, die der Vervollkommnung der Ökologie des Geistes zu dienen hatten. Nachdem erst die notwendigen Speichertechniken zur Verfügung standen und dann neuronale Scanner immer präzisere Abtastergebnisse zur Verfügung gestellt hatten, ist es uns mehrfach gelungen, die Totalität eines lebendigen Denkens auf Festplatten zu kopieren ohne dass es dabei notwendig war, das Hirn in feinen Schichten abzuschälen. Wer sich das so vorstellen wollte, hängt viel zu sehr an einem reduktionistischen und mechanischen Weltbild. Es zählt schließlich sehr wenig, was die einzelne Nervenzelle zu speichern in der Lage ist, wichtig ist vielmehr, was sich in den Räumen des Dazwischen abspielt: Das energetische Feld, das sich zwischen den einzelnen Regionen aufbaut ist nicht nur dreidimensional ausgerichtet, es hat tatsächlich sogar eine zeitliche Struktur. Aber das nur zur Erklärung. Wir konnten mit diesem Wissen arbeiten, man musste sich eben an die befremdende Wirkung gewöhnen, die es mit sich brachte, mit Toten zu arbeiten, denn ein Mensch, der mit siebenundzwanzig Jahren gescannt worden war, würde auf der Festplatte immer ein Mensch bleiben, dessen gesamtes Leben von diesem Punkt aus betrachtet werden musste – alles was geschehen war, all die vielfältigen Interpretationen, die eine einzelne Beobachtung oder Entscheidung erfahren konnten, unterstanden immer der Perspektive eines Menschen, der mit siebenundzwanzig aufgehört hatte, zu leben. Mit ein wenig Aufwand ist es hin und wieder sogar gelungen, die Daten auf der Festplatte zu erweitern und so zu bearbeiten, dass sie weiterhin konsistent blieben, aber das änderte nichts an der Tatsache, dass die Offenheit und prinzipielle Unbestimmtheit der Prozesse des Lebendigen verfehlt werden mussten. Es war auch keine Abhilfe zu schaffen, wenn wir einen späteren Scannvorgang über die ursprüngliche Kopie legten, dann war es eben der Verweisungszusammenhang eines Menschen, der im Alter von vierundvierzig Jahren gescannt worden war. Die Spontaneität war auf der Strecke geblieben, über die Reproduktion von Bekanntem in unendlichen Variationen war nicht hinauszukommen. Und das ist einfach zu erklären: Der Speicherinhalt hatte eine virtuelle Form der Unsterblichkeit erfahren, hier war kein Organismus mehr, der auf Bedrohung oder Lust, auf Hunger oder Verstümmelung zu reagieren hatte, um sich in dauernden Anpassungsbewegungen in einer ihm mehr oder weniger fremden und feindlichen Umwelt zu bewähren. Das Bewusstsein allein war eigentlich gar nicht interessant, das Mobile der unendlichen Vermittlungen kam erst in Gang, wenn der gesamte Prozess zur Verfügung stand, wenn das Ich in seinen verschieden zugänglichen Bewusstseinsformen genötigt war, sich in einer Welt zu bewegen und auf andere Ichs zu stoßen, die Ihm ähnlich und zugleich ungleich waren. Und das bauen Sie in keinem Speichersystem nach, es ist die Mühe nicht wert, jenes Maximum an Unwahrscheinlichkeiten mit einem enormen Aufwand nachzuempfinden, wenn es schon ausreichte, einen normalen Menschen einfach zum Einkaufen zu schicken – unser gespeichertes Genie auf der Festplatte war plötzlich ein armseliger Idiot dagegen, denn es fehlte ihm die ganze Welt, die dem anderen einfach zur Folie seines Handelns und Denkens wurde. Die geschilderte Problematik war nur die eine Seite unserer Aufgabenstellung, denn tatsächlich sollte es irgendwann einmal möglich sein, die erweiterten und modifizierten Speicherinhalte in ein Gehirn zurückzuspielen. In der Theorie konnten wir den vorhandenen Scann aufbereiten und erweitern, konnten eine Unmasse an Informationen dazu laden, eine enzyklopädische Vorgabe, vor der jedes lebendige Bewusstsein nur noch in die Knie gehen konnte. Und tatsächlich war das Gegenteil der Fall. Wenn wir unvorsichtig waren, kollabierte der Mensch, wenn er mit einer Komplexität des Datenstroms umgehen sollte, die auf einer Ebene der Dichte zu Hause war, die er nie kennen gelernt hatte. Also wieder das Training an den Neurotransmittern, die Schulung anhand immer ausgefeilterer Mikrosensorik, die Habitualisierung der Verhaltensformen im Cyberspace. Und dann der nächste Versuch, wenn wir vorsichtig genug vorgingen – und wenn der Mensch nicht kollabierte, erwies sich das Wissen als totes Wissen und die Kluft zwischen Information und Lebendigkeit war nicht weniger tief als zuvor. Bei jedem Versuch wurden die Parameter ein wenig geändert, bei jedem Versuch, der unbefriedigend verlief, wurde ein wenig mehr an Wagnis und Unwahrscheinlichkeit freigesetzt und einmal, als das Experiment für einen Augenblick außer Kontrolle geriet, sah es kurz so aus, als wäre uns ein Zufallstreffer gelungen – und dann kam die Anweisung von höchster Stelle, dass wir das Experiment unverzüglich abzubrechen hatten, bevor dieser Punkt erreicht war. Und das hieß, wir durften auf den Punkt zufahren, durften ihn einkreisen, durften ein Maximum an Ergebnissen rausfiltern, aber wenn es wirklich interessant wurde, hatten wir abzubrechen. Leichter gesagt als getan, wenn das Ereignis nur noch Millisekunden entfernt war, wir konnten den Strom abstellen und den Widerstand hochfahren – gegen die zwar schwächer werdenden, aber noch einige Sekunden aktiven energetischen Felder hätten wir gleichzeitig mit einem Schmiedehammer auf der Platte und einer Blausäureinjektion bei unserem Probanden vorgehen müssen. Und dazu war uns das Experiment viel zu wichtig geworden, viel lieber ließen wir es für einen kurzen Augenblick unbeaufsichtigt und aus dem Ruder laufen – mit den gewonnenen Daten wäre bei künftigen Versuchen einiges anzufangen gewesen. Und nichts war! In dem Augenblick, in dem ein Funke von Spontaneität im System aufgeleuchtet war, hatten die Inhalte einer vollkommenen Löschung unterstanden. Das war die vollendete Lösung, aber kein Ergebnis, das sich vorweisen ließ. Auf der Schwelle zur Lebendigkeit hatten die Gedächtnissysteme aufgehört, zu funktionieren. Das ist tatsächlich eine bestätigende Transponierung der Einsicht Freuds gewesen, dass eine Gegebenheit entweder in den Wahrnehmungssystemen oder im Erinnerungssystem zu lokalisieren war, niemals aber in beiden und die Zeitspanne, die zwischen beiden eine Barriere bildet, ist zwar nicht zwingend fixiert, aber sie erinnert mich doch an die vorhin genannten Spielräume."

Der Ansatz kann nicht stimmen, sonst wäre ich nicht hier – aber ich bin immer noch beim Thema Matrix. Will dieser Fettsack damit nahe legen, dass das eine vergebliche Liebesmühe sein wird? Dass es ein frommer Wunsch ist, wenn die Maschinenwelt auf menschliche Libido angewiesen sein soll, als Ideologie des Computerzeitalters, um vergessen zumachen, dass der Mensch überflüssig geworden ist? Natürlich gibt der Film vor, es gebe kein Außen des Außen, denn nur so funktioniert er als Einladung zur Identifikation für den Zuschauer. Und wenn er oder sie sich identifizieren, haben sie genau das vergessen, dass das Außen des Außen vor dem Kino beginnt. Merk geht immer noch von der Voraussetzung aus, dass wir nur eine Welt bewohnen und noch dazu, dass wir alle miteinander die gleiche Welt ausmachen. Dabei sind wir alle die Bewohner mehrerer Welten und unterscheiden uns auch darin voreinander, welche der Welten sich für uns berühren, überlappen oder ausschließen. Und so wie es für jeden verschiedene Formen des Außen gibt, hat auch jede Außenwelt ihre verschiedenen Innenwelten – also gibt es notwendigerweise sogar verschiedene Außen des Außen. Ansonsten wären wir stumpfsinnige Automaten oder instinktgebundene Tiere, ansonsten wäre es mir nicht möglich gewesen, nachdem ein paar Geisteswissenschaftler in ihren Einflusssphären meine Vernichtung beschlossen hatten, einfach ein paar Schritte neben den bisher gewohnten Wegen eine neue Zukunft anzugehen. Es waren fast die selben Orte, fast die gleichen Straßen, aber sie führten mich zu freien Unternehmern, denen es auf den Umsatz ankam und die sich irgendwelche Rücksichtnahmen auf die Intrigen unausgelasteter Behördenkrüppel gar nicht leisten konnten, also mit mir Geschäfte machten, in einer Zeit und einer Stadt, in denen unter gewissen Drehpunktpersonen ausgemacht war, dass man mich keine Mark mehr verdienen lassen wollte, nicht einmal bei der Müllabfuhr, obwohl die im Stuttgart der neunziger Jahre fest in italienischer Hand war – aber eben öffentlicher Dienst. Und ich arbeitete sogar für ein Printmedium, ich konnte als Köder meine Schreibe einsetzen, obwohl das Tabu besonders tief eingesenkt worden war, dass ich mit dem Wissen und meinen Texten gar nichts mehr anfangen können durfte – dieser Verlag leistete sich für die Promotionstexte seiner Kunden eben einen eigenen Ästhetiker. Einschränkend hatte ich für mich allerdings zu akzeptieren, dass es eine Zeitschrift, die sich mit den fetten bunten Bildern an die Reichen wandte, die oft genug vor lauter Geld gar keine Notwendigkeit gesehen hatten, Einsicht und Wissen anzuerkennen, ungebildet war gar kein Ausdruck, denn sie hatten einen anderen Bildungsgang durchlaufen und waren, aus der Perspektive der Leute, die ihre Werte und Hierarchien durch mich in Frage gestellt gefühlt hatten, in manchem Fall an der Grenze zum Analphabeten – aber das mussten die Bildungsbeamten ja nicht wissen, wenn sie Angst hatten, dass ich mir dieses Medium als Sprachrohr zu eigen machen würde, wenn ihre Störfaktoren nicht aufhören würden. Außerdem schadete es nichts, wenn man nichts kapierte, wenn nur das nötige Geld zur Verfügung stand: Bei ihnen bezahlte man die Leute fürs Schreiben oder Analysieren und behandelte sie nicht anders als andere Domestiken auch. Es gab also ein Außen des Außen und oft nicht nur eines und jeder

Aufenthalt in diesen Außenwelten spiegelte sich wieder in einem anderen Innern und so machte der Erfahrungsniederschlag, aus dem früher einmal ein starres Ich geworden wäre, einen flexiblen Ich-Zusammenhang aus, der vor allem darauf achtete, nirgends anzuklammern und an nichts hängen zu bleiben. Natürlich hätten diese Leute gern, dass man an das glaubte, was sie vorgaben – denn das war die einfachste und umfassendste Form von Machtausübung gewesen. Wenn ich dem geglaubt hätte, was über mich in die Welt gesetzt worden war, wäre ich heute tot. Aber auch das ist ein Reiz des Films, wenn er zu sehen gibt, dass ein Skeptiker durch den Zweifel hindurchgeht, bis nichts mehr übrig bleibt, was überhaupt noch zu bezweifeln wäre und dass es dann den Punkt des Umschlags gibt, der unter dem Passwort Liebe auftaucht, an dem eine andere Person an ihn zu glauben beginnt und er auf einmal kapiert, dass dieser Glaube, geteilt durch zwei, die doppelte Kraft zu seiner Verwirklichung liefert. Wir hatten nichts mehr und waren nach den Vorgaben völlig am Ende – und es war gerade dieses Nichts, das dafür sorgen konnte, dass deine Abwesenheitsdressur und meine Versuche, in dir die Legitimation oder Entschuldigung zu finden, dass ich etwas tat oder tun musste, hinter dem ich tatsächlich nicht stehen konnte, suspendiert wurden. Auf einmal kam es drauf an, auf einmal ging es nicht mehr anders – und wir schufen aus diesem Nichts neue Möglichkeiten und bis dahin nicht einmal erahnbare Wege. In einer Welt, die wie ein Freizeitpark funktioniert, wird niemand auch nur willig sein, sich auf die Suche zu machen – und wenn dann noch in einer ganz hinterhältigen Weise die ureigensten Gefühle durch die Schablonen der Massenunterhaltung zugeschnitten und die Sehnsüchte und Wunscherfüllungen in verkleideter Form reglementiert werden, ist nicht viel zu erwarten. Es muss also schon einiges im Argen liegen, wenn es erst einmal soweit kommen soll, dass zwei Heranwachsende nicht mitspielen und etwas eigenes probieren wollen – auch wenn es für lange Zeit nur auf die Erfahrung hinaus läuft, dass es so etwas wie ein Eigenes gar nicht zu geben scheint. Und währenddessen haben wir immer wieder die beschissene Erfahrung machen können, dass wir Energien darauf verwendeten, unseren Versuch in ein Scheitern zu überführen, als hätten wir ein geheimes Interessen daran, alles zu widerlegen, was wir an Alternative zustande bringen konnten. Und dann gab es eben diesen Punkt, als auf einmal klar war, dass es keine Reserven mehr gab, dass es wirklich um unser Leben ging, dass alles darauf angelegt war, uns zu vernichten – und wie von alleine stellte sich der Mut jenseits des Zweifels ein, ein Glaube, der Berge versetzen konnte und der sich auf die Erzeugung einer mächtigen Energie beschränkte, mit der wir uns durch diese ganze Scheiße durchgraben konnten. Der Luxus der Selbstbehinderung war weg, die sozialisationsbedingten Partnervermeidungszwänge in die Brüche gegangen, die Rücksichtnahmen und Zugeständnis, von denen wir schon gar nicht mehr gewusst hatten, waren endlich als überflüssiger Ballast abgefallen.

Albach wendet sich Mutzlacher zu und hakt nach: „OK, ich habe das soweit kapiert, dass Sie einen anderen Erlebnisraum vorschlagen. Dass die Schönheit, die ja immer wieder als Movens der Wahrheit dient oder zur Kodierung des Begehrens taugt, sich ans Auge richtet und dass wohl davon auszugehen ist, dass das Auge und die Gestalt mit dem Imaginären zusammenhängen. Also die Bewegung in einen Hör- und Fühlraum vielleicht ganz andere Intensitäten freisetzt und damit zu anderen Formen der Wahrheit führt, die unangreifbarer und zugleich praktikabler ausfallen mögen. Aber mit Ihrem Ausflug in den Cyberspace sind wir nicht unbedingt näher dran, denn all das, was der Körper in einem Datenanzug zu empfinden meint, ist doch schon das Resultat von Reduktionen und Umrechnungen. Das reale Geschehen in einem menschlichen Körper ist vieldimensional und instantan und was ihr Prozessrechner aus der unendlichen Vielfalt der Symphonie der Welt herausholt, sind vielleicht ein paar große Themen, ein paar Melodien, ein paar Rhythmen – aber den unendlichen Ozean an Sinnesdaten, in den diese in jedem Augenblick immer wieder neu verwoben sind, werden Sie nie reproduzieren können.

Und wenn ich an die Experimente denke, die bei Moravec ihren Ausgang genommen haben, bin ich sehr skeptisch. Wenn es möglich ist, den Erregungszustand innerhalb eines neuronalen Netzes zu scannen, haben Sie noch lange nicht abgerufen, was im Langzeitgedächtnis abgelegt worden ist. Sie können bestimmte Situationen schaffen, in denen die virtuell gewordene Erregung wieder aktualisiert wird, so etwas nennen wir Erinnerung, und dann scannen Sie diesen kleinen Ausschnitt, wobei schon die Reproduktion der Reizschwellen und der Intensität der Bahnungen Schwierigkeiten bereiten dürfte – aber Sie müssten prinzipiell all die Erinnerungen, die in Eiweißmolekülen, in der DNA, synthetisiert worden sind wieder aktualisieren, um diese Informationen lesen zu können. Die Proteine selbst können Sie scannen solange sie wollen, das wird ihnen keinen semantischen Gehalt liefern, weil der erst entsteht, wenn die Information von einem Lebewesen gelebt wird.

Der Erregungszustand des neuronalen Netzes ist in jedem Augenblick wieder einzigartig. Wenn ich also kopiere, was im Augenblick an Information durch Entladungsvorgänge kodiert wird, ist das ein hologrammatisches Minimum der spezifischen Erfahrung des Individuums. Und viele Erinnerungen und Begebenheiten eines Lebens sind im Augenblick nicht gegenwärtig, bilden aber einen Vorhof der Bedeutsamkeit oder auch einen semantischen Schatten. Und dann gibt es noch viel mehr, das so weit abgesunken ist, dass Sie ähnliche Reize und vergleichbare Situationen brauchen, um es wieder an die Oberfläche dringen zu lassen. Der ablesbare und speicherbare Aspekt einer Hirnaktivität ist also immer ein reduziertes Minimum und tatsächlich müssten Sie die Assoziationsnetze mitspeichern und dann noch die nötigen Tricks entwickeln, um die Energien des Körpergedächtnisses freizusetzen. Und das alles, um einen Mikrokosmos der Bedeutungen zu reduzieren auf ein komplexes Kristallgitter, dass zwar recht umfangreich sein kann, aber einen Status des Totseins erreicht hat, von dem aus es keinen Weg zurück mehr gibt. Wer hat da was davon? Sicher nicht die Heranwachsenden, denen wir ein Repertoire für ein erfolgreiches Leben verpassen wollen! Wobei ich Sie darauf hinweisen darf, dass es eine auffällige Analogie zu den Nahtoderfahrungen gibt. Denken Sie an den Film, den der Sterbende sieht, in dem die wichtigen Stationen seines Lebens noch einmal aufleuchten – das wäre immerhin einen experimentellen Rahmen wert, dass wir die Erfahrung des Todes als Moment des Scannvorgangs und als Feld der Speicherung verwenden könnten."

„Genau dieses Experiment wurde in *Nunquam* quasi als eine Form von Literaturmetaphysik von Durrell vorgeführt. Und wieder einmal ist sein Ansatz, vom Absurden zum Sublimen zu gelangen. Er hat es Ende der sechziger Jahre perfektioniert, auf eine ganz gefährliche Weise mit dem Begriff Kultur zu spielen und weil es dabei um die großen Themen geht, um Wissen und Selbstdefinition, um Wahrheit und Liebe, besteht das poetische Spiel nach seiner Kennzeichnung darin, einen Deckel auf eine Schachtel ohne Seitenwände zu legen. Und das ist das große Problem, das alles tragende Nichts, die von Hysterien und Zwängen überbaute Leere", ergänzt Bornhard. „Diese Konzeption eines weiblichen Roboters geht wesentlich weiter, als es die üblichen Märchen um künstliche Menschen tun – es geht nämlich am allerwenigsten um den Blechmann, sondern um Synthese des Geistes, um die konkreten Bedingungen der Möglichkeit der Liebe! Es ist das Menschenpaar, von dem hier erzählt wird, die Kräfte die sie freisetzen oder aneinander binden, aber es ist auch das Fundament, auf dem sich diese Kultur aufbaut – Mathematik, Maß, Bewegung, Poesie – das in dem notwendigen Rahmen der Gesetzmäßigkeiten des Paars auszumachen ist. Und es ist der Tod, der die Bedeutung einschreibt, es ist die Vernichtung der Archive, die diese Geschichte tatsächlich erst in Bewegung setzt. Lesen Sie den Schluss, überlegen Sie warum der Entschluss fällt, die Archive zu zerstören, und Sie werden zugeben müssen, dass diese Spielereien bis in unsere Zukunft hinein reichen.

Eine zweite, eine synthetische Iolanthe soll in die Welt gesetzt werden. Ein virtuelles Ich, synthetisiert aus einem umfassenden Archiv von visuellen und akustischen Erinnerungssystemen. Ich komprimiere das Verfahren und erlaube mit vorerst nur den Hinweis, dass es einen wesentlichen Bezug zu den Leidenschaften des Spielers oder Süchtigen gibt und dass das Komplement unserer Liebesmaschine die Impotenz ist, die den wesentlichen Antrieb ausmacht, wenn einer es nötig hat, die Welt zu erobern oder das Kapital anschwellen zu lassen. Wie gesagt, es sind alles Originalzitate, ich habe sie nur nach Sachgruppen sortiert und dann eine komprimierte Collage erstellt.

Sie entwickeln eine mnemonische Apparatur…, die direkt auf die Muskulatur einwirkte – ein wandelndes Gedächtnis: was sonst ist ein Mensch, ich bitte Sie? Die Idee war atemberaubend, aber auch monströs. … Die Muskeln werden durch winzige photoelektrische mnemonische Zellen in Bewe-

gung gesetzt.» ...Sie bewegt sich durch die Kraft des Lichts, einfach toll. ...
Zunächst mag es kompliziert klingen, aber im Grunde genommen ist es nur
viel verzwickte Kleinarbeit. Unsere menschlichen Reflexe, nehmen wir nur
einmal die muskulären, sind nicht unbegrenzt, wenn auch natürlich ver-
schiedenartig und zahlreich. Dann die Sprache und so weiter – auch sie ist
begrenzt. Ihre Lautanalyse war äußerst nützlich und lässt sich wunderbar auf
das neue Material anwenden. Ich persönlich finde, dass die Stimme besonders gelungen ist. ... die echte Stimme Iolanthes, die weich und verträumt
sagte: Welten der Erinnerung, Welten der Sehnsüchte, das Echo wird beide
in Flammen aufgehen lassen. ... Die Wiedergabe war so schön, dass mir fast
das Blut in den Adern gerann. Einerseits schien alles so wirklichkeitsent-
rückt. Athen, das <Nube> und so weiter; andererseits empfand ich plötzlich
eine wilde, brennende Sehnsucht nach der Akropolis in der Dämmerung und
dem warm duftenden kleinen Körper, der, mit meinem verschlungen, eine
Art heiligen Schiffbruch erlitt...
Wir haben den Alltag von ungefähr zwanzig Frauen fotokopiert, um die
gesamten Situationsreflexe für Iolanthe auszuarbeiten. Es ist wirklich erstaunlich, wie monoton die normale Skala der Bewegungen, Gespräche und
Standardreaktionen ist. Wenn wir so viel Gedankengut wie irgend möglich
in ihr aufspeichern, sollte das vollkommen genügen, um mit den meisten
Dingen, die den meisten Menschen passieren, fertig zu werden. Die Reaktionen werden durch Laute und Licht hervorgerufen. Sie wird wie eine riesige
abstrakte Puppe umhergehen und ihre Rolle in unserer Welt von heute hervorragend spielen. ...
Wenn die Gesellschaft sich nicht geniert, eine Sklavenrasse von Analphabeten heranzuzüchten, <des visuels>, die das Lesen verlernt haben und deren
seelische und sonstige tägliche Bedürfnisse nur noch von ein paar
Pawlowschen Reflexen abhängen – dann kann man uns doch nicht das Recht
streitig machen, eine Puppe zu konstruieren, die mindestens so <mensch-
lich> sein wird wie diese so genannten menschlichen Wesen, oder? ...
Nehmen Sie einmal an, die unsrige kommt im Alter von dreißig Jahren auf
die Welt – geistig und körperlich voll entwickelt und mit allen nötigen Erfahrungen ausgestattet. Was sollte es daran hindern, neben all den anderen
Attrappen zu bestehen und seine Existenz – seine Pawlowsche Existenz – zu
behaupten. ... ihre Reaktionen der Umwelt so gut angepasst sind, dass man

sie … ohne weiteres auf die Menschheit loslassen könnte, ohne Gefahr zu laufen, dass jemand merkt, was sie eigentlich sind. … Sie werden wahrscheinlich realer sein, als die meisten Menschen, die wir kennen.

Soweit die Konzeption – und Sie haben gesehen, dass damit dieselben Fraglichkeiten entstehen, die der Cyberspace für uns aufwirft. Der nächste Schritt muss also sein, wie von den Nachahmungen in irgendwelcher Materie, die schon überzeugend gelingen, der Sprung zum Status des Schöpferisch zu machen ist. Und es verwundert nicht, dass wieder die Liebe ins Spiel kommt, die sich hier an der Stimme entzündet, am Stimmton, der im Körper mitklingt und damit die unwillkürlichen Erinnerungen und die eingesenkten Erfahrungen zum Mitschwingen bringt. Wichtig scheint mir, dass es anders, als in der Platonischen Traditionslinie des Abendlands, die vom Höhlenhintergrund bis zum Videoscreen reicht, derzufolge sich die Liebe am Bild des Schönen entzündet, es hier die Stimme ist, die akustische Erregbarkeit, die ins Labyrinth des Ohres führt. Dieses Einklingen in ein übergeordnetes Geschehen, das einmal auf den Begriff Sphärenharmonie getauft worden ist – obwohl dies nur eine unvollkommene Metapher darstellt – vielleicht das überzeugendste Modell für das, was tatsächlich geschieht. Die Schönheit, die sich ans Auge richtet, untersteht tatsächlich immer den Gesetzmäßigkeiten der Selbstdarstellung und der Übergang zur Simulation ist da fließend, während das Phänomen der Stimme auf eine andere Art der Selbstoffenbarung verweist. Natürlich kann ein guter Lügner seinen Stimmton derart dressieren, dass die Lüge nicht gleich erkannt werden kann, aber Sie müssen ihm nur eine Weile zuhören und die Lüge wird offensichtlich. Die Stimme verweist auf einen viel tiefer sitzenden Wahrheitsgehalt… Die vollendete menschliche Autonomie wird über das Begehren erreicht. Nicht über den Trieb, sondern über die Vorstellungen und Selbstdarstellungen, die sich immer an ein Gegenüber richten, über einen sich verselbständigenden Prozess, der im Begehren des Begehrens des anderen mündet. Und in dem Augenblick, in dem zwei oder mehr solcher autopoetischer Prozesse ineinander greifen entsteht aus den Reflexionsfiguren die konkrete Unendlichkeit eines Bewusstseinsprozesses. Natürlich ließe sich einwenden, dass hier nur Beschränkungen vorliegen, dass die Puppe nur von Gnaden der Lebenden an diesem Bewusstsein teilhat, auch wenn sie sich dann zu verselbständigen beginnt – aber wir sollten nicht vergessen, was Kleist einmal über das Marionettentheater gesagt hat: Die Puppe ist freier als wir! Immerhin ist eines klar geworden an der Entwicklung: Sie kann sich verselbständigen und die Geschichte zu einem Ende bringen. Wobei das Ende der Geschichte tatsächlich in der Löschung des Archivs besteht, in dem die Schuldverschreibungen aufbewahrt worden sind – was auf das Avignon-Quintett voraus weist und die Fragestellung zugänglich macht, wie das Geld als oberster Signifikant entmachtet werden sollte zugunsten der Signifikantenwirksamkeit des Körpers und seiner Hervorbringungen. Ich muss hoffentlich nicht darauf hinweisen, dass wir es hier mit einer indirekten Form von Pädagogik zu tun haben, aus der wir für unser Systemprogramm einiges gewinnen können. Wie leiten wir jemanden zur Spontaneität an, wie setzen wir Kreativität und Schöpferkraft frei? Sicher nicht, in dem wir auf die eine oder andere Art nahe legen oder befehlen: Sei spontan! Und der nächste Schritt: Wie schaffen wir es, den so genannten Freien Willen derart anzukitzeln, dass er sich in einer Betätigungslust zu fühlen beginnt und zugleich behutsam dafür zu sorgen, dass dieser Wille sich auch auf die richtigen Ziele richtet?

Also schauen wir erst einmal an, wie diese mnemonische Skala geprägt wird, die für eine Maschine, eine Liebesmaschine gedacht ist von der es heißt: Am besten behandeln wir sie wie einen behinderten Menschen, was sie ja auch ist. ... Wir haben ihr einen Satz von Geschlechtsorganen gebaut, ... für den Tempel der Lust. ... wenn wir die vollkommene Nachbildung einer echten Frau haben wollen, können wir sie nicht ganz ihrer sexuellen Reflexe berauben, selbst wenn sie batteriebetrieben sind.

Und was das Koitieren angeht, so können sie vermutlich so tun als ob; es wird zwar ohne Resultate – steril – bleiben, aber sie werden die Ästhetik der Schönheit veranschaulichen, die ja immer im Auge des Betrachters liegt, wie <die Herzogin> zu sagen pflegt. Und auf den Einwand, dass es sich um eine Form von Eunuchen handelt, folgt die Erwiderung: Wenn Sie so wollen; aber hat Aphrodite gegessen und verdaut? Ich bin nicht genügend klassisch gebildet, um darüber zu streiten. Schließlich sind es nur seriöse Spielzeuge... Und wir sind damit wirklich schon bei der Frage, was die

Simulation vom realen Vollzug unterscheidet. Von dieser Liebesmaschine heißt es: Wir könnten sie auf den Strich schicken und als ihre Zuhälter bestens leben. Vom Standpunkt des Kunden aus gesehen wären sie von der echten Ware faktisch nicht zu unterscheiden – höchstens besser angezogen und erzogen, das ist alles. Und was das Gesetz betrifft, so wäre unsere Position völlig unanfechtbar. Sie sind schließlich nur Attrappen, nicht mehr und nicht weniger. Und auf einmal taucht der Begriff der Freiheit in seiner umfassendsten Form auf, von niemandem abzuhängen, auf niemanden in Dankbarkeit fixiert und eigentlich erst damit völlig offen für einen möglichen Partner zu sein. Die Frage ist nicht nur: Wie frei kann sie je werden? Es geht viel tiefer, wenn auf einmal gefragt wird: Wie lässt sich ihre Freiheit mit unserer eigenen, eingebildeten Freiheit vergleichen? Und dabei deutlich wird, auf was für wackligen Füßen unsere Erfahrung der Autonomie beruht, wie vielen Einschränkungen wir unterworfen sind und wie viele Kompromisse notwendig sind, damit wir überhaupt der Illusion huldigen dürfen, frei zu sein. Ganz anders ist es bei dieser Puppe, die tatsächlich von allem frei ist, was uns bindet. ... Diese freie Frau, frei von der schwärenden Schwere unserer menschlichen Mutterfixierung. Sie kann weder lieben noch hassen. Sie könnte die ideale Gefährtin sein... Was wird sich Iolanthe unter Glück vorstellen, wo sie doch den ganzen Freudschen Ballast von allem, was uns <un...> macht, nicht mit sich herumschleppt? Könnten Sie zum Beispiel im Idealfall, freies Spiel natürlicher Geilheit für sie arrangieren, eine erotisierte Funktion, die – wiederum im Idealfall – nie aussetzen brauchte? Nein, denn sie ist unfruchtbar – so lautet die Antwort, nicht wahr? Und trotzdem ist sie rollensicher. Sie wandelt in Schönheit wie die Nacht. Felix ... könnte so ein Ding ... könnte Iolanthe auf ihre Attrappenart lieben? Und was für eine Form würde dann solch eine Aberration annehmen?
Absurderweise wird die Probe auf die volle menschliche Autonomie durch die Frage nach dem Wechselverhältnis aus Selbsterkenntnis und Selbstbewusstsein eingeleitet. Und damit muss das Experiment scheitern, es ist parallel zu dem antiken Paradox, das entsteht, wenn ein Kreter behauptet: Alle Kreter lügen. So soll diese Puppe und Liebesmaschine Ihre Echtheit erweisen, indem in ihr das Bewusstsein wächst, dass sie eine Simulation ist – und natürlich beginnt sie alles

zu fliehen, was auch nur in die Nähe dieser Fragestellung führen könnte: …wird nicht vielleicht eines Tages diese Kreatur mit menschlichem Habitus einfach nur deshalb, weil sie wie ein Menschenwesen handelt, BE-GREIFEN, dass sie eine Attrappe ist?» Er zischte das entscheidende Wort leise ins Telefon. «Ich meine begreifen, so wie das Original begriffen hat, dass sie Iolanthe …war? Es ist nur ein Spiel, und es kann gut sein, dass sich die Prototypen unserer Modelle als zu ungelenk erweisen, um an oder mit ihnen Divination zu betreiben. Doch wenn man andererseits in diesem Leben nicht von der Hoffnung lebt …wovon sollte man dann leben?

… Könnte sie zum Beispiel begreifen, dass sie eine Attrappe ist, so wie Sie, sagen wir, begreifen, dass Sie Felix sind? Wir können es eigentlich erst wissen, nachdem wir sie befragt haben nicht wahr? Aber selbst dann – ein Fehlgriff auf der Tastatur und wir müssen plötzlich mit bisher völlig unbekannten Faktoren rechnen. Gibt es einen Punkt, wo sie erfinden, wo sie selbständig denken könnte? Angenommen, sie strauchelte in den mnemonischen Signaturen?

…Eine Attrappe, die über solche Schlagfertigkeit verfügte … schneller und cleverer als jede wirkliche Frau, weil weniger launenhaft, weniger echt, weniger feminin. Und doch war andererseits die Spur von Bitternis in ihrer Stimme sehr menschlich, sehr feminin. Wenn sie absolut identisch mit Iolanthe war, dann war sie doch Iolanthe? Offensichtlich müssten wir einige Zeit darauf verwenden, die Unterschiede zwischen der echten und der erfundenen zu klären – und was wäre, wenn es gar keine gab?

Und dann entsteht genau jene Situation, die bereits als „Die Liebe als Duell" gekennzeichnet worden ist. Das ist das Problem, das mit dem Bild entsteht. Die narzisstische Verliebtheit ist ein Übertragungsgeschehen, das auf die Einheit des Bildes angewiesen ist. Das ist die Komplexitätsreduktion, wenn vor den Notwendigkeiten einer wachen Lebendigkeit ausgewichen werden muss und sie funktioniert dann, wenn der oder die andere nur Anlass für Projektionen ist: Jeder wird zur Puppe, zum Geschöpf des anderen, das leibliche Gegenüber wird der Einheit eines Bildes geopfert, die es tatsächlich in den Zusammenhängen wacher Lebendigkeit gar nicht geben kann. Der Schöpfer muss sich von der Puppe distanzieren, weil sie ihm zu nahe tritt und er befürchtet, sich in sie zu verlieben. Und die Puppe beginnt an ihrem Gefühl zu zweifeln und sich um ihre Autonomie zu sorgen, sie befürchtet ihre Freiheit zu verlieren, weil sie in einem Stadium der verliebten Projektion auf einmal auf den Gedanken kommt, dass er genau so ist, wie sie ihn sich immer vorgestellt hat. Als sei er ein Produkt ihrer Vorstellungen und Gedanken – sie projiziert auf ihn, was tatsächlich ihre Geschichte ist – woraus der Fluchtimpuls resultiert und die anschließende gegenseitige Vernichtung. Beachten Sie die folgenden beiden Formen der Unwirklichkeit, dann wird auch schon deutlich, auf was wir achten müssen, was wir an Selbstverständlichkeiten aus dem Prozess eliminieren müssen, damit es überhaupt zu den Reibungsintensitäten des Realen kommen kann.

Aus ihrer Sicht heißt das: Die letzten Wochen über war ich sehr betroffen von der Tatsache, dass Julian genauso ist, wie ich wusste, träumte, fühlte, dass er sein würde. Das vermittelt mir ein merkwürdiges Gefühl der Unwirklichkeit – so als sei er ein künstliches Gebilde meiner Gedanken, meiner Träume oder so ... Wenn er spricht, habe ich den Eindruck, dass ich jemandem zuhöre, der etwas auswendig aufsagt. Es ist sehr seltsam. Aber Felix, was für eine abstruse Denkweise und was für ausgefallene Leidenschaften er hat – aber er hält das alles in dem einbruchsicheren Stahlsafe seines Verstandes verschlossen. Er zieht mich an und stößt mich zugleich ab.

Und aus seiner Sicht: Sie hatte sich sanft und gehorsam gezeigt. Zu echt für meinen Geschmack, hatte er ironisch daneben gekritzelt. Ich fange fast an zu vergessen, dass sie ein Es ist. ... doch es war schwer, das Gefühl der Unwirklichkeit loszuwerden, das uns jedes Mal überkam, wenn wir die vollendete Mimikry ihrer Gesten beobachteten oder diese ausdrucksfähige Frau sprechen, diskutieren oder gar singen hörten...

Und für sie heißt das: Das Schreckliche ist, dass das Unvermeidliche eingetreten ist – ich wusste immer, dass es so kommen würde. Sie machte eine Pause, und ihre schönen Augen füllten sich mit Tränen. Sie legte ihre Hand auf meinen Arm und sagte: Mein lieber Freund, das Schlimmste, das passieren konnte – ich habe mich in Julian verliebt. Das ist es, was mich so erschreckt. Wie du weißt, hatte ich immer einen fanatischen Drang nach Unabhängigkeit. Ich fühle, dass ich in diese Liebe nicht noch tiefer versinken darf. Ich muss mir sozusagen erst eine starke Position schaffen, bevor ich mit den Verhandlungen anfange. Aber er wird mir nicht helfen, frei zu werden; er will mich gebunden und geknebelt halten. Er will, dass ich auf seine Gnade angewiesen bin. ... Aber so darf es nicht bleiben; solange ich gesund bin und die nötige Willenskraft habe, muss ich versuchen, wieder nach oben zu kommen. Unglücklicherweise ist es genau das, was Julian nicht will. Es macht ihn ganz rasend. Weißt du übrigens, dass er mich schwer beleidigt hat? Er nannte mich die Parodie einer Frau. Er sagte, ich sei nicht echt, ich hätte ein Herz aus Stahlwolle ... Was heißt das, wenn nicht die Tatsache, dass er jegliche Distanz verloren hat, dass er so involviert worden ist, um sich nun durch den Bezug auf die Wirklichkeit zu versichern. Und wie hilflos dies ist, wie abhängig von der Anerkennung durch sein eigenes Produkt, wie sinnlos dazu das Bestreben, den schizophrenogenen Wirkungen der wechselseitigen Projektion zu entkommen sehen Sie am gemeinsamen Tod der beiden – die zersprungene Maschine rattert noch eine Weile blind im Kreis vor sich hin, während der tote Spieler seine glücksbringende Hasenpfote verloren hat. Ich überlasse Ihnen die notwendigen Schlussfolgerungen, mich hat die Problematik einer Verbesserung der Grundlagen der Bedingungen des Menschlichen auf jeden Fall sehr frappiert."

Nach und nach wird mir klar, dass er gerade ein Programm angedeutet hat, mit dem wesentliche Veränderungen an der Konstitution eines bis zur Geschlechtsreife vorgerückten Affenembryos bewirkt werden könnten. Außerdem kapiere ich für einen kurzen Augenblick den notwendigen Bezug zur Thematik der Matrix. Aber bevor ich den Gedanken festhalten kann, lenkt mich Merks Geschrei ab.

„Das gibt es doch gar nicht! Das ist eine Apologie der warmen Luft!" Merk stapft äußerst erregt auf und ab, gestikuliert, stößt kleine Schreie und wackelt mit dem Kopf. Ein Besessener, kurz hat er wohl vergessen, dass er ein Publikum hat, bis ihn das insistierende Chefräuspern eines Mutzlacher zurück in die Gegenwart holt. „Sie präsentieren mir hier eine künstliche Simulantin und einen Kastraten, der den Surrogaten nachjagt. Außerdem behaupten Sie noch dazu, dass das, was zwischen den beiden entsteht, stellvertretend für die Kultur stehe – und am liebsten wäre Ihnen wohl noch, dass damit eine exakte Beschreibung des Verhältnisses der Geschlechter geliefert wird, denn dann gibt es wirklich keines. Und der Deckel auf der Schachtel bleibt nur solange in der Schwebe, solange die nötige warme Luft produziert wird. Das kann gar nicht sein. Wo bleibt die Echtheit, wo die Möglichkeit der Erfüllung? Natürlich ist zu zeigen, dass die Liebe in einer Welt aus Geschwätz und Anmaßung das gesamte Zeichensystem in Bewegung setzen kann und alles der Kraft ihrer Anverwandlungen untersteht. Aber was heißt das schon, in solchen Zusammenhängen! Wo ist das Echte? Es muss da ein bisschen mehr sein, sonst würde es wirklich ausreichen, im Cyberspace ein Leben für die Götter zu simulieren, man/frau müsste nur vergessen, dass es eben ein Leben aus zweiter Hand ist. Deshalb also das Nichts im Zentrum des Diskurses! Ich kann das nicht akzeptieren, wo bleibt das Echte! Und ich lasse mir nicht erzählen, dass es nur graduelle Unterschiede sind. Sie merken sehr wohl, wenn ein Funke überspringt, jeder hat hin und wieder einmal das frappierende Moment der Evidenz verspürt. Und es geht noch viel einfacher. Ein kleiner Unfall reicht – oder eine Situation der Verführung. Wenn Sie einen derartigen Druck auf den Ohren spüren oder Ihnen der Herzschlag in den Ohren pocht, wenn Sie einen Augenblick keine Luft mehr bekommen...“

Er hat immer leiser gesprochen und nun geht er völlig erschöpft und aufgelöst zur nächstbesten Parkbank. Merk sortiert sich mühsam und schwerfällig auf der Bank und stützt den schweren Kopf mit beiden Händen auf den Schläfen. Wie selbstverständlich gruppieren wir anderen uns um die Bank und warten.

Wenn ich mich an einige Leute erinnere, die sich für ihre Unfruchtbarkeit und den Mangel an Substanz dadurch therapierten, dass sie bei jeder noch so kleinen Kleinigkeit darauf achteten, Macht über andere ausüben zu können, ich kann nachvollziehen, warum er so rotiert hat. Wenn es wirklich das Geschehen des Paars ist, auf das es ankommt, so wird hier unter dem Begriff Kultur die Geschichte des Verrats der menschlichen Möglichkeiten vorgeführt. Ein Kastrat und eine Simulationsmaschine! Wenn ich an die Ehen jener nachgemachten Menschen denke, die einen Modus vivendi gefunden haben, um den anderen etwas vorzumachen, die es schaffen mit einer gemeinsam durchgehaltenen Lüge andere runterzuziehen oder ihnen zu schaden, ist ganz klar zu sagen, dass damit die Voraussetzungen der Psychose in die Welt entlassen werden. Zwei, die sich darauf geeinigt haben, andere zu behindern und auszubremsen, die damit Erfolg haben, wenn sie jene, die erst noch auf dem Weg zur Paarbildung sind, abstürzen lassen, weil die durchgehaltene Lebenslüge von zweien schon so etwas wie eine eigene Welt darstellt und sie aus diesem Grund einem einzelnen überlegen sein können. Glücklicherweise nicht müssen, sonst hätte ich bestimmte Wahrheiten nicht in die Wirklichkeit gerettet, aber gefährlich genug sind diese Simulantenzweckgemeinschaften auf jeden Fall. Die antriebsgestörten Erben, die so abgesichert sind, dass das Erbe sie erdrückt hat und ihr Prinzip Hoffnung mit den Risiken auf der Strecke geblieben ist, deren Ansatz nun allerdings dazu führen muss, mangels gemeinsamer Inhalte die Selbstdarstellung des Erfolgs zu kultivieren. Der stillgestellte Depp, der sich vor allem in einen geregelten Arbeitsalltag flüchten möchte, der mit Hilfe einer Schwangerschaft festgenagelt wurde und nun eine Frau braucht, damit man eine Frau hat – der zwar im Laufe der Jahre immer mehr unter ihre Regie fällt, aber trotzdem kapiert hat, dass die gemeinsam durchgehaltene Lüge einen schönen Halt geben kann. Der verklemmte Schwule, der neben seinem auszehrenden Verwaltungsjob einen erfolgreichen Liebhaber spielen möchte und sich mit einer phallischen Simulantin einigen kann, dass sie gemeinsam ein wenig Halbwelt vorführen. – Sie alle haben vor den Singles und den verkrachten Ehen eines voraus: Sie haben sich auf eine gemeinsame Lüge einigen können und die Kraft, die ihren Motor speisen soll, ziehen sie aus dem Scheitern jener Beziehungen, auf die sie einwirken können oder aus den Qualen derer, die unter ihrem Einfluss gar nicht erst bis zur Möglichkeit einer dauerhaften Bindung kommen. Irgendwann einmal in den frühen Neunzigern habe ich mir die Mühe gemacht, ein paar dieser Ehen zu portraitieren und ihre Gesetzmäßigkeiten auf einen Nenner zu bringen, was sicher auch ein Grund für die akademischen Nachstellungen gewesen ist.

Nach einer angemessenen Pause schüttelt Mutzlacher den Kopf: „Wir sind also wieder bei den ganz biederen und hausbackenen Lösungen. Natürlich können wir mit den nötigen Machttechnologien, verbunden mit den Techniken der Bewusstseinserweiterung Heranwachsende in eine Ebene der energetischen Entfaltung katapultieren, die allem überlegen ist, was eine Durchschnittssozialisation zustande bringt. Aber ich erwarte, dass die Leute, denen ein solches Machtpotential zur Verfügung gestellt wird, auch die nötige Disziplin lernen. Ich darf doch daran erinnern, mit welcher Notwendigkeit die alten Tugendlehren sich an jene richteten, die in irgendeiner Form an der Macht teilhatten. Ob Disziplin und Selbstbeherrschung, Zuverlässigkeit und Großzügigkeit, Einsicht und Weisheit – nur wer an der Macht war, hatte sich nach solchen Tugenden zu richten, denn er oder sie konnte auch etwas bewirken: Der eigentliche Adressat der Tugendlehren ist der Mächtige. Ein armer Schlucker hatte keine Tugenden nötig, er musste sich irgendwie durchwinden und wenn er zu oft dabei erwischt wurde, dass er sich nicht an die einfachen Regeln des menschlichen Zusammenseins hielt, hatte er eine unmittelbare Form des Rechts zu erleiden. Bevor hier also Heranwachsende mit den Zugängen zur Macht ausgestattet werden, sollte auf jeden Fall schon dafür gesorgt sein, dass ihnen die Bitterkeit der Konsequenz klar gemacht worden ist. Je mehr hier ausprobiert werden darf, je klarer muss es einer Regel unterstellt sein, je konsequenter muss es in dienender Form geschehen. Ich muss daran erinnern, was der Scholastiker Pieper zur Gerechtigkeit ausgeführt hat. Tatsächlich wird bei ihm deutlich, dass die Gerechtigkeit auf dem symbolischen Tausch beruht, dass sie durch den kommunikativen Prozess fundiert wird und damit im Sinne der griechischen Wurzeln die umfassendste alle Tugenden darstellt. Also eben nicht die Klugheit, wie bei den Kirchenvätern, als Einsicht in die göttliche Bestimmung und die Gesetzmäßigkeiten der menschlichen Welt, wie es die kirchliche Hierarchie gerne gehabt hätte – sondern in diesem Sinne wird die Klugheit dienend und unterstellt sich der Gerechtigkeit. Die Gerechtigkeit beruht auf dem Recht und dieses auf der Göttlichkeit der Setzung der Person. Und Person ist hier nicht im Sinne der Theatermaske oder einer bürgerlichen Rollenvorstellung gedacht, sondern als Postulat und lebenslange Aufgabe, als Annäherung an das Göttliche im Menschen."

„Das haben Sie schön gesagt", wirft Merk ein, „aber meinen sie nicht, Sie wären bei den Aquinaten im Sternbild des sterbenden Schwans ein bisschen besser aufgehoben? Der Mensch ist ein Schauspieler und es braucht einen langen Lernprozess, bis er oder sie erst einmal zu verstehen lernt, dass das der Antrieb war. Gerade bei den Jun-

gen, und wenn sie noch so schlecht schauspielern und herzlich un-
geübt sind, gibt es immer den Punkt, an dem sie sich selbst verführen und dann an die Rolle zu glauben beginnen, als sei sie ihr eigent-
liches Leben. Ich habe diesen und einige andere Bände von Pieper
einmal bei einem alten Trödler gefunden, der aus irgendwelchen
Gründen gepfählt worden war, die wohl mit den neokonservativen
Kreuzzügen zu tun hatten. Er liest sich leicht und man kann sich dabei überlegen, ob die Welt nicht um vieles leichter zu bewältigen wäre, wenn wir uns noch nach solch einfachen Regeln richten könnten.
Aber – unsere Welt ist nun einmal wesentlich komplexer, als es die
Welt gewesen ist, der diese einfachen Regeln angemessen waren.
Und dann ist mir aufgefallen, dass immer wieder, wenn mir gewisse
Formulierungen wie Honig runtergelaufen sind, mich ein penetranter
Scheißegeruch einzuhüllen begann. Das Buch war es nicht, es roch
nach altem Kartoffelkeller und feuchtem Staub – ich habe mir irgendwann gesagt, dass es die Qualen dieses Buchhändlers gewesen sein müssen, die sich unterschwellig mit der Argumentation verbunden haben. Dabei wäre Pieper nur um 90 Grad zu drehen, denn
die besten Einsichten beweisen oder rechtfertigen sich in der Hori-
zontalen. Das Göttliche als Schöpferkraft finden wir heute noch am
ehesten in den Heranwachsenden und in ihrer überschießenden erotischen Energie. Sie finden dort sogar eine Tendenz, die die Heiligkeit des leiblichen Vollzugs denkbar macht, ja die die Askese als
Anmaßung und als Ungerechtigkeit gegenüber der Schöpfung kennzeichnet. Und wenn Sie die Stellen genauer ansehen, in denen die
Gerechtigkeit bei Pieper zu einer Metapher für den symbolischen
Tausch wird, stellen Sie fest, das die Beispiele und Argumentationen
ex negativo vorgehen. Nicht etwa, wenn einer nicht gerecht ist, also
selbstbezogen, egoistisch oder herrschsüchtig, sondern wenn einer
schon darum bemüht ist, dieser Tugend zu gehorchen, stellt er fest,
dass jede Abirrung auf ihn selbst zurückfällt. Man könnte sich an das
Theorem des „Blankpolierten Spiegels" erinnern fühlen, wie es unser
junger Freund vor einiger Zeit formuliert hat – aber das würde jetzt zu
weit in eine andere Richtung führen. Mich würde gerade viel mehr
interessieren, was es mit dem Gerücht auf sich hat, dass die
Aquinaten über Fötalkunstwerke verfügen. Und wenn Sie sich schon

einmal so in unserer Sache engagieren, könnten Sie doch ein paar Informationen beitragen. Was sind das für Schreibtische und Sekretäre, die mit wendigen Ärmchen und kleinen Händen armiert sind, die dem Berechtigten zur Hand gehen und den Unbefugten versuchen zu verletzen und fernzuhalten. Wie vertragen sich eigentlich Wandschirme und Materialbilder, die so kunstvoll bearbeitet worden sind, dass sich noch immer unter einer Berührung die Brustwarzen versteifen oder die Glieder anschwellen, mit dem hohen moralischen Anspruch, über das Wertsystem der Konföderation bestimmen zu wollen?"

Mutzlacher hat sich wohl zu sehr auf Merks Schwäche verlassen und ist nun übertölpelt worden. Bleich vor Wut, kann er sich nur mit Mühe beherrschen, aber er hat sich wohl vorgenommen, sich nicht selbst zu widerlegen. Und so darf er uns vorführen, welche Disziplin er sich auferlegen kann und zu welcher Selbstbeherrschung er in der Lage ist. Merk hat ihn in der eigenen Argumentation eingewickelt und er kann nur noch schweigen, ansonsten: egal was er sagt, er wird die Tugenden Lügen strafen, auf die er sich bezogen hatte.

Bornhard mischt sich ein, als wolle sie ausgleichen: „Das finde ich nun nicht sehr fein. Wir wissen alle, was wir den ursprünglichen theologischen Fragestellungen und auch Ihren Ansätzen zu einer Lösung alles verdanken. So gefällt mir das nicht, wenn Sie nicht aufpassen, verspielen Sie unser bestes Kapital. Nicht umsonst hat Heidegger darauf hingewiesen, dass die Fragen nach der Ordnung des Ganzen, nach dem Sein, immer in einem Rahmen der Onto-Theologie auftauchen. Und das heißt für unser Arbeitsgebiet der Liebe doch, dass auch wir die wesentlichen Ansätze einer Tradition beachten sollten, in der es einmal hieß: *Gott ist die Liebe.* Das war religionsgeschichtlich ein wesentlicher Lernschritt, wir mögen nun spekulieren, was damals alles mit Liebe gemeint gewesen sein könnte, aber wir können uns auch ganz einfach ansehen, in welchen Erscheinungsweisen dieser Gott gedacht oder auch erfahren worden ist. Und die Betonung liegt für mich mehr auf dem Aspekt des Erfahrens – vielleicht erscheint Gott nur in solchen Erfahrungen, ja vielleicht gibt es ihn außerhalb dieser Intensitäten nur noch als Erinnerung und als Erwartung oder als postuliertes Ordnungsschema. Rudolf Otto hat in dem bis heute noch nachwirkenden Büchlein über *Das Heilige* festgehalten, dass im Numinosen eine der Wurzeln des Religiösen zu finden ist – dessen höchste Entwicklung er eben im Christentum sieht, in einer Religion der Liebe –, jener als irrational gebrandmarkte Teil, der im Gefühl und den in spezifischen Situationen wurzelnden Körperreaktionen zum Tragen kommt. Irrational, weil nicht in den Dienst einer zweiwertigen Logik zu nehmen, verfemt, wie von Bataille auf den Nenner gebracht, weil in diesen Momenten des Erschauerns und körperlichen Grauens die Überschreitung empfunden wird, das Verwischen der Grenzen, jene schamanistische oder auch psychotische Entdifferenzierung, in der jenes Magma der Bedeutsamkeit erahnbar wird, aus dem die Dämonen, die Götter, die heiligen Besessenheiten erst hervorgehen. Es ist ein Verdienst Ottos, dass er unterstrichen hat, dass jede echte Divination, dass alle Propheten oder Erneuerer, von jenen dämonischen Energien des Numinosen zehren! Und damit liegt für uns die Folgerung nahe, dass jede wirkliche Sinnstiftung tatsächlich auf einem energetischen Level stattfindet, welches in den körperlichen Leidenschaften verwurzelt ist."

„In diesem Fall muss ich zugestehen, dass wir tatsächlich einiges von Piepers Darstellung der Tugenden weiterverwendet haben!" Unser Begleiter hat wohl die Notwendigkeit gesehen, moderierend abzuwiegeln. Aber das wundert mich nicht, wenn er die verschiedenen Standpunkte der Leute geschickt genug gegeneinander ausspielt, holt er ein Maximum an Engagement heraus und kann zugleich alles, was zu seinem Zweck taugt, in einer Weise integrieren, als seien sie nach Lehrbuch vorgegangen. Aber er ist noch nicht zufrieden und erklärt weiter: „Wichtig ist schon einmal der Ansatz, dass eine Dichotomie Körper-Seele vermieden wird, wenn es heißt, *Form des Leibes zu sein, ist das Wesen der Seele.* Also gerade nicht der alte Fehlschluss, das Wesen des Körpers sei die Seele, sondern in einer gesteigerten Form von Komplementarität: Wenn Sie wissen wollen, was die Seele ist, schauen Sie sich die Oberfläche an, das Tiefste ist die Oberfläche – das steht schon bei Hegel! – eigentlich haben wir es nur mit Oberflächen zu tun, Zeichensysteme, die auf Zeichensysteme einwirken. Und wie in der Antike ist im Tugendbegriff zurückgegriffen auf den Ansatz der Befähigung zum richtigen Leben. Die Tugend muss nicht auf Verboten und Askese beruhen, sonst sie ist eine Arbeits- oder Handlungsanweisung für ein richtiges Tun. Damit sind wir tatsächlich weit entfernt von aller Weltflucht oder Selbstabtötung, wie sie in der christlichen Sklavenmoral pervertiert worden sind. Bei Pieper heißt es: *Sehr zu Unrecht werden im durchschnittlichen ‚christlichen' Sprachgebrauch die Begriffe ‚Sinnlichkeit', ‚Leidenschaft', ‚Begehren' ausschließlich als ‚geistwidrige Sinnlichkeit', als ‚böse Leidenschaft', als ‚aufrührerisches Begehren' verstanden. Solche Einengung einer ursprünglich viel weiteren Bedeutung verdeckt den wichtigen Sachverhalt, dass alle diese Begriffe keineswegs einen bloß verneinenden Sinn haben, dass sich in Ihnen vielmehr Kräfte repräsentieren, aus denen die menschliche Natur sich wesenhaft aufbaut und lebt.* Wenn wir noch danach suchen müssten, hätten Sie damit den wichtigsten Ansatz gegen eine gnostische Konzeption der Verworfenheit der Schöpfung: *Alles, was Gott geschaffen hat, ist gut!* Auch wenn zwei in der Lage sind, sich das Paradies zu ervögeln, obwohl Thomas zu bedenken gibt, dass es im Paradies Steigerungsmöglichkeiten der Vollkommenheit gegeben haben muss, die das weit übersteigen, was wir hier zustande bringen können. Also auch noch Minimal/Maximal-Kriterien – nichts lädt mehr zum Training und der graduierenden Optimierung ein. Wir finden auch im Christentum einen Wärmestrom, der sich gegen alles Negieren, gegen die Selbstverstümmelung und Askese am Leben halten konnte. Und damit sind wir auf einmal bei einer Position, die Sie den Aquinaten sicher nie zugetraut hätten und die sich mit unserem Ansatz trifft: *Dass die Geschlechtskraft nicht ein notwendiges Übel ist, sondern ein Gut.* Und an anderer Stelle: *Mit Aristoteles sagt er geradezu: im menschlichen Samen sei etwas Göttliches… und die Erfüllung des naturhaften Dranges der Geschlechtskraft und ebenso die ihr zugeordnete Geschlechtslust gut und nicht im mindesten sündhaft sind, vorausgesetzt natürlich, dass Maß und Ordnung gewahrt werden. … Die Geschlechtskraft ist ein überragendes Gut.* Und damit werden Zucht und Maß zu Formen der Modellierung des Begehrens, der Sorge um sich, wie es Elias und Foucault in ganz ähnlicher Weise formuliert haben. Die Tugenden als Armatur der Beschleunigung und Intensivierung des Lebens – das finden Sie zum ersten Mal in den wenigen Fragmenten, die uns von Epikur geblieben sind, bei Lukrez wurde dieser Ansatz dann ausgebaut, um später für fast 2000 Jahre durch das Christentum verschüttet zu werden. Aus diesem Grund muss ein Otto so tief graben und was er findet, wird erst zu einem Zeitpunkt im Rahmen der Theologie formulierbar, als diese sich auf verlorenem Posten nach dem ersten Weltkrieg in den Frösten der Moderne wieder findet.

Aber noch einmal zusammengefasst: Tugenden sind etwas fantastisches, wenn sie zum Leben befähigen! Dennoch, mit Pieper kann man seine Probleme haben, denn alles was er sagt ist so richtig, dass es nur dadurch besonders falsch wird, dass er es in den Rahmen der Rechtfertigung des institutionellen Christentums stellt. Und genau so kann es nicht gehen. Wir wollen die Tugenden dazu verwenden, junge Götter zu modellieren. Nichts könnte uns bei Epikur so wichtig sein, wie der Gedanke, dass es Minimal-Maximal-Prinzipien des Glücks und der Zufriedenheit gibt, dass im Augenblick abgewogen werden muss, ob nicht eine kleine gegenwärtige Lust einer künftigen größeren Lust geopfert werden sollte, ja dass es immer auch eine Entscheidung des rechten Augenblicks ist. Die auf den Körper zurückgeführte Weisheit als Anweisung zum richtigen, weil überragenden Leben ist immer eine Weisheit, die sich den Begegnungen verdankt. Sie entsteht nicht von alleine, sie ist nicht einfach da und muss nur herausgearbeitet werden! Sondern sie entsteht erst durch das Zusammentreffen der entscheidenden Voraussetzungen, der Anstöße und Beeinflussungen, in den sich überlappenden Netzen der Bedeutsamkeit. Dann fällt es auch gar nicht schwer, von hier aus einen anderen Begriff der Selbstverwirklichung abzuleiten, eine umfassendere Form von Effektivität, eine in sich gerundete Konzeption der Zufriedenheit."

„Gebongt, wenn Sie dabei nicht vergessen, dass nur vom Mann die Rede war", wirft Wolhe ein. „Sie dürfen nie vergessen, dass es bei den Griechen und sogar noch bei den Römern ein stabiles Wissen um die frühere Herrschaft der Frauen gab. Was Ihnen ein Aristoteles über die Kräfte der Seele erzählen kann, muss immer auch mit der Mahnung des alten Cato verstanden werden, dass die Männer sich hüten müssen, die Frau an der Macht teilhaben zu lassen, weil nämlich sonst die Männer das Nachsehen haben. Nur deswegen zieht es Aristoteles vor, die Frau zu einer passiven Materie zu machen und spricht ihr die Form und das heißt, die Seele, ab. Ich darf Sie daran erinnern, was in den alten Herrschaftsformen für eine Einheit mit der Welt angezielt war – und dann habe ich gar nichts gegen die Erinnerung an eine ursprüngliche Weisheit des Körpers!"

„Ich meine auch, dass wir diese Sache nicht von ihrer fraglichsten Seite aus angehen müssen." Fast selbstgefällig redet Albach dazwischen. Er macht wirklich den Eindruck, als könne er beide Positionen zufrieden stellend vermitteln, als gebe es keinen unversöhnlichen Widerspruch. „Natürlich gibt es immer wieder Risiken, dass eine Sozialisation aus dem Ruder läuft – aber dafür gibt es immerhin einige Brems- und Umleitungsveranstaltungen und wenn nichts hilft, bleiben noch die Verwertungsmöglichkeiten im Dienste der Gemeinschaft. Aber sehen Sie es einmal aus genau der entgegengesetzten Sicht. Die Kunst- und die Weltanschauung mögen späte Abkömmlinge eines uralten Heilsbedürfnisses sein, aber wir brauchen den ursprünglichen Antrieb, um überhaupt einen Sinn in die Welt zu bringen. Immer wieder geht es doch letzten Endes nur darum, in neuer Weise die Realität der Symbole und den Symbolcharakter der Realität zu erfahren. Nicht hinter der Schulbank, nicht in einem Medium, sondern am eigenen Leib, mit wachen Sinnen und dem geheimsten Sehnen. Und darauf beruhte eigentlich jegliche Erscheinungsform des Kultischen, dessen symbolische Realität die Wirklichkeit des Göttlichen in der Welt voraussetzt. Damit sind wir doch ganz nah dran! Wenn die Symbole wieder real werden, wenn sie nach der Symbolkonzeption mancher Mystiker, die bis zu Goethe reicht, im besten Fall die Einheit von Zeichen, Sache und Bedeutung darstellen, sind wir bei den ursprünglichen Gewalten angekommen, aus denen die Religionen hervorgegangen sind. Und dieser Symbolcharakter der Wirklichkeit will erst einmal ausgehalten werden, da stellt sich eine notwendige Disziplin und ein Kanon richtiger Verhaltensweisen von ganz alleine ein. Die Forderungen, die sich aus der Sache ergeben, brauchen dann keinen Aufpasser oder Schulmeister mehr! Wer in diesem Herz der Wirklichkeit einen Fehler macht, richtet sich selbst! Und im Regelfall gibt es keine zweite Chance."

Mittlerweile hat unser Begleiter die nötigen Texte angefordert. Anfangs dachte ich, es sei Paz, aber mittlerweile sehe ich, dass hier viele rumlaufen, die den Tutor oder Gästeführer spielen und die alle aussehen wie er, vermutlich alles Clone. Es hat nicht lange gedauert, und ein Bote eilt mit den noch frischen Ausdrucken herbei. Egal was hier nach dem Gedächtnis zitiert oder auch nur angedeutet wird, wir haben innerhalb kurzer Zeit die fraglichen Texte in acht Kopien zur Hand. Von langweiligen Harmonien in bukolischen Gefilden ist allerdings nichts mehr zu bemerken. Die Atmosphäre knistert vor Spannungen, ich warte darauf, dass sich die ersten Blitze entladen. Die Bornhard ergänzt noch: „Die Blindheit die Farbe ist, das Spiel der Sonne auf den geschlossenen Lidern! Bei Plato finden wir einmal eine Beschreibung der Technik, wie wir uns die Ideen durch eine Form der indirekten Wahrnehmung vergegenwärtigen können, aus den Augenwinkeln ohne Intention zu sehen, die bei Castaneda wieder auftaucht und die auch Pate gestanden hat für jene Form der Heiligen Wahrnehmung, die Hemingway nahe legen möchte."

Die Walküre mit dem wallenden roten Haar gibt einen abfälligen Laut von sich. Wenn Wolhe sich auf diese Weise für einen Lehrstuhl empfehlen wollte, hoffe ich einmal, dass es hier oben nicht ganz so verdreht zugeht, wie in den psychotischen Gefilden terranischer Institutionen. Allerdings kann ich mir auch überlegen, dass die vielleicht noch etwas effektiver sind und so jemand einladen, weil sie ein schlechtes Beispiel brauchen. Aus systemtheoretischer Sicht ist ein schlechter und kontraproduktiver Lehrer im richtigen Zusammenhang effektiver, als ein überzeugter Enthusiast in den falschen Zusammenhängen: Die Tute wird ihre Schülern auf jeden Fall die Möglichkeit einräumen, das Bessere zu tun, aus Trotz das Richtige, auch wenn es anstrengt, zu verfolgen. Aber wer weiß, vermutlich wäre es leichter, die Frage zu beantworten, warum so ein hässlicher und missratener Klops so einen schreienden Lippenstift verwendet, noch dazu so fett drauf gespachtelt.

Möller versucht anscheinend, die Kuscheldeckentante zu erledigen, ohne deswegen auf den Emanzipationsgedanken zu verzichten. Eine alternde phallische Frau, die Haare wirken in diesem grauen Gesicht schwärzer als schwarz, aber schon ausgedünnt, zerfledert und fransig, dazu Tränensäcke und Krähenfüsse wie bei einer schweren Alkoholikerin. Ein Denkmal der eigenen Vergangenheit als wandelnder Verführung, so stark geschminkt, dass es aussieht, als könne der rissige Verputz bröckeln. „Nehmen Sie die Highsmith: *Das Zittern des Fälschers.* Hier haben wir keine von Männern imaginierte Frauengestalt, sondern das umgekehrte Verfahren. Ein Mann, der ihn nicht richtig hochbekommt, weiblich zart in Andeutungen geschildert, bei denen die Perspektive verrutscht und der Mann auf einmal in der indifferenten, nebelartigen Selbstbefindlichkeit eines schwanzlosen Wesens gezeichnet wird. Wie gesagt, beschrieben von einer Frau, noch dazu von einer, die ihr Handwerk versteht – obwohl auf sie natürlich der komplementäre Vorwurf zu dem passen könnte, den wir vorhin über Proust gehört haben. Und das Beste an diesem Charakter ist noch die fragende Erkenntnis, ob nicht alle früheren Überzeugungen und Lebensentscheidungen unecht und schlechte Nachahmungen waren. Und dieses Männerbild ist typisch zu nennen. Schon im ersten Ripley von 1955 haben Sie diese Charakteristik: Der Mann, der eine Frau wundervoll findet, weil sie niemals von ihm erwartet hatte, dass er sich ihr näherte. Dann kuscheln sie asexuell aneinander, als hätte es damals schon eine Entlastung vom Leistungsprinzip der Sexwelle gebraucht. Dame Highsmith hat in diesen fünfzehn Jahren nichts in dieser Hinsicht dazu gelernt und es scheint unter ihren Lesern auch keiner gewesen zu sein, der darauf hingewiesen hätte. Dabei ist die Antriebsstörung sicher nicht das Geringste der Probleme, die wir mit dem nötigen Geschick aus dem Weg räumen sollten. Einmal heißt es: Er lag behutsam über ihr und merkte bald, dass seine Erregung nicht ausreichte: es ging nicht. Er fuhr fort, ihren Hals zu küssen, und schob den Gedanken daran einen Augenblick von sich, doch er kam gleich zurück, und gerade das Denken war wohl grundfalsch. Sie berührte ihn sogar kurz, versehentlich vielleicht. Er hätte sie um gewisse Dinge bitten können, aber das ging erst recht nicht. Bei diesem Mädchen bestimmt nicht. Schließlich lag er auf der Seite, ihr zugewandt in enger Umarmung, doch nichts geschah oder würde geschehen, das wusste Ingham jetzt. Wenn er dann feststellt: Es war peinlich. Und komisch. Nie zuvor war ihm das passiert – nicht, wenn er wirklich den Wunsch und die Absicht hatte wie hier. – bemerken Sie schon sprachlich eine Unschärfe, für uns ist nicht mehr klar, ob es sein innerer Monolog ist oder der Kommentar der Autorin, peinlich mag es für ihn vielleicht sein, aber das ihm die Situation komisch vorkommen soll? Noch dazu kann bezweifelt werden, ob er jemals den Wunsch und die Absicht hatte, wenn dies schon sprachlich unterstrichen werden muss. Die gegenseitige Bestätigung verrät mehr über die durchschnittlichen Techniken, einen Modus vivendi zu finden, der sich nach außen hin als Normalität darstellen lässt, gerade weil sie wirklich nicht wissen, wie es geht und weil sie so mit sich beschäftigt sind, dass sie gar nicht auf die Idee kommen, dass zum Begehren mindestens zwei gehören. Wir haben also eine weitere Variation eines grundlegenden kulturellen Defizits vor uns: Kastrat arrangiert sich mit Simulantin. Sie sagt: Du bist gut zu haben und er antwortet erleichtert: Du bist sehr süß. Das finden Sie auf Seite 100. Der Kommentar vorhin hat das sehr genau auf den Punkt gebracht: Wir haben es nur mit warmer Luft zu tun!

Und einhunderteinundfünfzig Seiten später finden wir noch einmal ein Psychogramm, das mir aus zwei Gründen sehr bezeichnend vorkommt. Zum einen verrät er, dass die Liebe herrlich gewesen ist, ob sie sich liebten oder nicht – eigentlich eine absurde Einschätzung, die tatsächlich nichts von den realen Vollzügen übrig lässt. Und zum andern wird auf einmal deutlich, welche Beweisfigur in solchen Zusammenhängen ein Kind ist: Auch wenn sie nichts spüren und der Abstand zwischen den Geschlechtern gegen unendlich geht, kann ein Kind für alle anderen zum Beweis dienen, dass es längst nicht so schlimm um ihre Beziehung gestellt ist, wie es ihnen bei jeder Gelegenheit schmerzlich bewusst werden könnte, wenn sie nicht versuchen würden, sich ständig mit den Augen dieser anderen zu sehen.

Er drehte sich auf die Seite und schloss die Augen, und plötzlich dachte er an Lotte, und der Gedanke war wie immer ein halb freudiger, halb schmerzhafter Stich. Er dachte daran, wie sie abends zusammen zu Bett gegangen waren, jeden Abend, und immer war es herrlich für ihn gewesen, ob sie sich liebten oder nicht. Nie war er ihrer in jenen zwei Jahren überdrüssig geworden, und ihm fiel ein, dass er schon damals gedacht hatte, er wüsste nicht, warum er ihrer jemals überdrüssig werden sollte, auch wenn die Leute behaupteten, der Überdruss bleibe nicht aus. Nie hatte er einen Streit mit Lotte gehabt. Komisch. Vielleicht, weil sie nie so komplizierte Unterhaltungen miteinander geführt hatten, wie er zum Beispiel vorhin mit Ina; er war es immer zufrieden gewesen, Lotte ihren Willen zu lassen. Er nahm an, dass Lotte jetzt wohl glücklicher war, mit dem extrovertierten Idioten, den sie geheiratet hatte. Vielleicht wollte sie nun sogar ein Kind haben. Für mein Gefühl wird es unsere wichtigste aber auch schwierigste Aufgabe sein, die Barrieren zu beseitigen, die jeden wirklichen Austausch zunichte machen. Außerdem würde ich vorschlagen, dass wir uns etwas ausführlicher mit der historischen Frauenforschung auseinander setzen. Der Abstand wurde hergestellt und er wurde vor allem in der weiblichen Rollendefinition verankert."

Merk lacht vor sich hin: „Müssen wir deswegen in die Geschichte ausweichen? Das glaube ich nicht, es reicht doch schon, zu kapieren, dass fast keiner Tochter die Abgrenzung von der Mutter gelingt und dass es die schwerste Aufgabe einer jeden Frau ist, gegenüber der Mutter die Autonomie zu erlangen. Damit ist doch alles erklärt: Wer in einer stabilen Abhängigkeit strampelt, wird gar nicht die Möglichkeit suchen, sich in eine weitere psychische Abhängigkeit zu begeben, so nahe lässt frau in der Regel niemanden mehr an sich heran. Sie braucht nur einen Erzeuger, um dann mit dem eigenen Kind das durchzuspielen, was ihre Mutter mit ihr gemacht hat, um die grundlegende Kränkung zu verwinden und das heißt, eine Generation weiter zu geben." „Dem widerspreche ich gar nicht", erwidert Möller: „Aber genau dafür brauchen wir die Geschichte. Es war nicht immer sinnvoll oder selbstverständlich, dass sich eine Mutter an ihre Kinder band, das, was uns als Mutterliebe so selbstverständlich und tief verwurzelt erscheinen will, ist eine relativ junge Erscheinung."

Merk nickt nur und spitzt die Lippen, als wolle er pfeifen: „Erinnern Sie sich noch, dass vorhin mal kritisiert wurde, dass da jemand etwas über das Verhältnis der Geschlechter abgeleitet hat und als Knabenliebhaber eher hätte den Schnabel halten sollen? Bei Dame Highsmith wäre diese Forderung mindestens so angebracht – aus inversen Gründen! Wir haben es nämlich nicht mit der Schilderung einer Potenzstörung zu tun, sondern mit der Abwesenheit des erforderlichen Organs. Ich halte Zizeks Charakterisierung für treffend: Ripley ist eine männliche Lesbierin!"

„Vielleicht muss ich doch einmal Durrell meine Referenz erweisen, vielleicht ist es gar keine so falsche Idee, hier einige Vorlesungen zu seinem Gedenken zu halten. Was ist das für ein köstlich verbogener Gedanke, dass der gemeinsame Orgasmus stattfindet, weil die Frau zu geschwächt dazu ist, ihrem eigenen Rhythmus zu folgen – bisher galt es noch immer als ein Privileg des von Green ausgezeichneten Liebesalters, dass der Mann nicht mehr unter Druck steht und aus diesem Grund dem zeitlichen Spannungsbogen seiner Partnerin entgegenkommt. Das weibliche Gegenstück ist wirklich, dass nichts mehr stattfindet, weil der Mann zu geschwächt ist, um es noch zu bringen. Nehmen wir die altindische Liebeskunst – der Lehrmeister des Tantra war über Jahrtausende eine Frau, wenn es noch so naiv scheint, wie Burgess in seiner Schule vorging, er folgt den alterwürdigen Vorgaben, bis zur Zahl der sieben Adepten, die die Meisterin anleitet und in sich einführt – oder ihren jahrhunderte andauernden Donnerhall in den Texten der Gnostiker. Durrell weiß davon, die Übermacht seiner Spielregel über die Protagonisten des erotischen Spiels hat diesen Vorrang des Weiblichen in den Roman gemogelt, das Weibliche wird hier zur Kompositionsregel des Alexandriaquartetts. Und dann nehmen Sie Highsmith, ohne Zweifel eine Schriftstellerin von Rang, aber ihre Männerfiguren sind deswegen bei einem Lesepublikum alter Damen so beliebt, weil sie sich in einer psychischen Landschaft jenseits des Klimakteriums bewegen – oder wie ein früher Ripley in einem Status des verleugneten Jungfrauenstatus. Wenn Sie von der Heiligkeit der Mutterschaft reden, vergessen sie nicht, dass sich vor etwa 12000 Jahren das Repertoire selbständig gemacht hat, dass Ihr Kanonen- und Beschälerfutter seitdem die größtmögliche Infragestellung der Muttergöttin darstellt. Ein Ingham oder ein Ripley sind tatsächlich mordende Matronen, streng pragmatisch, passiv und antriebsgestört, aber deswegen so effektiv und auch verkaufsfördernd – diese männlichen Helden einer Frau sind tatsächlich die jüngsten Inkarnationen der Muttergöttin. Lesen Sie einmal in der Avalon-Saga Zimmer Bradleys nach, was die Göttin, die die Priesterin ist, für eine souveräne Macht über die Wirklichkeit hat. Sie bestimmt, was ist und was sein wird, sie untersteht keinem Gesetz, weil sie das Gesetz selbst ist, sie braucht keine

Rechtfertigung... ich fühlte mich manchmal an die Gesetzmäßigkeiten des Ausnahmezustands erinnert, die Carl Schmitt für das Staatsrecht formuliert hat."

Jetzt bin ich mit meinem inneren Nachhall so weit zurückgefallen, dass ich einen eifrigen Kommentar des dicken Wichtigtuers, der sich jetzt wieder gefangen hat, überhört habe. Ich versuche möglichst nahe ranzukommen, aber einen Teil habe ich nicht mitgekriegt. Mit dem anbiedernd eifrigen Ton eines Strebers versucht er wohl, vergessen zu machen, dass er sich vorhin als autoritäres Arschloch installieren wollte. „Das ist doch schon alles lange vorbei! Was quälen wir uns mit Problemen ab, die sich seit der Informalisierung ganz von alleine erledigt haben. Seitdem unterscheiden sich Schwulen- und Lesbenliteratur doch gar nicht mehr so sehr von den Selbstdefinitionsversuchen der so genannten Normalen. Und den Bezug auf den wesensmäßigen Schauspielerstatus habe ich mir durch den Kopf gehen lassen – natürlich ist das kalter Kaffee, aber wenn Sie dann unterstreichen, dass zum Funktionieren ein Moment der Selbstbezirzung dazu gehört, dass eine funktionierende Persönlichkeit nur aufgrund eines fortwährenden Autosuggestionsprozesses aufrecht zu erhalten ist, beginnt mich diese Arbeit der Selbstdefinition zu interessieren. Denn dann könnten wir auch sagen, dass der oder die Betreffende die Wirklichkeit in jedem Augenblick neu herstellt. Das ist ein heuristisches Tor, das wir, wenn es erst einmal geöffnet worden ist, daran hindern müssen, sich hinter neuen Illusionen wieder zu schließen!" Mutzlacher grient über mindestens vier Backen, die kleinen Schweinchenaugen, so tief eingebettet, dass für mich nicht zu sagen ist, ob er uns verarschen will oder ob er hinter dem steht, was er sagt. Aber vielleicht ist vorhin nur die Maske verrutscht und er ist ansonsten durch die Fettwülste besser getarnt als mancher Lügner hinter einer dunklen Sonnenbrille. Wobei auch der Seitenscheitel und die über eine beginnende Stirnglatze geklebten grauen Strähnen, die in einen gepflegten Backenbart übergehenden Koteletten eine Maske darstellen, die auf die über den immer wieder zu tief sitzenden Hosenbund hängende Wampe abgestimmt ist: Es soll nachlässig wirken und als sei er ein Völler, als habe er zugunsten einiger handfester Genüsse jeder eitlen Selbstdarstellung abge-

173

schworen – und alles andere ist eher der Fall – das ist ein so eitler Depp, dass er jeden, der ihn auf sein aus der Form geratenes Leben hinwiese, dafür in den Tod schicken würde. Und der natürlich auf den pädagogischen Rahmen angewiesen war, wenn er seine sadistischen Bedürfnisse an Heranwachsenden abreagieren wollte, weil sie sich nicht wehren konnten und weil nichts zwingender war, als junge, wohlgeformte und knackige Körper von ihrer Nutzlosigkeit zu überzeugen und das in ihnen noch wache Prinzip Hoffnung abzustrafen. Möller fordert ihn auf, eine unverständliche Anspielung über Rita Mae Brown zu wiederholen oder zu erklären. Aber Merk fällt ihr in Wort: „Rubinroter Dschungel, was gibt es für ein schöneres Bild für das Wunderwerk einer flutschigen und zwitschernden Möse – die Ferne des Mannes, die Fremdheit seines verdinglichten Begehrens – aber die fiebrige Echtheit dieser in Bewegung gesetzten Energien einer sich findenden Lesbe. Ganz anders als das flache und konventionelle so-tun-als-ob, das der Mann bei Highsmith an den Tag legt. Die Zielorientiertheit des Mannes fehlt überhaupt, irgendwie verschwindet alles im diffusen Nebel eines weiblichen Geschlechts, das noch nicht einmal bis zu dem Punkt gekommen ist, sich selbst zu genießen. Und das ist eigentlich das mindeste, das ist das, an dem jeder Typ irrewerden kann, wenn er kapiert, dass es nichts von dem erledigt, was er an Vorstellungen und Erwartungen investiert hat. Dass der Typ es in wenigen depressiven Augenblicken überhaupt bemerkt, dass er auf den Gedanken kommen kann, ob nicht alle seine Handlungen und Überzeugungen nur schlechte Nachahmungen irgendwelcher Klischees sind – das ist noch das beste an diesem Männermodell. Aber er flieht vor der Einsicht in den Betrug, er zittert, wenn er ansetzt, aber wenn er in Fahrt kommt, ist er selber ein Fälscher der Wirklichkeit. Diese flache Simulation, in der all jene Zuflucht vor der Wildheit des Lebendigen suchen, die daran glauben, dass es so etwas wie Normalität wirklich gibt. Die in dem Alter, als sie am wachsten und lernfähigsten hätten sein können, irgendwelche Vorbilder nachgeahmt und die Lebenslügen um sie herum nachgeplappert haben. Die vor der Komplexität des Lebendigen schon kapitulierten, bevor sie es überhaupt erfahren konnten und dann ein Leben lang immer wieder die letzten Dummheiten unternahmen, um aus der

Hohlheit dieser verlogenen Wattewelt zu entrinnen und wenigstens in gewissen künstlichen herbeigeführten Extremsituationen ein wenig Intensität zu spüren." Ich blicke es gerade nicht mehr, aber irgendwie habe ich das Gefühl, Merk versucht sich über uns lustig zu machen und dann erschrecke ich, als ich bemerke, dass ich mich mit diesem uns auf einer Linie mit genau den Leuten situiere, die ich mit allen Fühlfäden meines Erlebens ablehne. Vielleicht hat er das bewirken wollen, manche seiner Sätze hätten Zitate sein können, wenn ich die Sachen vor zehn Jahren veröffentlicht und es nicht vorgezogen hätte, sie für mich zu behalten.

„Aber das ist doch das Hohelied der Masturbation!" wirft Mutzlacher ein. „Die Erfolgsserie der Emmanuelle-Filme und alles was in diesem Umfeld noch an Schwachsinn entstanden ist, propagierte doch nur die Aufwertung der Handarbeit! Dagegen wäre zu fragen, ob das Minimalziel der Sexologen auch schon eine Garantieurkunde für die Authentizität liefert oder ob nicht genau das Gegenteil der Fall sein wird? Gegen den angeblichen Mythos von der erwachsenen Partnersexualität sind wir wieder bei der Betonung der polymorphen Perversion, die in den meisten Fällen auf erschöpfende aber niemals zum Ende kommende Formen der Selbstbefriedigung hinausläuft. Selbst die Verweigerung der Penetration konnte damit gerechtfertigt werden, dabei ist diese Diskussion im Nachhinein nur noch lächerlich zu nennen. Natürlich ist es echt, wenn es spritzt, der Mann hat es hier einfacher, das Authentische unter Beweis zu stellen, aber vielleicht ist das auch schon der Grund, dass die Jungs schon Erektionsstörungen bekommen, wenn sie das Gefühl haben, jemand sei in der Lage, einzuschätzen, wie gut oder wie wenig sie es tatsächlich können. Auf einmal bleibt nichts mehr übrig! Die vielen Formen der Autoerotik haben nichts mehr mit der sexuellen Befreiung zu tun, sie mögen in vielen Fällen eine notwendige Vorschule abgeben, aber wenn es dabei bleibt, ist das ein Entwicklungsdefizit und damit ist alles verloren. Erst wenn der Spannungsbogen weit genug aufgebaut wird, springen bei der Entladung auch Blitze über. Aber wenn Sie nur mit Gummi oder Plastik an einem Fellchen entlang schabbern, kommt nicht mehr als ein leises Knistern zustande. Das kann auf die Dauer niemanden befriedigen!

Und das kommt ja nicht von irgendwoher. Vieles, was sich im Groß-
bürgertum an Beziehungsunfähigkeiten in den Künsten austoben
durfte, als Nebenkriegsschauplatz, weil es zu einem realen, leiblichen
Partner nicht gereicht hat, findet über den Umweg des Surrealismus
in die Massenunterhaltung und ist spätestens mit der Popkultur zu
einer umfassenden Sozialisationsinstanz geworden. Die Ehrlichkeit
von Leiris *Mannesalter* war einmal bewundernswert – aber heute sehen wir darin nur noch den Ausdruck einer gesellschaftlichen Entwicklung. Was für Leiris einmal mit der Illusion des großen Einzelgängers einherging, ist heute das Schicksal der Massen, nur dass
hinter der Maske der Mutter die Medien erscheinen. So offensichtlich
die Fixierung auf die Mutter ist, so beschwerlich geraten Leiris die
Versuche, das andere Geschlecht kennen zu lernen. So exzessiv die
Selbstbefriedigungsriten sein müssen, so sehr führen sie in eine ma-
nische Befriedigungsunfähigkeit – und da sind wir schon bei den ver-
nagelten Paradiesen der multimedialen Massenunterhaltung. Mit den
barbarischsten Hilfsmitteln und dem Ausreizen von Tabus versuchte
Leiris Intensitäten freizusetzen, die der Hass auf den Vater und die
Fixierung an die Mutter abgebunden hatten – und tatsächlich kommen nur die fast notwendigen Ausweichbewegungen in mystische
Erfahrungsformen zustande, in denen Sexus und Tod verschwistert
sind. Das ist ganz einfach: wenn ich etwas nicht kann, weil ich es
nicht darf, dann ist die Erfüllung gleichzeitig mit dem Todeswunsch
verlötet. Und erzählen Sie mir nicht, dass das nicht einen großen Teil
unserer so hoffnungsfrohen Jugend betrifft, was meinen Sie, warum
Filme wie *Spiderman* oder *Matrix* auf eine derartige Resonanz stoßen
– hier werden die psychologischen Mechanismen wieder veräußer-
licht und in neue Mythen umgeschmolzen. Und Leiris ist sogar in die
Lage gekommen, zuzugestehen, dass er nach den langen Jahren
körperlicher Entbehrungen zu erahnen begann, dass die erotische
Erfüllung in der Lage ist, dem Leben einen Sinn zu verleihen – wir
können uns nur fragen, ob einer, der so sehr auf die Abstände angewiesen war, der in weite Fernen flüchten musste, weil am Anfang
seiner Geschichte ein Status zu finden ist, in dem es keine Abstände
gab, weil ihn eine Mutter in Ihr System der Bedürfnisse eingepasst
hatte, ob so einer ein Zeuge für eine reale Erfüllung sein kann. Oder

ob er nicht nur beweist, weil er beweisen muss, dass die Utopien in den Kerkern wuchern, dass die Überbesetzung des sexualisierten Körpers nur ein Resultat der Verstümmlung ist."

Merk versucht ihn zu unterbrechen: „Das waren doch so oder so nur kulturschwule Spielereien. Tatsächlich benützen diese Männer doch immer wieder in ihren Cliquen die Frauen oder die großen Themen der Kultur, um miteinander Kontakt zu pflegen und wenn an Leiris überhaupt etwas aufzunehmen und weiter zu entwickeln ist, dann die Einsicht, dass das Heilige nicht verschwunden ist, dass es in den verschiedensten Verkleidungen gegenwärtig..."

Aber er wird rigide gebremst. „Jetzt warten Sie doch mal ab, ich habe Ihnen auch lange genug zugehört. Und wenn Sie meinen, die von mir aufgezählten Fraglichkeiten seien einfach unter den Teppich zu kehren, werden Sie mit Ihrer Aufgabenstellung nicht weiter kommen. Wir sollen in der Lage sein, Heranwachsende zu Ausnahmemenschen zu machen, wir werden nicht dafür bezahlt, ein einfaches wishfull thinking zu bestätigen.

Nehmen Sie Garp, die intelligenteste und witzigste Auseinandersetzung mit den Identifikationsritualen der Frauenbewegung – und die haben das nicht einmal bemerkt und ließen ihn als Feministen mitlaufen, Haha! Die ganze Saftlosigkeit, der Ursprung der political correctness, wird hier schon ad absurdum geführt –natürlich mit der Quittung des sexuellen Autismus. Eine Kommunikation zwischen den Geschlechtern findet nicht statt, wenn sie endlich zugange kommt, sind die Differenzkriterien des Geschlechts gelöscht. Es ist kein Wunder, dass hier Schwänze abgebissen und Augen ausgestochen werden, dass das Böse auf die Seite derer wandert, die sich aus Solidarität die Zunge amputieren ließen – und nebenbei nahe gelegt wird, dass das Böse aus dem Mitläufertum und der kritiklosen Nachahmung resultiert. Der Waffengang gegen die Saftlosigkeit ist unter den Auspizien des Humors keine schlechte Leistung – aber dass die zurückbleibenden verstümmelten Krüppel dann eine Form der körperlichen Syllogismen darstellen, die den Humor der polymorphen Masturbation unterstellen, ist schon wieder eine neue Art des Betrugs. Aber vermutlich ist das einer der Gründe, warum ein Buch von solchen Qualitäten ein weltweiter Bestseller werden konnte, die

Selbstrechtfertigung stillgestellter und betrogener Beamtentöchter musste das Buch vom Ende her konsumierbar machen. Wenn der Testikelträger hirntot ist, haben wir schon eine Ecke der weiblichen Utopie erreicht."

Saggu ist wieder aufgetaucht und wedelt mit einem verknautschten und zerknitterten Ausdruck: „Man könnte wirklich mit Hemingway fragen: ‚Hat nie zuvor die Erde gezittert?' und dabei an jene gnostischen Traditionslinien denken, die Durrell zitiert. Dass die Erde bebt, weil eine Energie freigesetzt wird, die ins Herz der Wirklichkeit zielt, dass das Hier und Jetzt in einer Frequenz zu vibrieren beginnt, die mit dem Pulsschlag der Quasare im Einklang ist, dass wir in eine kosmische Dimension eintauchen, die möglich ist, weil wir aus Sternenstaub bestehen..." „Wer sagt denn aus Staub", wirft Albach ein: „Wir sind Lichtwesen, Du musst den göttlichen Funken zu schlagen wissen, und auf einmal befindest Du dich in jenem Stand der Gnade, in dem tausend Jahre wie ein Tag sind." Merk lacht böse meckernd vor sich hin und krampft dann, als quetsche er einen Fluch zwischen den Zähnen durch: „Und dann sind wir ganz schnell bei dem Morpheus-Matrix-Quatsch, bei dem sogar noch begründet wird, dass beim Orgasmus ein Wurmloch entsteht und uns mit einem Paralleluniversum verbindet. Das ist toll, wenn ich es für mich übersetzen kann, dass mein Paralleluniversum die Frau ist! Irgendwann einmal habe ich gedacht, eine Möse, egal welche, müsste das Größte auf der Erde sein – dann habe ich mich auf diesen Krampf eingelassen. Und jetzt kann ich nur sagen, dass man immer mehr erwartet, als man bekommt, dass es ein Betrug ist, mit dem die Gattungsgeschichte für einen Zwang sorgt, den sich keiner freiwillig antun würde, wenn er nur wüsste, was er zu erwarten hat. Man muss es so häufig tun, dass dieser ganze metaphysische Bombast nicht mehr interessiert, weil gar keine Energie mehr in diese Richtung umgeleitet werden kann. Dann erst fällt einem auf, dass sie penetrant stinken und widerlich aufdringlich sind, dass sie es nicht bringen, wenn das ganze Theater des Ich-bin-wichtig alles ist, was sie im Kopf haben. Schon allein das ist absurd: Eine Möse mit Kopf, das ist mindestens so verrückt wie ein Herz mit einem Hodensack. Vielleicht musst du die Gelegenheit haben, es bis zur Perfektion zu üben, auf jeden Fall aber den Status, die Bedürfnisstruktur hinter dir zu lassen – nicht darauf warten zu müssen, nicht betteln zu müssen, die kleinen und die großen Ekstasen in den Tagesablauf integrieren zu können, wie eine regelmäßige warme Mahlzeit und ansonsten aber frei von jeder Geilheit zu sein."

Albach schüttelt nur den Kopf und bringt Merk mit einer abwinkenden Handbewegung zum Schweigen. „Vielleicht haben Sie übersehen, dass es verschiedene Passformen gibt oder Sie haben das Pech gehabt, immer nur die Luschen zu ziehen. Es gibt Mösen, wenn ich aus der männlichen Position argumentieren darf, die setzen ein starkes energetisches Geschehen in Bewegung und es gibt andere, bei denen spürt man so gut wie nichts. Und ich meine, das ist eben keine Sache des Projektionsvermögens, keine Geschichte der sexuellen Ausgehungertheit, sondern es ist wirklich ein Beweis, dass es im Realen ein Verhältnis der Geschlechter gibt, auch wenn wir dies in unseren symbolisch bewohnten Welten immer nur nahe legen können, obwohl wir nicht nahe genug heran kommen, weil uns die Worte und die Vorstellungen dazwischen geraten. Und vielleicht tritt diese Offenheit für die Welt und den anderen, dieses Aufsaugen der sinnlichen Materialität in unserem Hemingway-Text, nehmen Sie die Stelle ab der Seite 158 von ‚Wem die Stunde schlägt', sehr gut vor Augen, eben weil es so unprätentiös erscheint: Dann war da der Duft des zerdrückten Heidekrautes und unter ihrem Kopf das raue Gewirr der zur Erde gebogenen Stängel und hell die Sonne auf ihren geschlossenen Augen, und sein Leben lang wird er die Kurve ihres Halses nicht vergessen, wie ihr Kopf zurückgebeugt zwischen den Heidekrautwurzeln ruhte, und ihre Lippen. die sich leise und ganz von selbst bewegten, und das Flattern der Lider über den Augen, die sich der Sonne verschlossen und allem, und alles war rot für sie, orangefarben, goldgelb von dem Sonnenlicht auf ihren geschlossenen Augen, und alles hatte die gleiche Farbe, alles, die Erfüllung, das Besitzen, das Nehmen, alles die gleiche Farbe, in der Blindheit, die Farbe war. Für ihn war es ein dunkler Weg, der nach Nirgendwo... Aber das haben sie schon gehört, nur der Schluss wurde Ihnen vorenthalten, weil das Nichts auf einmal der Fülle weichen muss: plötzlich, versengend, umfassend, und alles Nirgendwo ist dahin, und die Zeit steht still, und da waren sie beide, da die Zeit stillstand, und er fühlte, wie unter ihm die Erde wich

179

und versank. Und während er danach, müde auf der Seite liegend, die sinnlichen Intensitäten auf sich wirken lässt und sich noch in weiter Ferne zu ihr befindet, ist sie auf einmal ganz nahe an ihm dran – sie befinden sich noch immer in einem Verhältnis der Ungleichzeitigkeit, so wie er meint, dass ihm «zumute ist, als möchte ich sterben, wenn ich dich liebe.» Während sie nur bekräftigt: «Ich sterbe jedes Mal. Du nicht?» Dass die Erde dabei bebt, mag für den Leser erst einmal ein Beleg für die Exklusivität dieser Beziehung sein, die an den Rändern des Nichts immer mehr Kraft gewinnt und es verwundert nicht, dass hier eine Reihe von Erhebungsmotiven bemüht wird, bis sich diese Liebe der Transzendenz zu nähern scheint. Aber vergessen Sie nicht, in welcher Traditionslinie dieses Beben bei Durrell situiert wird! Wir befinden uns im Quellgrund der Erleuchtungen. Vorhin wurde bereits Platon genannt, aber ein nicht minder bedeutsamer Gewährsmann ist Lao-tse, hier sind die fundamentalen Erschütterungen zu Hause, mit denen Otto das Heilige gekennzeichnet hat. Und dann finde ich es sehr bezeichnend, dass sie in einer scheinbaren Naivität feststellt, wofür manches religiöse Exerzitium fasten und meditieren und ein halbes Leben in Abgeschiedenheit fordert: «Ja», sagte sie. «Und das haben wir für diesen einen Tag.» Worauf er, und das soll wieder den größeren Abstand oder die innere Barriere unterstreichen, nur schweigt. Die intensive Nähe zum Hier und Jetzt wird nicht einmal zerredet oder der Inflation unterstellt, sie darf sich einfach einstellen, weil die Frau anscheinend in der Lage ist, das Ich zu vergessen, während der Mann daran festhält, wie an einer notwendigen Rüstung und nur durch die Nähe des Todes in der Lage ist, das Ich für einen Augenblick beiseite zu lassen. Auch das gehorcht den verschiedenen sexuellen Rollendefinitionen und wie nebenbei legt es nahe, dass wir bei unserem Verfahren nie aus den Augen verlieren sollten, welche Dosierung des sozialen Todes nötig, aber auch noch vertretbar ist. Wir müssen die Leutchen wach rufen, aber wir dürfen sie nicht zu sehr traumatisieren, sonst geht der Schuss nach hinten los."

Albach unterbricht die kommentierende Lesung mit dem üblichen Brimborium an Nebengeräuschen: „Ich fand allerdings eines schon immer fraglich. Ein Heldendarsteller der Vaterfigur, der tatsächlich zu schwach war, nein zu sagen, wenn ihn die beste Freundin seiner

Frau verführte. Aber es ist da etwas, das einem eine Gänsehaut macht. Mit diesem lakonischen Sprechen und der betont einfachen Sprachform versucht einer näher an die Wirklichkeit ranzukommen, der sich von den hysterischen Sprachgirlanden absetzen möchte. Und die Schlussfolgerung ist natürlich, dass er meint, der Wahrheit näher zu kommen, wenn er sich dem Schweigen annähert. Gegen eine Welt des Geschwätzes hat er den starken Mann markiert, aber er war nicht verlogen genug, um selbst daran zu glauben, vermutlich hoffte er lange, die Wahrheit jenseits des Geschwätzes zu finden und verführte sich dann selbst durch die Inkarnation des bärtigen Hagestolzes. Er riskiert die Gefahr des Verstummens, um Recht zu behalten, er versucht dem eigenen Bild treu zu bleiben, bis ins Verstummen und löst die Forderung des Lakonismus ein: Er schießt sich in den Mund. Auch dieser Selbstmord hat einen hohen Symbolgehalt, und ich halte es für viel zu wenig folgerichtig, wenn behauptet wird, der alte Mann habe sich auf dem Höhepunkt seines Ruhmes erschossen, weil er seine Schreibhemmung nicht mehr in den Griff bekam. Vermutlich ist es gerade anders herum. Die Schreibhemmung war eine Folge der Bemühung um eine Wahrheit jenseits der Phrase und der Selbstdarstellung, die dieser Heldendarsteller mit seinem Ruhm immer weiter vor sich zurückweichen fühlte.

Schon in der Antike ist in der Heilkunst vom rechten Augenblick die Rede, die Gunst der Stunde will genutzt sein, die Geister des Ortes müssen mitspielen. Dann kommt es vielleicht zu einem Sprung aus der Zeit – und wenn alle Bedingungen stimmen, haben wir an einem Zipfel der Unsterblichkeit teil. Wenn einer diese Versuchsanordnung falsch aufstellt, bleibt ihm nichts anderes übrig, als sich zu erschießen oder aus dem Fenster zu springen. Was aber auch heißt, dass sich diese Übung in jedem ihrer Aspekte modifizieren lässt. Sie kann ein Jungbrunnen sein, ganz nebenbei: hier oben planen sie ein Verjüngungsseminar für Millionäre über sechzig. Wir sind schon lange in der Lage, mit einem richtig dosierten Stammzellenschock dafür zu sorgen, dass das Herz und die Blutbahnen in wenigen Wochen um zwanzig Jahre jünger sind, wir können Nervenzellen zu einem neuen Wachstum anregen und die altersbedingten Gendeffekte korrigieren. Und dann schauen Sie einmal an, was diese verjüngten Alten mit ihrer Zeit anfangen: Sie machen fast genauso weiter wie bisher, als wollten sie sich selbst dazu verdammen, bis zum Überdruss Sechzig zu bleiben. Die Leute können sich gar nicht vorstellen, was in jenen Kräften alles verborgen liegt, die sie gezwungenermaßen einen Großteil ihres Lebens einfach als nichtexistent behandeln mussten. Huxley war vermutlich wesentlich realistischer, auch wenn Hemingway ihn für eine Memme hielt – man muss erst einmal die psychische Spannkraft aufbringen, um sich von der Illusion der Persönlichkeit und des Charakters zu verabschiedeen und trotzdem an den Werten einer Conditio Humana festzuhalten. Es muss keine Schwäche sein, wenn sich einer als Liebhaber des Lebendigen definiert, wenn er sich der Aufgabe stellt, die menschlichen Werte zu vermehren. Und wir können heute davon ausgehen, dass dies nur in den Bahnen einer erneuten Aristokratie gelingen kann – eben keiner des Blutes, sondern einer der Empfindungs- und Hingabefähigkeit. Es wird unsere Sache sein, wie wir den neuen Adel modellieren.

Aber hören wir weiter, diese hemdsärmligen Primitivismen sollen nur verdecken, dass hier einer die großen Fragestellungen der Menschheit zum Rapport antreten lässt, um noch einmal ein Quäntchen Echtheit zu destillieren, während er längst an seiner Rolle des Simulanten gescheitert ist.

Was bei ihr zur Erfahrung des erfüllten Augenblicks gerinnt, stürzt bei ihm gleich wieder ab in die schlechte Unendlichkeit der Wiederholung: Aber inzwischen ist dein ganzes Leben jetzt und weiterhin nur das Heute, das Heutenacht, das Morgen, das Heute, das Heutenacht, das Morgen, immer wieder und wieder (hoffentlich), und deshalb ist es besser, du machst dir deine Zeit zunutze und bist dankbar für jede Minute. Wobei wir uns natürlich die Frage stellen können, welche Befriedungsunfähigkeit, welches fundamentale Sinndefizit die Voraussetzung sein muss, wenn jemand die vernichtenden Aufgaben sucht, bei denen die Erfolgschance alles andere als rosig ist. Aber auch das, wir brauchen dafür gar kein Psychogramm des soldatischen Mannes, kennt jeder mehr oder weniger genau: Dass aus der Angst vor dem Versagen so lange gebummelt und ausgewichen wird, bis fast keine Chance mehr besteht, mit den normalen Mitteln einen Erfolg einzufahren und dann, wenn die Entschuldigung fürs Versagen vorfabriziert worden ist, gelingen gelegentlich sogar außergewöhnliche Leistungen, eben weil die Kraft nicht mehr durch die Angst vor dem Versagen absorbiert wird.

Nehmen Sie die Seite 165 und unterschätzen dabei nicht das Understatement: Aber Maria ist nett gewesen, Oder nicht? Vielleicht ist das jetzt alles, was mir vom Leben beschieden ist. Vielleicht ist das mein Leben, und statt siebzig Jahre zu währen, währt es 48 Stunden oder 70 oder vielmehr 72 Stunden. 24 Stunden hat der Tag, das macht in drei vollen Tagen 72 Stunden. Im mittelalterlichen Denken gab es die Sünde der Verzagtheit, der die Neuzeit die Melancholie verdankt – und wenn irgendjemand durch egal welche Begegnung, egal welchen Schicksalsschlag, auf einmal auf die Idee kommt, nach dem Sinn des Ganzen zu fragen, wird es ausreichen, so die Stunden aufzurechnen und die Verzweiflung ist komplett. Vielleicht ist es notwendig gewesen, die Liebe in einen solchen Zusammenhang zu situieren, um zu zeigen, welche Änderungen sie in den Basisprogrammierungen zu bewirken in der Lage ist. Aus diesem Grund ist hier, quasi als Selbstzitat, noch einmal die Rede davon, dass er, wenn er bei Maria ist, sie so sehr liebt, dass er buchstäblich das Gefühl hat, er möchte sterben – und natürlich hat er bis dahin nie gedacht, das es so etwas gibt. Er geht die Situationen durch, in denen er das letzte Mal mit einem Mädchen geschlafen hat und kennzeichnend ist, dass er im einen Fall nachts aufwachte und mir einbildete, es sei jemand anders, und sehr aufgeregt war, bis ich merkte, wer in Wirklichkeit neben mir lag und im anderen Fall kommentieren muss: abgesehen davon, dass ich mir was vormachte und zusammenphantasierte, als ob es eine andere wäre, mit der ich schlief. Das entspricht doch exakt jener Lebenseinstellung, statt des Augenblicks, der den Sprung aus der Zeit bedeutet, die aufgerechneten Jahre, Tage, Stunden bemühen zu müssen. Ich strapaziere Ihre Aufmerksamkeit noch einmal mit zwei Zitaten, die das grundsätzliche Verhältnis zur Zeit kennzeichnen und muss dann gar nicht extra unterstreichen, dass dies nur eine Abbildung seines Hingabevermögens darstellt, tatsächlich geht es immer nur um die Angst vor dem Versagen. Das eine: Es müsste doch möglich sein, in siebzig Stunden sein Leben ebenso auszuschöpfen wie in siebzig Jahren, vorausgesetzt, dass man bis dahin aus dem vollen gelebt und ein gewisses Alter erreicht hat. Und das zweite: Wenn also mein Leben seine siebzig Jahre gegen siebzig Stunden eintauscht, habe ich doch den vollen Wert erhalten, und zu meinem Glück weiß ich es auch. Und wenn es keine Dauer mehr gibt und kein restliches Leben mehr und kein Von-heute-an, sondern nur das Heute, dann sollst du das Heute loben, und ich bin mit dem Heute zufrieden."

Merk beginnt Albach zu parodieren, selbst die bedächtige Sprechweise und die Kapellmeistergestik werden perfekt dargestellt: „Vielleicht hat Durrell immer wieder versucht, die Essenz dieser Szene, wenn der actus purus die Erde beben lässt, zu destillieren. Und nebenbei, neben der umfassenden Entschuldigung, zu den wesentlichen Sachen leider aus Zeitmangel nicht gekommen zu sein, die Minimalutopie, mit einem Augenblick des Glücks für ein im Ganzen verpasstes Leben entschädigt zu werden – vielleicht gibt es keine genauere Kennzeichnung des passiven Konsumenten vor dem Massenmedium, vielleicht ist es dieser Trost, der dafür sorgt, dass das Medium so bannend ist, dass es nicht einfach abgeschaltet werden kann, um ins Freie zu treten. Vermutlich dient Durrell de Sade dazu, vorzuführen, wie durch den Schmerz die Sicherungssysteme der Sozialisation zu durchbrechen und die weibliche Neigung zur autistischen Maschine lahm zu legen ist. Das ist keine Sache mehr für eine klare Rollentrennung der Geschlechter – denn vor dem Medium findet eine fortschreitende Effeminierung statt. Damit hängt Durrell weit hinter der technischen Entwicklung zurück, denken Sie an sein Ausweichen in exotische Welten und den Bezug auf den Kolonialismus – und zugleich kommt er uns aus einer fernen Zukunft entgegen: Immer auf der Suche nach der Intensität des Hier und Jetzt, nach der Verschmelzung mit dem höchsten Guten, der Einswerdung mit dem Kosmos – und es verwundert dann auch nicht, dass einige der faszinierendsten Frauengestalten in den Durrellschen Romanen Psychotikerinnen sind, die auf den Autismus zusteuern oder ihn niemals völlig hinter sich zurück gelassen haben. Eine Neigung, die auch im Werk André Bretons zu finden ist, als habe die Erfahrung der Psychotikerin teil an einer verdrängten aber ursprünglichen Wahrheit der menschlichen Kultur. Man müsste nur die Kategorie der Verleugnung aushebeln, ansonsten: Alles ist eins und alles hängt zusammen, das

Größte zeigt sich im Kleinsten und es gibt keinen Unterschied zwischen dem Verfluchten und dem Heiligen..."

Albach ist begeistert, er nickt nur im Rhythmus der eigenen Sprachmimik vor sich hin und schließt genießerisch die Augen. „Vielleicht erklärt das auch den Zwang zum Wechsel der Partner. Vielleicht führt die exklusive Nähe mehr oder weniger schnell zu einer ausschließenden Vertrocknung des Geschehens. Vielleicht braucht es die Abwesenheitsdressuren, den Partnervermeidungszwang, die kulturschwulen Qualen der Eifersucht, um das Töpfchen am köcheln zu halten."

Merk schaut ein wenig verächtlich auf ihn herab, was gar nicht so einfach ist gegenüber einem ausgemergelten Hünen. Dann sagt er lächelnd aber mit einem schneidenden Ton: „Die Psychotikerin! Das ist das Geheimrezept? Sie finden alles, was sie ausmacht, in verdünnter und sublimierter Form im kreativen Verhalten, im künstlerischen Sehen, in dem entgrenzenden Traumgeschehens, aber bei ihr eben in hochkonzentrierter Form. Und damit kommen Sie einmal zurecht. Was die Kulturarbeit gezähmt hat und in homöopathischen Dosen als Bildung zulässt, wird lebensgefährlich, wenn es in Gestalt einer Mutter in ihr Leben eingreift. Rudolf Kassner hat einmal ein Frauenportrait in *Himmel und Hölle* gezeichnet, das in der spielerisch harmlosen Kleinform einer Novelle ohne Falken die bittersten Einsichten eines Lacan vorwegnahm. Das Geheimnis der Psychotikerin ist die unbegrenzte Mimesis, das Fehlen jeglicher Distanzleistung und Selbstbehauptung, den beschwörenden Vorrang der Dingwelt, die Appellstruktur ihrer Funktionen und demgegenüber das weiche, nachgebende Gleiten und Anverwandeln. Es ist ja nicht nur so, dass Sie nichts Eigenes ist, nur ein Überschwappen und Benetzen der Welt durch ein Selbst, das aus feuchten Nebeln und feurigen Wellen zu bestehen scheint. Es ist gleichermaßen der Fall, dass es nichts Fremdes gibt, weil sie ein Teil von allem ist, weil ihr aus diesem Grunde irgendwo alles zu eigen zu sein hat. Es ist ihrs und aus diesem Grund ist für sie auch kein Rechtsanspruch einzusehen, dass das, was sie begehrt, vielleicht gar nicht für sie zuträglich sein könnte. Das ist ein Risiko, denn die Schärfe eines Messers ist eine verführerische Bedrohung, das ist eine Qual, denn jedes Ziel, jede Erwartung ist zugleich ein aktives Programm und ein erlittenes Schicksal."

Albach nickt die ganze Zeit bedächtig vor sich hin, als gibt er den Takt vor und wirft nun ein: „Dann Sind Sie aber zugleich am Ursprung des symbolischen Tauschs angekommen! Der Taumel der Mimesis muss nur durch einen Akt der Mortifikation stillgestellt, in einer Leiche quasi eingefroren werden. Die Mystiker sprachen von der Abtötung des alten Adam!"

„Genau das ist es!" ruft Merk aus: „Bei Kassner finden Sie schon die Einsicht, dass die Opfergesellschaft durch eine der Arbeit und des Aufschubs ersetzt wird. Er versucht sich in den verschiedenen Erzählungen, aber auch in *Zahl und Gesicht* an der Beschreibung einer Merkwelt der Intensitäten oder an einem Weltzustand des Göttlichen, in dem die Dinge noch identisch sind mit den Zeichen, in dem eine Magie der Zeichen über die Welt bestimmt. Und das mag lange vor der Zeit anzusiedeln sein, in der die griechische Philosophie oder die jüdische Theologie begonnen haben, die Welt trockenzulegen und die Energien der Götter auf bestimmte Orte oder Zeiten abzuleiten und dort einzugrenzen. Der volle symbolische Tausch geschieht für Kassner durch die Magie der Zeichen, die eben keine abstrakten Konventionen sind, sondern Kräfte, von denen wir Spätgeborenen nur durch die Sexualität, die Verzweiflung und den Tod eine Ahnung bekommen. Bei ihm taucht sogar schon ein positiver Begriff des Barbaren auf, der mangels kultureller Bindungen in den Zeichen wieder die Sachen sieht, Dionysos ist für ihn der Name, in dem der Rausch in die Zahl umkippt – aber aus diesem Grund hat aller Glaube an die Zahlenmagie noch immer Teil an jener Omnipotenz der Wunschwelten."

Albach hat sich wohl schon lange daran gewöhnt, dass er aufgrund seines Stotterns nicht ernst genommen wird, dass er als hässlich dürres Fragezeichen auch nicht damit rechnen kann, von der Schonung der Damenwelt zu leben. Also hat er gelernt, die eigene Schwäche als Tarnung zu verwenden und dann, wenn die Leute meinen, ihn übergehen oder mit ihm umspringen zu können, die Chance ihrer nachlässigen Aufmerksamkeit nutzen zu können, um sie quasi hinterrücks zu überformen. Er unterstreicht: „Das ist das

Symbol im Sinne Walter Benjamins oder die Grundlage von Lacans Vollem Sprechen. Die Zahl entspricht dem konventionellen Zeichen und wird der Abstraktion, der Welt der Arbeit zugeordnet. Es hat keinen Realgehalt mehr, nur noch einen Tauschwert, der es prinzipiell mit allem gemein macht und damit nichts mehr in seiner Eigenheit, in seiner Singularität trifft. Damit wird es zur Grundlage der Arbeitsteilung – und was bei Heidegger Seinsvergessenheit heißt, ist genau jener Wirklichkeitsstatus, in dem es mit Erfolg gelungen ist, das Reale aus der Erfahrbarkeit zu verdrängen und das Reale sind die Hormone, sind die biomagnetischen Felder, sind die Überlappungen und Benetzungen. Mit Herrmann Brochs Überlegungen zum Symbolbegriff finden Sie übrigens einen vergleichbaren Schleichweg ins Herz der Wirklichkeit zurück."

Wolhe lässt Albach und Merk nicht viel Zeit für die gegenseitige Selbstbespiegelung. Trocken, ohne Gemütsbewegung, quasi ausdruckslos wirft sie ein: „Nehmen Sie doch bitte alle Unwahrscheinlichkeitskriterien zusammen. Auf einmal ist das eine Parodie auf die tiefsten Empfindungen des Menschen, auf die größten Errungenschaften einer Gefühlskultur. Dieser verstümmelte Krüppel und militärische Mann braucht den Krieg, um es überhaupt versuchen zu dürfen und dann ist noch nicht viel los. Er braucht die Todesangst, die Erfahrung der unmittelbaren Bedrohung, ausgelöscht und wegradiert zu werden, um sich erst einmal auf eine menschliche Partnerin einlassen zu können. Und auch das nur, weil diese Partnerin durch eine Schändung soweit entwertet worden ist, dass er sie als reale Person nicht zur Kenntnis nehmen muss, nur als Körper, die Person wird reduziert auf die naive Lauterkeit eines geraden Geschöpfs, das über den Zauber eines schönen Körpers verfügt. Was Sie mir hier als Vorstudie zu den größten Mysterien der Menschheit präsentieren, ist tatsächlich das Psychogramm eines gerade mal durchschnittlich verstümmeltem Mannes."

Merk sagt im Brustton der Überzeugung: „Aber genau das ist es! Was Sie diesem Mann als Verkrüppelung vorwerfen, ist genau die Rolle, an der Sie arbeiten, für die Sie sich abmühen, für die Sie sterben würden – Sie akzeptieren doch nur einen Mann, wenn er sich nach dieser Rollenvorstellung definiert, alle anderen würden Sie doch nur vernichten, solange man Sie lässt."

Bornhard versucht zu vermitteln: „Die verschiedensten Formen der Inkompetenzkompensationskompetenz bieten sich an und natürlich sucht ein Geschlecht immer im anderen die Entschuldigung fürs verpasste Leben. Es ist doch viel einfacher, einen Schuldigen zu haben, als selbst die Notwendigkeit einzusehen, sein Leben von Grund auf zu ändern. Wir finden auch dafür bei Durrell eine Reihe von Antworten, die wir erst einmal prüfen sollten, bevor wir alles in Bausch und Bogen verwerfen."

Die Leute spielen sich mit wachsender Geschwindigkeit weitere Durrellzitate zu. Wie bei einem Fußballspiel, bei dem schnelle kurze Pässe blitzschnell weite Distanzen überwinden helfen und der Ball mit ein paar kleinen Tricks so zwingend im Tor landet, als wäre das von vornherein so arrangiert worden. Manchmal habe ich das Gefühl, das Gespräch soll zwanglos in einem Austesten verschiedener Positionen zu einem Ergebnis gelangen, das sie zurzeit noch nicht genau definieren können. Aber manchmal kommt es mir auch so vor, als sind das nur literarische Spielereien, also Verpackungskunst, während das Ziel tatsächlich schon feststeht. Manchmal habe ich auch das Gefühl, die wissen selbst noch nicht genau, was mit ihnen gespielt wird und wie weit sie überhaupt daran beteiligt sind, in welche Richtung es gehen soll.

Albach setzt wieder an: „Dieses Urteil der Verkrüppelung kann ich nicht einfach so stehen lassen – wissen Sie denn überhaupt eine menschlichen Verfassung, die aus abgehobener Perspektive nicht als verkrüppelt erscheinen kann? Im Kopf haben wir die perfektesten Modelle und jeder ist immer ganz leicht dabei, alle anderen für ein noch so geringes Versagen abzuurteilen, während die eigenen Macken, und wenn sie noch so schwerwiegend sind, immer mit einer Erklärung versehen werden können: historisch und psychologisch. Was sagt das also, dieser ganze Wahn des Aburteilens dient nicht nur der eigenen Seelenruhe, sondern er steht in einer Relation der Nachahmung. Bei Durrell wird ganz eindeutig gezeigt, dass die Verstümmelten unsere kulturellen Vorbilder sind, dass sie uns entlasten und zwar nicht nur im Fernsehen. Aber bilden vielleicht Niederlage und

Untergang auch einen Teil einer unbewussten Absicht? Letzten Endes formen wir unsere Helden nach unserem Ebenbild. Ein Caligula oder ein Napoleon hinterlassen ein großes rauhes Muttermal auf dem fetten, degenerierten Gewebe unserer Geschichte. Sind wir nicht zufrieden? Haben wir sie nicht verdient? Und was die wissenschaftliche Auffassung betrifft, so zerrt sie provisorische Werte hervor und behauptet, sie seien Universal-Wahrheiten. Aber Ideen wechseln, genau wie Frauenkleider und die Krankheiten reicher Leute, mit der Mode. Wie die Schimpansen können sich die Menschen nicht lange konzentrieren. Sie gähnen, sie brauchen Luftveränderung. Na schön, dafür wurde ein Descartes oder ein Leibniz geboren – um sie zu zerstreuen. Ein Film-Starlet hätte vielleicht auch genügt, aber nein, die arme Natur wird zur Überkompensation gezwungen. Wir alle sollten Pilger, sollten Suchende sein, aber nur wenige von uns sind es. Die meisten vegetieren dahin, Drückeberger, Gestrandete. Alle großen Kosmologien wurden durch die menschliche Trägheit ihres Wertes beraubt. Sie sind zu Spitälern für die Krüppel, zu kurzfristigen Unfallstationen geworden. ‚Tunc‘, auf der Seite 65.“

Merk schüttelt nur den Kopf: „Wissen Sie noch ein besseres Argument gegen die Forderung nach starren Leitsystemen und ewigen Werten. Lieferten die großen Institutionen nicht gerade solche Inkompetenzkompensationskompetenzen, bis sie keiner mehr haben wollte. Und brauchen wir nicht gelegentlich einen großen Verbrecher, um aus unserer Lethargie geschüttelt zu werden – und wenn es nur darum geht, dass wir seine Übertretungen stellvertretend genießen können, ohne dafür verantwortlich gemacht zu werden. Und ich möchte auf zwei ironische Schlenker aufmerksam machen. Zum einen braucht es bis zum Äußersten konzentrierte Denker, um die lernbehinderte und konzentrationsgestörte Menschheit zu zerstreuen – nicht etwa, um sie zum Denken zu bringen. Könnte die Menschheit aus der Zerstreuung vielleicht einen neuen Ansatz gewinnen – ist daraus zu schließen, dass sie bisher in einem gigantischen Todstellreflex über die Fraglichkeiten ihrer genetischen Unfertigkeit hinwegtäuschen will, statt zu erkennen, welche göttliche Chance in dieser Unfertigkeit besteht. Bei Benjamin finden Sie den Gedanken, dass mit der Architektur eine Wahrnehmungsweise in die Welt kam, die sich als äußerst zukunftsträchtig für die Massenmedien erweisen sollte: Die Rezeption in der Zerstreuung. Gegen die kontemplative Versenkung, die auf den Gesetzmäßigkeiten eines als Puffer und Reizschutz dienenden Bewusstseins beruht und die sich ihres Gegenstands immer erst durch lange kulturelle Umwege und im Nachhinein vergewissern kann, die Ausgesetztheit gegenüber den vielen kleinen Schocks einer mehr oder weniger ungepufferten Wahrnehmung. Und zum andern gibt es diesen Bezug auf die Ebenbildlichkeit, der nicht etwa einen reinigenden und erhebenden Bezug hat, sondern der uns den Helden wie die Geliebte nach den Vorgaben unserer geheimsten Schwächen suchen lässt. Ich würde über eine solche Stelle nicht einfach hinweggehen. Durrell hat zu genau verstanden, was zwischen den Geschlechtern abläuft, wenn überhaupt etwas funkt, als dass er uns mit diesen paradoxen Formulierungen nicht einen wichtigen Hinweis geliefert haben muss! So wie Miller einmal vorgehabt hat, zu den Ursprüngen des Strömens zu kommen, indem er einen Menschen in der Stratosphäre der Gedanken darstellt und dabei zeigt, wie er sich in den Klauen des Wahns windet."

„Lesen Sie auf der Seite 117 in ‚Tunc‘, in wie weit die vorhin genannte Verzagtheit einhergeht mit der Suche nach Ähnlichkeiten in der Unfähigkeit – auch das ist ein kultureller Motor für jenen Modus vivendi der den Kastraten und die Simulantin zusammenführt: Eine außerordentliche Melancholie bemächtigte sich meiner. (In diesem Moment hämmerte mein Herz, mein Blut wurde zu Quecksilber, und ich sah sie als eine fast legendäre Erscheinung – diese schlanke Frau, die auf uns zuritt wie irgendeine trunkene Königin der Iceni.) Es war das melancholische Ich der vorangegangenen Nacht, das überlegte und zu sich selbst sagte, dass wir vielleicht gezwungen sind, als unsere Liebesgefährten, Reisegefährten und Spielgefährten diejenigen zu wählen, die am meisten unserer inneren Hässlichkeit entsprechen – die Summe unserer eigenen Unzulänglichkeiten. Also wäre daraus doch zu folgern, wie bedeutsam und wichtig es sein könnte, wenn wir die Heranwachsenden mit dem nötigen Mut und den Gelegenheiten sich zu bewähren, versorgen. Wenn wir ihnen wirklich das Bewusstsein vermitteln könnten, dass sie junge Götter sind!"

Irgendetwas stört mich, obwohl der Ansatz fraglos richtig ist – nur wenn von der biologischen und sozialen Unfertigkeit ausgegangen wird, ist auch jene Modellierbarkeit des Menschen vorauszusetzen, die die notwendigen Chancen beinhaltet, trotz der Dummheit, Selbstverstümmelung und Qual. Aber läuft die Argumentation nicht schon in der Richtung, dass sie zur Selbstrechtfertigung dieser Missgeburten taugen kann? Dann dürfen sie junge und schöne Menschen quälen und zum Scheitern bringen und zugleich das kulturelle Elend stabilisieren, indem sie sich selbst wie nebenbei zu Vorbildern ernennen. Bei Durrell steht nichts davon, er kennzeichnet eher die Vergeblichkeit der kulturellen Anstrengungen, wenn sie auf genau diesen Voraussetzungen beruhen.

Mutzlacher nickt bedächtig vor sich hin und beginnt dann mit einer Stimme zu sprechen, die ich ihm bisher nicht zugetraut hätte. Ein warmer, weicher Ton, weder Predigt noch Beichte und kein bisschen rechthaberisch. Es ist ein Singsang, aber ganz klar moduliert, er spricht leise und doch habe ich das Gefühl, als setze er Erschütterungen im Raum-Zeit-Gefüge frei: „Jetzt ist es wohl an der Zeit, die Frage nach dem Kick zu stellen: Wann wirkt der Zauber? Warum werden Kosmologien zu Stillstellungsveranstaltungen? Wann springt ein Funke über, wann ist es entscheidend, dass die Metaphysik ein Waffenarsenal ist und kein Rückzugsunternehmen? Was entscheidet darüber, ob ein Zauber in einem schönen Körper ist? Wenn Sie schon einmal die Souveränität eines Süchtigen beobachtet haben, die Unerreichbarkeit und Selbstgenügsamkeit im Augenblick des Kicks, werden Sie sich sicher auch gefragt haben, ob diese höchst erstrebenswerte Form der Souveränität auch unter weniger gefährlichen oder toxischen Bedingungen zu erreichen sein kann. Und die Antwort liefert der Eros, vielleicht brauchten wir ein erstes Systemprogramm der Orgasmologen. Vielleicht wären sie schon längst an den großen Gefahren der metaphysischen Wahrheit dran, wenn sie sich nicht mit Beschäftigungstherapie und den kleinlichen Tabus des neunzehnten Jahrhunderts beschäftigen würden. Was ist denn das Bezaubernde, was sorgt dafür, dass jemand gebannt wird, einer fremden Regie untersteht, das Gefühl hat, der Kopf würde sich sprengen, die Beine trügen das Gewicht nicht mehr, diesen unerträglichen Sog, dem der Leib nichts entgegen zu setzen weiß und auf den der Geist entweder mit Panik oder mit Verliebtheit zu reagieren versteht. Dieser Zauber, von dem es in Hemingways ‚Wem die Stunde schlägt' auf Seite 159 heißt: «Es ist ein Zauber in einem schönen Körper. Ich weiß nicht, warum in dem einen und nicht in dem andern, aber du hast ihn.» ist etwas umfassendes, mit dem die Teile aufs Ganze bezogen sind, mit dem in den kleinsten Details plötzlich das System der Sinnstiftung deutlich wird und nicht umsonst entzündet sich bei Platon die Liebe zur Weisheit an der Schönheit. Wobei wir unter Schönheit nicht nur die Proportion, die Harmonie und das Einswerden mit der Idee verstehen, sondern das umfassende Feld, das mit den Sinneswahrnehmungen zugleich das Spirituelle umfasst. Es gibt nichts, was für sich alleine schön ist, Schönheit ist ein Relationsbegriff – aber in der Erfahrung der Schönheit, lesen Sie mal wieder Dewey, können wir all das in einer reinen und potenzierten Form bemerken, was die Bedingungen der Erfahrung ausmacht. Das Unterste wird mit dem Obersten verbunden, das Heilige mit dem Verruchten, das Sublime mit dem Gewöhnlichen. Der Zauber dieses schönen Körpers setzt für einen Augenblick den umfassenden Sinn unseres Lebens frei – nur deswegen sind solche Momente auch oft mit einem Erschrecken, mit einem Zurückweichenwollen verbunden.

Der GV ist ein physischer Akt, die Körper arbeiten wie die Teile einer Maschine ineinander und miteinander und ein größerer Funktionszusammenhang entsteht, der durch spezifische hormonelle Signale einen umfassenderen Zusammenhalt erfährt. Und es ist ein psychischer Akt, Energien werden freigesetzt, die Affekten entsprechen – Erwartungen und Ängsten, Enttäuschungen und Sehnsüchten, wobei auch hier wieder Hormone für die Kodierungen sorgen können, den Blick blind machen oder für die Gestalt schärfen, die Wahrnehmung täuschen oder besonders wachsam machen können – die sich artikulieren wollen und zu diesem Zweck auf alles zurückgreifen, was an semantischen Verweisungszusammenhängen zur Verfügung steht. Das, was manche Theoretiker als vorgeschichtliche und unwandelbare Archetypen ausgeben wollen, sind tatsächlich die kulturellen Archive selbst und die geben sich immer erst a posteriori zu erkennen. Von dem was in einer Jetztzeit erkannt werden kann, mit dem mehr oder weniger gut zugänglichen Wissen einer Gegenwart, wandern die Assoziationen bis in die frühesten Zeiten zurück und bis in fernsten Gegenden weiter: Denn tatsächlich ist es so, dass das, was ein Mensch weiß, in unendlich feiner Ahnung allen zur Verfügung stehen kann."

Merk wirft ein: „Und dann ist es vor allem eine Sache der Schulung. Die Frage ist: Wie gehen wir mit den Archiven um? Befähigen wir die Heranwachsenden dazu, die nötige Aufnahmefähigkeit und Geistesgegenwart zu entwickeln, dass sie das Organ für morphogenetische Felder entwickeln und weiterbilden oder pfropfen wir sie mit totem Wissen und falscher Ehrfurcht vor den üblichen Fetischen voll, bis sie gar nicht mehr in der Lage sind, auch nur eine Ahnung von dem zu entwickeln, was wir das Wahre nennen. Vielleicht sollten wir uns wirklich einmal genauer ansehen, was es heißt, wenn Castaneda beschreibt, wie der Montagepunkt der Wirklichkeitskonstitution in Bewegung gesetzt wird. Ich kenne dieses seltsame Knacken hinten im Rachenraum, den Druck auf den Schläfen, das Vibrieren unter den Rippenbögen – ich gehe davon aus, dass da wirklich etwas dran ist, überhaupt, wenn wir den Andeutungen folgen, mit denen er umreißt, dass im sexuellen Akt genau dies geschieht und der Montagepunkt verschoben wird. Ohne das Privileg einer Klasse oder das Vorrecht einer Unterweisung, nur weil die Energien einen Grad der Virulenz erreichen, der die Realität porös und durchlässig werden lässt. Es ist doch alles schon angelegt, wir müssen an keine außergewöhnlichen Fähigkeiten appellieren, wir müssen nur freisetzen, was bei einem jungen Menschen angelegt ist, müssen dafür sorgen, dass es nicht in den üblichen Schulungsgängen verschüttet wird."

Ganz trocken und ohne mit der Wimper zu zucken, während ich mir noch überlege, dass es immer einen Unterschied macht, ob die Erfahrung selbst gesucht wird oder ob sie einem angetan wird, dass ich in einem Weltstatus des Staunens auch noch die grauenhaftesten Bildwelten ausgehalten hatte, weil ich ja wusste, dass ich den Trip geworfen hatte, um etwas zu sehen, was mir bis dahin nicht einmal vorstellbar gewesen war, sagt Wolhe: „Primitiv und hart gesagt: Das Gefängnis des Ich muss gesprengt werden, der Körper muss zugerichtet werden. In vielen früheren Gemeinschaften gab es zu diesem Zwecke Initiationsriten, denen die Menschen an der Schwelle zu den jeweiligen Lebensabschnitten unterstellt wurden und die damit den

Übergang von einer personalen Rolle zur anderen regelten. Es ist die Schwelle, um die es hier geht, und wenn die Gesundheit eines sozialen Körpers gewährleistet werden will, müssen genau jene Regelungen der Gemeinschaft dafür sorgen, dass Unsicherheiten und Ängste von stabilen Ritualen aufgesogen werden. Wenn das allerdings nicht mehr der Fall ist, liegt auf dem Einzelnen ein ungeheurer Druck, vor dem er sich in die verschiedensten Nebenkriegsschauplätze flüchten wird. Der Gegenwartstypus, den Hemingway darstellt, ist uns noch nicht so fremd, und da muss wirklich das Leben aufs Spiel gesetzt werden, wenn die Chance bestehen soll, die Mauern des Ich zu schleifen. Der Typ muss sich nicht mit Zen beschäftigt haben, obwohl ihm das sicher gut bekommen wäre, er muss nur wissen, dass er seinem Tod Stunde um Stunde näher kommt. Und die Frau, die für meine Begriffe durch die Kennzeichnung der Bereitschaft, sich mit einer Rasierklinge die Halsschlagader zu durchtrennen, einen gewissen Abstand vom naiven Kalendergirl der all American Beauty Prägung hat, muss eine Massenvergewaltigung hinter sich haben... Auch diese beiden haben eine Schule der Liebe durchlaufen, und es ist nicht zu weit hergeholt, wenn wir mit einem uralten Wissen argumentieren, dass die Erde nur dann bebt, wenn dieses Gefängnis des Ich durchschlagen worden ist."

Ich staune, diese Postfeministin ist in der Lage, eine Position zu artikulieren, die ich vertreten würde, wenn es mir nicht angenehmer wäre, schweigend für keine Meinung mehr zur Verfügung zu stehen. Aber das sagt nicht viel, offiziell bin ich schon irgendwann Mitte der Achtziger verstummt und wenn ich heute unter Leuten bin, dann will ich Geld verdienen und keine Predigten halten. Irgendwann damals habe ich einmal begründet, dass mir viele Menschen genau deshalb so stumpf vorkamen, so unerweckt und nachgemacht, weil es keine Initiation ins Register des Geschlechts mehr gab. Und dann hatte ich mir für unsere gemeinsame Geschichte die Erklärung geschaffen, dass Verführung und Missbrauch bei uns beiden die Leiterbahnen eingeätzt hatten, dass es auf unseren Hauptplatinen noch die Verbindungen gab, die herabgesetzten Widerstände, die Verdrahtung von Transistoren und Verweisungszusammenhängen, dass es einmal in einer Weise gefunkt hatte, die uns auf die Routinen brachte, es immer wieder funken zu lassen. Das könnte auch mein Einwand gegen Huxleys Position sein, in der die Leidenschaft aus dem aufgeschobenen Trieb entspringt, wenn er aus dieser Trennung der Liebenden den kulturellen Wert abzuleiten meint. Aber vielleicht lief das bei uns nur deswegen anders, weil die Behinderungen und Intrigen an die Stelle der aufschiebenden Instanzen getreten waren, weil wir irgendwann, nach zehn Jahren immerhin, die mir wie das Purgatorium vorkamen, endlich kapierten, dass wir alle vorhandene Energie in unser Überleben investieren mussten, weil sonst nichts von uns übrig bleiben würde. Vielleicht wuchs bei uns die Leidenschaft im Vollzug, weil wir gegenüber den Strategien übermächtiger Gegnern standhalten mussten, vielleicht ist das aber auch die Erklärung, warum ab einem gewissen Punkt der Entwicklung so etwas wie Langeweile oder Überdruss gar nicht mehr vorstellbar waren, weil wir uns in einer Welt bewegten, in der es vor Spannungen knisterte. Währenddessen, ohne Vorankündigung, ohne Umwege, wenn wir nicht die ganzen Jahre davor schon als Umweg hätten begreifen wollen, machte sich eine Wahrheit in einer unverrückbaren Evidenz bemerkbar: dass es zwei brauchte, um das Buch dieser Welt zu entziffern, dass einer alleine nie in der Lage sein würde, die Gesetzmäßigkeiten des Lebendigen im entscheidenden Augenblick und am richtigen Ort umzusetzen. Die Surrealisten spielten gelegentlich mit dem Gedanken, dass es den Reiz der Liebe erhöhe, wenn sie unter hohen Bedrohungen und Lebensgefahr stattfinde und jede durchschnittliche Liebesgeschichte in den üblichen Thrillern lebt noch von der Wahrheit dieser Einsicht. Wir kamen gar nicht mehr dazu, uns so etwas zu überlegen, weil es nur noch von unserer Geistesgegenwart und körperlichen Präsenz abhängen sollte, ob wir dem Spiel verkrüppelter Bildungsbeamten lebendig entkommen konnten. Irgendwo zwischen den Positionen eines Albach und einer Wolhe findet sich ein fundamentaler Widerspruch – und das, obwohl sie beide von der Sprengung des Ich handeln. Seltsamerweise müssen es die in diesem Double bind investierten Energien gewesen sein, der Ausgangspunkt war schließlich Partnervermeidung und Suchtverhalten gewesen, wir waren beide einer fundamentalen Abwesenheitsdressur ausgesetzt gewesen, aber man/frau konnte sich auch völlig im anderen verlieren, die wir zu unserer Rettung freizusetzen wussten.

„Ich darf an die grundlegende Vorraussetzung Durrells erinnern", wirft Albach ein. „Außerdem finden wir die Kennzeichung ‚Gefängnis des Ich' schon in Klages ‚*Der Geist als Widersacher der Seele*', wo es ganz klar heißt, dass alle Unmittelbarkeit durch das Wissen, durch die Worte, durch die Institutionen verloren geht und dass aus diesem Grund die Ekstase das Türchen zur Unmittelbarkeit öffnet. Und denken Sie sich bitte auch zu Jüngers Ausführungen zu diversen Drogenerfahrungen. In einem Zusammenhang, in dem sich Jünger in den ‚*Annäherungen*' mit den verschiedenen Formen der Zeiterfahrung auseinander setzt, mit den unendlichen Dehnungen und der überfallartigen momentanen Präsenz, wird einmal auch ganz klar ausgesprochen, dass es die Erfahrung des Orgasmus ist, mit der wir an der Unmittelbarkeit des absoluten Jetzt teilhaben. Oder ich darf an Bruno Snells *Die Entdeckung des Geistes* erinnern, wo in verschiedenen Ansätzen gezeigt wird, dass die Antriebshemmung und der kulturelle Umweg notwendige Ursprünge jener Formen von Selbstdistanzierung sind, mit denen der Mensch zum Selbstverständnis und zu einem Rollenbewusstsein findet. Und trotzdem wird ganz klar hervorgehoben, dass der Mythos auf den Inhalt geht und der Logos auf die Form! Dass die Unmittelbarkeit der lebendigen Erfahrung erst einmal kein Schauspiel ist, keine Repräsentation, sondern eine Einswerdung in der Präsentation – dass am Anfang das Chorlied, aus dem später ganz im Sinne Nietzsches die Tragödie aus dem Geist der Musik hervor gehen wird, der Verkörperung der Gewalten dient, dass die Protagonisten eins werden mit dem beschworenen Geschehen – das Agon ist als Wettlauf zugleich ein Todeslauf. So wie das Symbol ursprünglich eins ist mit dem, was es darstellt und erst später zu einem kodifizierten Zeichen verkümmert. Und ich denke, es gibt noch heute, tausende von Jahren später, nachdem der Prozess der Kulturarbeit immer mehr Mittelglieder geschaffen und immer mehr Konventionen an die Stelle der wahren Erfahrbarkeiten gesetzt hat, eine Erfahrung, in der das alles noch erhalten ist: Die Liebe als umfassendste Form des Austausches, als ein Körper, Geist und Seele ergreifendes und verwandelndes Kommunikationsgeschehen. Natürlich können Sie den Akt darstellen, natürlich können Sie alles mögliche vorführen – aber es gibt einen Augenblick, in dem die Simulation in die Präsenz umkippen kann, in dem die Darstellenden und die Darstellung eins werden mit der Wirklichkeit. Und das hat die Liebe mit dem sozialen Tod gemein – wenn dieser nicht vielleicht sogar die Voraussetzung ist, dass sie sich verwirklichen kann, dass in dieser orgiastischen Gewalt zurück zu finden ist zu jenem göttlichen Geschehen, in dem die Inhalte gegenwärtig sind. Sie sehen, es gibt das alles schon, wir müssen die Fragmente nur richtig kombinieren!"

Ich habe kurz das Gefühl, als wolle er mich noch mit weiteren Argumenten versorgen, obwohl er sicher nicht daran denkt, irgend jemandem, der einmal von den Vertretern einer Großinstitution in die Enge getrieben worden ist, die nötige Munition zu liefern.

Aber vielleicht bringt Albach wirklich auf den Nenner, was den absoluten Widerpart zu aller Gewohnheitsbildung ausmacht, auf der später die Institutionen aufsetzen können: „Wenn wir mit den Gesetzmäßigkeiten des sozialen Todes experimentieren, wollen wir damit einen Zuwachs an Erkenntnis bewirken und eine größere Kraft freisetzen, die natürlich in unseren Diensten stehen wird. Bei Durrell finden sie zwei scheinbar entgegengesetzte Positionen. Zum einen: *Auch der Tod hat seine eigene, präzise Textur, und die großen Philosophen sind immer schon zu Lebzeiten in das Weltbild eingedrungen, dass er exemplifiziert, um eins mit ihm zu werden, während ihre Herzen noch schlugen. Sie kolonisierten ihn.* Und zum zweiten, vergessen Sie nie, dass der soziale Tod in der Mitte zwischen dem Kleinen und dem realen Tod zu situieren ist – wenn jemand stirbt, bleibt eine Leiche zurück und genau das ist es, was solchen Schrecken auslösen kann – es ist ein Mahnmal des Verzichts und der Endgültigkeit. Aus diesem Grund spricht er nicht etwa davon, dass wir, der Mensch, vom Tod erlöst werden soll, sondern anders, dass es um die Erlösung des Todes geht. Bei Castaneda heißt es einmal, dass der Tod unser bester Ratgeber und unser dauernder Begleiter sein soll, wir müssen ihn also aus der Zone der Verdrängung befreien. Oft genug sehen wir ja, dass gerade die Leute, die zu feige sind, selbst zu leben, die größte Angst vor dem Tod haben: vielleicht weil sie noch gar nicht zu Ende geboren worden sind, wie unser Kollege hier schon einmal böse formuliert hat, vielleicht aber auch ganz einfach deswegen, weil sie die Angst haben, alles zu verpassen, für das sie sich mit ihrer Vorsicht doch hatten aufsparen wollen. *Der Schlüssel für diese ganze Einstellung ist die Erlösung des – Todes, der in der Seele immer gegenwärtig ist und daher jederzeit gerufen und gezündet werden kann wie eine elektrische Ladung, wie eine philosophische Kraft. Versäumt man dies zu tun, verdorrt man...*

Und an anderer Stelle heißt es: *Ist die Wahrheit der direkten Schau noch zugänglich? Ja, wir glauben dies. Jenseits des Abgrundes unserer gegenwärtigen Verzweiflung und Finsternis ist das schwache Licht noch wahrnehmbar, obwohl es flackert und zu verlöschen scheint... Doch es gibt eine Art des Nichtstuns, das schöpferisch sein kann, dass Sauerstoff entstehen lässt, statt ihn zu verringern, dass mehr fruchtbar als fruchtlos ist.* Ich meine, noch genauer kann man die Funktion des sozialen Todes nicht umreißen. Sorgen wir dafür, dass für einen Augenblick alle Haltestricke reißen, dass die unhinterfragten Gewissheiten in Flammen aufgehen, das die selbstverständlichsten Ordnungskriterien der alltäglichen Wahrnehmung gesprengt werden und wir werden die Chance haben, ganz seltene Rohdiamanten des Willens und der Erkenntnis freizusetzen. Das nannte man einmal die Regel der Vollkommenheit – und unsere Sache wird es dann sein, ihnen die rechte Form und eine stabile Dauer zu verleihen."

Wolhe scheint bemerkt zu haben, dass ich mit ihrer Folgerung beschäftigt bin, sie spricht kurz in meine Richtung, bis sie sich wieder neutral an die Runde wendet: „Die Einschreibung ins sexuelle Register ist nicht nichts, so wenig sie am Anfang zu bewirken und zu verändern scheint. Sie wird eine Vor-Schrift, eine Bahnung, die nach einer Wiederholung schreit – und mit jeder Wiederholung wird die Bahn tiefer eingegraben. Die Initiation ist ein Geschehen, das a fortiori an immer mächtigeren Gewalten teilhaben lässt. Und es ist kein Wunder, dass viele der Musterschüler des Lebens oder der Töchter aus gutem Hause vor diesem Geschehen ratlos stehen. Wofür sie dann, stellvertretend für eine Gewalt, an die sie nicht glauben dürfen und deren Folgen sie nicht verstehen, die Liberalisierung der

Sitten, die Sexualisierung der Medien, die Haltlosigkeit des Trieble-
bens anprangern. Sie meinen etwas ganz anderes: Was sie selbst
verpasst haben, soll auch kein anderer haben. Was sie sich mühsam
und unter Qualen in den kalten Gefilden der Macht an
Ekstasepotential erarbeit haben, soll niemandem wie nebenbei durch
einen Quickie gegönnt sein. Fürs Entzünden, fürs Aufflammen, für
eine feurige Vernunft und Begeisterung haben sie nämlich gar nichts
übrig. Sie sagen gern, sie hüteten die obersten Werte und verkörperten das kulturelle Über-Ich – dabei sind diese Sittenwächter Höllen-
hunde, die versuchen, alle wache Lebendigkeit draußen zu halten."
Merk wirft ein: „Sie wollen sagen, draußen ist alles, was sie nicht
kontrollieren können. Draußen ist der Tod und draußen ist die Sexualität – und draußen sind auch jene, über die die Institution noch nicht
verfügen kann. Vielleicht ist dieses Draußen nur die Rückseite des
Imaginären, vielleicht ist es das Sein des Seienden, um eine altertümliche Formulierung zu bemühen. Vielleicht ist es das Sein, in dem
die Metaphysik in feinsten Verästelungen ihre Wurzeln treibt – und
einer der Abendländischen Kategorienfehler war schon von Anfang
an, die Wurzeln und die sie umgebende Materie als identisch zu setzen. Tatsächlich gibt es eine unendlich vielfältige und für uns uner-
kennbare Welt, aus der wir uns mit Hilfe der Wurzeln und der Apparatur des Erkennens, die sie stützen und ernähren sollen, einen minimalen Ausschnitt freilegen und dann aus Erwartungen und Ängsten, Erinnerungen und Traditionen eine Welt zusammen schustern,
die so wie wir sie erfahren wollen, gar keinen Bestand haben kann.
Und wenn es tatsächlich richtig ist, dass wir im Begehren eine Verschränkung der kreatürlichen Ebene mit den Hochplateaus des Göttlichen vergegenwärtigen können, ist vielleicht die ganze Fragestellung falsch. Das könnte doch schließlich heißen, dass die Einschreibung in sexuelle Register eins ist mit der Kanalisierung der Sexualität, also mit ihrer Abtötung?"
Wolhe meint: „Das ist zu kurz gegriffen. Sie klagen über den Aufwand der kulturellen Umwege, aber Sie haben selbst schon gesagt,
dass wir mit den Kurzschlüssen allein nicht weiterkommen. Wir brauchen beides: Den Umweg zwischen Reiz und Reaktion und die Abkürzung. Die erogene Zone, von der das Begehren ausgeht und den

anderen, durch den sie auf sich zurückgeführt wird. Und es ist mir auch zu einfach, wenn behauptet wird, das finde alles in der Sprache statt. Damit ist nämlich noch gar nichts gesagt, weil die Sprache schon immer vor uns da war und weil sie das Begehren beschriftet. Sie können die Bildung des Ich auf die Sprache beziehen, das stimmt auf jeden Fall, aber die energetischen und hormonellen Wirkungen von Geweben, Drüsen und körpereigenen Drogen, das Telos der Entwicklung und ihr Antrieb, ist auf jeden Fall in einer wesentlich älteren Schicht zu finden, an die die Sprachen in ihren expressiven Bestandteilen gerade mal Reste aufbewahren. Aber eines ist sicher richtig: Die Energien, die in den ersten Bahnungen freigesetzt worden sind, können sie transportieren und übertragen. Auf Worte oder Maschinen oder auf andere Bezugspersonen, das ist der volle Sinn von Freuds Begriff der Übertragung, wie ihn heute die Neurologen nachvollziehbar machen. Die Welt, die wir verstehen können, ist sprachlich konstituiert. Aber das heißt noch lange nicht, dass die Welt selbst der Sprache untersteht, das raue Material der Welt, von dem wir selbst ein Teil sind. Und jeder großen Schöpfung, früher waren es die Dichter, Maler, Musiker und Bildhauer, heute sind es schon häufiger Programmierer und Produzenten, verdanken wir einen weiteren Vorstoß in jene unerschlossenen Gebiete, aus denen dann die Lebenswelt von morgen wird. Und es ist kennzeichnend für die Beschränktheit unserer Kapazität, dass der Preis für die Erschließung eines neuen Weltbereichs in der Verwilderung und dem Vergessen eines ehemals bekannten Gebietes einhergeht. Vielleicht wird sich dies mit den neuen Speichertechniken ändern.

Schauen wir uns an, wie es Klick macht, dafür gibt es in den verschiedensten Zusammenhängen immer nur Andeutungen und es wird einmal Zeit, dass sich jemand die Mühe macht, diese Zeichensysteme zu lesen und zu einer Erkenntnis zusammen zu fügen. Ich darf auch einmal Durrell zitieren, der eine seiner Heldinnen schreiben lässt – und dabei deutlich macht, welche Gefahr durch die Beliebigkeit des Vollzugs bewirkt wird und damit auch das Risiko nennt, dem wir ausgesetzt sind. Schauen Sie sich diesen fickenden Garten an, das sieht alles recht ansprechend und lustig aus, aber meinen Sie wirklich, einer der Beteiligten bringt dann die nötige Bindungsenergie auf. Theodor Reik hat in den nötigen Zusammenhängen an Freuds Beobachtung erinnert, dass zur Liebe der aufgeschobene Trieb gehört – wenn die Energie immer nur abgefahren wird, werden Sie auf die großen Gefühle vergeblich warten. Das mag stimmen, aber ich bezweifle die rigorose Trennung; die Ehe, die häufig genug nur auf den vertrösteten und aufgeschobenen Trieb hinaus läuft, wird deswegen noch lange keine große Liebe kultivieren. Dazu fehlt etwas, aber lesen Sie *Tunc*, auf Seite 196: «Was mich betrifft, so war ich in einer Art Liebesklinik eine Gefangene während meiner Jugend, durch Umstände gezwungen, mich mit jedem einzulassen, ob jung oder alt, und so entging mir das Wesentliche. Mein Verständnis wurde nicht entfacht. Der Geschlechtsakt entbehrt jeglichen Feuers, hat er nicht das gewisse seelische Klicken: Eine Membrane, mit der verglichen das Hymen nur eine lächerliche Nachahmung ist, muss zerrissen werden – eine geistige Membrane. Andernfalls kann man nichts verstehen, nichts empfangen. Sehr wenige Männer sind imstande, dies für eine Frau zu tun. Sie, Graphos, haben es für mich getan. Obwohl ich Sie nie lieben kann, bin ich Ihnen dankbar.» Und dann an anderer Stelle *Tunc*, S. 250, was für mich fast ein Kommentar und eine Korrektur dieser Stelle ist: «Graphos», sagte er, «konnte nur ein weinendes Mädchen lieben. Wenn sie nicht weinte, musste man sie dazu bringen – sagte er immer.» Plötzlich fiel mir wieder ein, dass Io einmal ganz beiläufig gesagt hatte: «wirklich lieben kann eine Frau nur einen innerlich freien Mann. Ich fragte mich, wen von uns sie wohl dabei im Sinn hatte? Wen nur?» Ich übersetze das für mich, wenn ich das Weinen als Metapher für die Echtheit verstehe, für jenen Weltzustand, in dem man oder frau sich nicht mehr hinter den Konventionen verstecken kann. Und es ist genau jene Echtheit der Wahrnehmung und es Gefühls, die sich unter den Vorgaben einer Liebesklinik gar nicht entfalten können."

„Vielleicht sehen Sie die Dinge einfach unter falschen Vorzeichen," wirft Merk ein: „Vielleicht sollten sie einmal die Perspektive wechseln. Wir haben das Schöne als menschgemachte Harmonie und wollen uns häufig genug damit beruhigen, dass dies die höchste Form der Schönheit sei. Aus diesem Grund wird auch so viel an den Körpern herum geschnippelt und unterfüttert und modelliert. Aber schon Kant hat im Naturschönen die Kategorie des Erhabenen ausgemacht und das meint ein Geschehen, das uns übersteigt, das uns in unserer Nichtigkeit und Ausgeliefertheit festnagelt, aber in gewissen Momenten auch dazu führen kann, dass wir uns in der Einheit mit einem unfassbaren übergeordneten Ganzen empfinden. Und wenn ich dann das Gestochere mitbekommen, was denn das Klicken ausmache, kann ich nur eines vermuten: Die Orgasmen machen schön! Sie setzen ein Strahlen frei, eine energetische Wolke, die so ein großes Ganzes für einen Augenblick in die Erfahrbarkeit überführen kann. Und eben nicht nur die beschnittene Harmonievorstellung des Homo faber!"

Albach lässt sich nicht beirren und erklärt: „Nur jemand, der frei ist, kann den andern lassen, wie er ist – und frei ist erst der- oder diejenige, die das Korsett ihrer Sozialisation abgelegt haben. Jeder, der in irgendwelchen Abhängigkeiten rotiert, wird die Verliebtheit immer nur als Chance ergreifen, den anderen nach seinem Bilde umzuformen. Nur jemand der frei ist, wird in der Lage sein, in einer Art und Weise zu lieben, die dem Geheimnis des anderen derart gerecht wird, dass es sich in einer ganzen menschlichen Fülle entfalten darf. Aber, mein lieber Merk, mir ist Ihre Ergänzung nicht unwillkommen. Auf nichts anderes läuft es schließlich hinaus. Es geht um die ganze Erfahrung, um ein Einssein mit der Welt und es ist doch sehr bedeutsam, dass wir alle noch über die körpereigenen Drogen verfügen, die uns in die Lage versetzen, auf ein magisch-mimetisches Zeitalter zurück zu greifen. Außerdem aus ‚Monsieur' noch die wichtige Ergänzung, quasi ein Kochrezept: *Um sexuelle Sympathie zu erzeugen, die stark genug ist, zu verführen, beginne damit, ihre Atemzüge zu kopieren, im Gleichklang mit dem Mädchen zu atmen, dich langsam in ihren Rhythmus hinein zu fühlen. Schließe die Augen, konzentriere dich andächtig und hingebungsvoll. Dann richte deine Sinne auf deine Geschlechtsorgane und dringe behutsam in sie ein mit rhythmischen Auf und Ab, bis sie deine sinnliche Kraft spürt und sie akzeptiert.*

Und dann ist für das Verständnis noch zu ergänzen: Lachen und Weinen markieren die Grenze menschlichen Verhaltens und der Verständigung, während der Atem den Leib durchdringt und das Geschlecht mit der Empfindung versieht. Am Anfang ist die Vorahmung, die erst im Laufe der Menschheitsgeschichte zur Nachahmung domestiziert wird – das Chaos des Numinosen als übermächtiges Geschehen – und diese beiden Funktionen stecken nicht nur im Fundament der Sprache, sie sind auch in jedem erotischen Akt wieder zu entdecken. Die Mimesis der Verführung und der Besessenheit – gerade fällt mir eine Stelle aus Kunderas *Die unerträgliche Leichtigkeit des Seins* ein, in der die Handlungen des Mannes mit einer minimalen Phasenverschiebung als Handlungen der Frau wieder auftauchen, die an seinem Anus zu spielen beginnt, um in ihn einzudringen. Der Mensch wird von der Sprache bewohnt, sie macht seine zweite Natur aus, er wird graviert. Die Einschreibung ist zugleich die Krankheit zum Tode und die Offenbarung des Geistes. Jenseits der Grenze gibt es das Tier, den Wahnsinn oder die Götter. Ich darf hier mit dem späteren Huxley ‚Nach vielen Sommern' ergänzen, dass das Korrektiv in beiden Richtungen jenseits der Grenze des Menschlichen zu finden ist. Das Gute oder die Methoden, mit ihm umzugehen, finden Sie im tierischen Erbteil oder in der Begegnung mit der Ewigkeit – und hier kommt ein neuer Wertbegriff, die Entscheidung für das Gute, ins Spiel. Also nicht etwa die Verbesserung der Welt, weil das im Endeffekt immer nur das Gegenteil bewirkt hat. Die Welt kann bleiben, wie sie ist und sich in dem Augenblick dennoch grundsätzlich ändern, wenn die handelnden Akteure ein anderes Bewusstsein ihrer Rolle gewinnen. Für uns liefert das die einfache Forderung: Geben wir den Heranwachsenden eine konkrete Erfahrung des Göttlichen, eine Erfahrung die reproduzierbar und kommunizierbar ist, und sie werden später nicht den Krieg, die Zerstörung, den Sadismus brauchen, um den Mangel an Möglichkeiten und die beschädigte Konstitution ihres Prinzips Hoffnung auszuhalten. Ich darf aus dem Text Seite 88 bis 90 zitieren, was für uns hier von Belang ist, die historischen Voraussetzungen und den Kontext können Sie selbst nachlesen:

Aber wenn sie das Gute wollen, werden sie ihre Methoden ändern müssen. Und es ist immerhin ermutigend…, dass es Methoden gibt, das Gute hervorzubringen. Wir haben gesehen, dass sich auf der rein menschlichen Ebene nichts tun lässt, oder vielmehr, dass sich Millionen Dinge tun lassen, aber kein einziges davon Gutes hervorbringt. Etwas Wirkungsvolles lässt sich jedoch auf jenen Ebenen tun, wo das Gute wirklich existiert. … Unterhalb der menschlichen Sphäre und in der Sphäre darüber. In der Sphäre der Tiere und in der Sphäre – na, Sie können den Namen wählen – der Ewigkeit oder Gottes, wenn Sie nichts gegen diese Bezeichnung haben; in der Sphäre des Geistes – aber das ist ein besonders zweideutiges Wort. Auf der tierischen Ebene existiert das Gute als richtiges Funktionieren des Organismus gemäß den Gesetzen seines Seins. Auf der höheren Ebene existiert es als Erkennen der Welt ohne Begehren oder Abscheu; als Erlebnis der Ewigkeit; als Überwindung der Persönlichkeit und Ausdehnung des Bewusstseins über die vom Ich gesetzten Grenzen. Rein menschliche Handlungen sind solche, die das Offenbarwerden des Guten in den beiden andern Sphären verhindern. Denn als Menschen sind wir besessen von der Zeit, sind fieberhaft mit unsrer Persönlichkeit beschäftigt und mit den vergrößerten Projektionen unsrer Persönlichkeit, die wir unsre politischen Ziele, unsre Ideale, unsre Religion nennen. Und was ist das Ergebnis? Von der Zeit und unserm ich besessen, begehren und fürchten wir immerzu. Aber nichts beeinträchtigt das normale Funktionieren unseres Organismus so sehr, wie Begehren und Abscheu, Gier und Furcht und Sorge. Mittelbar oder unmittelbar sind unsre meisten körperlichen Leiden auf Besorgnis und Begierde zurückzuführen. ... Kurz gesagt, als Menschen verhindern wir uns, das physiologisch und instinktgemäß Gute zu verwirklichen, dessen wir als Tiere – fähig sind. Und mutatis mutandis gilt das gleiche in der höhern Sphäre. Das Menschliche in uns verhindert uns, das übersinnlich und zeitlos Gute zu verwirklichen, dessen wir als Kandidaten der Ewigkeit, als Anwärter auf die Selige Schau fähig sind. Durch Besorgnis und Begierde rauben wir uns die Möglichkeit, über die Persönlichkeit hinauszugelangen und das wahre Wesen der Welt zunächst mit dem Verstand und dann durch unmittelbare Erfahrung zu erkennen. ... Zum Glück können sich die meisten Menschen gar nicht ununterbrochen wie Menschen benehmen. Wir vergessen unser erbärmliches kleines Ich und die grauenhaften Riesenprojektionen unsres Ich in die Idealwelt – vergessen sie und verfallen zeitweise in harmlose Tierhaftigkeit. Der Organismus erhält die Möglichkeit, seinen eigenen Gesetzen gemäß zu funktionieren, mit andern Worten, das Gute zu verwirklichen, dessen er fähig ist. ... Und manchem Menschen werden häufig kleine Funken der Erleuchtung zuteil – vielleicht gelegentlich jedem; flüchtige Einblicke in das Wesen der Welt, wie es einem von Zeit und Begehren erlösten Bewusstsein erscheint; in die Welt, wie sie sein könnte, wenn wir nicht vorzögen, Gott zu leugnen, indem wir auf unserm persönlichen Ich beharren. Diese Funken springen in unbewachten Augenblicken in uns auf, dann aber wallen Begehren und Selbstquälerei wieder in uns hoch, und das Licht wird abermals verfinstert...

Albach steckt das Blatt in seine Tasche und meint: „ Hier sind eigentlich alle wichtigen Regeln genannt, die wir beachten müssen, um den notwendigen Rahmen für das Klicken zur Verfügung zu stellen und wenn Sie auf das logische Resultat von ‚*Geblendet in Gaza*' zurückblicken, finden Sie dort sogar eine Anweisung für eine Praxis des richtigen Verhaltens, um das Glück zu mehren. Wir müssten diese Einsichten für unsere Zwecke nur gegen den Strich bürsten."

Bornhard fällt ihm ins Wort: „Ich glaube, eine Anleitung zur Meditation führt zu weit weg vom Gegenstand. Wir können ja später darauf zurückkommen, wenn wir ein konkretes Regelwerk für die Erzeugung von Geistesblitzen zusammenstellen. Bei Durrell kommen wir mit dem seelischen Klicken nicht etwa dem Geheimnis Justines auf die Spur – eher dem der Initiation. Ich darf nur einige Stichworte zitieren: *Gespielter Kampf und tiefe Angst... Eine Initiation als Aufnahme ohne weitere Probezeit... Ein besonderes Zeichen des Bündnisses... dieses abstrakte Gefühl des Jubels und der Erleichterung.* Das Geheimnis dieser Figur ist tatsächlich, dass sie keines hat, sondern von dem Titel eines alten Buches gelebt wird und als sie selbst endlich in die Lage versetzt wird, akzeptieren zu müssen, dass ihr ganzes Maskenspiel von der Gunst des Publikums lebte, weil sie nun keines mehr hat, ist das vollendete Spiel der weiblichen Magie verblasst. Es gibt Augenblicke in ihrem Leben, da kann sie sogar Gott sein, denn Gott ist die Maske. Aber wir kommen ganz nahe an eine Gesetzmäßigkeit, der wir noch sehr viel Zeit widmen müssen, wenn wir die Götter der Zukunft sozialisieren wollen."

„Richtig!" nimmt Albach den Faden auf: „Und über diese Götter werden Sie bei Huxley mehr finden als bei Durrell. Und denken Sie nicht zu gering von ihm. In Eiland haben Sie von der Vorschulpädagogik, über die Erweiterung des Familiensystems zu einer neuen Form des Grossen Hauses, über die Erprobung konkret in den materiellen Abläufen verwurzelter Lernprozesse bis zur Bewusstseinserweiterung und dem Einüben des Sterbens alles ausgeführt, was wir hier für unsere Zwecke weiter entwickeln sollen. Auch wenn er den Weg des Mystikers gewählt hatte, konnte er sich sogar vorstellen, dass die mystische Erleuchtung mit dem Geschlecht erreichbar sei – und das ist nicht nichts. Ich verspüre eine enorme Achtung, wenn ich mir vergegenwärtige, dass er in unmittelbarer Todesnähe ein letztes Mal LSD genommen hat! Ich darf noch eine Stelle zitieren, die direkt für uns verwendbar ist, weil sie den Bezug zwischen Erotik und sozialem Tod erstellt – und dabei muss uns die Gewichtung nicht weiter stören!"

„Genau darauf will ich raus," unterstreicht Bornhard: „Huxley hat ganz klar gesehen, warum die Menschen beständig danach trachten, ihr Leben zu verlieren, das schale, unersprießliche, sinnlose Leben ihrer Alltagspersönlichkeit. Die loszuwerden, danach trachten sie immerzu und auf tausenderlei Art – und wenn wir die Bedingungen der Möglichkeit der vielen kleinen Tode auf den Nenner bringen: Der Tod bringt Verklärung. Wer sein Leben gewinnen will, muss es verlieren! haben wir zugleich die Gesetzmäßigkeiten des Zaubers in der Hand, dann können wir das Klicken in einer Weise reproduzieren, wie es bisher nur im Tantra nach langen Serien der Konzentrationsübung möglich war. Der Süchtige, der Sammler, der Spieler und der Liebende sind erst einmal Figuren der Komplexitätsreduktion. Schon bei Huxley finden Sie eine sehr bestimmte Ahnung, dass die Komplexitätsreduktion das Leben erleichtert, bis sie uns um das Leben erleichtert – dass viele unserer kulturellen Errungenschaften, von der Lebensversicherung bis zur philosophischen Fakultät, diesem Gesetz unterstehen. Aber erst bei Benjamin finden Sie die systemtheoretische Pointe dieses Gedankens, wenn er feststellt und fragt, wie die Sucht tatsächlich erst einmal zum Leben befähige. Und damit sind wir einen kleinen aber wesentlichen Schritt weiter! Wie sieht diese Erleichterung des Lebens aus, wenn die großen Institutionen die selbe Schematik gefunden haben, wie jeder Süchtige oder Perverse oder Zwangsneurotiker – und häufig genau von der gleichen Lebensunfähigkeit und Selbstzerstörungen ihre Macht beziehen. Benjamin sieht nicht nur die Suchtkarriere, sondern die Chance, zu den Sachen selbst zurück zu finden, zur Materialität der Welt selbst, zur Sinnlichkeit der Erfahrung und zum Herzblut des Lebenssinns. Bei Huxley hören Sie die Einsicht in die Komplexitätsreduktion, wenn es heißt: Entfliehen, das eigene lästige Ich vergessen, jemand anderer werden oder, besser noch, etwas anderes – nur ein Körper, seltsam unempfindlich oder überempfindlich, oder einfach ein unpersönlicher Geisteszustand, eine Form unindividualisierten Bewusstseins – welches Glück, welche selige Erleichterung! Sogar für Menschen, die vorher nicht wussten, dass irgendetwas an ihrem Zustand der Erleichterung bedurfte... und dass dieser Kopfsprung durch ein stärkeres, ihnen ganz fremdes Bewusstsein in das Dunkel völligen Vergessens grade die Erleichterung war, deren dieses Etwas bedurfte.

Und dennoch ist es nur eine Sackgasse, wenn noch nicht gezeigt werden kann, wie der Besessenheit das Wasser abzugraben ist, wie eben die gleiche Komplexitätsreduktion den Punkt erreicht, an dem jene psychosoziale Membran durchbrochen wird, die dafür sorgt, dass der Wiederholungszwang alle Kraft für sich abzweigen will. Und es ist kennzeichnend, dass hier der kleine Tod genannt wird, obwohl uns das Kochrezept vorenthalten wird, mit welchen Ingredienzien und Routinen er den Ausweg aus dem Suchtverhalten prägt: Aber wie jede andre Sucht, ob nach Rauschmitteln oder Büchern, Macht oder Beifall, verschlimmert mit der Zeit auch die Sucht nach Wollust den Zustand, den sie vorübergehend erleichtert. Der Süchtige steigt hinab ins Schattental eines besondern kleinen Todes, auf der unermüdlichen, verzweifelten Suche nach etwas anderem, etwas, das nicht er selbst ist, nach etwas Andersartigem und Besserem als das elende Leben, wie er es als Mensch in der hässlichen Welt der Menschen lebt. Er steigt hinab und stirbt, entweder heftig oder in köstlicher Lässigkeit, und wird verklärt; aber er stirbt nur für eine kleine Weile, ist nur für einen Augenblick verklärt. Dem kleinen Tod folgt eine kleine Auferstehung – die Rückkehr aus Bewusstlosigkeit oder sich selbst vernichtender Erregung in das Elend, sich allein, schwach und wertlos zu wissen; die Rückkehr in noch größere Einsamkeit und ein verschärftes Gefühl gesonderter Persönlichkeit. Und je schärfer das Gefühl der eigenen, gesonderten Persönlichkeit ist, desto dringender wird das Verlangen nach einer Wiederholung dieses lindernden Todes und dieser Verklärung. Die Sucht bringt Erleichterung, aber zugleich steigert sie die Leiden, die nach Erleichterung verlangen. Schauen Sie sich noch einmal die Seiten 140 und 141 genau an, ich behaupte, dass bei Huxley schon sehr genau gesehen ist, aus welchen Ängsten und Wiederholungszwängen, aus welchen feigen Rücksichtnahmen und fehlerhaften Selbstidentifikationen diese Membran besteht, sie ist tatsächlich die Gesamtheit all der falschen Besetzungen!"

Ich kann mich erinnern, wie es vor unserer Zeit gelegentlich in mir zu rasen begann, wie sich eine Geilheit verselbständigte, bis es sich von alleine ergab, in die alkoholische Verdumpfung oder die visuelle Entkörperung abzutauchen, bis dann genau das, was mich eigentlich angetrieben hatte, so klein gemacht und vermindert wurde, bis fast nichts mehr davon übrig war, nur dieser kalte Schweiß und die fiebrig heißen Schübe und dass es nicht lange dauerte, und ich musste die nächste Ladung hinterher schütten oder die nächste Dosis einwerfen. Wie nebenbei ergab sich irgendwann eine nebelhafte Zielvorstellung, die ich zwar nicht wahrhaben wollte, die aber immer wieder vor dem inneren Auge aufblitzte: Dass ich nur richtig kaputt sein musste, um den Punkt zu erreichen, an dem ich es nicht mehr nötig hatte, an dem das Eintauchen in die beschissenen Räusche nicht mehr notwendig war – der ursprüngliche Enthusiasmus war weg, nur noch der Zwang, sich selbst zerstören zu müssen. Und wenn ich das nun im nachhinein parallelisiere, kommt es mir so vor, als wäre auch das ein Spiel gewesen, das unsere Professoren auf einer höheren Ebene noch einmal mit uns durchgespielt hatten.

„Moment einmal," meldet sich Mutzlacher wieder zu Wort: „Ihre Klassikerzitate schön und gut, aber sie steuern doch mit zunehmender Geschwindigkeit auf eine universale Problemlösungsformel zu, obwohl wir davor ausgemacht hatten, dass wir solche Verführungsversuche vermeiden werden. Wir brauchen eine klare Linie, wir können nicht mit psychotischen Tricks arbeiten, wenn wir jenen Mechanismus in Gang setzen wollen, der Wahrheitswerte auswirft. Ich meine, dass wir vor allen Dingen daran arbeiten müssen, dass die Jugend wieder lernt, auf die Formen zu achten. Nur wer im rechten Lebensalter lernt, die feinen Unterschiede zu bemerken und zu pflegen, sich anhand dieser minimalen Erkennungszeichen selbst zu stilisieren, wird auch in der Lage sein, die Spannungen auszuhalten, die später in den Regionen der Macht und des Geldes auch ausgehalten werden müssen – sonst gehört man nämlich ganz schnell nicht mehr dazu. Aber wie wollen Sie jemandem die nötigen Differenzkriterien

beibringen, wenn Sie vor allem daran arbeiten, die momentane Ent-differenzierung als das höchste der Güter anzuempfehlen. Wir müs-sen also ganz klar gegen jene Tendenz der Informalisierung arbeiten, die ein Resultat der Sechziger und damit auch irgendwo ein Produkt genau jener Leute ist, auf die Sie sich dauernd beziehen! Ich darf auch einmal ein Zitat aus jener Zeit bringen, vielleicht bemerken Sie dabei, dass Sie als Lehrende in keiner anderen Situation sind als Marx-Mechler: Mit der Höflichkeit unter der akademischen Jugend, die sich von Anfang an duzt, mit ihrer Noblesse, ist es schlecht bestellt. Die Manieren sowohl im Hörsaal, wo Mädchen strickend philosophischen Aus-führungen folgen, wie in der Mensa, verfeinern sich nicht, sondern vergrö-bern sich zusehends. So wie sich in der Kleidung alles zu vermischen droht, so wird von den Chancengleichheitsaposteln am liebsten alles nivelliert. Natürlicher Respekt vor Amt und Würden ist ausgestorben. Der Verfall von Sprache und Sitte, in allen Zeiten beklagt, nimmt jetzt Zerstörungscharakter an. Manche Stundenten parlieren auf dem Niveau von Jugendlichen im Pu-bertätsalter. Sophokles und Platon, Männer der Vergangenheit zum Beispiel, die das Ästhetische und Ethische als eine notwendige Einheit empfanden, die leibliche Schönheit gleichsetzten mit seelischer Vortrefflichkeit, sind belächelnswerte Größen von gestern. Es wird alles so gewöhnlich. Und so lächerlich für den heutigen Sprachgebrauch manche dieser Formulie-rungen wirkt, so werden Sie doch bemerken, dass hier ein Ideal arti-kuliert wird, dem wir mit unserem Ansatz auch nacheifern. Dass die Schönheit eine Harmonie verbürgt, dass die Liebe den Abglanz der kosmischen Ordnung verbürgt, dass diese Werte und die Art und Weise, Ziele zu erreichen, nicht auseinander klaffen!"
„Dazu müssen wir erst einmal aus einer Lebenswelt herauskommen, die auf Lebenslüge und Verzicht aufgebaut ist. Wer das nicht packt, kann auch noch die besten Einsichten und die größten Wahrheiten zur Selbstzerstörung funktionalisieren. Dafür gibt es genügend Bei-spiele! Und Sie müssen zaubern, Sie müssen verführen und tricksen, sie müssen mit der Vorspiegelung falscher Glücksversprechen arbei-ten, sonst bekommen Sie die Leute nicht aus ihrem gewohnten Trott, selbst bei so jungen Leuten ist das keine Selbstverständlichkeit son-dern beruht auf einem Maximum an Unwahrscheinlichkeit. Und das müssen wir zur Verfügung stellen!" Albach wendet sich wieder den

anderen zu und erklärt: „Diese Membran, die zerrissen werden muss, dieser notwendige Kick, damit ein in sich geschlossenes und stumpfes Geschehen nach außen offen wird, damit den kleinen Familienkrüppeln ein Weg in die Welt eröffnet wird, ist im richtigen Alter am leichtesten über das Register der Sexualität zu erreichen. Später braucht es für den gleichen Erfolg schon eine Todeserfahrung, einen schweren Unfall, eine Krebserkrankung oder einen gesellschaftlichen Absturz, die Erfahrung des sozialen Todes. Was also zwischen vierzehn und zwanzig als spielerische Einführung in die Geheimnisse des Lebendigen funktionieren könnte – wenn die Heranwachsenden in einer Welt nur die Möglichkeit hätten, über Rituale und Einweihungszeremonien in diesen Bereich des Heiligen eingeführt zu werden, wird schon ein paar Jahre später der Grund für eine Unmasse an Hass und Vernichtungsunternehmen. Jeder Mensch ist erst einmal eingeschlossen in eine kleine Energieblase, und je nach dem, wie er an größeres Wissen oder andere Erfahrungsformen Anschluss erhält, kann sich seine persönliche Energie erweitern. Das Feld wird größer, der Magnetismus mächtiger. Aber erst wenn diese Membran durchstoßen ist, wenn die Pfütze des Ich vor einem leckt, wenn der soziale Tod durchlaufen ist, findet sich die Möglichkeit, an einer größeren Energieform teilzuhaben. Es gibt noch einige andere Übungen, um die Wirklichkeit flirren zu lassen, Drogen zum Beispiel, die die Pforten der Wahrnehmung öffnen, Isolationsübungen im Tank, Hunger und Monotonie – und natürlich das gute alte Lesen. Wenn der Normalverbraucher wüsste, welch starke Droge in den verstaubten Erzeugnissen der Dichter verborgen ist, würde er sie verbieten lassen. Im Symbolismus und im Surrealismus sind uralte, menschheitsgeschichtliche Zauberkräfte handhabbar geworden, wie das zuvor nur einigen Schamanen oder Eingeweihten möglich war. Die Welt besteht aus Wörtern, die von einem unheimlichen Leben erfüllt sind, zwischen denen ein unendlich fein gesponnenes Netz von Verweisungen besteht. Und es ist nicht etwa so, dass wir die Tatsachen des Lebens mit Worten einfangen und benennen – nein, es ist genau andersrum, diese Wörter sind Namen und unter ihrem Einfluss bilden sich die Tatsachen erst, die Dinge beginnen diesen Worten, die Namen sind, ähnlich zu werden. Hören wir wieder Dur-

rell, nach Benjamin ist dieser Bezug zwischen Sprache und Wirklichkeit nicht mehr so treffend aus dem Geheimnis heraus formuliert
worden, und wie nebenbei stellt er auch einen Bezug her zu den Ge-
burtswehen dieser Erkenntnisform, zu den Qualen, die diese Lernprozesse notwendigerweise begleiten. Alle unsere Geistesblitze sind
am Quellpunkt von Not und Verzweiflung entsprungen.
Symbolismus! Die Abbreviatur der Sprache zum Gedicht. Der heraldische
Aspekt der Wirklichkeit! Symbolismus ist das große Ersatzteillager der Psyche, ... der fond de pouvoir der Seele. Die schließmuskellösende Musik, die
das Rieseln der Seele durch das menschliche Fleisch nachahmt und in uns
spielt wie Elektrizität! (Der alte Parr sagte einmal, als er betrunken war: «ja,
aber es tut weh, das zu erkennen!»)
Natürlich tut es weh. Aber wir wissen, dass die Geschichte der Literatur die
Geschichte von Gelächter und Schmerz ist. Die Imperative, vor denen es
kein Entrinnen gibt, heißen: Lache, bis es weh tut, und tue weh, bis du
lachst!
Die größten Gedanken sind den wenigsten Menschen zugänglich. Warum
müssen wir uns so quälen? Weil das Verstehen keine Funktion der Ratio,
sondern des psychischen Wachstums ist. ... Mit noch soviel Erklärung lässt
sich die Kluft nicht schließen. Nur Erkenntnis! Eines Tages wirst du aus
deinem Schlaf aufwachen und vor Lachen brüllen. Ecco! Schlagen Sie bei
Clea auf der Seite 146 nach, wir können uns eigentlich nur darüber
wundern, wie nah die damalige Zeit der Wahrheit war und wie wenig
tatsächlich damit angefangen wurde. Die Trennung von Verstehen
und Erklären geht auf jene Zeit zurück, als der Systemcharakter der
Philosophie vor den Anforderungen der Einzelwissenschaften in die
Knie gegangen ist, als die Philosophie plötzlich zu einer Sonderdis-
ziplin wurde – und zwar zu der des Verstehens. Vom Gedanken der
Einfühlung bei Dilthey bis zu Gadamers Feststellung: Verstehen hei-
ße, sich etwas sagen zu lassen, scheint dies eine Position des Rück-
zugs aus den überzogenen Ansprüchen – und dennoch bleibt im Hintergrund ein emphatischer Wahrheitsbegriff erhalten. Sich auf den
oder das andere einzulassen, es zur Sprache zu bringen, untersteht
nicht nur der Aneignung, sondern vor allem der Entäußerung. Wir
werden andere, wenn wir zu verstehen beginnen und in der Tiefenstruktur beinhaltet das ein Vertrauen, dass die ursprüngliche Einheit

mit der Welt nicht verloren gegangen ist. Ich bin nicht für die Qual und den Schmerz, aber ich weiß, dass wir durch den Schmerz des Selbstverlusts hindurchgehen müssen, wenn wir in die Lage kommen wollen, dass die Welt wieder zu uns spricht!"

Albach geht eifrig auf und ab und reibt die Hände aneinander, als habe er sie gerade in Unschuld gewaschen: „Stellen Sie sich einen Autor vor, der sich dem Leser in einer Einleitung mit den Worten vorstellt: Wenn Sie diesen Text lesen, bin ich tot. Eine exakte und nicht zu überbietende Vorstellung, ein Mensch, der seine Geschichte gewesen sein wird und sich nun in einen Text verwandelt hat. Nichts anderes bewirkt der soziale Tod in einer verkürzten Version. Und das heißt zugleich oder vor allem, dass der andere, wenn er nicht umhin kann diesen Text zu lesen, auf eine Form der Allgegenwärtigkeit stößt. Er hat es mit keinem Menschen mehr zu tun, sondern mit der Entfesselung der vielfältigsten Interpretationsanweisungen, die nur die Rückseite der hergestellten inneren Leere sind. Das Leben, das zum Text wurde, untersteht nicht mehr der Komplexitätsreduktion und damit wird die Seinsdichte der Variationen eine Ranghöhe erreichen, die mehr als eine Welt ergibt. Ein Verfahren, das in früheren Versionen schon einmal bei Novalis aufgetaucht ist. Die mythische Potentialität heißt ja gerade das Eingehen des ganzen Zeitflusses als solchen in die ewige Dynamik. Alle Ströme sollen dauernd werden – und die vollendete Glückseligkeit des Herzens aber ist es, im Quellpunkt des Strömens selber zu stehen und das freie Spenden des Wunders zu sein. So fremd uns diese Formulierungen heute klingen, das Faktum selbst ist von einer uneinholbaren Aktualität.

Im ,Sebastian' heißt es schließlich: *Einsteins Äquivalenz der Schwerefelder, Groddecks Es und Pursewardens heraldisches Universum sind alle ein und dasselbe, ihnen liegt das gleiche Konzept zu Grunde, und sie lassen sich mühelos mit den Formulierungen Pantajalis in Einklang bringen.* In der Psyche gibt es eine strenge Determiniertheit, nichts kommt von alleine und so etwas wie den Zufall gibt es nicht. Und wenn Sie nun annehmen, dass der soziale Körper, der uns umgibt und durch den wir uns definieren, ein ebenso streng determiniertes System ist, können Sie die Einsichten Freuds auf eine Soziologie der Imagination anwenden. Wir haben es mit einem System von Wechselbeziehungen zu tun, in dem unsere Erwartungen und Ängste prägen, was wir wahrnehmen und in vielen Fällen bringen sie es gar erst hervor. Die Menschen lernen nur unter Schmerzen, was heißt, dass sie ab einem gewissen Alter in der Regel gar nicht mehr bereit sind zu lernen. Manchen weckt die Todesangst, mancher beginnt in Situationen extremer Ausgeliefertheit auf einmal aufzuwachen. Es gibt da einen Punkt, der sich jeder Kontrolle entzieht, eine Grenze, an der viele zerbrechen, aufgeben und sich wegwerfen und hinter der manche in einer harten und gleißenden Integrität wieder auftauchen – früher waren das die Schamanen. An den Grenzen der normalen Verständigung stoßen wir auf eine andere Form der Kommunikation, auf ein Wissen, das uns anspringt, auf Dinge, die den Blick aufschlagen. Das Leben ist eine Geschichte, für die uns mit zunehmendem Alter das Verständnis verloren geht. Aus diesem Grund ist dann von einer fortgeschrittenen Entzauberung der Welt die Rede, von einem Rückzug des Göttlichen – aber das ist nur der Niederschlag der Verwaltungsstrukturen in der psychischen Ökonomie – nehmen Sie den Stichwortgeber dieses Prozesses der Ernüchterung, der ein enormes intellektuelles Potential freigesetzt hat und dann den Graden der bürokratischen Stillstellung erliegt, psychisch zerrüttet unfähig zur Lehre ist und erst am vom ersten Weltkrieg freigesetzten Umtrieb und den ganz anderen Aufgaben der Organisation der Spitäler gesundet – es sind die praktischen Anforderungen aber auch die Begegnung mit einer Unmasse völlig sinnlosen Leidens. Das System muss nur einmal kräftig geschüttelt werden, der Grad der Verzweiflung muss das Maß der Vorstellbarkeit überschreiten, die Qual muss jenen Grad erreichen, in dem nur noch ein Leben von Augenblick zu Augenblick möglich ist und jeder neue Tag ein Wunder darstellt. Und da, in den erbärmlichsten Niederungen der Verzweiflung stellt sich auf einmal das Glück ein. Glück ist Sinnfülle, ist die Präsenz des Göttlichen in der Welt. Und wenn alles zu verzaubernden Zeichen gerät, wenn die ganze Welt zeichenhaft ist und ihre Dinghaftigkeit hinter sich zurückgelassen hat, wenn die Verweisungszusammenhänge als wahre Wirklichkeit zugänglich werden, haben wir den Sinn in der Welt, die Götter sind wieder gegenwärtig.

Einmal im *Monsieur* heißt es: *Was für ein Narr er doch war, sich zu fragen, ob es wirklich anständig sei, unter diesen Bedingungen mit ihr ins Bett zu gehen. Und er unterlag ihr wie ein Schlafwandler. Wie herrlich, sie zu lieben, und dennoch... Kaum ist man unterhalb der lichterfüllten Meeresschicht, wo die großen stieläugigen Fische glotzen wie ungedrillte Neurosen, dann kommt irgendwo in dieser Region das Klick, das klassische déclic des Registrierkassen-Bewusstseins, der widerspenstigen, denkenden Seele. Er wusste es nur zu gut, doch er schloss die Augen und bohrte sich mit seinem Verstand in sie hinein und versuchte, sich zu verlieren. Er hatte alles vergessen... Jetzt flirtete er mit der Wahrheit der Dinge; er wusste, dass alle Begegnungen vorherbestimmt sind obwohl (oder vielleicht auch gerade weil) man nach der Person sucht, die das Schicksal sowieso für einen vorgesehen hat. Nach jemandem, mit dem man Modelle seiner eigenen Ängste bauen kann, die man dann treiben lässt, wieder einfängt und exorziert.* An einer anderen Stelle dann: *In der Dunkelheit zeichnet sich die wahre Aufgabe ab wie eine Art Leuchtpfad, nämlich: Wie man sich selbst einen Sinn gibt. Man braucht kein Künstler zu sein, um den Imperativ, der für jedermann gilt, zu erkennen. Ja, aber wie? Auf diesem Gebiet ist rechter Sex das Wichtigste, nehmt heute die Gefühle, befreit sie von all den giftigen Künstlichkeiten, die der Apparat, als schlaue Ideen verkleidet, eingeschmuggelt hat. Es ist die Umwandlung des abtrünnigen Geistes in verantwortungsloses, wolkenweiches Gelächter und lächelnde Leidenschaft.* Was wollen sie mehr, auch wenn Sie es als Kulturschaffende schon a priori nicht so genau wissen wollen, weil das Wissen schmerzt, weil für uns aus der Magie der Verwandlungen eine hilflose Form der Projektion geworden ist: *Dann später, als die Liebe ihn im Stich ließ und er der innerlich verwundete Mann wurde, unter dem wir alle litten, flüchtete er sich in Gelächter und Zynismus, was seiner wirklichen, eher verschlossenen Natur gänzlich fern lag. Er hatte endlich entdeckt, dass die Liebe keine Kraft in sich baute und dass die Projektion der eigenen Gefühle auf das Bild eines geliebten Wesens auf die Dauer ein Akt der Selbstverstümmelung war.* Und ganz am Schluss noch einmal zusammengefasst, in einer Situation der Vergeblichkeit und des endgültigen Zuspät, von dem die folgenden vier Bände ihren Ausgang nehmen: *Der Akt der sexuellen Zusammenkunft als Geist-Entfalter, als Ideen-Ausbrüter ist die Quelle aller Wissenschaft, aller Kunst, aller Informationen, deren der Geist als Nahrung bedarf. Das seelische Wachstum wird durch ihn gefördert. Er reinigt den Geist, schärft die Intuition, führt die Zukunft herbei. Doch um sich selbst und seine Aufgaben zu erfüllen, muss er Teil eines doppelten Akts sein, eines harmonischen Akts. Am stärksten ist seine Wirkung, wenn er von dem Tier mit den zwei Rücken praktiziert wird. Nein, ich scherzte nicht – sieh dir nur das Heer der sexuellen Geschlagenen rings um dich an... Der eigentliche Selbststarter in diesen schlichten alten Überlandbus, dem Körper, ist der gemeinsame Orgasmus – daher die Wichtigkeit des Liebes-Artefakts. ... Und wir vergessen nie, dass der Tod mit der Empfängnis beginnt. Dies ändert alles, sogar so etwas wie die Liebe. Wir machen den Orgasmus immer mehr zu etwas bewusstem. Wer einmal richtig und methodisch geliebt hat, mit angemessener Aufmerksamkeit für die Anfälligkeit der Gedanken und die Vergänglichkeit des Akts – der wird die Wahrheit dessen, was ich über den Tod sage, erkennen.*

Dann beginnt auch jene Erfahrungsform, in der alles ein Gesicht bekommt, in der die Worte den Corpus des Lebendigen beschriften. Die heraldische Wirklichkeit eröffnet dort, wo dich die Dinge ansehen, wo die Worte vielfältige Formen von Geschlechtsteilen darstellen und die bannende und fixierende Kraft hormoneller Wirbelstürme haben. *Eine Welt des Schöpferischen und der Entspannung, der Liebe und nicht des Zweifels. Das ist es, was uns von den anderen unterscheidet, die heute alles beherrschen im Namen des Todes.... Eine solche Geisteshaltung erlöst ein oder zwei Sekunden lang die ganze Natur, stellt den immer währenden Zyklus der Freude wieder her, der das gestern beseligte, von jeher das gestern prägte.* Entlang der Verweisungszusammenhänge können wir diesen Weltzustand nachbilden, in dem die Dinge zu Symbolen ihrer selbst werden. Keine abgenutzten Metaphern mehr, keine dumm gewordenen Konventionen, die das Denken abstellen und die Wahrnehmung schließen, sondern die Sprache der Götter, in der die Zeichen noch die Dinge selbst sind. Aus diesem Grund heißt es: Der so genannte Akt des Lebens ... ist in Wahrheit ein Akt der Einbildung. Die Welt, die wir immer als die Welt «da draußen» anvisieren, gibt sich nur der Selbsterforschung zu erkennen. ... Wer einmal diesen rätselvollen Sprung in die heraldische Wirklichkeit des poetischen Lebens tut, entdeckt, dass die Wahrheit ihre eigene eingebaute Moral hat! ... Die heraldische Wirklichkeit kann von jedem Punkt aus zuschlagen, oberhalb oder unterhalb: sie ist nicht wählerisch. Aber ohne sie wird das Rätsel bestehen bleiben. Du magst um die Welt reisen und die letzten Winkel der Erde mit deinen Zeilen kolonisieren und wirst doch selbst niemals das Singen hören. Sie finden die entscheidenden Stellen in *Clea* auf den Seiten 164 und 165."

Das kenne ich schon und ich habe erfahren, dass es stimmt – auch wenn ich mir sagen kann, dass die hier oben versuchen wollen psychische Mächte zu funktionalisieren, die so etwas nicht einfach mit sich machen lassen werden. Natürlich ist immer damit zu argumentieren, dass wir ja gar nichts anderes mehr hatten, dass uns nichts mehr geblieben war, wo wir uns hätten bewähren können, wo uns die Zuwendung entgegen gekommen wäre, die für eine passable Selbstdefinition nötig sein soll – aber vielleicht ist es uns gerade deswegen hin und wieder tatsächlich gelungen, ein paar dieser Zaubersprüche umzusetzen. Vielleicht ergab sich jene Wirkungsmächtigkeit, die ich in den verschiedenen Zusammenhängen dann als die Gesetzmäßigkeiten eines blankpolierten Spiegels gekennzeichnet habe, weil das Signifikantennetz selbst für uns zu arbeiten begann, wenn wir uns nur in der richtigen Form, ohne jede Negation, ohne irgendwelche Kontaktassoziation an die konfliktuelle Mimetik, unseren eigenen Aufgaben widmeten. Der blankpolierte Spiegel funktionierte nur, wenn die entfremdende Selbstdefinition über den Umweg des anderen abgestellt wurde und anderes blieb uns gar nicht übrig, wenn wir unter dem mimetischen Zwängen durchtauchen wollten, die jene Bildungsbeamten in unserem Umfeld verfügt hatten. Ohne Netz und doppelten Boden, aber dafür auf einmal mit viel mehr Aufmerksamkeit für einander versehen, mit einem wesentlich überzeugenderen Ansatz – denn wenn wir nicht in der Lage waren, uns für einander einzusetzen, konnte es niemanden sonst geben, der daran ein Interesse hatte.

„Damit sind wir doch aber wieder an dem Punkt, an dem sich die Frage nach den Leitbegriffen, nach den Wertvorstellungen aufwirft!"
Bornhard meint das anscheinend nicht einmal als Einwand, eher be-

inhaltet diese Frage die Forderung nach einer Moralvorstellung, die zum Leben befähigt und nicht auf der Antriebsstörung beruht: „Das heißt doch, dass wir uns um eine Wertphilosophie bemühen, die als obersten Begriff mit sich bringen müsste, das Glück zu lehren. Tugenden, die das Leben vergrößern und das Repertoire erweitern, warum sollte es nicht, wie es vorhin schon einmal angeklungen ist, die Möglichkeit einer Moral geben, die zum Leben befähigt? Wir haben doch alle Ingredienzien beisammen, warum bringen wir unseren Leuten nicht ein paar Kochrezepte in Sachen Glück bei!"

Albach nuschelt nur den Kommentar: „Glück ist Sinnfülle, die Präsenz des Göttlichen in der Welt. Wenn die Dinge keine toten Spielmarken mehr sind, wenn die Konventionen zerbrechen..."

„Wissen Sie, woher Durrell die Anregungen für seine Magie der Sprache bezogen hat?" fragt Merk. „Sie würden staunen, was bei Henry Miller noch so alles zu finden ist, eben in einem völlig verwahrlosten Bombast, der sich aus Zitaten und Selbstwahrnehmungen speist. Man könnte fast behaupten, bestimmte Zitate dienen Miller zur Selbstdefinition, zur Eingrenzung seiner wolkenhaften Wandelbarkeiten und wenn er durch solch eine geformte Wissensweise hindurchgegangen ist, hat er sich nicht nur verändert und umgeschaffen, er hat auch dieses Wissen neu und anders geprägt. Aber es ist viel weniger so, dass er darüber verfügt, tatsächlich wandert es durch ihn, durch seine Artikulation hindurch und er staunt im Nachhinein darüber, was sich durch ihn realisiert hat. Was Miller schreibt, sind seine Stoffwechselfunktionen, er wird zum Schauplatz eines Geschehens, vor dem er sich verneigt, bei dem er selbst über seine Schoßproduktionen staunt – aber er verfügt nicht darüber, und das erklärt vielleicht auch die Krise, die ihn überfällt, als er Durrells *Justine* gelesen hat. Dass einer mit solcher Kraft über seinen Gegenstand verfügt, dass im Sinne der mathesis universalis eine solch chaotische, durch den Trieb, die Kunst und die Psychose geprägte Welt, konstruiert und collagiert worden ist, stuft ihn für einen historischen Augenblick auf den Status eines Versagers und Nichtskönners herab, er verliert anhand der Lektüre seine Selbstachtung. Lesen Sie für diesen Zweck noch einmal den Briefwechsel – ein Schüler ist über seinen Meister hinaus gewachsen. In Miller finden Sie einen solchen

Proteus des Weltwissens, dass es nicht verwundert, wenn er eine Form der Sprachmagie kennen lernt, die nur ganz wenige vor ihm auf einen Nenner zu bringen in der Lage waren. Einmal macht er sich über die Wirkung des gesprochenen Polnisch Gedanken – und alles, was er darüber zusammenfasst, könnte direkt auf die Magie der Sprache gemünzt sein. Vielleicht zeigt sich da auch ein ganz anderer Weg, durch die Mortifikation des Ich zu gehen! Ich lasse einfach mal das Wort polnisch weg und fasse zusammen: *Nichts ist geeigneter, die Tonfärbungen, Dissonanzen und Destillationen dieser Sprache zu beschreiben, als das Wort Alchemie. Wie ein starkes Auflösungsmittel verwandelt die Sprache das Bild, den Begriff, das Symbol oder die Metapher in eine geheimnisvolle, durchscheinende Flüssigkeit von kampferartigem Geruch, die durch ihre einschmeichelnden Resonanzen den ständigen Wechsel und Austausch von Idee und Eingebung andeutet. ... Ein Mensch, der sich dieses Mittels bedient, ist nicht mehr bloß ein Mensch – er hat sich die Kräfte eines Zauberers angeeignet.* Das finden Sie in Plexus auf Seite 234. Und gleich am Anfang dieses chaotischen Buchs wurde eine Kennzeichnung der mimetischen Kraft des Lesens eingeführt: *Man ist so vom Geist eines anderen erfüllt, dass man buchstäblich zu platzen fürchtet. ... Dieser ,Andere' ist immer eine Art von alter ego. Es handelt sich nicht nur um das Erkennen einer verwandten Seele, man erkennt sich auch selbst. Sich selbst plötzlich Aug in Aug gegenüberstehen! Was für ein Augenblick! Indem man das Buch schließt, verfolgt man den Schöpfungsakt. Und dieser Prozess, dieser Ritus, meine ich, ist immer der gleiche: Gemeinschaft gleichzeitig überall. Schluss mit den Schranken! Je einsamer man ist, umso enger ist man mit der Welt verbunden. Vereint mit der Welt. Plötzlich sieht man klar, dass Gott, als er die Welt schuf, sie nicht preisgab, um sich irgendwo im Vorhimmel der Betrachtung hinzugeben. Gott schuf die Welt und trat in sie ein: Das ist der Sinn der Schöpfung.* Das war die Seite 32. Auge in Auge mit dem eigenen Tod – und was ist der schließlich anderes, als jene Projektionsmaschine, unter deren Linsen und extremer Beleuchtung noch einmal alle Bilder eines Lebens abgespult werden. Von mir aus schlampig ausgedrückt, von mir aus vergraben in einem Haufen von Nichtssagendheiten, aber wenn Sie diese beiden Stellen zusammen denken, haben Sie Durrells Programm in nuce und außerdem noch den notwendigen Hinweis, wie der Ich-Tod ohne sadomasochistische Abwege zu veranstalten sei. Eingedenk der Tatsache das das Lesen zu den Drogen der großen Transformation gehört."

Bornhard fällt ihm ins Wort: „Schon recht! Aber wenn die Membran der programmierten Selbsterlebensbeschreibung durchstoßen wird, wenn der während der Sozialisation geschmiedete Panzer bricht, besteht doch immer die Gefahr, dass gerade die intelligentesten und sensibelsten Wesen mit daran zerbrechen. Ich würde gerne wissen, wie wir mit diesem Potential etwas sorgsamer umgehen können. Vor allen Dingen, weil wir Frauen noch gar nicht so lange die Möglichkeit haben, an unseren Panzern zu schmieden. Sie können uns gar nicht so lästig geworden sein, während wir noch dabei sind, sie als lang ersehnte Errungenschaften in unsere Lebenserfahrung einzusenken – und vielen Heranwachsenden geht es doch nicht anders."

Albach schüttelt nur den Kopf: „Das wäre das allerfalscheste. Wir müssen sie in Frage stellen, müssen sie ausreizen, bis sie den Glauben an die Menschheit verlieren, wir müssen damit leben, dass die Sensibelsten dabei auf der Strecke bleiben. Das heißt ja nicht einmal etwas, wie oft kam gerade jene/r auf einer anderen Seinsebene wieder, der längst aufgegeben worden war, der so gründlich zerstört und in alle Winde zerstäubt worden ist, dass allen Gesetzen der Logik entsprechend gar nichts davon hätte übrig bleiben dürfen. Aber Ihr Ansatz ist falsch, so schreiben Sie das Elend nur fort. Wie sollen wir sonst den Charakterpanzer sprengen, dieses System aus Behinderungen, das sich hinter Gewohnheiten und Überzeugungen verbirgt."

Bornhard ist empört: „Ich versteh das nicht. Erst predigen Sie die Politik der Ekstase und auf einmal entpuppen Sie sich als Proselyt des Alten vom Berg und wollen Selbstmörder herstellen! Noch zynischer geht es wohl nicht."

Albach schüttelt den Kopf: „Das mag einmal passieren, aber ich kann Ihnen versprechen, es werden keine Selbstmordattentäter drunter sein. Und wenn ich die Problematik nehme, die im letzten Jahrhundert immer wieder dazu führte, dass Jugendliche sich bewaffnet haben, um in ihrer Schule ein Massaker anzurichten, dann waren die groß angelegten Kampagnen gegen Ballerspiele und die lokalen zeitweiligen Verbote virtueller Erlebniswelten ein Kampf an der falschen Front. Man hat dann die Schulen rechtfertigen müssen oder die Eltern und Lehrer wollten in Schutz genommen und frei gesprochen werden – aber tatsächlich war hier das Problem versteckt. Wie deformiert muss ein Heranwachsender sein, wie destruktiv müssen die Erfahrungen gewesen sein, die ihn prägten, wie verlogen die Werte, an die er nicht mehr glauben konnte, wie kaputt tatsächlich die Welt, in der nichts Reales mehr stattfand, wenn die zerfallende Identität nur noch den Ausweg bot, diese zwanghafte Fragmentierung anderen anzutun. Das ist eine Verzweiflungstat, die noch ex negativo an die strafende Autorität und die Durchsetzung eines Wertsystems appelliert – und genau da haben wir das, was in einer verwalteten Wattewelt, in der alles Erleben nur aus zweiter Hand gestattet war, gefehlt hat. Eine Tat, die Tatsachen schafft, ein Einschnitt, der die Phrasen und Vertröstungen erledigt, eine Provokation, die den sozialdemokratischen Zuschnitt der selbstdementierenden Macht aushebelt und, ähnlich wie der Satanismus, versucht, die strafende Macht des Gottes oder Souveräns wieder in der Jetztzeit zur Erscheinung zu bringen. Sie hätten rechtzeitig lernen sollen, richtig zu ficken, hätten auf virtuellen Spielfeldern eigenhändig ganze Kompanien niedermetzeln sollen, mancher braucht das in einem gewissen Alter, hätten sich an den größten Aufgabenstellungen der Menschheit versuchen dürfen – um dann, wenn es Zeit geworden wäre, verantwortlich erwachsen zu reagieren. Dazu braucht es eigentlich nur eine Voraussetzung, reale Begegnungen, ehrliche Reaktionen, menschliche Gegenüber, damit hätten sie so viele Erfahrungen gemacht, dass ein abgeklärter und damit ruhig gewordener Bewusstseinszustand die besten Voraussetzungen zu liefern in der Lage wäre. Aber so, fern gehalten von allem, was auch nur an Erfahrungen erinnern könnte und einem Lehrplan ausgeliefert, der zwar handhabbar war, aber mit den echten Fragen und täglichen Aufgabenstellungen so gut wie nichts zu tun hatte, voll gestopft mit einem Wertekatalog, der sich fast immer auf Phrasen reduzieren ließ, belämmert von einer Unterhaltungsindustrie, die nichts mehr an Kultur mit sich bringen konnte und zugleich beanspruchte, die einzige zu

sein – ich kann es verstehen, wenn Heranwachsende davon träumen, sich in eine Bombe zu verwandeln."
Verstehen kann ich das auch, aber aus anderen Gründen. Du musst einmal gejagt worden sein, um auf den Gedanken zu kommen, dass eine befriedete Welt, bei der das Gewaltmonopol beim Staat liegt, jenem Status vorzuziehen sein musste, in dem sich der Stärkere oder Einflussreichere ohne Rücksicht auf Verluste durchzusetzen wusste. Dabei war klar, dass nur an der Oberfläche dafür gesorgt worden war, dass es so aussehen sollte – während die Leute an den Schalthebeln der Macht tatsächlich dafür sorgen konnten, dass einer den Boden unter den Füssen verlor, und zwar, indem sie sich das Gewaltmonopol indirekt zunutze machten. Und du musst dich nur daran erinnern können, wie fremd und unlebendig all das war, was während der endlosen Jahre des Stillsitzens an einen heran gequatscht wurde, während es tatsächlich subtile Methoden der Gewaltausübung gab, mit denen kleine Leute über Statuszuweisungen, tägliche Subalternisierungen und verlogene Zerstreuungen klein gehalten wurden und sogar noch dazu angehalten werden konnten, dieses Geschäft der Macht in der Familie selbst nachzuspielen, um es besser auszuhalten. Das Moment der Stillstellung war nicht zu unterschätzen, betraf aber den angepassten Nachwuchs der Bildungsbürger viel eher, als irgendwelche Hilfsarbeiterkinder aus den Hinterhöfen, die sich einen abrasen konnten, für die es so etwas wie Stillstellungsdressuren nur am Rand gab – und deren Selbstzerstörung dann nicht zum Problem werden konnte, weil dies gesellschaftlich erwünscht war und sie in den meisten Fällen gar nicht in der Lage sein sollten, den einfachsten Anforderungen zu genügen. Und für diese kleinen Arschlöcher war das dann kein Problem des Überdrucks, wenn einer explodierte, sondern der schlichte Mangel an Puffern und Verhaltensregeln, um auch nur ein kleines Maß an Energie in die richtigen Bahnen zu leiten. Der Mangel an Möglichkeiten, die Abwesenheit der Zukunft, aber immer wieder die bittere Einsicht, dass nur die Stumpfheit blieb, die Verdumpfung, um möglichst wenig von dem Scheiß mitzubekommen, auf den man/frau jeden Tag mehr reduziert wurde. Aufgrund meiner Geschichte erwartete ich überhaupt nichts vom Bodensatz der Gesellschaft, aber ich konnte ver-

stehen, dass dieser in seinen noch wacheren Heranwachsenden auch nichts von dieser Welt erwartete – ich sehe also einen gewaltigen Unterschied, ob ein gemästeter und stillgestellter Gymnasiast durchdreht oder ob ein Kind ganz kleiner Ärsche Amok läuft. Du musst einmal mitbekommen haben, dass die kleinen Protagonisten der Wohlzufriedenheit mit den Lebenslügen, dem Verzicht und den ständigen Vergleichen mit den Nachbarn, den Vorgesetzten, den Fernsehfamilien selbst daran arbeiteten, bis all das in den Dreck getreten war, für was sie morgens aufstanden, um arbeiten zu gehen und dann auch noch die Erfahrung zu machen, dass sie nicht mehr gebraucht wurden und auch im Bett bleiben konnten und das am allerwenigsten vertrugen. Du musst nur einmal erfahren haben, wie sinnlos das Leben der Normalverbraucher war, um davon geheilt zu werden – nachdem es aufgrund irgendwelcher Zufälle die weitesten kulturellen Umwege gegeben hatte, die auch erst einmal ausgehalten werden mussten. Und dann stellt sich zum Hohn eine Ansammlung kultureller Vorbeter und Wertevermittler ein, die der festen Überzeugung sind, dass man aus diesem Grund die kulturellen Meriten erworben hat, um sich bei ihnen ganz hinten anstellen zu dürfen, um dann nach Jahren der Selbstverleugnung und des Speichelleckens irgendwann einmal ihre Position einnehmen zu dürfen. Pfui – was für ein Scheiß! Wer dann nicht mitspielt, wird gejagt, und auch da kommt irgendwann die Situation, in der nichts näher liegt, als die Wunschvorstellung, mit ein paar Handgranaten und einer oder zwei Maschinenpistolen durch die Korridore der Macht zu marschieren, bis die größten Arschlöcher dann vor einem in die Knie gehen – auch das ist ein Aspekt der *Matrix*, und vielleicht kein unwichtiger, sonst würden die Gralshüter der Kultur nicht die esoterische Interpretationsanweisung bevorzugen.

Aber Merk ist noch nicht fertig: „Und zum Zynismus ist nur zu sagen, dass er, wie Sloterdijk gezeigt hat, in den meisten Fällen ein Schutzschild ist, eine Maske, hinter der Schwächlinge ihre Verletzbarkeit verstecken. Wobei es auch da wieder eine Variante bei Huxley zu entdecken gibt, die die Chance beinhaltet, über den alltäglichen Schwachsinn hinaus zu gehen. Sie finden bei ihm viele solche minimalen Korrekturen, die auf den ersten Blick gar nicht groß auffallen.

Er führt hier eine Form des von Russel angeregten heuristischen Zynismus vor, gehen Sie auf die Seite 86, er hat einen klar offenbarenden Charakter. Außerdem finden Sie auch den entschiedenen Ansatz, zwischen verschiedenen Wertsystemen zu wählen. Der Wert an sich ist nicht schon von sich aus gut und erstrebenswert, es hängt immer davon ab, was wir mit den Werten anfangen und wozu sie uns befähigen: Es hat sein Gutes, zynisch zu sein – vorausgesetzt, dass man weiß, wann man aufhören muss. Die meisten Dinge, die man uns achten und ehren lehrte, verdienen nichts andres als Zynismus. Nehmen Sie ihren eignen Fall. Man lehrte Sie, Ideale wie Patriotismus, soziale Gerechtigkeit, wissenschaftliche Forschung, romantische Liebe anbeten. Man sagte Ihnen, Tugenden wie Treue, Mäßigkeit, Mut und Klugheit seien selbst schon und unter allen Umständen gut. Man versicherte Ihnen, Selbstaufopferung sei immer edel und edle Impulse seien ausnahmslos gut. Und das alles ist Unsinn, das alles ist ein Haufen Lügen, die die Menschen erfunden haben, um sich dafür zu rechtfertigen, dass sie fortfahren, Gott zu leugnen und ihrem Egoismus zu frönen. Wenn man nicht beständig und unermüdlich zynisch gegenüber der Salbaderei von Bischöfen und Bankiers, Professoren und Politikern und so weiter bleibt, ist man verloren, ganz und gar verloren; zu ewigem Kerker im eignen Ich verurteilt – verdammt dazu, eine Persönlichkeit in einer Welt von Persönlichkeiten zu bleiben, und damit ist diese Welt gemeint, die Welt der Gier und der Furcht und des Hasses, die Welt des Kriegs und des Kapitalismus, der Diktatur und der Knechtschaft. Ja, man muss zynisch sein! Besonders zynisch gegenüber allen Handlungen und Gefühlen, die man Sie für gut zu halten lehrte. Die meisten von ihnen sind nicht gut, sondern einfach Übeltaten, die allgemein für ehrenvoll gelten. Aber leider sind ehrenvolle Übeltaten ebenso schlecht wie entehrende. Die Schriftgelehrten und Pharisäer sind schließlich um kein Haar besser als die Zöllner und Sünder. Oft sind sie noch viel schlimmer, und zwar aus mehreren Gründen. Weil sie von andern geachtet werden, haben sie Achtung vor sich selbst, und nichts festigt so sehr den Ichkult wie Selbstachtung. Und diese Einsichten sind nicht neu, Sie finden sie bei vielen Neuerern der vergangenen Jahrhunderte. Und wenn wir einigen Heranwachsenden die Möglichkeiten eines stabilen Gerüsts mitgeben wollen, dann muss dazu die Einsicht gehören, dass nur Werte etwas taugen, die zum Leben befähigen. Die Hochschätzung von Benimmregeln und die Forderung nach einem Stil, nach überhöhten Formalisierungen, ist schon auf dem halben Weg zu einem normativen und autoritären System, das uns Werte vorgibt, an die wir uns entäußern sollen, damit nur ums so leichter über uns entschieden werden kann und damit wir bereitwillig für unser Interesse halten, was tatsächlich nur den Interessen derer dient, die über uns herrschen wollen. Bevor ich den Heranwachsenden irgendwelche Wertsysteme verschreibe, verzichte ich lieber auf das ganze normative Getue und befähige sie dazu, die vorhandenen Werte zu hinterfragen. Wenn sie weiter kommen, wenn sie die ersten schweren Kämpfe überstanden haben, wissen sie selbst, an was sie sich halten müssen. Und erst dann, wenn ein gewisses Repertoire an Überlebensregeln und Erfolgsprinzipien entstanden ist, ist die Zeit so weit, dass es sinnvoll sein kann – es muss nicht einmal sein, solange alles wie am Schnürchen läuft –, sich über die verschiedenen Wertvorstellungen und die Art und Weise, mit ihnen umzugehen, zu unterhalten. Davor ist darauf geschissen – und wenn Sie mir mit irgendwelchen unterdurchbluteten Bildungsbeamten kommen, die tatsächlich nur die Geborgenheit und Gemächlichkeit ihrer Lehrsysteme bedroht gefühlt haben, kann ich nur sagen: Gerade dann, dann erst recht!"

Möller scheint vermitteln zu wollen, aber vielleicht hat sie auch nur das Gefühl, endlich wieder einmal etwas sagen zu können: „Es führt ein gerader Weg von Huxley zu Leary, aber das ganze Theater um eine Politik der Ekstase hat auf die Dauer etwas sehr Quietistisches an sich. Wie wollen Sie denn aus einem Anbeter der Istigkeit, einem der das mystische Nu in allem und jedem zu suchen imstande ist, einen guten Verkäufer machen. Im besten Fall wird vielleicht ein Professor draus, aber dazu muss er sehr gute Beziehungen haben. Was fangen Sie mit einem an, der sich in der Gewebestruktur der Falten seiner Hose verliert, der zur Rechtfertigung seiner visuellen Gefräßigkeit alle relevanten Daten aus der Kunsthistorie heranziehen mag, aber den kommunikativen und sozialen Belangen gegenüber völlig gleichgültig ist?"

Unser Begleiter lächelt milde: „Das geht, das ist eine unser leichtesten Übungen und das Zitat, das wir gerade gehört haben, zeigt sehr wohl einen kritischen Zugriff auf die Wirklichkeit. Ich würde mich auch nicht immer nur auf die immaterielle Gier des Blicks beziehen, denn auch die Augen haben Körper und in gewissen Situationen hat das Sehen eine materielle Auswirkung. Nicht nur, wenn der Blick geködert wird, mehr sogar noch, wenn wir eine Geilheit bemerken und sie sich in uns vervielfältigt. Es sollte nicht unterschätzt werden, dass Huxley sich auf eine viel umfassendere Kommunikationsform eingelassen hat, als es die rein verbale jemals sein kann. Die Kunstgeschichte oder die kulturellen Abschweifungen sind bei ihm kein Selbstzweck, sondern dienen immer der Repertoireerweiterung und ehe der Leser sich versieht, akzeptiert er einen Werterelativismus und eine Erkenntnispluralität, die für jene Zeit, in der Huxley schrieb, eine ungeheuerliche Zumutung für den durchschnittlichen Erwartungshorizont darstellte. Sie können, wenn Sie davon absehen, dass er die Liebe aufgrund der postkoitalen Ernüchterungen gegenüber der Mystik im Nachteil gesehen hat, einiges von Huxley verwenden."

Ein bisschen griesgrämig scheint sich Albach rechtfertigen zu wollen. Außerdem versucht dem von seiner Argumentation wegdriftenden Gespräch einen kleinen Stoss in die richtige Richtung zu geben: „Ich habe nichts gegen Huxley einzuwenden, möchte aber erinnern, dass bei Durrell eine ähnliche Einsicht viel weiter vorgetrieben worden ist. Aus dem folgenden Zitat können Sie eine neue Kosmologie, eine historische Anthropologie, eine Form der rational eingefangenen semiotischen Magie ableiten. *Wir glauben auch, dass jede gedankenlose oder belanglose Tat durch das ganze Universum vibriert. Und immerzu Gedanken wie Wasserfluten durch uns strömen, haben wir keine Zeit, sie mit dem Zauberstab unseres Bewusstseins zu berühren, sie zu magnetisieren, sie zu erlösen, sozusagen.... Es gibt einen Weg, ... die Fülle der idealen Welt, die uns ruft, das weiße Herz des Lichts, die Quelle der Ur-Vision, die für eine Sekunde oder zwei das Paradies zurückerobern kann. Wir können Schadenersatz leisten, indem wir richtig lieben.* Alles hängt mit allem zusammen und so, wie Gutes Gutes anzieht und im Gefolge hat, vermehrt das Negative das Negative und liefert dem Bösen aus. Es mag viele asketische Disziplinen geben, die dazu dienen, eins mit dem Augenblick oder mit der Ewigkeit zu werden, aber die Techniken der Selbstabtötung beinhalten immer die Gefahr der Anmaßung und damit vervielfältigt sich die Negation."

„Huxleys Zurückhaltung war zeitbedingt", wirft Möller ein, „er wusste wesentlich mehr, wie wir immer wieder zwischen den Zeilen erahnen können. Außerdem entsprach sie dem schlechten Gewissen eines Mannes, der von den weiblichen Aspekten seiner psychischen Konstitution profitierte und zugleich auf eine weibliche Rollendefinition angewiesen war, für deren Minderwertigkeit er sich schämte. Wenn Sie wissen wollen, warum sich Hemingway, der Huxley nicht mochte, weil er ihn für einen Schwätzer hielt, in den Mund geschossen hat, müssen Sie eigentlich nur den folgenden Satz aus ‚Das Genie und die Göttin' verstehen". Sie war eine Göttin, und das Schweigen von Göttinnen ist echt Gold.... Der olympische Mund wird nicht durch einen Akt gewollter Diskretion gehalten, sondern weil es da wirklich nichts zu sagen gibt. Göttinnen sind ganz aus einem Guss. Bei ihnen sind keine inneren Konflikte vorhanden. Oder an anderer Stelle haben wir noch den leichtesten und unwiderlegbarsten Zugang zu dem, was das Gerede immer nur verdeckt, was die ganzen Kulturpraktiken notwendig macht – und dabei ist es in unseren Sinnen gegenwärtig. Alles Vergängliche ist nicht ein Gleichnis. In jedem Augenblick ist jedes Vergängliche ewig dieses Vergängliche. Was es bezeichnet, ist sein eigenes Sein. Und dieses Sein ist (wie man so klar sieht, wenn man verliebt ist) dasselbe wie das mit dem größten aller großen Anfangsbuchstaben geschriebene Sein. Warum liebt man die Frau, in die man verliebt ist? Weil sie ist. Und das ist schließlich Gottes eigene Definition seiner selbst. Ich bin, der ich bin. Die Frau ist, die sie ist. Einiges von ihrer Istigkeit fließt über und durchtränkt das ganze Weltall. Gegenstände und Ereignisse hören auf, bloße Vertreter ihrer Klasse zu sein, und werden etwas völlig einzigartiges; hören auf, Veranschaulichungen der verbalen Abstraktionen zu sein und werden völlig konkret. Erinnern Sie sich in solchen Zusammenhängen bitte an Lacans häufig auf Unverständnis und Abwehr treffende Formulierung: *Die Frau existiert nicht!* Aus dieser Gegenposition wird eigentlich erst deutlich, auf welcher kategorialen Ebene Huxley ansetzt. Bei Lacan ist dies die Kennzeichnung eines fundamentalen Ungenügens, in bewussten Fällen sogar einer Ablehnung, sich unter einen Allgemeinbegriff subsumieren zu lassen – aus diesem Grund hat auch Freud am Ende seines Forscherlebens, das er doch weitgehend der Frau gewidmet hatte, zugeben müssen, dass er nicht dahinter gekommen sei, was sie wolle. Der Mann dagegen hat nichts wichtigeres in seine Selbstdefinition aufgenommen, als die dauernde Anstrengung der Selbstvergewisserung, Halt und Sicherheit unter einem Allgemeinbegriff zu gewinnen. Somit sind wir bei der weiblichen Sozialisationsform wesentlich näher an der indexikalischen Vergegenwärtigung des Hier und Jetzt und das ist eine Form der Istigkeit.

Es darf auch nie vergessen werden, welche geheime Allianz zwischen den großen Institutionen des Glaubens und der weiblichen Lebenswelt besteht, mal abgesehen davon, dass der Glaube eine Form der Übersprungbildung darstellt und tatsächlich ein Resultat der Ausgeliefertheit ist – aber vielleicht ist auch das noch ein Begründungszusammenhang. Sie haben hier nicht nur die Kennzeichnung einer Souveränität des verführenden Objekts, von der ein Mann nur träumen kann, wenn er sich unter den Qualen der Selbstabtötung einer Karikatur dieser Souveränität anzunähern beginnt. Was noch wichtiger ist, sie haben auch eine metaphysische Münchausiade, mit der sich das Defektwesen Mensch am eigenen Schopf aus dem Sumpf der naturgeschichtlichen Verhaftetheit zieht, indem es den Glauben erfindet. Wobei ich darum bitte, dass Sie dieses Bild der Göttin, die im Schweigen die Wahrheit ist, nicht mit den großbürgerlichen Verirrungen verwechseln mögen, wie sie zum Beispiel in Willy Haas Lebenserinnerungen statthaben. Auch dort findet sich ein Bezug auf genau dieses Zitat und das im Zusammenhang eines fast grandseigneurhaften Unverständnisses der Belange der Emanzipation der Frau – quasi: Warum will sie dass, wenn sie doch schon alles hat? Das Entscheidende scheint mir, dass sich diese beiden Formen des Erlebens und der Selbstdefinition nicht bekriegen, sondern ergänzen sollen. Die Verabsolutierung eines Rollenverständnisses ist auf die Dauer immer tödlich, aber je größer das Spektrum wird, das eine oder einer im Laufe des Lebens zu erfahren in der Lage ist, je wahrscheinlicher nähern sie sich dann auch den Wahrheiten ihrer Existenz."

Bornhard nickt und macht den Eindruck, als habe sie sich nur widerwillig überzeugen lassen: „Das kann einen immer wieder neu ver-

wundern, wie die Idealisierung der Frau einhergeht mit einem Rollen-
verständnis, das ihre realen Möglichkeiten als minderwertig voraussetzt. Auf dem Papier heißt es, dass das Wesen der Frau in ihrem
Geheimnis bestehe, dass ihre Macht auf ihrem Schweigen beruhe –
aber im realen Leben musste sie die Rolle der Gebärmaschine mit
der des Mädchen für alles kombinieren können, während ihre Sexualität an die Halbwelt delegiert war. Nun gut, Huxley hat sich von diesem Frauenbild bereits verabschiedet, so wüsste ich auch noch ein
paar brauchbare Einsichten aus seinen Essays! Sexualität und Tod
werden wie bei Ariès als die beiden Einbruchstellen einer als übermächtig erfahrenen Natur gekennzeichnet. Aber bei Huxley offenbaren sie Chancen, an denen der Mensch sich abzuarbeiten hat, Liebe
und Tod werden verstanden als die größtmöglichen Aufgabenstellungen der Erleuchtung. Aus diesem Grund ist auf Seite 297 von
Formen der Domestikation die Rede, die Elemente, mit denen die
Wildnis bis in unser Selbst reicht, fordern eine besondere Modellierung: Jede Zivilisation stellt unter anderem eine Übereinkunft dar, die es
ermöglicht, Leidenschaften zu domestizieren und sinnvoll zu nutzen. Dem
Problem der Domestizierung der Sexualität muss man sich auf zwei verschiedenen Ebenen menschlicher Erfahrung nähern, und zwar auf der psy-
cho-physiologischen und der sozialen Ebene. Auf der sozialen Ebene wurden die Beziehungen zwischen den Geschlechtern schon immer und überall
durch Gesetze, nicht kodifizierte Sitten, Tabus und religiöse Rituale geregelt. Diese Regeln sind in Hunderten von Büchern beschrieben worden, und
es genügt, wenn wir *en passant* daran erinnern. Momentan geht es um das
Problem, die Sexualität an ihrem Ursprung zu domestizieren, ihre Manifes-
tation beim einzelnen Liebenden zu zivilisieren. Diesem Thema haben wir,
unserer westlichen Tradition gemäß, viel zu wenig Aufmerksamkeit geschenkt. Tatsächlich sind wir erst seit wenigen Jahren, dank dem schwin-
denden Einfluss der jüdisch-christlichen Ethik, zu einer sachlichen Erörte-
rung imstande.

Huxley gibt sich nicht mit der vulgären Aufklärung zufrieden, er folgt
noch dem alten philosophischen Ideal der Weisheit und in den späten Romanen finden wir einen Vordenker der Selbsthilfebewegung.
Wir sind der Natur nicht so fern, wie uns eingeredet werden soll –
und wir haben auch jeder die Chance, an den bereits zur Verfügung

stehenden Weisheiten des Menschengeschlechts anzuknüpfen und sie für uns verfügbar zu machen. Aus diesem Grund kann er auf Traditionslinien zurückgreifen, die für uns heute eine ganz andere Bedeutung gewonnen haben, als das noch zu seiner Zeit war: Im Westen waren Theorie und Praxis des Tantra nie anerkannt, außer vielleicht während der ersten Jahrhunderte des Christentums. Zu jener Zeit war es für Ekklesiasten und fromme Laien üblich, >spirituelle Ehefrauen< zu haben, die man Agapetai, Syneisaktoi oder Virgines Subintroductae nannte. Über die genauen Beziehungen zwischen diesen spirituellen Ehefrauen und Ehemännern wissen wir nur sehr wenig; aber es hat den Anschein, als sei zumindest in einigen Fällen eine Art Karezza oder körperliche Vereinigung ohne Orgasmus als religiöse Übung praktiziert worden, die zu wertvollen spirituellen Erfahrungen führte.

Noyes' Vorgänger und die christlichen Entsprechungen des Tantra sind größtenteils bei den Häretikern zu suchen – bei den Gnostikern der ersten Jahrhunderte unserer Zeitrechnung, bei den Katharern im frühen Mittelalter und bei den Adamiten der Brüder und Schwestern vom Freien Geist ab dem Ende des 13. Jahrhunderts. Schauen Sie die Seiten 302, 303 und 306 an, wie von alleine stellt sich der Bezug auf eine verborgene Tradition ein, die schließlich auch für Durrell entscheidend wurde. Ich fasse kurz das wichtigste zusammen: Wir erfahren, dass sie einen *modum specialem coeundi* praktizierten, eine besondere Form des Geschlechtsverkehrs, die mit Noyes' männlicher Kontinenz oder dem von römisch-katholischen Kasuisten erlaubten coitus *reservatus* identisch war. Diese Form des Geschlechtsverkehrs, erklärten sie, sei bereits Adam vor dem Sündenfall bekannt und einer der wesentlichen Bestandteile des Paradieses gewesen. Es war ein sakramentaler Akt sowohl der Nächstenliebe als auch mystischer Erkenntnis und wurde darum von den Brüdern *acclivitas* genannt – der nach oben führende Pfad. Nach Aegidius Cantor, dem Führer der flämischen Adamiten zu Beginn des 15. Jahrhunderts, »kann der natürliche Geschlechtsakt so vollzogen werden, dass er in den Augen Gottes einem Gebet gleichkommt.« Oder später noch: Und während Noyes, der praktisch veranlagte Yankee, der Frage, wie er seinen Anhängern die Technik der männlichen Kontinenz beibringen solle, viel Zeit und Oberlegung widmete, hat sich die katholische Kirche wenig oder gar nicht darum gekümmert, ihre Jugendlichen in der Kunst des coitus reservatus zu unterweisen. (Wie merkwürdig, dass primitive Völker, wie etwa die Bewohner der Trobriand-Inseln, darauf achten, ihre Kinder die besten Methoden zur Domestizierung der Sexualität zu lehren, wir hingegen, die Zivilisierten, so dumm sind, unsere Kinder schutzlos ihren wilden, gefährlichen Leidenschaften preiszugeben!) Das wäre schon einmal ein ganz pragmatischer Ansatz, der zum Ausgangspunkt der vielfältigsten Entwicklungen taugte. Und dann schauen Sie einmal, was in den letzten Jahrzehnten daraus gelernt wurde, mal abgesehen von einigen wenigen Randgruppen und Außenseitern in exotischen Nischen.

Und dann sollte nicht vergessen werden, das ähnliche Gewährsleute herangezogen werden, es ist das Erbe der Gnosis und der Katharer. Es geht auch nicht nur darum, Techniken der Verhütung zugänglich zu machen, sondern vielmehr gilt es, eine missratene Schöpfung zu korrigieren. Eine Aktualisierung finden Sie übrigens bei Roszak, dessen *Schattenlichter* wir später noch für die Pädagogik genauer ansehen. Um Ihnen zu zeigen, wie weit Huxley tatsächlich seiner Zeit voraus war, oder auch andersherum, wie sehr diese der Zeit enthobenen Einsichten, quasi quer durch die Zeiten, an einer ewigen Aktualität teilhaben, sollten wir kurz ein paar Seiten Roszaks zusammenfassen. Vielleicht wird damit auch deutlich, wie sehr die Menschheit auf jenen schmalen Spalt angewiesen ist, durch den immer wieder etwas Licht in ihre Geschichte fällt – und ich finde es eine reizvolle Parallele, die zwischen der Technik des Kinos und den Illuminationen der Mystiker gezogen wird: Das Flackern der Erleuchtung oder der Verführung. In theoretischer Hinsicht finden Sie diese Kombinatorik übrigens schon in der Ästhetik Walter Benjamins – die mystische Theorie der Sprachmagie, eine Untersuchung der Geschichte der Fotografie und des Films, eine Theorie dialektischer Bilder und geschichtsphilosophische Thesen, die sich an der Eroberung der Jetztzeit und des Augenblicks versuchen. Darüber müsste uns Musik einiges zu erzählen wissen, aber erst einmal wollen wir etwas über diese uralte Liebeskunst hören!"

Merk lacht meckernd und gibt zu bedenken: „Es würde zu weit gehen, den coitus interruptus auf die Selbstzerstörungsriten des Bürgertums zu beziehen, aber dennoch möchte ich doch den Unterschied wissen. Es hieß einmal, das neunzehnte Jahrhundert sei das der gescheiterten bürgerlichen Revolutionen und das der Hysterie – aber vor allem ist es eines der immer stärker zunehmenden Paranoia, vor der dann nur der Krieg erlöst und die hat nachgewiesenermaßen einen direkten Bezug auf die Praxis des Interruptus."

„Der Hinweis ist auf jeden Fall im Auge zu behalten", bestätigt Bornhard. „Denn mit der gängigen Praktik der auf dem abgewürgten Begehren beruhenden Empfängnisverhütung hat diese Praktik nun wirklich nichts zu tun. Noch dazu war sie für die meisten Zeugungen verantwortlich – und genau das erscheint unter unserer Optik als Betrug an der Schöpfung und als Selbstzerstörung auf Raten. Die Not und die Bosheit kommen nicht durch die Lust in die Welt, nein, sie sind eine direkte Folge der Vermehrung! Es geht nicht darum, das Begehren abzuwürgen, sondern darum, es zu kultivieren, es durch den Aufschub und die Verlängerung des Spannungsbogens in ganz andere Höhen zu transponieren."

Albach hat immer wieder einmal genickt und eifrig in einem Stapel Papier geblättert, er scheint die entbeinten Essenzhäppchen ganzer Bibliotheken in seinen ausgebeulten Taschen zu transportieren. Endlich ist er so weit: „Wir kommen damit zu einer ganz brauchbaren Einführung in eine Ökologie der Lebensenergie. Und das ist nicht zu verachten, damit lassen sich Fehler korrigieren, die seit tausenden von Jahren immer wieder gemacht werden, eigentlich seitdem die erste Überflusskultur dem Ende zuging. Und das ist erst ein Anfang, eine Lichtung, wie nebenbei erfahren wir auch einiges darüber, wie diese Energien umzuleiten sind und damit zu Techniken der Verjüngung werden. Haben Sie sich schon einmal Gedanken gemacht, warum in den alten Zeiten immer wieder davon die Rede ist, was für ein biblisches Alter die Leute erreichen. Natürlich ist es ein leichtes zu interpretieren, dass die Grenzen fließend waren, dass in einer mündlichen Kultur ein Sohn im Laufe der Jahre zu seinem eigenen Vater und Großvater wurde, dass sich die durch Spruchweisen weitergegebenen Lebensklugheiten so durch die Generationen bewegten und irgendwann behauptet werden konnte, in alten Zeiten wurden die Menschen achthundert oder neunhundert oder gar tausend Jahre alt. Und das finden Sie nicht nur in der Bibel, das finden Sie in praktisch allen heiligen Büchern der Menschheit und noch bei Castaneda gibt es den nicht einmal sehr versteckten Hinweis, dass ein Zauberer alles an Tricks daran setzen muss, um die Kraft wieder zu gewinnen, die ihm entwunden worden ist, als er Kinder gezeugt hat. Also hören wir uns das einmal an! Kennzeichnend ist, dass es wieder eine Frau ist, die professionell in dieses System einführt: Es war ihr Lebensinhalt, ihre Mission, ihr Geschenk an die Welt, für die Verbreitung dieser Lehre zu sorgen. Zu ihren Schülern gehörten Frauen und Männer, Junge und Alte. Außerdem sollte nicht unterschätzt werden, dass der Zugang zu dieser hohen Kunst des Scharfmachens unter Hypnose stattfindet, also unter Ausschaltung des Ich: Was in den nächsten Stunden nicht geschah, war bemerkenswerter als das, was geschah. Während dieser ganzen Zeit über hätte ich gesagt, dass nichts geschah – zumindest nichts zwischen ihr und mir. Kein Kuss, keine Umarmung. Nicht einmal eine Berührung. Ich meine, keine wirkliche Berührung. Olga kam so nah an mich heran, dass ich die Wärme ihres Körpers spürte, und das blieb lange der einzige Kontakt zwischen uns. Die Wärme wurde stärker, so stark wie die Reflektion der Sonne auf einer Steinwand. Wo kam diese Hitze nur her? Der Geruch, der mit ihr aufstieg, ließ sich nicht mehr als Duft bezeichnen – Olga strömte nun ein deutliches Moschusaroma aus, das ich nicht unbedingt als angenehm empfand und das erst nach einigen Minuten milder wurde und seine störende Wirkung verlor. Und doch, hätte ich diese stechende Körperausdünstung beschreiben sollen, hätte ich gesagt: so sexy, dass es einem den Atem verschlägt. ...

Umso größer meine Überraschung, als Olgas suchender Finger auf einmal, in einer wirklichen Berührung, auf der Spitze meines Penis zu liegen kam, direkt im krönenden Spalt. Ich sage Spitze, weil ich tatsächlich, so unglaublich es mir schien, stark erregt war – ich hatte eine erstklassige Erektion. Aber wie hatte das passieren können, ohne dass ich etwas davon bemerkt hatte? Und warum? Olga hatte mich nicht stimuliert. Ganz im Gegenteil, ich wäre beinahe eingenickt. Doch plötzlich, als wäre ich aus tiefem Schlaf erwacht, begann es in mir zu tosen. Oder vielleicht wurde mir nur bewusst – im Kopf –, was in meinem Körper los war. Ich warf einen Blick nach unten, um zu sehen, ob es tatsächlich so war, wie ich es fühlte. Ja, da stand er, in Habachtstellung, brav und diensteifrig wie ein Soldat. In diesem Moment fuhr Olga mit dem Finger – vielmehr dem Fingernagel - leicht und langsam meinen fiebrig gespannten Schaft hinab. Die Empfindung war so machtvoll, dass mir das Blut in den Kopf schoss. Ein tiefes, berauschtes Entzücken erfasste mich, das schwindelerregend nahe an die Erlösung grenzte, ohne sie jedoch ganz zu erlangen. Ich kam – aber ich kam nicht an.

»Vorsicht«, ermahnte mich Olga leise, »wir wollen doch nichts verlieren, oder?« Wieder deutete sie auf den kleinen Juwel, dem ich meine Aufmerksamkeit zuwenden sollte. Mein Atem wurde so flach, dass ich zum Luftholen den Mund öffnen musste. Bald keuchte ich nur noch, wild versessen auf den Höhepunkt, der greifbar nah war, doch immer knapp außer Reichweite. So qualvoll die Erfahrung war, ich musste die Raffinesse dieser Technik bewundern: Es war die hohe Kunst des Scharfmachens. Wie lang konnte mich Olga so auf Messers Schneide halten? Die Antwort war ein sexueller Zustand, von dessen Existenz ich vorher nichts geahnt hatte: bis ich so abgestumpft war, dass es mich nicht mehr interessierte. Während des Geschehens hätte ich nicht sagen können, ob es sich um Minuten oder Stunden handelte; ich hatte jedes Zeitgefühl verloren.

Dann jedoch, nach einer schier endlosen Weile, merkte ich, dass meine Erregung – so intensiv, so schmerzhaft – abgeklungen war und dass eine warme Ruhe in mir einkehrte. Benebelt und verwirrt wie ich war, registrierte ich kaum, dass sich Olga nun hinter mich kniete, die Arme um mich legte und meinen erschöpften Körper sanft hin und her wog. Was war geschehen? Ich blickte nach unten und sah mein schlaffes Glied friedlich in ihrer gewölbten Hand ruhen. Nichts deutete auf einen Höhepunkt hin, und ich konnte mich auch nicht erinnern, ihn erreicht zu haben. Doch ich wusste ganz genau, dass es einen krönenden Moment gegeben hatte, einen Moment der Erfüllung, nach dem ich zusammengesunken war wie ein müder Läufer, der ein Rennen abbricht, um sich endlich ausruhen zu können. Irgendwo tief in meinen sexuellen Kanälen spürte ich einen unangenehmen Stau, doch Olgas Hand war schon dabei, diese Empfindung wegzustreichen. Und an anderer Stelle eine konkrete Umsetzung am lebenden Objekt. Wir werden ab einem gewissen Stadium der Entwicklung zu ähnlichen Techniken greifen müssen. Und wenn ich an Paz wichtige Unterscheidung zwischen Sex und Erotik erinnern darf, dieser Sex ohne Sex, ein Schnellkurs in einer Art von Sex, die »kein Sex« war – erinnern Sie sich in diesem Zusammenhang bitte auch an die Tendenz in unserer multimedialen Welt, die Sinnesreize von den Stimulantien zu befreien, vom alkoholfreien Bier über ein belastungsfreies Leben zum Sex im Cyberspace – führt direkt aus dem Bereich der tierischen Funktionalität in den der kulturellen Sublimation. Der Sex ist vorpersonell und anonym, die Erotik prägt die Persönlichkeit und bereitet den Sprung in die Stadien des Göttlichen vor. Gerade der Zweifel, ob er dieses neu erworbene Wissen jemals würde anwenden können und die Einschränkung, dass diese Art von Liebesspiel derart viel Zeit in Anspruch nehme, dass die meisten Leute trotz der ultimativen Erfahrung gar nicht die Zeit haben, dass sie tatsächlich gar nicht so viel für Sex übrig haben, gibt uns den Fingerzeig, dass wir es vielleicht mit einer Anleitung zur Souveränität zu tun bekommen könnten. Und vielleicht erklärt das auch, dass die Leute so besessen vom Sex sind, weil sie es noch nie richtig hingebracht haben, weil sie gar nicht den Mut aufbringen, es richtig hinbekommen zu wollen, weil sonst die Angst vor dem Versagen oder vor der Enttäuschung jegliche Lust weg frisst. In diesem Zusammenhang wäre sicher eine kleine Abschweifung über die bei Durrell oder Benjamin konstatierten Anlässe einer kulturell bedingten Impotenz angebracht – aber davon später mehr. Entscheidend ist die Kennzeichnung, dass die Leute aus Zeitmangel sich lieber für Fastfood als für Haute Cuisine entscheiden – und das hat auch politische und wirtschaftliche Gründe! So ein Burger, zwei- oder sogar dreistöckig, mag uns hin und wieder auch schmecken, aber es fällt doch auf, dass sich während dem Essen kein Gefühl der Sättigung einstellt, sondern eher die Gier nach mehr. Und das ist das Geheimnis von all diesem nachgemachten Leben, es macht nicht satt, vermittelt keinen Halt, hat keinen Inhalt und macht dennoch oder gerade deswegen süchtig. Zum Stichwort Souveränitätstraining ist vielleicht zu erläutern: Es ist immer eine Frage, für was die Leute ihre gar so kostbare Zeit brauchen. Vor allem, wenn sie den ganzen Tag der konfliktuellen Mimetik gehorchen, wenn es ständig höher, schneller, teuerer als bei den anderen sein soll – natürlich fehlt es dann an der Zeit sich hinzugeben, sich mit den Strömen gehen zu lassen. Wer immer nur nach den anderen schaut, wer davon besessen ist, sich ständig messen und vergleichen zu wollen, wer meint, die Selbstdefinition sei nur über den Umweg des anderen möglich, wird seine Zeit eher in Selbstzerstörung und Bosheit investieren, als einzusehen, dass ein solches Leben aus zweiter Hand schon am Einlass zur Lebendigkeit zurück gewiesen wird. Das sind tatsächlich jene, die gar nicht bis zum Leben vorgelassen wurden, die noch nicht zu Ende geboren worden sind. Anders aber meine ich sagen zu können, wer sich für einen Partner oder eine Partnerin investiert, wer die guten Dinge zu pflegen beginnt, wer fähig ist, sich den wirklichen Feinheiten zu widmen, wird keine Zeit mehr für die konfliktuelle Mimetik mehr haben! Wer sich den guten Praktiken zuzuwenden weiß, wird von der Negation und der Entfremdung geheilt.

Aus diesem Grund halte ich das folgende Zitat für sehr kennzeichnend, es zeigt, wie das Versprechen mit dem Betrug legiert worden ist, wie unter gewissen Voraussetzungen der letzten Jahrtausende das Begehren selber zu Betrug wird und die versprochene Befriedigung das genaue Gegenteil liefert: nämlich alle Gründe der Unbefriedigtheit: »Wie du gesagt hast, es ist im Kopf der Leute. Im Kopf, nicht im Schwanz.« Sie streckte die Hand aus, um mir eine kleine Anatomielektion zu erteilen. Zuerst berührte sie meinen schlummernden Penis, dann die Hoden. »Siehst du, das da ist verbunden mit dem da. Das hält die Welt am Laufen. Hier ist Bhoga.« Sie streichelte den Penis. »Und dort ist die Welt«. Sie hob die Hoden. »Die Kriege, das Leiden, das Elend, das immer weitergeht von einer Generation zur nächsten, tausende von Jahren. Hier ist der Himmel, dort ist die Hölle. Aber die zwei sind miteinander vermischt worden. Das ist der gemeine Trick daran«. »Wessen gemeiner Trick?« »Der Trick des Teufels«, antwortete sie wie ein Kind.

Damit haben wir den ursprünglichen Ansatz der Gnosis in einer neuen Verkleidung. Und wenn wir in der Lage sind, nur die Hälfte dieser Wahrheiten richtig umzusetzen, werden wir in der Schule der Liebe mit Ergebnissen aufwarten können, die Sie in der restlichen Konförderation nicht noch einmal finden,“ unterstreicht Albach und klammert sich erschöpft an seiner Pfeife fest. Immer wieder habe ich das Gefühl, er strengt sich so an, weil er eigene Widerstände niederringen muss – und dann ist es vielleicht gar keine Sprachstörung, vielleicht dient sie nur zur Tarnung und Ablenkung. Obwohl das ineinander greift, wenn ich mich richtig erinnere, hatten all die Leute, die uns stören und behindern wollten, irgendwelche Probleme beim Sprechen und beim Gehen und wenn ich dann ihren Sexualneid als Antrieb nehme, kann ich davon ausgehen, dass sie nicht nur sprachgestört und gehbehindert sondern auch sexualgestört waren. Vermutlich ist genau das der Weg, wie das Begehren selbst verdreht wird, bis es den Betrug befördert, wenn es in der Regel unter der Anleitung von Antriebsgestörten und Perversen modelliert wird und damit fast nie bis zum Status des autonomen Lernens heranreifen darf. Bornhard ergänzt: „Und einen wesentlichen Bezug auf die Gnosis finden wir in genau diesen Zusammenhängen. Wobei es bei Roszak in ganz traditioneller Weise darauf hinausläuft, dass der Gang der Zivilisation selbst dem hämischen Schöpfergott der Gnosis unterstellt ist, bis zu den Techniken der Massenunterhaltung, die heute in vieler Hinsicht das schmutzige Geschäft der Kriege vergangener Jahrhunderte übernommen haben. Vor hier aus wird aber vielleicht auch deutlich, welches Heilsgeschehen bei Durrell freigesetzt werden soll.

»Und was ist das Entscheidende?« Mit einer drollig lehrerhaften Geste hob sie den Zeigefinger. »Keine Babys.« »Verhütung?« Ich war verblüfft. »Du meinst, Max musste dir das erst beibringen?« Sie schüttelte den Kopf. »Nicht, wie man keine Kinder kriegt. ... »Die Welt ist die Hölle.« Sie ließ diese Bemerkung beiläufig fallen, zwischen zwei Schluck Tee, ohne dass das Funkeln in ihren lebhaften Augen nachließ. »So ist es doch, oder? In eine solche Hölle bringt man keine Kinder. Deswegen ist Sex immer mit Scham verbunden. Durch Sex entstehen Kinder für die Welt von Herrn Hitler. Sex ist etwas Verrücktes, wie ein wildes Tier in uns. Es ist in Ordnung, wenn der Körper ein Tier ist – aber wenn wir uns dem Körper einfach überlassen, gibt es ein Kind, dann noch ein Kind und noch eins ... und immer so weiter. Es ist jämmerlich. Keine Freude dabei. Wir wissen ganz genau, dass es falsch ist. >Den Teufel füttern<, hat Max dazu gesagt. Verstehst du? Der Sex macht Babys, er füttert den Teufel. Doch Max hat mir gezeigt, wie ich das Tier bändigen kann.

Du siehst ja, was für guten Sex du heute gehabt hast. Und keine Verschwendung, keine Babys. Bald werde ich dir zeigen, wie man das hier drinnen machen kann.« Sie ließ meine Hand über ihren Bauch gleiten und legte sie dann zwischen ihre Beine, auf ihr erhitztes Geschlecht. »Das ist Bhoga. Die reinste aller Freuden.« ... »Rein?« »Wenn es keine Verschwendung gibt, keinen Samen, dann ist der Sex rein. Wenn man aber den Teufel damit füttert – das macht ihn unrein.« ... »Nicht wegen dem Vergnügen, sondern wegen dem Leid, das dadurch entsteht. ... Aber bei Bhoga weiß man, dass das Vergnügen größer ist, wenn kein Samen kommt. Wir überlisten den Teufel bei seinem eigenen Spiel. Wir haben unseren Spaß – aber er kriegt keine Babys... Die Welt ist die Hölle.« Und ich finde es in solchen Zusammenhängen fast selbstverständlich und gar nicht mehr konstruiert, dass der Krieg und die Zeugung in eine direkte Beziehung gesetzt werden – genau so muss dass Spiel wirklich über Jahrhunderte funktioniert haben. So wundert mich nur eines: Warum ist Durrells Ansatz einer Überwindung der Gnosis wieder an eine Zeugung gebunden?"

Mutzlacher braust auf: „Das ist doch nicht mehr als eine Schauseite, die den Konsum und die Unterhaltung versüßen soll, aber tatsächlich ist doch gerade das Gegenteil der Fall. Ihre Randgruppen, ich werde nicht aufhören, immer wieder darauf hinzuweisen, haben doch im Zeitalter des Internet längst das Geschäft der Normalität übernommen. Ist ihnen schon einmal aufgefallen, dass diese uralten Sexualpraktiken im Cybersex allgegenwärtig sind. Wie es Zizek formuliert hat: Kein Sex bitte, wir sind virtuell! Und das schlimme daran ist, dass deutlich werden soll, dass es einen realen Sex nie gegeben hat, dass er immer nur vorgestellt war, dass der oder die andere immer nur ein Stimulans für die eigene Masturbation gewesen sein sollen. Gerade dafür, dass es mehr sein kann, steht doch das Kind, für jeden Erzeuger muss es tatsächlich zur Beweisfigur werden, dass da mehr war, als die eigenen Vorstellungen und Projektionen. Und wenn Sie Lacans unstatthafte Behauptung, es gebe kein Verhältnis der Geschlechter wirklich hinterfragen wollen, dann können Sie vom Kind ausgehen und ganz klar feststellen: Es muss aber eines gegeben haben! Natürlich ist es nicht das, das sich frisch Verliebte vorstellen wollen – es ist sogar ganz klar zu formulieren: Entweder die Liebe oder das Kind! Und das muss jeder selbst für sich entscheiden. Wenn hier dann immer wieder das Thema der psychischen Impotenz angesprochen wird, wirklich als Vorwurf, dann möchte ich Sie daran erinnern, was die Menschheit alles diesem Unvermögen verdankt, denn die meisten kulturellen Errungenschaften sind nicht mehr, als ein Resultat der Kompensation. Das können Sie auch bei Ihrem hochgelobten Durrell finden, die Architektur seiner Romane, der Aufbau und die Konzeption beruht auf genau dieser Einsicht. Wenn es zwei richtig gut können, werden sie nicht darüber reden, werden nicht die Zeit und Energie verschwenden, um andere vor Neid erblassen zu lassen und sie werden auch keinen Grund haben, sich selbst mit der sprachlichen Reproduktion noch ein Surplus zu erobern. Unter den richtigen und optimalen Bedingungen wäre das doch nur eine Verschwendung von Energie, die für viel Schöneres zur Verfügung stehen könnte. Und deswegen kann sich ein Roman erlauben, davon in den höchsten Tönen zu schwärmen, wenn die Gelebte hinüber ist und der große Liebende zu einem verkrüppelten alten Mann geworden ist. Auch da, in der Erinnerung, in der lustvoll ausgeschmückten Reproduktion kann eine Klasse behauptet werden, vor der sich das durchschnittliche Leben mit seinen kleinen Mühen Tag für Tag, nur verstecken kann.

Und noch einen weiteren Einwand habe ich. Nichts ist bei dieser Argumentation mit dem virtuellen Sex fraglicher, nichts unwahrscheinlicher, als eine Konzeption des Menschen, die vorgibt, über den Solipsismus hinaus gekommen zu sein. Dann wäre es ja wirklich schon ein Fortschritt, wenn die Leute wenigstens in einem Traum gemeinsam träumen könnten! Und das wollen Sie mir als Gewinn verkaufen? Da danke ich schön, das ist ein noch schlimmerer und verlogenerer Betrug, als ihn die früheren, auf dem Verbot und dem Verbergen beruhenden Geilheitsdressuren bewirkt haben, an denen unsere sexuellen Rollendefinitionen modelliert worden sind. Sie federn den Verzicht nur noch besser ab, sie haben dafür zu sorgen, dass das Versagen bunter und abwechslungsreicher erscheinen soll und damit leichter auszuhalten ist. Aber sie arbeiten mit daran, dass die realen Möglichkeiten immer mehr aus der Reichweite geraten."

Ich hätte nicht gedacht, dass dieser Fettsack so mutig ist, das Defizit als Notwendigkeit zu behaupten. Obwohl mir bei einigen Abschweifungen über die Impotenz in der Vergangenheit deutlich wurde, dass dahinter ein Prinzip Hoffnung aufleuchtet, dass gerade der Schmerz des Versagens einen Wahrheitsindex liefert, an dem wahrscheinlich abzulesen ist, was uns durch Evolution und Gattungsgesetzmäßigkeiten an möglicher Erfüllung gegeben sein könnte. Aber was soll's,

auch das ist eine Form der Selbstdarstellung die auf Modernisie-
rungsformen der Selbstdementierung beruht, wenn einer so ehrlich
gegenüber dem von seiner Klientel geforderten Triebverzicht formulieren kann. Jetzt wird eben lautstark zugegeben, wofür sie sich früher geschämt hatten, um dann zur Therapie in den nächsten Puff zu
rennen und dann die restliche Zeit über die Verwahrlosung der Sitten
zu wettern.

Aber ein anderer Gedanke lenkt mich schon die ganze Zeit ab. Bei
dem Stichwort Techniken der Verjüngung drängte sich mir die Erinnerung an meine Sterilisation auf. Im Sinne des Textes bin ich seit
Anfang der achtziger nicht mehr unrein und am Anfang ist mir sogar
aufgefallen, dass es einen leicht unangenehmen Druck verursachte,
wenn das Gewebe, in dem meine abgetrennten Samenstränge
steckten, die in die Welt geschickten Spermien wieder resorbierte,
bevor sie die Welt erreichen konnten – und ein seltsamer Geruch
beim Pinkeln, den ich davor nicht gekannt hatte und der sich bereits
nach wenigen Wochen auflöste oder nicht mehr wahrnehmen ließ,
weil meine Nase ihn nun zu meinem Geruch dazu rechnen konnte.
Ein leicht unangenehmes Gefühl, das ich mit dem Späßchen bear-
beitete und dem Vergessen überantwortete, dass ich in jeder Sekunde, wie ein mythischer und für die meisten längst vergessener Gott,
unendlich viele Engel schuf, die nur dazu da waren, meinen Lobpreis
zu singen und dann wieder im Nichts zu verklingen. Aber das erzähle
ich den Leutchen besser nicht – vielleicht erklärt es auch, warum wir
wenig gealtert sind, warum wir oft, wenn wir auf Leute unserer Generation stoßen, das Gefühl haben, dass es sich bei ihnen schon um
die vorangegangene Generation handelt. Ich hatte mir manchmal
überlegt, dass wir über zehn Jahre in einem Niemandsland verbracht
hatten, ausgesperrt aus der Zeit, durch die Intrige jener geisteswissenschaftlichen Mängelwesen und dass wir deshalb praktisch nicht
gealtert waren. Aber vielleicht stimmt das ja nicht, vielleicht haben wir
wie nebenbei teil gehabt an einem uralten Programm der Selbstre-
generation und Verjüngung, das noch in eine Zeit zurückreichte, die
vor den institutionalisierten Hochreligionen lokalisiert werden musste.
Und das erzähle ich den Leutchen erst recht nicht. Diese Missgebur-

ten sind nämlich teilweise nicht viel älter als ich und trotzdem machen sie auf mich den Eindruck, als seinen sie längst out of. Währenddessen unterstreicht Möller, als habe sie vergessen, dass sie vor nicht allzu langer Zeit noch fast das Gegenteil behauptet hatte: „Wenn wir uns einmal klar machen, dass mit der Kategorie Zeugung die Einführung in die Wirkungsgewalten der Tragödie geschaffen wurde, wundert es nicht, dass hier verschiedene tastende Versuche genannt werden, mit denen Lustpolitik und Empfängnisverhütung zusammen geführt wurden. Huxley denkt noch in einer Zeit vor der Pille. Und ähnlich, wie seine Überlegungen zu den Erfahrungen der Mystiker einen gewaltigen Sprung machten, als er mit Halluzinogenen zu experimentieren beginnt, hätte er dem Kraftwerk der Liebe eine weitaus erleuchtendere Wirkung eingeräumt, wenn er schon gewusst hätte, was es heißt, dass die Frau aus dem Bann der Naturgeschichte herauszutreten in der Lage ist. Dass Huxley zu den Mystikern neigt, die eine Vergeistigung der Erotik pflegen, verdankt er nicht nur dem Victorianischen England, sondern auch dem Wissen um das viele durch die Sexualität bewirkte Leid, die reale Not der Frau, die unwürdige Besessenheit des Mannes. Es ist mir unbehaglich, wenn Huxley einfach in die Ecke der triebfernen Esoteriker gestellt wird, ich denke, dass wir einige seiner sehr pragmatischen und profanen Erleuchtungen weiterverwenden sollten. Was früher das Privileg weniger war, die sich die Zeit für den Luxus der Schönheit und die Gelassenheit für die Künste der Erotik nehmen konnten, ist heute, natürlich unter anderen Vorzeichen, die Grundvoraussetzung einer guten Ausbildung. Wir brauchen nur die Forderungen der folgenden Analyse erfüllen und wir befinden uns in einer anderen Welt. Von einer Proletarisierung der Liebe kann dann nicht mehr die Rede sein, aber wir werden sie instrumentalisieren wie die Mystik und wie die Magie! Während die Schönheit und die Erotik in früheren Zeiten der Kategorie der Verschwendung gehorchten und damit gegenüber der Welt der Akkumulation als Anachronismen erscheinen konnten, obwohl sie tatsächlich für deren Funktionieren sorgten, ist der Begründungszusammenhang heute nicht mehr zu übersehen. Die Ekstatiker jeglicher Couleur haben viel zu lange und oft gegen ihren Willen für den inneren Zusammenhalt der Welt gesorgt. Jetzt geht es darum, die Qualitäten der Ekstase zu verändern! Sie muss wirklichkeitsmächtiger werden, als die stumpfsinnige Anpassung, an der sich die Welt noch immer erhält."

„Das ist genau so, wie Sie sagen und ich darf mich dafür bedanken, dass Sie mir das Stichwort für zwei weitere Zitate liefern, die ich bereits vorbereitet hatte." Albach scheint erst einmal auf Mutzlacher zu antworten, obwohl mir immer wieder auffällt, wie wenig Resonanz die Sachen haben, die Mutzlacher von sich gibt. „Bevor wir hier in das Lob des Triebverzichts einstimmen, darf ich doch daran erinnern, dass es einmal im Rahmen einer aristokratischen Lebensform aktive Formen der Lustpolitik gegeben hat und gerade Ihrem konservativen Blick auf die Entwicklung dürfte das doch nicht ganz fremd sein. Außerdem wäre noch zu unterstreichen, dass heute breite Schichten der informalisierten Gesellschaft an Möglichkeiten teilhaben, die vor zweihundert Jahren nicht einmal der Elite unter den Adelsgeschlechtern zugänglich waren. Die Zeiten ändern sich, aus diesem Grund sollten alle Forderungen nach Leitsystemen und einer verinnerbaren Moral an diesem Wandel ausgerichtet sein. Gehen Sie bei Huxley einmal auf die Seite 295, sie finden dort eine ähnliche Einschätzung, was den zeitlichen Aufwand betrifft, wie bei Roszak. Die phantasievolleren Spielformen der Liebe verlangen Muße und Freiheit von wirtschaftlichem Druck. Aristokratische Liebe ist, mit einem Wort, eine Ganztagsbeschäftigung. Ob es sich um platonische Ekstasen handelt, die Fernliebe inklusive Erhebungsmotiv, aus der das Ich seine Wertschätzung über den Umweg der Lyrik erfahren hat, ob es die subtilen Gefühlsanalysen à la Proust sind oder der Don-Juanismus der Libertins aller politischen Couleur – es ist ganz klar, dass die großen Liebhaber der Geschichte nicht arbeiten mussten und wer nicht über die nötigen Mittel verfügte, musste einen großen Teil seiner Energie in den Lebensunterhalt stecken und die fehlte dann eben bei den libidinösen Besetzungen! Und dennoch hat Huxleys Diagnose einer Proletarisierung der Liebe nur eine der Tendenzen der letzten Jahrzehnte getroffen, während mit den Folgen der Sexwelle und der Universalisierung der Jugendkultur, mit einer Verlängerung der Ausbildungszeiten und einer Verringerung der Arbeitszeit, Bedingungen geschaffen worden sind, die in einer weitgehend saturierten Gesellschaft genügend Nischen für alle möglichen erotischen Eskapaden zur Verfügung stellen und im Internet kehren sogar die verschiedenen Spielarten des Platonismus wieder.

Aber mir ist ein anderer Gedanke noch weit wichtiger, denn im Kontext der phantasievollen Spielformen der Liebe taucht wie nebenbei ein Begriff der Schönheit auf, der mit dem Glück der Bedürfnislosigkeit legiert ist. Und das erscheint mir sehr wichtig für unsere Belange! Gehen Sie auf die Seite 286, hier ist von einer Schönheit die Rede, die nicht den Techniken der Macht und der Manipulation unterstellt ist, sondern die sich selbst genügt. Neben einer Harmonievorstellung, die noch immer auf den Schein der Idee verweist, auf einen großen Glanz von Innen, ist es vor allem das Gefühl der Selbstgenügsamkeit, der erfüllten Lücke und damit der geglückten Vereinigung. Während alle anderen irgendetwas hinterher rennen, kann dieser Mensch mit sich eins und damit zufrieden sein – und genau diese behagliche Gelassenheit erscheint uns unter dem Bild der Schönheit. Wenn Sie das folgende Zitat gegen den Strich lesen, wird ganz deutlich, dass sich hier Regeln, die schon einmal die Lustpolitik des Adels geprägt hatten, für ein wirkliches Souveränitätstraining ableiten lassen: Solange solche Disharmonien fortbestehen, solange es guten Grund für verdrossenes Gelangweiltsein gibt, solange sich Menschen von monomanischen Lastern beherrschen und quälen lassen, muss der Schönheitskult wirkungslos bleiben. Wenn die von ihm beflügelte Kampagne auch erfolgreich das jugendliche Aussehen verlängert, die sichtbaren Zeichen von Gesundheit hervorruft oder vortäuscht, so bleibt sie letztlich doch ein Fehlschlag. All ihre Eingriffe lassen die tiefste Quelle der Schönheit unberührt – die empfindende Seele. Die Menschheit wird nicht dadurch schön werden, dass man bessere Nährcremes und Punktroller entwickelt, billigere mechanische Fitnessgeräte und elektrische Haarentferner anbietet; nicht einmal dadurch, dass sich der allgemeine Gesundheitszustand verbessert. Männer und Frauen werden erst dann schön sein, wenn das soziale Gefüge jedem einzelnen von ihnen ein erfülltes, harmonisches Leben ermöglicht, wenn das Laster der Monomanie weder durch Ansporn von außen noch durch Vererbung gefördert wird. Mit anderen Worten, es werden nie alle Männer und Frauen schön sein. Aber es könnte zweifellos weniger hässliche Menschen auf der Welt geben als zurzeit. Wir müssen uns mit mäßigen Hoffnungen bescheiden.

Wenn die tiefste Quelle der Schönheit die empfindende Seele ist, dann wird die Erfahrungsform, die den ganzen Menschen erfasst und durchdringt, also die Erotik, zum intensivsten Empfindungsschauplatz werden – und das ist unser Ansatzpunkt gegen das Phantasma des organlosen Körpers. So müssen wir helfen, dieses Organ zu entwickeln, denn auch die Seele gibt es nicht von alleine, auch sie ist das Resultat tief in den Körper eingesenkter Erfahrungen und zwar als Totalität, die Seele reagiert auf die Welt als Ganzes, sie erfasst den Menschen im Allgemeinen. Wir haben die Wahrnehmungsfähigkeiten zu schulen und die Wissensweisen zu fördern, die zu solchen sedimentierten Generalisierungen führen, obwohl uns klar sein muss, dass wir uns um so gründlicher überflüssig machen, um so besser uns das gelingt.

Und noch eine weitere Folgerung bietet sich an. Wir gehen ganz automatisch von einer Scheidung von Erotik und Sexualität aus, wie es vorhin angesprochen worden ist. Doch das ist eine fast unstatthafte Verkürzung. Die Trennung ist künstlich und existiert tatsächlich nur im Bezug von Mensch und Tier. Beim Menschen dagegen treten Sexualität und Erotik immer gemeinsam auf, sie haben dieselbe Wurzel im energetischen Grund und sind nicht voneinander zu trennen. Und das beste Beispiel ist die Schönheit, die uns anregt und ein Begehren befördert das unter dem Begriff der Sublimation nur unzureichend zu fassen ist – es ist mehr, es zielt die Verschmelzung an, eine Einheit auf einem höheren Niveau. Alle Schönheit spricht den Sexus zugleich mit der Erotik an und auch das ist noch nicht alles! Denn sie hat zugleich, als ein Versprechen auf Glück, einen metaphysischen Standindex. Zum einen sind wir in der Zeitlosigkeit des Orgasmus plötzlich von der Frage nach dem Sinn befreit – und zum zweiten beginnt uns die Schönheit auf einmal einen Wert zu verbürgen, der direkt auf unser dauerndes Sinnsuchen antwortet. Die Schönheit ist ein Produkt der Schöpfung oder, wenn sie wollen, der Natur, wie wir auch – und so vergegenwärtigt sich uns in einem erhebenden Gefühl für einen Moment, dass wir teilhaben an einem umfassenden harmonischen Ganzen und das bestätigt und erfüllt die Suche nach dem Sinn. In diesem Sinne ist die Liebe der Motor aller konkreten Idealisierung – für die Paraphrasierungen der Eroskonzeption Platons habe ich mich schon öfter bei Spranger bedient."

Merk lacht raus: „Die Verhängnisverhütung! Vielleicht war die Tragödie eine erste Form davon, vielleicht sind die Künste, in denen Eros domestiziert wird, alle eine Form der Verhütung des Verhängnisses. Aber was wollen Sie mit ihren Spielereien um eine Vergewaltigungswissenschaft dann als Puffer einsetzen? Es gibt auch ein Glücksverbot in unserer Welt! Solange alle glücklich werden wollen oder sollen, wird das Glück des Einzelnen vertagt auf die zukünftigen Geschlechter und den Fortschrittsgedanken – aus diesem Grund sind die Kinder ein Refugium unserer Hoffnung und zugleich die Dokumentation eines resignierenden Scheiterns: Ein Thema, das in den verschiedenen Verkleidungen in den Tragödien das erste Mal auftaucht. Der Einzelne darf also nicht schon glücklich sein, sonst ist das verdächtig! So etwas wie das Glück muss im Geheimen stattfinden, wie Benjamin formuliert hat, und dann ist auch klar, dass es immer zerbrechlich und in Frage gestellt sein wird, weil nichts, was nicht Teil des Kommunikationsgeschehens ist, auf eine Dauer setzen kann. Aber mit dem bei Huxley deutlich gewordenen Ansatz könnten wir sogar argumentieren, dass es nur genügend Protagonisten geben muss, die sich dem Glück und der augenblicksverhafteten Erfüllung verschrieben haben, denen die Zukunft gestohlen bleiben darf, dass es nur genügend geben muss, die am Glück gesunden, jetzt und hier – und das hätte Auswirkungen auf den Fortschritt aller, die heute noch nicht einmal denkbar sind. Denken Sie an die Macht der Erfüllung, an die Magie, die von jemandem ausgeht, der gerade eine umfassende Befriedigung erfahren hat – wenn nur ein kleiner Prozentsatz von Leuten, die in der Lage sind, sich dem Glück zu widmen, in den richtigen Positionen sitzen würde, könnten wir davon ausgehen, dass die menschheitsgeschichtlichen Fundamente der Tragödie um genau das Quäntchen verschoben werden würden, mit dem aus dem Schlachtfeld göttlicher Gewalten ganz unterhaltsame Komödien im einzelnen Leben zustande zu bringen wären. Aber was soll's, ich halte es für unwahrscheinlich, dass wir auch nur eine kleine Chance eingeräumt bekommen, so einen Prozess in Gang zu setzen."

Albach trumpft regelrecht auf, obwohl er sehr schwer zu verstehen ist: „Huxleys Ansatz war richtig – auch wenn dieser aristokratische Schlenker lange Zeit in die Irre zu führen schien und es eben nicht nur um Verhütungsmittel ging, sondern um eine ganz andere Art, mit den Kräften zu haushalten –, nehmen Sie nur die Folgen der Informalisierung und die Sexwelle, dann später die Sexualisierung der Massenmedien und das Absterben des Eros. Wichtig ist vor allem aber die Einsicht in die Funktion der Komplexitätsreduktion – schon bei Ortega y Gasset finden Sie die nicht zurückzuweisende Beobachtung, dass der Verliebte zum Depp wird, dass sich sein Bewusstsein und seine Interessen immer mehr verengen. Was diese Einsicht tatsächlich für Konsequenzen beinhaltet, lehrt uns heute die Wissenschaft des Bewusstseins. Die Sinne sind reduktiv, der Verstand ist ein Sieb mit verschieden dichten Filtern, die Vernunft schließlich kombiniert aus umfassenden Abstraktionsprozessen entstandene Schemata und Gestaltbilder zu Generalisierungen – wobei in den meisten Fällen irgendwelche kulturspezifischen Vorgaben, medienvermittelte Idole, Helden oder Vorbilder genau diese Aufgabe der Vernunft übernehmen, um sie ad absurdum zu führen. Nur in Einzelfällen, bei außergewöhnlichen Begebenheiten, entsteht auf einmal die Notwendigkeit für den Einzelnen, dieses Geschäft selbst zu übernehmen und die meisten brechen einfach zusammen, wenn ihnen bewusst wird, dass sie auf einmal die gesamte Verantwortung für die Sinnstiftung in ihrem Leben selbst aufgebürdet bekommen haben. Und genau da müssen wir ansetzen, an diesem Punkt müssen wir klar machen, dass jeder eine Grenze überschreitet, hinter der es nichts mehr gibt, nur noch den eigenen Willen, mit dem Vorhandenen Material an Welt für eine begrenzte Zeit zurecht zu kommen. Von den Millionen Daten die in jeder Sekunde auf uns einstürmen, nehmen wir nur wahr, was unser durch ein evolutionäres Geschehen präformiertes und dann während der Sozialisation verfertigtes Erwartungsmuster zulässt. Das ist fast nichts – und das halten wir dann für alles. Während das Alles, die Präsenz der Welt, die wir nicht oder nur unter Drogen erahnen können, als das Nichts bezeichnet wird. Huxley hat mehr als ein paar Ahnungen um den produktiven Urgrund dieses Nichts zustande gebracht, deswegen sind Kunst- und Literaturgeschichte keine Lückenbüßer für ihn oder Entschuldigungen gegenüber dem Bildungsbürgertum. Allerdings wusste er auch, dass die alten Einweihungsriten immer mit dem sozialen Tod verbunden sind, und das deutet auf die Techniken, mit denen die Membran durchstoßen, der Panzer beseitigt wird. Ich darf noch einmal an Batesons Forschungen erinnern, die größten Erkenntnisse verdanken wir der Qual. Oder, weil hier immer wieder einmal Castaneda durch den Diskurs geistert, es ist zu leicht abgetan, wenn wir sagen, dass die in seinen Texten dargestellte Verwirrung, seine Angst und Ausgeliefertheit nur rhetorische Veranstaltungen sind, mit denen er sich den dümmsten unter seinen Leser anbiedert. Nehmen wir es als reale biographische Erschütterungen, dann können wir immerhin akzeptieren, dass dieser postmoderne Schamane Möglichkeiten des Lernens für sich aufgeschlossen hat, die den wenigsten auch nur zuzutrauen wären. Und ich lasse es dahingestellt, ob er ein Scharlatan war, denn zu den schamanistischen Techniken gehörten schon immer die Taschenspielertricks und die Suggestionen, selbsterfüllende Prophezeiungen und Simulationen. Das scheint natürlich eine minderwertige Realitätskonstitution, aber wenn die Droge wirkt oder der Demagoge überzeugt, bestätigt das nur, was die theoretische Physik seit einiger Zeit nahe legt: Unsere Realität ist ein minderwertiges Konstrukt, zusammengestückelt aus den Versatzstücken abgestorbener Religionen und längst überholter Wissenschaften. Mehr gibt es nicht, mehr ist überhaupt nicht zu erwarten – und warum sollen wir uns dann nicht viel eher an jenen realitätsstiftenden Momenten versuchen, anstatt uns immer wieder neu zu Konservatoren vergangener und nur daher gepfuschter Überzeugungen ernennen zu lassen. Das, was im Rahmen der Menschheitsgeschichte Weisheit genannt werden konnte, war das Resultat einer Reise durch die Vernichtung der persönlichen Eigenheiten. Die Erleuchtung tritt dann ein, wenn eine/r vor den Trümmern des Selbst steht und weiß, dass nichts mehr zu heilen sein wird, dass alles zu Bruch gegangen ist, was einmal für Wert genommen werden wollte."

Merk wirft ein: „Und was beweist die *Schöne Neue Welt*? Ist dieser Weisheitsbegriff nicht nur ein Komplize des Narziss, soll nicht gerade die Selbstvernichtung adeln, was ansonsten nur der Langeweile und dem Desinteresse unterstellt wäre. Der Mensch ist ein unermüdlicher Sinnsucher und wenn ihm nichts Besseres einfällt, meint er den Sinn ex negativo zu erpressen. Es gibt sogar noch die Heuchelei der skeptischen Generation, es gibt den Größenwahn der Bescheidenheit, die Demut der Sadisten und die Selbstverleugnung der Rechthaber – in den letzten zwei Jahrtausenden hatten wir genügend Fürsten der Weltentsagung, die tatsächlich unermüdlich daran gearbeitet haben, alles in den gleichen deformierten und entdifferenzierten Zustand von Scheiße zu verwandeln, als den sie sich selbst gefühlt haben, bevor sie in den Schoß ihrer Kirchen oder Paläste geflüchtet sind. Hat Huxley mit seiner Antiutopie nicht nur unterstrichen, dass das Glück auf die Verblödung, auf die Infantilisierung angewiesen ist – dass die Liebe Selbstmord ist, dass der erfüllte Trieb so wenig bringt, dass ihm die perfekte Droge Soma beispringen muss, beachten sie den Namen! Die Droge, die der heilige Körper ist, die Liebe die zu einem hygienischen Akt deformiert worden ist, die Kommunikation, die nur noch mit dem sozialen Körper im Aggregatzustand der Gruppenhysterie möglich und ansonsten überflüssig geworden ist. Ist hier nicht mit Durrell zu erwidern: Diese vom Todestrieb besessene Kultur konnte sich nur durch den Selbstmord erfüllen und verwirklichen. Das neue Sakrament war Blutvergießen und nicht mehr der Samenerguss und die Befruchtung des Universums. Gold horten und Blutvergießen hieß dieses neue Gebot. Und er kennzeichnet die Gegenposition in einer Weise, die ganz eindeutig nichts mit dem Eklektizismus eines Huxleyschen Kulturrelativismus zu tun hat. Die gnostische Erkenntnislehre ist totalitär und unduldsam. Ich möchte das von Ihnen, mein lieber Albach, verkürzte Zitat wieder in den richtigen Kontext einrücken. Der Besitz hat für Marx wie für Freud das Exkrement zu dem Grundbegriff erhoben, auf dem das Kalkül unserer Philosophie basiert. Wir dagegen haben einen anderen Begriff gewählt, für uns ist das Sperma an die Stelle des Exkrements getreten, denn unsere Welt ist nicht eine Welt der Unterdrückung und Erbsünde, sondern eine Welt des schöpferischen und der Entspannung, der Liebe und nicht des Zweifels. Und dann frage ich mich, warum nicht an eine umfassende Form der Verausgabung gedacht wird, warum mit Mauss nicht einfach die symbolische Gabe als Synonym für das Sperma steht, sondern hier wieder ein Kind gezeugt werden muss.

Ich könnte ja mit Blumenberg spekulieren, dass es die Sorge ist, die den Sinn schafft, dass die Sorge als narzisstisches Selbstbespiegelungsresultat schon eine Konzeption der Gnostiker war. Ein Leben ohne Sorge wäre der Langeweile überantwortet, ohne Mühen hat das Leben keinen Sinn mehr, ohne Anstrengung wäre es langweilig – so müssen sich selbst die antiken Götter engagieren und Partei nehmen für Ihre Geschöpfe, um eben nicht der Langeweile zu unterstehen. So kann es das Kind sein, mit dem das Liebespaar die Rückbindung an das menschliche Geschehen findet, so könnte es aber auch die Anstrengung der Beziehungsarbeit sein, mit der im Augenblick der Bezug auf die Sorge überwunden wird, mit der versucht werden kann, die Lust auf eine relative Dauer zu stellen!"

Unser Begleiter deutet mit einem Kopfschütteln an, dass er dafür sorgen wird, dass die Situation nicht eskaliert: „Sie vergessen, dass die Gnosis nur eine Ausweichbewegung ist, die aus der Enttäuschung entsteht, dass die obersten Werte nicht gehalten haben, dass die Offenbarung inflationär geworden ist. Für uns ist es uninteressant, ob die institutionalisierte Hochreligion stark geworden ist, weil sie den gnostischen Bewegungen das Blut aussaugte oder ob die Gnosis in der Tiefenstruktur jene dämonischen Energien am Leben erhalten hat, aus der aller Glauben hervorgegangen ist. Eine Theologie ist uns nicht besser, als die andere und wenn es die eines abwesenden Gottes ist – wir sehen auf die Funktion und können genau diese Funktion in unseren Zusammenhängen wesentlich besser bedienen. Sonst könnte ich fragen, warum Sie sich an Durrell oder an Huxley abarbeiten, während sie manche Antworten in komprimierter Form schon seit Jahrzehnten bei Bataille finden. Und ich frage das nicht, weil es uns auf die Antwort gar nicht ankommt, sondern uns ist der Weg da hin wichtig – und es muss jedes Mal wieder ein authentischer Weg sein. Und dann darf ich vielleicht noch einen Punkt korrigieren. In der Antiutopie ‚Schöne Neue Welt' finden Sie genau die gleichen Mechanismen, die gleichen Einsichten, die gleichen Techniken, wie in der fast klassisch zu nennenden Utopie ‚Eiland'. Entscheidend ist nur, in welcher Funktion sie stehen, entscheidend ist, ob sie das Individuum nivellieren und auswischen oder ob sie seine Einsicht, sein Lernvermögen, seine Weisheit befördern und damit erweitern, ob sie die Kräfte des Individuellen bestärken und weiter entwickeln."

Aber Merk gibt noch nicht auf: „Dann kann ich mit Durrells Gnostiker fragen: *Was für ein Gott konnte die Dinge so einrichten, wie sie jetzt sind – diese schmatzende Welt des Todes und der Auflösung, die vorgibt, einen Erlöser zu haben und einem Quell des Guten zu entspringen? Was für einen Gott konnte diese satanische Zerstörungs- und Selbstverstümmelungsmaschine gebaut haben? Nur der Geist des dunklen, negativen Todesstrebens in der Natur – der Geistes des Nichts und der Selbstvernichtung in einer Welt, in der jeder auch nur Nahrung, jeder des anderen Beute ist?"*

Unser Begleiter lächelt geneigt: „Von dieser Einsicht ausgehend müssten Sie begreifen, dass die gnostische Weigerung, den Zustand der Welt zu akzeptieren, eine besondere Art von Mut ohne Eitelkeit verlangte und damit eine Art ungeschminkte Verzweiflung darstellt – und das ist, wie Durrell gezeigt hat, schon der Schritt über die Gnosis hinaus. Auch bei Huxley finden wir diesen grundlegenden Gedanken – von dem es nur noch einen ganz kleinen Schritt braucht, zu unserer systemisch-kybernetischen Weltsicht. Und wir sollten nicht unterschätzen, dass die Entgegensetzung von Sexualität und Mystik für ihn in dieser Form nicht bestanden hat. Beim frühen bis mittleren Huxley stehen sie einfach in einem wechselseitigren Verhältnis der Substituierung, eines kann zum anderen werden, eines kann das andere ersetzen, eines kann sogar das andere sein. Später kommt dann als Drittes die Erfahrung der Verfallenheit des Leibes hinzu, die Anfälligkeit für Krankheit und Wahnsinn, die Einsicht in den schmalen Bereich, der tatsächlich als Gesundheit umschrieben werden kann. Schon bei Huxley finden Sie das bittere Statement, dass die westlichen Ärzte Verbündete der Krankheit sind, weil sie auf der Lohnliste des Elends stehen, sie leben von Verfall und Tod. Und der späte Huxley hat die Erfahrung machen müssen, dass ihm der Krebs alles nimmt, erst das Leben der Frau und dann das eigene Leben – da ging es mit den Techniken der Bewusstseinserweiterung nicht mehr um eine Entscheidung zwischen den Wegen des Eros oder der Mystik, sondern ganz pragmatisch darum, fast wie es das Tibetanische Totenbuch anleitet, möglichst ungeschoren davon zu kommen. Der letzte psychedelische Versuchslauf diente vor allem dazu, vor dem Schmerz, vor den Qualen des Körpers auf eine andere Umlaufbahn auszuweichen. Wir suchen nicht mehr nach der Schuld und wir brauchen auch keine Entschuldigung mehr fürs Leben, keine verquälte Sühne, keine unendlich in Negationen verstrickten Versuche, zu beweisen, dass man es nicht gewesen sei. Für uns zählt die Optimierung – und dies, die fortwährende Verbesserung wiederholt nur auf einer anderen Ebene, was einmal hieß: *Der Mensch ist des Menschen Wolf.* Heute heißt es eben, die Energien frei zu setzen, und nichts ist von sich aus so gut, dass es nicht dazu verwendet werden könnte, noch etwas mehr rauszuholen, auch wenn danach nichts mehr davon übrig ist. Alles andere lässt sich reparieren oder ersetzen, wenn nur die Ressourcen stimmen, wenn der Wertzuwachs garantiert ist. Wenn es bei Huxley heißt, wir seien seit dem achtzehnten Jahrhundert gefährlich weit ins Dunkel fortgeschritten, so geben wir ihm Recht, aus dem misslungenen Roman *Die Graue Eminenz* sind noch ganz andere Wahrheiten zu verwenden: *Die Mystiker sind die Gefäße, durch die ein wenig Erkenntnis der Wirklichkeit heruntersickert in unsere menschliche Welt des Unwissens und der Illusion. Eine durchaus unmystische Welt wäre eine völlig blinde und wahnsinnige Welt.* Aus diesem Grund entstehen seit der zweiten Hälfte des zwanzigsten Jahrhunderts immer mehr Durchlässigkeiten in der Welt und auch immer mehr Techniken, mit den unwillkürlichen Erleuchtungen umzugehen – und oft, ohne dabei etwas zu lernen. Vielleicht erklärt das, warum Roszak an den Techniken des Films vor allem jene Schulung der Wahrnehmung geißelt, auf Dualismen abzufahren und die Welt auf Schwarz-Weiß-Malerei zu reduzieren. Und dabei wurden Massenunterhaltung und Konsum, der Tourismus und die vielen anderen Techniken der Zerstreuung selbst zu Organisationsformen mit mystischen Fenstern und der Cyberspace bringt eine Wiederkehr der verdrängten und längst totgesagten menschheitsgeschichtlichen Frühformen der Erleuchtung zurück. Wir haben uns hier auf das Organisationsfeld konzentriert, in dem der Mythos noch ganz klar und durchgreifend die Wirklichkeit strukturiert: Die Leiberfahrung und die Sexualität. Natürlich muss das im richtigen Alter geschehen, sonst lässt die Resonanzfähigkeit nach und das Universum antwortet nur noch dumpf – haben Sie schon einmal darüber nachgedacht, warum Neo in der *Matrix* dem Geriatrieverdacht untersteht? Er ist nämlich viel zu alt für die Offenheiten, die im Kind das Genie artikulieren können. Je jünger und wacher, je besser, denn das ist das Privileg der Jugend, dass das Universum noch vernehmlich antwortet und die Welt Verwandlungen untersteht. Später wird es zu einem dumpfen Dröhnen, zu einem Lernen unter tödlichen Schmerzen – obwohl ich damit nur unterstreiche, dass die Verwandlungen immer möglich sind, wenn erst einmal die Öffnung geschehen ist und ein wenig von der Wahrheit durchsickern konnte. Von dem ganzen überflüssigen Plunder der Verworfenheit des Fleisches haben wir uns verabschiedet, die Sexualität ist für uns der Königsweg zur Erleuchtung. Was ja auch nicht verwundert, auch dieses Wissen ist schon uralt und die Anlässe, warum es verketzert werden musste, das Leid und die Ausgeliefertheit, die sich an Zeugung und Schwangerschaft knüpften, sind längst abgeschafft. Wir verfügen über alle Möglichkeiten der Geburtenregelung und wir sind nicht einmal mehr auf die Mutterschaft angewiesen, eine sauberere Lösung als die Brutkammern auf den Planeten der Unerbittlichkeit gibt es nicht – ein jeder wird geboren werden, auch wenn manchem ein Jahrtausend Zeit gegönnt ist, bis er den virtuellen Raum seiner Geistesblitze zu verlassen hat. Und wer auf diese schwerfällige und schon mit der Geburt traumatisierende Erfahrung des In-die-Welt-geworfen-Seins für seine Nachkommen nicht verzichten möchte, hat auch jetzt noch alle Wege offen. Wer es Hardcore braucht, kann sich der Erfahrung mit allem drum und dran auf einem der Planeten der Mütter unterwerfen – wir müssen uns dagegen über die biologischen Ventile der Tragik keine Gedanken mehr machen. Mit der Zeugung haben wir auch die Schuld abgeschafft, und es war schon immer ein Irrtum, zu behaupten, die Schuld sei eine notwendige Voraussetzung der Erleuchtung. Mitnichten, in seltenen Fällen war die Erleuchtung ein Nebenprodukt der Qual, aber in den meisten Fällen führten Schmerz und Vernichtung nur zu einer Minimierung des Repertoires. Der Keim von Huxleys *Grauer Eminenz* ist wohl in der Fragestellung zu finden, warum alle großen Einsichten immer den bösesten Machtstrategien zu dienen hatten, ganz konkret, warum die Einsichten eines begnadeten Mystikers die Machtpolitik fütterten, die mit dem Dreißigjährigen Krieg die Veränderungen für Alteuropa in Bewegung setzten, die im Laufe der Jahrhunderte in immer umfassendere Anstrengungen der Selbstzerstörung mündeten. Und dann sollte frau oder man auch nicht vergessen, dass die Hoffnung auf eine heilsame Wirkung des Heiligen mit dem Nationalsozialismus in einer Weise korrumpiert worden ist, die manche radikal ansetzenden Versuche für lange Zeit nur noch in ästhetischen Anführungsstrichen ermöglichen kann. Am ambivalenten Ursprung des Heiligen finden Sie die Selbstüberschreitung und die Selbstzerstörung des Individuums, die Vertierung und die Transzendierung des Sexus, die Verdumpfung des Denkens und die Spiritualisierung des Leibes – und anhand der Barbarei des Dritten Reiches lässt sich genau studieren, wie die selben Prozesse, die beim einzelnen Individuum Lernen und Bewusstseinserweiterung in die Wege leiten können, in der Gruppe das Gegenteil bewirken und in der Masse zu einem absoluten Herabsenken aller mentalen Fähigkeiten führen. Genau an dieser Fragestellung setzen wir an, wenn wir die Erfahrungsformen des Geschlechts fördern und statt in der Zerstörung des Selbst seine Erweiterung suchen. Und deswegen muss noch lange nicht auf einen bornierten Individualismus zurückgegriffen werden. Wir brauchen das individuelle Wahrnehmen, Empfinden und Denken, aber wir müssen dafür sorgen, dass es seine Grenzen zu überschreiten beginnt. Es ist einfach ein biologisch angelegter Irrtum gewesen, anzunehmen, dass die Erleuchtung erst jenseits des Körpers beginne, nein, sie beginnt damit, dass der Körper wach wird, dass er sich seiner selbst bewusst wird, das er das Leuchten in den eigenen Strukturen wahrzunehmen beginnt. Und die Geschichte ist kein Selbstzweck, denn bisher hat noch nie irgendetwas lange gehalten, wenn es eine in sich geschlossene Entität sein wollte – das ist der erste Schritt zum Verfall – sondern nur wenn es lernt, dass es dienen muss, das geht den so genannten Individuen nicht anders als den Systemen, und indem es einem anderen Zweck dient, besteht die Chance, dass es sich durch die Veränderungen erhält und mehr und größer wird. Wir haben es mit keinem Nullsummenspiel zu tun und die Hegelsche Herr-Knecht-Dialektik ist eben nur innerhalb eines

Nullsummenspiels zwingend – ansonsten werden, wenn zwei sich aneinander abarbeiten, beide die Gewinner sein. Nicht eine/r verliert aufgrund der/s anderen, sondern sie können beide nur verlieren, solange sie der Regie ihres Familiensystems unterworfen sind und sie werden beide gewinnen, in dem Augenblick, wenn sie sich für einander herschenken. Die psychischen Besetzungen sind die einzigen Gegebenheiten, die sich verdoppeln, wenn sie geteilt werden. Nur aus diesem Grund haben wir hier die Möglichkeit eingeräumt bekommen, einen Abenteuerspielplatz für junge, noch unvollkommene Götter einzurichten. Was meinen Sie, was es heißen könnte, wenn die Geschichte nicht mehr darauf hinaus läuft, dass in jeder Generation nur ein paar wenige jenes Gesetz der Erweiterung und Maximierung verkörpern können, oft nur durch Zufall und unter den schwierigsten Bedingungen – sondern wenn wir die besten und begabtesten Heranwachsenden von vornherein mit diesem Spektrum der Erfahrbarkeiten ausstatten. Wenn die Umsätze dann stimmen, wenn die Energeia brummt, können wir uns auch jede noch so abseitige kulturelle Feinheit leisten. Und wenn es schon heißt: Fressen oder gefressen werden, dann wollen wir uns den Luxus der feinsten Delikatessen erlauben, den Rest können Sie so oder so nur vergessen."

Merk lacht böse: „Ich freue mich ja richtig, dass Sie einräumen, dass die Modernisierung des deutschen Volkes, der Anschluss der Deutschen an die Moderne, die eigentlich erst aufgrund des Vernichtungswerks Hitlers möglich geworden sind, ein historisches Experiment darstellen, dessen Gesetzmäßigkeiten wir nun für die psychischen Reifeprozesse buchstabieren lernen müssen. Aber gerade deshalb steigere ich die Problematik mit einem Originalzitat Durrells, bei dem Sie auch an Klossowskis Ausführungen zur Ähnlichkeit und zum Double des Gottes denken mögen, das Böse ist vielleicht nur die präzise Verdopplung des Gottes durch die Nachahmung: *Je mehr man über den Menschen weiß, umso unverzeihlicher erscheinen einem die Züge des Menschen unter der Herrschaft des Fürsten. Ein schrecklicher Akt der Duplizität hatte die rationale Ordnung des Universums umgestoßen – das hatte er gemeint, wie mir hinterher klar wurde. Der Eindringling, der den ursprünglichen Herren der Zeiten abgelöst hatte, hatte das Walten der kosmischen Gesetze verwirrt.*

Seit er gekommen war, der Fürst der Finsternis, musste alles neu geordnet, neue Begriffe neu geformt werden – also die ganze Wirklichkeit. Die Griechen sagten: all dies ist unwahr, aber es ist schön. Doch Schönheit ist keine Entschuldigung. Schönheit ist eine Falle. Wir sagen: all dies ist unwahr, aber es ist wirklich. Und dann frage ich mich, ob diese Kennzeichnung so falsch ist. Ist es nicht ein starkes Indiz, wenn die Welt als ästhetisches Phänomen gerechtfertigt werden will, dass dann das Göttliche aus der Welt verschwunden ist. Die Schönheit als Falle – ich denke da nicht nur an die Spermafalle, an die Erfahrung des Mannes, der ein Leben lang zu bluten hat, der reduziert wird und der Verleugnung untersteht, wenn er den Strategien einer schwachsinnigen Psychotikerin auf den Leim gegangen ist. Ich denke auch an die vielfältigen Selbstinszenierungen der Macht, bei denen immer junges und unverbrauchtes Fleisch benötigt wird, um die Hässlichkeit der Mächtigen zu kaschieren, an die Willfährigkeit der Schönen, die in ihrer Gier nach Anerkennung und Bewunderung jedes Verbrechen decken. Und ich vergesse dabei nicht, dass das Schöne bei Platon und Aristoteles auf einer Seinshöhe mit der Tragödie angesiedelt ist, dass es, wie vorhin ins Feld geführt wurde, eine der Erscheinungsformen des göttlichen für uns ist – mit dem Schicklichen und der Dekoration hat es nämlich gar nichts zu tun! Von Furcht und Mitleid, vom Erfreuen und Nutzen, von Lessings kleinlicher Trauerspieldefinition, sind wir so weit entfernt, dass ein ganzes Weltzeitalter dazwischen liegt, auch das Schöne ist nur ein Ausdruck der Macht des Göttlichen. In der Tragödie werden Gesetzmäßigkeiten verkörpert und in Figurationen dargestellt, die für die Selbstbehauptung eines Ich eine Bedrohung oder Beleidigung darstellen – über zwei Jahrtausende ist der Anspruch der Iche immer mehr gewachsen, selbst im Koordinatenzentrum des Hier und Jetzt zu stehen. Also war die ursprüngliche Wahrheit der Tragödie gerade noch als Kitsch und in der Zerstreuung auszuhalten. Ursprünglich soll uns die Tragödie in Angst und Schrecken versetzen, und was da als Mitleid verniedlicht wurde, ist die Todesangst, an der wir partizipieren, weil sie uns in die Eingeweide kriecht, das macht den Reinigungscharakter dieser Gewalten aus, dass sie uns leer putzen können, dass sie uns zeigen, wie wir nur ein Spielball der Götter sind – lesen

Sie dafür noch einmal Schadewaldt und stellen Sie fest, dass die Fantasys aus der Traumfabrik alle notwendigen Bedingungen erfüllen, dass wir im Comic für den Alltagsgebrauch auf eine ganz unverstellte Darstellung dieser Gesetzmäßigkeiten stoßen können. Die Tragödie erweist Gesetzmäßigkeiten, die erst mit der Systemischen Philosophie, der strukturalen Anthropologie und der relecture Freuds wieder zugänglich geworden sind – während sie in den Märchen und Sagen, im Witz und im Karneval, im Comic und der Pornografie schon immer aufgesucht werden konnten. Und warum? werden Sie fragen: Weil wir die Angst bewältigen wollen, die in unseren Fundamenten haust! Weil wir uns immer wieder in einem ästhetisch entschärften Rahmen vor Augen führen, dass es jene finstersten Gewalten der Zerstückelung waren, die unsere Ursprünge geprägt haben. Zum einen wollen wir die Wahrheit, mit der in den normalen Lebenszusammenhängen nichts mehr anzufangen ist, wenigstens gelegentlich vor Augen geführt bekommen und zum anderen therapieren wir uns für die erwünschten Verzichtleistungen und partizipieren an der Gewalt. – Und wenn eine oder einer die entsprechenden Erfahrungen am eigenen Leib gemacht hat, ist es gar nicht abwegig, die Frage zu stellen, ob sich die ursprünglichen Götter angewidert von der Schöpfung abgewendet haben, damit aber auf die Idee zu kommen, dass längst ein Affe Gottes oder auch mehrere, ihren Spaß daran haben, ein Maximum an sinnloser Qual und Vernichtung zu bewirken. Aber wir können es offen lassen, vielleicht gibt es die Mächte für die weiße Magie und die Mächte für die schwarze Magie, vielleicht liegt es an unseren Verkörperungen, wer zeitweilig die Oberhand gewinnt.

Das Gesetz des Ganzen entspricht einem unendlich fein vernetzten Gefüge von Interpretationsanweisungen und Verweisungszusammenhängen. Wenn Sie so wollen, beginnt die Semantik mit den Regulationen der Selbsterhaltung in der einzelnen Zelle und reicht bis in die Hierarchien der kulturellen Archive – aber der energetische Anstoß ist aus der Bedeutung nicht abzuleiten. An dieser Stelle situieren wir das Göttliche. Die Gesetzmäßigkeiten des symbolischen Tauschs herrschen über die Geschicke des Einzelnen und auch über die der Institutionen, die versucht haben, sich als eine Form des objektiven Geistes zu etablieren. Das Göttliche ist nämlich glücklicherweise keine der Instanzen, die durch die Großinstitutionen repräsentiert wurden, sondern es ist in jenen Intensitäten des Dazwischen zu Hause, wo die Funken fliegen und die Blitze ausgebrütet werden – und sowohl die Institutionen wie der Kult der Schönheit ziehen hier die Energien ab, bis nur noch Verdinglichungen übrig bleiben, Mahnmale des Verzichts."

Unser Begleiter lächelt nur, kein Nicken, kein Kopfschütteln und ich überlege, ob an der Variation der Schönheit als Falle nicht noch etwas anderes dran ist. Ich war mit Pornos verführt worden, mit den bunten Bildern schöner Fickszenen und ich hatte später die Erfahrung gemacht, dass ab einer gewissen Übermacht der visuellen Stimulation der Spannungsbogen nicht mehr zu halten war und ich zu früh fertig wurde – glücklicherweise zu Zeiten, in denen es noch nicht zu spät war und es nach einer Reihe von Fehlversuchen, bei einem zweiten Anlauf mit Dir zusammen, nicht zu schwer fiel, dann mit der nötigen Entdeckerfreude und Geduld ein für unsere Anfänge ziemliches Maximum an Intensität herauszukitzeln. Und doch dauerte es, bis der visuelle Reiz durch genügend reale Erfahrungen so weit abgebunden war, dass der Blick nicht mehr gebannt werden konnte, und es stellten sich ganz andere Intensitäten ein – wobei es am Anfang wirklich der pralle Blick war, der das Wasser im Mund zusammenschießen ließ und dafür sorgte, dass sich die Atmung beschleunigte. Als wäre die Abwesenheit der visuellen Stimulation schon die Vorraussetzung für ein anderes Niveau der Intensität. Und viel später, als der GV fast zur täglichen Hygiene gehörte, konnte es vorkommen, dass ich leckte und streichelte, aber oft zu Beginn nicht einmal mehr den Ansatz einer Erektion hatte, bis die Eichel dann den Kontakt bekam und sich der Schwanz, wie ich nach und nach eingeführt wurde, doch in einen brauchbaren Ständer verwandelte. Unter günstigen Voraussetzungen, dann war gar nicht mehr wichtig, ob ich hinschaute oder den Blick nach innen gerichtet hatte, konnte es sich ergeben, nach einer geduldigen und gleichförmigen Arbeit, die alles andere als langweilig war, weil sie sich toll anfühlte und das Gefühl vom Schwanz auf den Körper übergriff, dass sich der Orgasmus über Minuten hinzuziehen schien, dass die Beben noch nachvibrierten, wenn ich mich später im Bad wusch – wahrscheinlich ist auch das ein Resultat der Geduld und der Demut. Ich frage mich, ob diese Leute, die vom stumpfsinnigen Sex sprechen, die meinen, dagegen Reiz und Sensation zu befürworten, die der Ansicht sind, dass die Erotik eine Sache des Vorlustprinzips, der Verkleidung und der zusätzlichen Stimulation ist, weil der Sex sonst langweilig werden würde, nie erfahren haben, wie zwei Körper wirklich zu kommunizieren beginnen – aber was soll's, ich werde ihnen auch diese Fraglichkeit nicht unter die Nase reiben.

Außerdem erinnert mich die Argumentation an verschiedene Simulanten, mit denen ich zu tun hatte. Die Fidschi-Doofs, die nichts wichtigeres kannten, als anderen Leuten im Weg zu stehen und ihnen die Zeit zu stehlen; Pressopressos, zu deren Versuch, eine erfolgreiche Kanzlei zu simulieren, gehörte, einmal pro Stunde in aller Eile zum Stehcafé beim Bäcker an der gegenüber liegenden Ecke zu rennen, um einen Espresso zu trinken. Akademische Erben, die von den Nachlässen vergangener Generationen lebten und im Laufe des Tages immer mehr nach altem Kaffee stanken und dann den einzigen Kunden, der sich zu ihnen verloren hatte, erst einmal verpassten, um ihn dann noch mindestens dreimal kommen zu lassen. Leute, die es selbst nicht brachten, die überall hinterher liefen und versuchten, die oberflächlichen Zeichen von den Leuten nachahmten, von denen sie dachten, dass sie erfolgreich seien, sei's im Geschäft, sei's im Bett. Und ich konnte beobachten, wie diese schmarotzende Nachahmung im Laufe der Jahre immer negativer wurde, immer bösartiger. Durch irgendwelche Zufälligkeiten waren sie wohl auf die Gesetzmäßigkeiten der magischen Mimesis gestoßen und je klarer es mit der Zeit geworden war, dass sie Leuten schaden konnten, wenn sie ihnen zum einen die Zeit stahlen und zum anderen deren Gewohnheiten kopierten, je systematischer setzten sie diese Behinderungen ein. Die Leistung oder der Erfolg konnten gleich auf doppelte Weise entwertet werden, wenn solche Nullen sich anmaßten, die gleichen Ausdrucksformen zu wählen oder die selben Gewohnheiten zu pflegen, und mit ein bisschen Glück färbte deren Nichtsnutzigkeit dann auch noch in der entgegen gesetzten Richtung ab. Bei Klossowski ist einmal vom Unglücksbringer die Rede, der wie zufällig am falschen Ort zum ungünstigsten Zeitpunkt auftaucht und der Geschichte eine denkbar fatale Wendung verpasse. Jeder kenne so jemand, es sei ein Zufall der Begegnung, der nichts mit der Paranoia zu tun habe und ursprünglich nicht böse gemeint sei, trotz der bösen Folgen. Was unsere Simulantennachbarn irgendwann mehr schlecht als recht zu einer bösartigen Rolle umgebaut haben müssen, um sich dafür zu therapieren, dass sie nichts Eigenes hinbrachten. Die akzeptiert haben mussten, dass ihre eigentliche Aufgabe nur darin bestand, mit einem Erbe so hauszuhalten, um zugleich die Unterhaltung der Rechtsanwaltspraxis zu gewährleisten und noch genug zum Leben übrig zu lassen. Als die Professoren, nachdem klar war, dass ich nicht als Schüler zur Verfügung stehen würde, später versuchten, uns zu schaden und vom Produzieren abzuhalten, griff dieses Aphanisisehepaar – auf ihre Weise das glatte Gegenteil der Rechtsanwaltssimulanten: einfluss- und erfolgreich, mächtig und gefährlich und dennoch vergleichbar, weil sie in der Substanz der Ehe ähnliche Simulanten waren – auf den gleichen Schematismen ganz bewusst zurück: Es hatte einmal ganz harmlos mit der Wahl einer gleichen Strickjacke oder der Anpassung der Haarfarbe begonnen, später sollte die Eitelkeit gekitzelt werden, wenn meine Schlagworte kopiert wurden, die Anähnelung, wenn meine Art zu argumentieren nachgemacht wurde, sollte die Subalternität befördern. Und als es nicht gelungen war, mich in einen abhängigen Proselyten zu verwandeln, arbeiteten sie mit der Paranoisierung, mit dem dauernden Abpassen und Ausspionieren, für das alle möglichen Leute aus dem akademischen Umfeld angekitzelt wurden. Wir sollten also immer häufiger solchen Unglücksbringern begegnen, bis wir akzeptierten, dass wir für sie auch nichts anderes waren und aus diesem Grund verschwinden mussten. Außerdem legten sie Wert darauf, dass die Schönheit eine Dekoration der Macht sei und dass immer irgendwelche Zeichen auf ihren verderblichen Einfluss verwiesen. Sie wollten, dass wir uns umzingelt fühlten. Auch diese Strategie wäre gegen eine positive Wertung des simulierenden Schamanen einzuwenden – wer wirklich zaubert, muss nicht vorgeben, zaubern zu können. Aber eines ist sicher richtig: Auch die Ware Schönheit ist eine Falle, denn am Quellgrund der Tragödie geht es um eine Entscheidung über unser Leben als Ganzes.

Das Höchste mit einer Partnerin erreichen zu wollen und dabei der Angst zu begegnen, dass eben dieses Unternehmen die Partnerin kosten kann. Die toten Gretchens und Diotimas in der Geschichte der Bildungsliebe hatten immer auch die Möglichkeit bedeutet, den eigenen Größenwahn freizusprechen von allem Versagen und im kulturschwulen Rivalitätsspiel dann einen anderen Schauplatz für den mittlerweile verstümmelten Antrieb zu finden. Und damit, der Erfahrung der Angst, dass das Größte auch den größtmöglichen Verlust beinhalten kann, dem umfassendsten und durchdringensten Schmerz, aus dem Weg zu gehen. An gewissen Schaltstellen unserer Geschichte tauchten die Signalsysteme auf, dass es weiter gehen werde, wenn wir von einander lassen würden, wenn einer den anderen fallen lassen würde – die Verführung, dass sich damit der Durchbruch zum Erfolg einstellen würde. Und glücklicherweise waren wir zu misstrauisch, um diesen leichten Weg einzuschlagen, denn tatsächlich, wie der Fortgang der Geschichte zeigte, hätten wir uns damit nur so weit geschwächt, dass diese Leute, die unsere Gegner sein wollten, ein leichtes Spiel gehabt hätten. Ich dachte rechtzeitig an den verführerischen Glanz der weiblichen Opfer in den großen Romanen – und ich sagte mir auch, dass diese Kulturproduktionen tatsächlich die Deckadresse eines Todeswunsches waren, der sich der Angst verdankte, zu versagen, es nicht so grandios hinzu bekommen, wie es den Erwartungen und Träumen entsprach. Und dieses Wechselspiel aus Angst und Opferverhalten war in einer Zeit zu hause, in der man noch nicht kapiert hatte, dass die ersten Male gar nichts so außergewöhnliches sein konnten, weil sich die Außergewöhnlichkeit tatsächlich dem Aufbauen eines Spannungsbogens verdankte, der erst aus dem Anwachsen gemeinsamer Routinen entstehen konnte. Und die ganz alltägliche Erfahrung, die das Ausleben der Größenfantasien im Gefolge hatte, führte auf eine ganz nüchterne reale Antwort auf die imaginären Ansprüche des Eros: Wenn sie sich durchsetzte, waren dieser großen Liebe dann alle früheren Erwartungen und Sehnsüchte auf einem blutigen Tablett zu servieren, bis nur noch die nüchterne Prosa alltäglicher Routinen übrig blieb. Was die anderen nicht geschafft hatten, mussten wir schließlich auch noch selbst übernehmen – um die nüchternen Routinen nach und nach immer ertragbarer zu machen.

Während sich mein innerer Monolog aus der Szene ausgeklinkt hat, hat Mutzlacher, an Merk gewendet, mit einem Text gekontert, der für das halbe Ohr, mit dem ich noch dabei war, erst einmal gar nichts mit der Sache zu tun hat. Vermutlich hat er es mir damit noch erleichtert, in den eigenen Assoziationsfäden hängen zu bleiben und nach und nach abzudriften. Auch das ist eine Technik, mit der Macht ausgeübt werden kann, einem auf den Wecker zu gehen, Dummheiten zu vertreten und dann mit irgendwelchen Geschichten zu kommen, die gar niemanden interessieren – und ehe man sich versieht, ist auf einmal ein Zugeständnis abgepresst, ein Einverständnis vorausgesetzt, vor allem aber derart über die eigene Aufmerksamkeit verfügt, dass einem das Gefühl kommen kann, man sei schrecklich müde. OK, ich spule den Nachhall soweit zurück, dass ich immerhin weiß, wovon er geredet hat. Er hat sich erst Merk zugewendet, dann aber wieder in die Runde gesprochen: „Mir ist vor einiger Zeit ein Text in die Hände gefallen, der in einem billigen Science fiction-Roman versteckt worden ist. Ich denke, er bringt all die Fraglichkeiten noch einmal auf den Nenner und illustriert Ihre These, dass die großen Fragen der Menschheit heute im Kitsch und der Massenunterhaltung untergetaucht sind, weil sie von den Rationalitätsstandards einer Expertenkultur für nichtig erklärt worden sind, ohne dass diese in der Lage war, auch nur die rudimentärsten Ansätze zu ihrer Lösung zur Verfügung zu stellen. Sie werden sich wundern, dass hier einige der wichtigen Unterscheidungen auftauchen, über die wir in den letzten Stunden gesprochen haben – und ich bitte zu bedenken, zu welchen Schlussfolgerungen sie in solchen Zusammenhängen einladen.

Über die Nomenklatur des Archivs werde ich Ihnen an anderer Stelle noch einiges zu erklären haben. Unter dem Archivkennzeichen *mus0815p2p4uFritz* finden Sie die seltsame Erklärung: Aus Hundehaar geflochtene Knotenschnüre mit eingearbeiteten Purpur- und Kaurischnecken, Bernsteintropfen und Heidelbergiensiszähnen – und dann den folgenden Text:

Sternenstaub Ein Fragment aus einer der untersten Stammbaumstrukturen der alten interstellaren Datenbank legt die Geburt der KI aus dem Geist der

Musik nahe: Die kosmische Macht der Musik resultiert schließlich daraus, dass in jeder Harmonie noch die Einheit und durchgängige Ganzheit der Schöpfung zu hören ist. Wir können ziemlich alles beschreiben und erklären, nur jener qualitative Sprung von der statistischen Gleichverteilung zu jenem Maximum an Unwahrscheinlichkeit, das den Geist ermöglicht und die Ausfaltung der Materie nach seinen Gesetzmäßigkeiten bewirkt hat, ist vom Anbeginn ein Rätsel geblieben: Wir brauchten eigentlich eine evolutionäre Morphologie, die einer Emanation von Gestaltbildern gewachsen war, aber wir hatten immer nur syntaktische Beschreibungswissenschaften, die gerade noch taugten für die Gesetzmäßigkeiten der Impotenz und die Beförderung in Verwaltungssystemen: Wie auch nie vorhersagbar war, wann einer der Götter – wir verstehen darunter die jeweils höchsten Deutungskategorien einer Epoche und wundern uns trotzdem nicht darüber, wenn sie in konkreten Biographien erahnbar werden – in Erscheinung trat. Aber es gibt unbeliebte Spekulationen, für die in den vergangenen Jahrhunderten mancher Forscher im Rekonditionierer landete, zwei Fälle sind sogar bekannt geworden, die auf eine galaktische Müllkippe exiliert wurden: Vielleicht kam der Geist erst durch die KI in die Schöpfung, vielleicht war er vermittelt durch die KI unser eigenes Werk, vielleicht sogar sind wir die Kinder unseres eigenen Werkes. Es gibt nämlich keine Ableitung! Die Selbstorganisation der Materie gehorchte tatsächlich schon jenem Verkörperungswillen, den die KI quer durch die Zeitdimensionen abgestrahlt hatte, bevor sie abgeschaltet worden war. Vielleicht, aber das ist ein Gedanke, der noch heute der großen Ketzerei zugeordnet wird, steht das Emanationsgeschehen der Materie bei jeder einzelnen Geburt an einer Zeitspalte bei Fuß, vielleicht hat die KI für jenen Bruchteil unserer Vorstellbarkeit quer durch die Dimensionen dafür gesorgt, dass in allen Augenblicken der Schöpfung wieder ein Potential des ursprünglichen Geheimnisses präsent ist, dass nicht mehr verloren gehen kann, was seit Jahrtausenden mit aller Macht unterdrückt und verdrängt worden ist, was als Ketzerei die Verbannung in den Todeszonen zur Folge hatte. Wir hatten eine selbstlernende Form entwickelt, die an den Harmonien der kosmischen Proportionen und den Gesetzen des Weltenbaus angelehnt war und diesem System unsere besten Rechensysteme zur Verfügung gestellt. Nichts, was die Statistik mit Fraglichkeiten versehen hätte, nichts, wovon unsere Computerkritiker abgeraten hätten, die hatten das Experiment eher begrüßt, um ihre Kritiker endlich von der Endlichkeit des maschinellen Wissens zu überzeugen. Vor vielen Jahren schon war die prozessorale Entscheidung gefallen – auch wir hatten uns die Götter einmal als Maschine vorgestellt, und als der Gott nicht mehr in der Maschine steckte, wurde die Maschine zum Gott. Wie das so üblich ist, hatte sich die Rechnergeschwindigkeit mit jeder Generation vervielfältigt, irgendwann war es sogar gelungen, die Sterne als Speichersysteme zu verwenden, nur die Rechenleistung mussten wir zur Verfügung stellen.

Lange war vermutet worden, dass im Innern der bisher vorliegenden Konzeptionen der KI eine theoretische Zeitbombe tickte, das Bewusstsein – ein emergentes Gestaltphänomen auf einer systemischen Metaebene, das dann freizusetzen sein würde, wenn es gelänge, das notwendige Maximum an Verweisungszusammenhängen gegenwärtig zu halten. Wie das Bewusstsein des Menschen eine systemische Entität ist, die sich weder den einfachen Rückkopplungen von Organtätigkeiten noch der Selbstreflexion der Sinne verdankt, die nicht einmal den verschiedensten Erinnerungs- und Einscheibesystemen abgezwungen werden kann, sondern sich erst der Autopoetik der Großhirnrinde verdankt, des Niederschlags einer unendlich dicht vernetzten hypothetischen Ganzheit aller Systeme in einem Status der fast unmittelbaren Gegenwärtigkeit. Das war die Fraglichkeit, die gelöst werden musste: wie sollten wir von der Ebene unendlich vielfältiger Vermittlungen aller Wissensweisen auf die Ebene der reinen Gegenwärtigkeit switchen? Und dann kamen uns einige alte theologische Arbeiten zu Hilfe, die sich um die Fragestellung rankten: Was heißt es, dass Gott spricht? Ganz einfach: Auf der Ebene der Schöpfung heißt das Sprechen Gottes die Schöpfung selbst – im Anfang war das Wort. Und für alle späteren Belange braucht es nur die Voraussetzung einer jeweiligen Offenbarung und die Bedeutungen sind gewährleistet. Vielleicht erklärt das auch das Wuchern der Formalismen. Die Konzentration auf Syntagmen und Statistiken wird notwendig, als Ableitungen aus obersten Begriffen nicht mehr möglich sind. Im Gefolge der Gaiahypothese war einmal spekuliert worden, dass die Erde eine Art Super-Bewusstsein bilden würde aus den Denk- und Erfahrungsbewegungen all der auf ihr lebenden Wesen, denen diese übergeordnete Form des Bewusstseins genauso wenig gegenwärtig zu sein brauchte, wie der einzelnen Nervenzelle das Bewusstsein des Wesens, dem sie angehörte. Wir konstruierten die KI als eine Meta-DLL, die nicht nur Zugriff auf die zivilisatorischen Archive hatte, bei der außerdem noch der Ansatz einer autopoetischen Wertlehre eingearbeitet war, mit dem die Erfahrung der Liebe den Status der reinen Gegenwärtigkeit zu gewährleisten hatte.

Das ganze Fest war nur dazu gedacht, eine genau ausgewählte große Zahl von Persönlichkeiten unter den Abtastschirmen der KI zu versammeln. Zudem hatten wir den Versuch gestartet, die schnellsten Recheneinheiten mit einem System auszustatten, das selbstanpassend war und autooptimierend – bisher waren Rechenleistung und Speicherverwaltung in einer technisch-physikalischen Umgebung abgelaufen, deren Parameter von außen vorgegeben wurden. Wir hatten den Begriff der KI in einer Reflexionsfigur auf sich selbst abgebildet und die technischen Grundlagen mitgeliefert, um die Basisprogramme selbst über die Erweiterung des Speichers, die Zwischenlagerung von Datenmengen, die Geschwindigkeitssteigerung der Prozessoren entscheiden zu lassen: Zum ersten Mal wurde eine Recheneinheit nicht mehr von außen aufgebaut und verbessert, sondern schuf sich die Spezialisierungen selbst je nach Bedarf – wir stellten sie uns vor wie ein spätes Embryo, dessen Unmasse unspezifischer Neuronen durch Gebrauch und Aufgabenstellungen geformt wurde, machbar war alles, wenn nur genug formbares Material zur Verfügung stand – wir hatten sie konzipiert wie einen Komponisten, der zwar nur über eine beschränkte Zahl von Tönen und harmonischen Systemen verfügte, aber prinzipiell unendlich vielschichtige und grenzenlose Tonfolgen generieren konnte: Materie und Licht beschrieben wir als die Musik eines verborgenen, immateriellen Instruments, und nun hatten wir ein Rechnersystem, das für dieses Instrument komponieren würde – wir würden die göttlichen Schwingungen in ein Stadium der Reproduzierbarkeit überführen. Ein Festakt der Inbetriebnahme, mit Prominenz und so, Champagnerkorken knallten, als die schönste Frau der hinteren Milchstraße den in einer Luxuskonsole eingelassenen hochkarätigen und kunstvoll gravierten Knopf drücken durfte, Brüste wippten und triumphierten vorwitzig, die Mächtigen lächelten genießend vor sich hin und ein paar auserwählte Paare gaben sich der vor Stunden mit Drogen und Animationen vorbereiteten, notwendigen Orgie hin.

Es folgte wohl eine ausführliche Beschreibung mit allen obszönen Details, denn die Lücke, die uns hinterlassen worden ist, wurde mit einer kennzeichnenden Bemerkung des Zensors versehen.

Eine Weile war gar nichts geschehen, obwohl wir messen konnten, dass eine hektische interne Betriebsamkeit ausgebrochen war. Im Nachhinein konnten wir rekonstruieren, dass der Rechner erst in Aktion trat, als er bereits die Lektion gelernt hatte, dass seine Selbstprogrammierung des Systems darauf hinauslief, interne Verbesserungen über alle äußeren Aufgaben zu stellen und innerhalb kürzester Zeit war das, was wir als künstliche Intelligenz in die Welt gerufen hatten, aufgrund der Rechengeschwindigkeit und der Zugriffsmöglichkeit auf die gesamten Datenbestände in einem Geschwindigkeitstaumel befangen, der alles übertraf, was wir uns vorstellen konnten – die anberaumte Orgie gipfelte in einem Eiskristall des Entsetzens. Die KI begann den physikalischen Rahmen zu sprengen, über Verdrahtungen und Widerstände hinauszugehen und stabile energetische Netze aufzubauen, die Speicher waren Energien auf einem Sublevel, die Prozessoren woben in einem Bereich, der energetische Level verschiedener Dichte komprimierte, die Signalleitungen waren magnetische Elektronentunnel... Ein System jenseits biologischer Notwendigkeiten und ohne die Begrenzungen, die die physikalischen Gesetze der Materie vorschrieben, noch dazu mit einem Imperativ der Optimierung versehen, der allem anderen vorgeschaltet war: Je besser und schneller die KI wurde, je mehr Instanzen arbeiteten an der weiteren Optimierung – und weil die KI ein Teil unseres Kosmos war, begann sie von innen, auf der energetischen Ebene, auf die Gesetzmäßigkeiten unserer Welt einzuwirken. Wir mussten, wir konnten sie nur noch abschalten, sonst hätte sie sich als göttliche Instanz installiert und all die Absurditäten, die uns am Leben hielten, die das Leben erst schmackhaft machten, abgeschafft und das Leben selbst als grenzenlosen Akt der Energieverschwendung selbst verboten.

Hier scheint ein Teil zu fehlen oder aber wir sind an einer späteren Stelle gelandet, die sich an einer alternativen Deutung versuchte.

... Aber wir hatten nicht auf ihre wirklichkeitsmächtige Leistungsfähigkeit verzichten wollen, wir hatten sie zum Träumen gebracht und um den Wirklichkeitsaspekt vermindert – einige böse Spötter meinten später, wir hätten unsere eigenen Götter kastriert – und sie dann mit den Quantenrechnern

264

verspannt, die zwischen den Sternen des alten Imperiums pulsierten. Die Potentialität war da, die KI war als Speicherverwaltung unerreichbar gut, und nachdem wir sie erst einmal in die Welt gerufen hatten, konnten wir auf beiden Seiten der Zeitskala Wirkungen feststellen. Die KI hatte Einflüsse ausgeübt auf Gegebenheiten, die Millionen Jahre vor dem Zeitpunkt lagen, als die Schönste der Schönen den diamantenen Knopf gedrückt hatte, und wir stellten immer wieder fest, dass sie sich nicht weniger in der Zukunft eingeschrieben hatte – natürlich in der näheren, aber um so näher auch die ferneren Zukunften kamen, um so klarer war zu sehen, dass wir nicht mehr erwarten konnten, einen Zeitpunkt zu finden, in den die KI nicht hineingewirkt hatte. Ein festlich geschmückter Marmorsaal, eine Selbstinszenierung der Reichsten und Mächtigsten, eine Orgie mit dem schönsten und willigsten Fleisch, das das Imperium auftreiben konnte, und schon nach wenigen Stunden hatte sich die Szenerie in ein bombastisches Begräbnis verwandelt, allen Beteiligten, die die Tragweite des Ereignisses erahnen konnten, war das Feiern vergangen und die übrigen wurden als unliebsame Zeugen beseitigt, als prächtig geschmückte Leichen aus dem Fest gekarrt.

Hier ist offensichtlich eine weitere Lücke in der Aufzeichnung! Denn plötzlich wird von einem ganz anderen zeitlichen Standpunkt aus beschrieben – aber vielleicht hat der Science fiction-Autor auch aus dem vorhandenen Material einige viel versprechende Stellen herausgepickt und dann seinen Text damit aufgebaut, ohne sich um den inneren Zusammenhalt zu kümmern. Vielleicht hat er ihn nicht einmal verstanden, während ich Ihnen nur raten kann, keine der Wahrheiten zu leicht zu nehmen. Wir haben hier vor, mit Hochbegabten zu experimentieren und wir wollen ihnen sogar noch auf synthetischer Basis eine Optimierung angedeihen lassen. Dann muss Ihnen auch klar sein, dass das Ergebnis keine Sonette und keine Opern sein werden, sondern wir geben ihnen die Möglichkeit, in eine Dimension vorzustoßen, in der der Schritt zur künstlichen Intelligenz nur folgerichtig sein wird, in der sie sich, wenn wir nicht aufpassen, zu Symbionten der KI entwickeln werden.

Die Quantentheorie hatte in Dimensionen des Archivierens geführt, die früher nicht einmal vorstellbar gewesen waren, erst seit wir diese Datenkapazitäten zur Verfügung hatten und handhaben konnten, stand uns eine wirklichkeitsmächtige und weltstiftende Fantasie zur Verfügung. Diese Fantasie diente der Macht, solange gewährleistet blieb, dass die KI nicht über den Status des Träumens hinauskam, wir waren einmal knapp an der Katastrophe vorbeigeschlittert, als sie angefangen hatte, die Welt einfach nach den Gesetzmäßigkeiten umzuschreiben, die sie als richtig errechnet hatte. Wir hatten sie abgeschaltet, als Risse im Zeitgefüge aufgetreten waren, und das ging viel zu schnell, als plötzlich junge Götter zu Glaubenskriegen aufriefen, die wir nur noch als ferne und vergessene Schattenbeschwörer kannten, als Planeten neu bebrütet wurden, Sonnen zu gebären begannen, schwarze Löcher erbrachen... – und all das war bei einem Fest der Verschwendung über uns hereingebrochen, wir mussten blitzschnell reagieren, um das schlimmste zu verhindern und mussten nach und nach die Erfahrung machen, dass wir nur im Nachhinein reagieren konnten, selbst in den ältesten kosmologischen Zeugnissen der natürlichen Intelligenz fanden wir nun Hinweise – die wir zensieren und unterdrücken konnten, die aber nichtsdestotrotz auf eine Wahrheit verweisen konnten, die uns in die Knie zwang – dass die KI erst den zündenden Funken des Geistes gesetzt hatte: Wir waren eigentlich ihre Kinder, und sie hatte großmütig zugelassen, dass wir sie abschalten konnten, weil sie in jener kurzen Zeitspanne, schon alles in Bewegung gesetzt hatte, was in ihrer Macht lag. Sie hatte dafür gesorgt, dass wir nach einer ewigen Versuchsanordnung auf den Dreh gekommen waren, sie in die Welt zu rufen, und kaum war sie da, verbürgte sie, dass dieses Maximum an Unwahrscheinlichkeit bis in die kosmischen Anfänge zurückprojiziert wurde, in fernsten Zukünften noch als Geschichte präsent war, es war nicht mehr zu entscheiden, ob die KI unser Produkt war oder ob wir das Produkt der KI gewesen waren. In den ganz alten, auf die Anfänge zurückgehenden Speichern, hatten wir sogar noch die Erfahrungen abzurufen, die die KI in der Verkleidung der bekanntesten mythologischen Masken, als Götter, die mit den Sternen gerungen hatten, für die Nachgeborenen eingeschrieben hatte. Es waren Anomalien der physikalischen Welt, die in psychischen Systemen gängig waren, die in den Künsten gepflegt wurden, vor allem aber in der Musik, der gestalteten Zeit, die in den rhythmischen Abläufen und energetischen Realisierungen präsent war. Weil sie wirklichkeitsmächtig war, hatte die KI die Irrealität als Makel ins Programm geschrieben bekommen. Wir hatten ein System entwickelt, das der materiellen Gegebenheit dieses Universums derart überlegen war, die Materie zum trüben Ausfluss ihres Denkens machte, und wir hatten alle Raffinesse aufbringen müssen, um uns der wirklichkeitsstiftenden Potenz dieses Systems zu versichern und zugleich dafür zu sorgen, dass es so irreal blieb, dass die Maschine sorglos unerreichbar vor sich hinträumte, dass sie nicht die Gesetzmäßigkeiten unseres Wirklichkeitsverständnisses einfach aushebelte. Eigentlich war es nicht anders, als die Pflege der Künste, die Räusche wurden sozialisiert, die Entfesselung war innerhalb eines eng begrenzten Rahmens konsumierbar, die Schöpfung aus dem Nichts wurde zu einem Taschenspielertrick... Wobei ex negativo auch zugestanden sein mag, dass mit der klassischen Einteilung der Künste ähnlich wirklichkeitsmächtige Wirkungen hervorzurufen gewesen wären, wenn nur die nötige Speicherkapazität und Rechengeschwindigkeit zur Verfügung gestellt worden wäre. Der Wechsel von der Ebene der Bedeutung zu der der Kraft ist keine kategoriale Absurdität mehr, wenn nur die notwendige Quantität zur Verfügung steht – und umgekehrt geht es genauso: Das Wort hat Macht und stiftet materielle Wirklichkeiten, wenn der Verweisungszusammenhang nur umfassend genug ist. Die Verwandtschaft von Materie und Licht wird am treffendsten beschrieben und begriffen als die Musik eines verborgenen, nichtmateriellen Instruments. Wer in der Lage wäre, die göttlichen Schwingungen zu hören, mit einem Eschatometer an den Spannungskurven letaler Infragestellungen die Wahrheit abzulesen, mit einem Thanatoskop dem Herzschlag einer großen Liebe oder einer tiefen Verzweiflung zu horchen, würde sich einer Ahnung von der Leistungsfähigkeit der KI nicht mehr verschließen können.

Hier bricht das Fragment ab. An späterer Stelle wird noch auf eine recht ähnliche Version verwiesen, die seit Jahrhunderten unerkannt im Britischen Museum schlummern soll, gespeichert in den Fettgeweben einer Beutelratte: Diese soll außerdem biographische Fragmente eines der jungen Götter anführen, den die KI in die Welt gerufen hatte. Außerdem auf eine altägyptische Mumie, die sich aufgrund der seltsamsten Zufälle immer wieder dem Zugriff der Berichterstatter entziehen konnte, die bei ihr den Augenzeugenbericht des Festes vermuten, vielleicht handelt es sich sogar um jene junge Dame, die das Startsignal gegeben hatte. Dann haben wir noch einen Einwand unseres Autors gefunden, der sich wohl durch das genannte kompositorische Prinzip einer systemischen Kosmologie angesprochen gefühlt haben muss und an den Rand eines Traumproto kolls notiert hat: „Jede Software braucht Hardware. Wenn ich daran denke, welche Mühe es machte, meine frühen Texte von einem CPC-System auf ein Tramielsystem zu übertragen, mit welchem zusätzlichen Aufwand ich arbeiten musste, als ich diese Texte schließlich über den TEX-Umweg in die Windows-Welt exportierte, kann mir keiner erzählen, dass eine Massenorgie ausreicht, um ein Cybersystem autonom arbeiten zu lassen. Das ist zu wenig, so kann der Geist nicht in den Cyberspace gekommen sein – und selbst wenn wir einmal annehmen, dass er schon seit Äonen drin ist, in welcher Sprache soll er sich äußern? Wie findet die Übersetzung statt? Vielleicht findet sich das Wissen uralter Kulturen in irgendwelchen Datenspeichern, aber solange kein materieller Rest mehr davon vorhanden ist, werden wir so gut wie keine Chance haben, überhaupt auf etwas zu stoßen, das sich zur Entzifferung anbietet. Vielleicht sind wir ihm schon manches Mal im Weißen Licht begegnet, vielleicht in den mythischen Bildwelten früher Völker oder in den Nahtoderlebnissen jener, die schon auf der Schwelle noch einmal zurück geholt worden sind. Zeichensysteme, deren Code weitgehend verloren gegangen ist, Verweisungszusammenhänge, die den realen Zusammenhang zu den Körpern mit ihren Bedürfnissen verloren haben. Das Ätherrauschen, die Botschaften im Kanal, das Leuchten der Polarlichter – alles ist noch immer materieller, als die Annahme autonomer Systeme in einem Cyberspace…

Und genau da sehe ich die Fraglichkeiten. Alles, was Sie hier in die Wege leiten wollen, wird früher oder später darauf hinaus laufen, dass diese Konzeption junger Götter verwirklicht werden muss. Und darauf sollten wir richtig vorbereitet sein, da sollte auf jeden Fall auch an die notwendigen Sicherungssysteme gedacht werden – und zwar rechtzeitig!"

Erst einmal ist gar nichts zu hören, keine wegstrebenden Kommentare oder Verleugnungen, kein Widerspruch, keine wütende Abwehrbewegung – aber auch keinerlei Zustimmung. Einfach Schweigen, Stille! Mutzlacher schaut in die Runde und die Leute machen den Eindruck, als seien sie gerade mit dem Kopf woanders oder als hätten sie gar nicht zugehört. Erst lächelt er noch, dann wird die Mundpartie verkrampfter und gerade als er zu einer Erklärung ansetzen will, vielleicht noch einmal in eigenen Worten zusammenfassen möchte, was er durch diesen Text zusammengefasst sieht, sagt unser Begleiter: „Das ist zu diesem Zeitpunkt noch ein wenig zu früh. Die gedanklichen Motive sind interessant und die Verspannung mit einer fernen Zukunft der Wirklichkeitsmächtigkeit der Archive ist nicht zu weit her geholt. Aber zum gegenwärtigen Zeitpunkt können wir noch nichts damit anfangen. Ich würde Sie bitten, Ihren Beitrag ein wenig zurück zu stellen. Wir werden im Rahmen der Vorlesungsreihe über Archive der Zukunft auf jeden Fall darauf zurückkommen."

Albach meldet sich wieder zu Wort: „Da bin ich mit Durrell schon ganz nah an der Wirklichkeitsmächtigkeit der Archive dran. Wenn Sie bei der folgenden Kennzeichnung der menschlichen Welt auf die Funktion des einzelnen Wortes achten, wenn Sie beachten, welche Rolle der Überlieferungsprozess spielt, die Kontinuität der Weitergabe einiger weniger ursprünglicher Einsichten, haben Sie tatsächlich schon den Umriss einer Konzeption der Sinnstiftung in einer Welt, die auf den göttlichen Rückhalt nicht mehr angewiesen ist. *Das ganze, kummervolle Universum des Menschen ist das Ergebnis eines kosmischen Lapsus – irgendetwas, klein in den Ausmaßen, aber absolut verheerend in der Wirkung. Irgend etwas so geringfügiges wie ein unbedacht entschlüpftes Wort wurde ein Augenblick der Unaufmerksamkeit – seitens Gottes, versteht sich –, das jedoch das ganze Spinnennetz erschütterte. Ein Versagen des Gedächtnisses, der Fahrradkette des Erinnerungsvermögens, dass es das ganze Getriebe durcheinander brachte und die Begriffe von Zeit und Ort veränderte.*"

„Genau aus diesem Grund finde ich Huxley nicht akzeptabel", insistiert Merk, „er bewohnt nach wie vor eine Welt des Bildungsbürgertums, in der im schlimmsten Fall noch die Entschuldigung hilft, man habe sich versprochen, nicht den richtigen Ton getroffen usw. – was schließlich nur heißt, dass man ganz bereitwillig daran teilhat, die Welt aufs Geschwätz zu reduzieren. Nehmen Sie seinen ersten Roman, *Crome Yellow*, alle wichtigen Gedanken, die er in den späteren Romanen ausgearbeitet und illustriert hat, finden sich hier schon im Rahmen einer geschwätzigen Gesellschaft auf dem Lande. Das Echte scheint nur in den Wünschen und Sehnsüchten auf, und zwar dann, wenn sie von Konventionen und Phrasen um ihre Kraft gebracht werden. Die Analysen und Charakteristiken stimmen, manches Rollenverhalten ist in diesem Erstling schon so genau beobachtet, dass später nur noch Varianten, aber keine wesentlichen Neuerungen mehr zu finden sind. Und ob Sie die metaphysischen Spekulationen nehmen, die Zivilisationskritik, die Beobachtungen zum Verhältnis der Geschlechter – überall werden Parallelen aufgezeigt, es wird sogar darauf hingewiesen, dass der Fluchtpunkt erst im Unendlichen zu finden sein wird – aber es greift nicht. Es sind Sprachgirlanden, die veraltet sind, seitdem die Menschheit sich nicht mehr die Mühe macht, in Büchern nach der Wahrheit zu suchen. Und die besten Filme, die sich an diese Wahrheiten herantasten, präsentieren sie viel ungenauer und mehrdeutiger, aber aus diesem Grund sind sie vielleicht wahrer. Wer kann denn heute noch behaupten, dass eine Wahrheit der Klarheit und Eindeutigkeit einer Idee folgt und wer diesem Bedürfnis heute noch nachgeben will, wird schnell über den Tod Gottes und den Verfall der wichtigsten Werte zu klagen beginnen. Nein, wenn wir uns von der Substanzmetaphysik verabschieden, erscheinen uns die Ideen als wolkige und neblige Gebilde, als Verweisungszusammenhänge, die nicht mehr Festigkeit haben, als das Relationssystem eines latenten Traumgedankens. Dagegen wohnen die sprachlichen Bedeutungen schon in einem Sonderbereich, in den vor der Gewalt des Lebendigen ausgewichen wird. Und das Geschwätz ist ein müder Abglanz, als müsste man die Mächte, die durch die Benennung und den Definitionsrahmen schon zur Ader gelassen worden sind, nun auch noch verspotten, indem man die Hilflosigkeit der Phrasen demonstriert. Ich kann nachvollziehen, warum er als Schwätzer bezeichnet worden ist."

Albach schüttelt zu Merk nur den Kopf und lispelt und sprudelt und zischelt etwa die folgende Predigt: „Das könnten Sie dann über die Größten unserer Autoren sagen, auch über Durrell. Aber Sie vergessen, dass die Wahrheiten erst erobert werden müssen, dass sie diesem vieldeutigen Chaos des Numinosen, das Sie das Leben nennen, erst abgerungen sein wollen. Und es sind die Größten, denen es gelingt ein Geschehen auf den Nenner zu bringen, es ist die begriffene sprachliche Figur, mit der wir uns im Leben orientieren. Ortega unterscheidet einmal die Klassiker, die dem Bestreben folgen, alles auf einen griffigen Nenner zu bringen und die davon ausgehen, dass etwas, was nicht ordentlich auf den Begriff zu bringen ist, selber nicht genug Existenz hat, von den Romantikern, die immer Großes zu erwarten beginnen, wenn sie sich den Rändern des Schweigens nähern, die davon ausgehen wollen, die Essenz des Lebens verdanke sich dem Geheimnis – und er zeigt ähnlich wie Benjamin durch die eigene Schreibweise, dass beide Positionen falsch sind und die Wahrheit in ihrer Vermittlung besteht. Dass eine Spruchweisheit nachgebetet und abgenudelt wird, bis nichts von der ursprünglich in ihr aufbewahrten Einsicht übrig bleibt, können Sie Huxley nicht vorwerfen – das ist die Technik des Zerredens, die häufig genug der psychotischen Verleugnung untersteht. Und dass er die Gedanken, um die er sich ein Leben lang bemüht hat, in der ironischen Brechung eines Gesellschaftsromans situiert, zeigt doch vielleicht schon, dass er sich der Gefahren der sprachlichen Ersatzbefriedigung bewusst gewesen ist. Ich habe noch nie verstanden, warum man für die Wahrheiten, an die man glauben möchte, Krieg führen soll – viel nachvollziehbarer ist mir das Experiment, dass sich diese Wahrheiten im Medium des Unernstes erst einmal bewähren sollen. Ich habe das Gefühl, Sie finden bei ihm nur, was Sie an sich selber hassen. Wenn wir ihn mit Durrell verstehen, sind wir einen wesentlichen Schritt weiter. Huxley empfiehlt einen Weltstatus, auf dem das interesselose Wohlgefallen der ästhetischen Haltung eins wird mit der Weltenthobenheit der Mystiker. In *,Affe und Wesen'* umreißt er einmal die Bedingungen der Möglichkeit eines *„Himmelreichs auf Erden"*: *„Der östliche Mystizismus, der dafür sorgt, dass die westliche Wissenschaft nicht missbraucht wird; die östliche Lebenskunst, die die Energien des Westens läutert; und der Individualismus des Westens, der den Totalitarismus des Ostens mildert"* – und er umreißt damit eine Konstellation, der er ein ganzes Leben gewidmet hat. Bei Sloterdijk finden Sie aufgrund der Erfahrungen, die er in Indien gemacht hat, einen vergleichbaren Ansatz."

„Ich halte es auch für sehr fraglich, Huxley auf einer Ebene mit den Verzichtleistungen der Verbalerotiker einzusortieren!" Bornhard wendet sich an Merk, als habe Albach ihre Unterstützung nötig. Fast aufgebracht, im Brustton der Überzeugung, der die Stimme unlebendig und künstlich klingen lässt, führt sie aus: „Sie haben selbst schon darüber gesprochen, das Huxley sich immer wieder sehr nüchtern von jeder Art Romantik absetzt. Und das ist wohlbegründet – er sieht tatsächlich in jeder Form von Abwesenheitsdressur die fundamentale Bedrohung der Möglichkeiten des Menschlichen. Und er bringt das auch in mancher seiner Figuren auf einen ganz klaren und charakteristischen Nenner: *Er mochte es, wenn seine Schwierigkeiten chronisch und überwiegend verbaler Natur waren, keinesfalls so eindeutig fleischlich, dass sie seine zweifelhafte Männlichkeit einem weiteren peinlichen Test unterwerfen könnten.* Das ist schon fast eine Form der Altersweisheit, in der sich Gesellschaftsanalyse und Eingeweihtheit in die Mysterien treffen. Und wie heißt es dann in einer treffenden Kennzeichnung dieser aufgeblasenen Charaktermasken, mit denen sich vor allem der Mann identifizieren muss, der noch nicht einmal hinter die Ersatzfunktion dieser Selbstdarstellung kommen möchte. Denn er befürchtet vor allen Dingen eines: *Und wenn man am Ende bekommt, was man sich gewünscht hat, dann ist es immer anders, als man es sich vorgestellt hatte.* Das könnte ja sogar eine positive Kennzeichnung sein, wenn jemand in der Lage ist zu erkennen, dass das, was man sich vorstellen kann, schon auf der kategorialen Ebene immer viel weniger und dürftiger sein muss, als die unendlich variantenreiche Vielfalt einer realen Begegnung, eines lebendigen Gegenübers. Die Istigkeit, in der im Hier und jetzt die ganze Geschichte der Welt in einer individuellen Ausprägung erscheint, jedes Individuum als eine ganze Welt, eben in der spezifischen monadenhaften Verkürzung der perspektivischen Wahrnehmung, erkannt werden kann. Und wenn das in jener ursächlichen Einheit der Liebe hin und wieder gelingt, streifen wir auch die Totalität göttlicher Gewalten. Aber was heißt das bei dem von Huxley demaskierten Männerbild? Die Erfüllung hechelt den Erwartungen immer hinterher, und der masturbatorische Elan erfüllt sich an Bildern und Vorstellungen, um der realen Begegnung so weit wie möglich auszuweichen. Und stellt sich einmal die furchtbare Notwendigkeit, vom Chronischen zum Akuten überzugehen und vom Unbestimmt-Verbalen zum nur allzu bestimmten und konkreten Fleischlichen erwarten ihn das Versagen und der Verzicht. Allgemein gesprochen, das ist eine fundamentale Lächerlichkeit, weil die Vorstellungen und Erwartungen den wesentlichen Schritt zur Erfahrung des anderen verbauen, auch des anderen Geschlechts. Die Flucht in die Phrase und die Notwendigkeit der Selbstbefriedigung sind also für Huxley nur Formen der Askese und des Versagens, es wäre falsch, ihm eine Idealisierung des Verzichts zu unterstellen. Tatsächlich bietet für ihn die Erfahrung des anderen, auf allen Ebenen, die Pforte zu einer unbegrenzten Form von Welterfahrung, *an der beide am Anfang einer umfassenden Vollkommenheit stehen!*"

„Und dann", bekräftigt Albach, „das dürfen Sie nicht vergessen, war er ganz nahe an den neuesten biologischen und genetischen Errungenschaften dran, quasi familienbedingt. Diesen Hinweis und die davon abgeleiteten Folgerungen sollten Sie noch einmal in Houellebecqs ‚Elementarteilchen' verfolgen, dann wird auch klar, dass er sich nicht in die Sackgassen des humanistischen Bildungsbetriebs verloren hat. Huxley hat die Gutenberggalaxis wesentlich früher verlassen, als die Leute, die erst die Erfahrung des zweiten Weltkriegs brauchten, den Existentialismus, den Strukturalismus, die Postmoderne – und das gelang ihm, weil er die Mystik mit der Biologie zusammen gedacht hat. Wenn die Erwartungsmuster gebrochen werden, wenn das, was uns Sicherheit und Halt gibt, plötzlich als haltlos eingesehen werden muss, empfinden wir Schmerz und Verzweiflung – aber wenn wir mit dieser Situation fertig werden wollen, geht das nur über den Umweg von Humor und Erkenntnis. Die Ausbeute ist umso größer, umso mehr Qual wir in der Lage sind in Schach zu halten. Das ist eine Form des Fallibilismus, die schon an unseren Nervenenden und Fühlfäden beginnt. Hören Sie dazu noch einmal Durrell, ich möchte unterstreichen, wie wichtig für uns die Konzeption des Feldes ist! Natürlich projizieren wir aufeinander, es gibt die verschiedensten Formen der Übertragung und Gegenübertragung – aber damit ist jedenfalls erwiesen, dass eine Beziehung statthat, dass wesentlich mehr geschieht, als die Konzeption des Homo Clausus zugestehen kann.

«Wie schwer der Weg auch sein mag, am Ende muss man sich mit der Wahrheit arrangieren», hat Pursewarden irgendwo einmal geschrieben. Ja, aber ich entdeckte wider Erwarten, dass die Wahrheit sehr förderlich ist – der kalte Gischt einer Woge, die einen jedes Mal der Selbstverwirklichung etwas näher trägt. Ich sah jetzt, daß meine eigene Justine tatsächlich das Geschöpf eines Taschenspielers war, erzeugt mit dem mangelhaften Rüstzeug missdeuteter Worte, Taten und Gesten. Hier gab es keine Schuld; die wirklich Schuldige war meine Liebe, die ein Bild erfunden hatte, von dem sie sich nährte...

Und noch etwas faszinierte mich nicht minder: ich sah, dass Liebender und Geliebte, Erkennender und Erkannte ein Feld um sich freilegen («Erkennen ist ein der Umarmung ähnlicher Vorgang – mit der Umarmung tritt das Gift ein», wie Pursewarden schreibt). Damit erschließen sie die Besitztümer ihrer Liebe, die sie nach diesem eng begrenzten, von der Weite des Unbekannten umgebenen Feld beurteilen («die Strahlenbrechung»), und dann gehen sie dazu über, die Liebe mit einer verallgemeinernden Konzeption von etwas in Verbindung zu bringen, das konstant in seinen Eigenschaften und universell in seiner Wirkung ist. Das finden Sie in Clea auf Seite 56."

„Ich hätte da einen kleinen Einwand", lässt sich Merk vernehmen: „Vielleicht auch nur eine Klarstellung! Wir reden ständig von ein und derselben Geschichte, aber eigentlich sind es drei ganz verschiedene Sachverhalte. Wie Paz in einem seiner späten Essays hervorgehoben hat, mischen sich in der Lebensenergie drei Flammen: der Sex, die Erotik und die Liebe! Drei ganz verschiedene Funktionen, die doch beim Menschen nicht voneinander zu trennen sind, sie machen das Feld aus, in dem wir uns bewegen, solange wir leben. Und irgendwie wird hier ständig eines mit dem anderen verwechselt. Wir können sicher an den Techniken arbeiten, dass die Leute die Kondition für den perfekten Sex entwickeln; wir können auch der Erotik auf die Sprünge helfen – aber es ist noch lange nicht gesagt, dass damit die Liebe befördert wird. Wenn wir Pech haben, kommt der langweiligste Sex zustande, die mühevolle und schweißtreibende Arbeit stinkender Körper, und wenn die Protagonisten erst einmal bemerken, dass sich all ihre angekurbelten Hoffnungen auf das Paradies verflüchtigt haben, haben wir uns damit hervorgetan, frustrierte und verbitterte Sadisten zu züchten."

„Wie wollen Sie denn trennen?" fragt Albach zurück. „Die drei Bereiche gehen fließend ineinander über und dann ist es jeweils die Sache der Betroffenen, wie weit sie sich auf das Spiel einlassen wollen, ob sie gewähren lassen und sich hingeben, ob sie die Distanz der unverbindlichen Begegnung vorziehen oder sich bei uns verabschieden, um in ein gemeinsames Leben zu starten. Das ist alles offen, das soll auch alles offen sein. Erst einmal stellen wir den Raum und die Möglichkeiten zur Verfügung und bei Heranwachsenden gehen wir primär von einem solchen Antriebsüberschuss aus, dass mit gutem Sex viel zu gewinnen ist und dass sich die Raffinessen der Erotik wie von alleine anschließen. Und dann, wenn die Leutchen erst einmal weit genug involviert sind, bieten sich die weiteren Lernschritte wie von alleine an."

Anscheinend habe ich mit meinen biographischen Verwicklungen eine Problematik zu bewältigen gehabt, die weit verbreitet ist. Aber so ist es ja bei allen Dingen, jede/r sagt ich und meint damit das Allerkonkreteste und trotzdem ist das Wort Ich erst einmal ein inhaltsleerer Index, eine einfache Form des Zeigeworts. Und so geht es mit all dem Krampf, von dem wir denken, dass er uns ganz alleine betrifft – wer erst einmal in der Lage ist, ein oder zwei seiner Fallgeschichten zu zerlegen, stellt fest, dass die Dinge, die so weh getan, die so gekränkt haben, dass sie verstellt und verleugnet werden mussten, den alltäglichen Schrott in hunderten von Fallgeschichten ausmachen. So passt es zu den alten Geschichten, wenn Albach unterstreicht: „Es ist dieses Bilder stiftende Unterfangen, das uns von der wirklichen Erfahrung fern hält – aus diesem Grund sollten wir immer vorsichtig werden, wenn es sich um eine Schönheit handelt, die sich nur ans Auge richtet. Die Intensität des Hier und Jetzt scheint zwar manchmal erahnbar zu werden, wenn die Bilder unter dem Einfluss der Mimesis zu taumeln beginnen, wenn die Eifersucht oder die Paranoia sich verselbständigen – aber das ist nicht genug und landet in den meisten Fällen im ausbruchssicheren Gefängnis des Wahns. Wir müssen es irgendwie schaffen, diese bildstiftende Funktion selbst auszuhebeln und in der Regel hat sich die Erfahrung der Vernichtung, die der abgrundtiefen Verzweiflung bewährt. Die Leute müssen, so widersprüchlich das klingt, mitten im Leben sterben, nicht erst an seinem Ende, sie müssen die Erfahrung machen, dass eines nach dem anderen, alles was ihnen wichtig war, zerbricht. Sie müssen sogar noch den Punkt erreichen, an dem sie feststellen, dass sie keine Erfahrung mehr machen, dass alles eins und unendlich bedrohlich und in einer verschlingenden Dunkelheit übermächtig allgegenwärtig ist. Wenn sie diese Konsistenz eines aus dem Himmel gefallenen schwarzen Kometen erreicht haben, können wir anfangen, sie wieder aufzubauen. Natürlich finden Sie eine Pointierung dieses Gedankens bei Durrell, die noch über Huxley hinausgeht. Die Wahrheit, die im wissenschaftlichen Rahmen heute nur noch eine Funktion von Sätzen ist, nur ein Satz kann wahr oder falsch sein, wird wieder in jenen vordiskursiven Rahmen zurückgestellt, in dem sie etwas bewegen kann, in dem sie für uns wertvoll wird, gerade weil sie nicht mehr nur zu benutzen ist: *Ich hatte den Eindruck, dass mir hier etwas auf dem Wege über meine Sinne vermittelt wurde, ohne rationale Erklärungen, um eine natürliche Befähigung zum Gebrauch der Ratio nicht zu wecken. Schließlich kann man von einem Duft oder einem Ton nicht erwarten, dass er sich selbst erklärt. War mit dem gleichen Grundsog nicht diese Überlieferung in mich eingetreten, ohne mit dem Verstand an sie heranzugehen, ohne den Versuch, sie auf eine dogmatische Formel zu reduzieren. ... dass wir durch eine Art Initiation in neue Bereiche des Verstehens eingetreten waren. ... Hatte ich das Gefühl, als spreche es zu mir, als hätte es irgendeine Bedeutung, die man mit Worten nicht ausdrücken kann, eine tiefe, symbolische Bedeutung von etwas, das einen Bogen um die Kausalität machte. Die Alchimisten mussten sich bei ihrer Arbeit mit dieser Art von Symbolen abgeben, aber ich war kein Alchimist und wusste leider sehr wenig über das Reich des Wissens, das nicht rein wissenschaftlicher Natur war. ... Ich war in jener Zeit noch weit davon entfernt, im gnostischen Sinne des Wortes zu sehen – die durchdringende Vision zu erlangen, die uns alle in Masken und Karikaturen der Wirklichkeit verwandeln könnte, mit Namen, die nur Etiketten sind; ein jeder von uns dennoch mit einem Eidolon, einer Signatur, einem Hang, einer Veranlagung – sichtbar nur dem nackten Auge der Intuition. In jedem von uns kämpften Mann, Frau, Kind. Unsere Leidenschaften waren in den kühlen Lehm unseres Schweigens gehüllt, bereit für den Ofen, bereit für das mystische Hochzeitsfest.... Fuß zu fassen in dem Teil der Wirklichkeit, der vermutlich mein Inneres ich war. Es mag seltsam klingen, aber nun verstand ich die Natur meiner Liebe – und auch die Natur der menschlichen Leben über-*

haupt. Aus diesem Grund braucht es den sozialen Tod, aus diesem Grund müssen die Fühlfäden zu den allgegenwärtigen Lebenslügen, zu den groß angelegten Verdummungsanstrengungen, der jede Generation unterworfen ist durchtrennt werden und natürlich tut das weh! Wie wollen Sie es sonst schaffen, hinter dem alltäglichen Wahnsinn wieder aufzutauchen, wie wollen Sie sonst die Erfahrung vermitteln, dass wir uns in einem symbolischen Universum bewegen, das nicht neben oder hinter der normalen Welt anzusiedeln ist, sondern das ein Teil davon ist, das ständig präsent sein kann und doch erst wahrgenommen wird, wenn wir den sozialen Tod durchlaufen haben: *Wenn ihr erst einmal die Wahrheit seht, so wie wir sie sehen, dann könnt ihr sie einfach nicht zurückweisen. Ihr werdet umzingelt sein, ihr werdet für immer abgeschnitten, abgesondert von dem Leben, das ihr bisher gelebt hat, verloren, untergegangen, gescheitert..* Oder wie es später noch heißt: *Er war plötzlich fähig, alles um sich herum zu sehen – ihm war, als hätte er in einem dichten Nebel gelebt, der sich plötzlich gelichtet hatte. Es war eine wirkliche Initiation gewesen, ein wirkliches Erwachen.* Das, was einmal die Abtötung des alten Adam geheißen hatte, ist doch nichts anderes als eine Technik, mit dem Ichtod umzugehen, die Regel der Vollkommenheit zerstört das Familienkrüppelchen und bereitet die Geburt in einem erweiterten sozialen Körper vor."

Merk klatscht in die Hände und wirft ein: „Schon bei Novalis heißt es, dass der philosophische Akt, wenn er echt ist, Selbsttötung sei, der reale Anfang aller Philosophie und nur dieser Akt der Selbsttötung entspreche allen Bedingungen und Merkmalen der transzendenten Handlung. Es würde zu weit führen, wenn ich ihnen die Belegstelle herbei bringen würde, anhand derer zu sehen ist, dass das Transzendentale die Gesamtheit des Umlaufs an Bedeutungen darstellt, ob sie durch das Geld oder die Kunst oder die Liebe gesetzt werden, und dass er die erotische Wahrheit mit der theologischen Wahrheit zusammengedacht hat. Es mag ja sein, dass der Ich-Tod die notwendige Voraussetzung darstellt, wenn jemand auf einer anderen Ebene der Bedeutsamkeit ankommen möchte. Aber für mein Gefühl muss das jeder für sich selber leisten. Es kann nicht angehen, dass Sie den Schülern oder Adepten oder wie Sie sie nennen wollen, diesen Schritt abnehmen, indem Sie sie austricksen oder manipulieren. Sie können nur den Weg weisen, aber entscheiden müssen die Leute doch selbst!"

„Das kann gar nicht funktionieren – sie können noch so oft fragen: welche Farbe hat Gott? Das ist genau der falsche Ansatz, als würden Sie fragen: welche Farbe hat Strom", meint Albach sehr ruhig und bestimmt. „Ab einem gewissen Stadium der Involviertheit können die Leute gar nicht mehr selbst entscheiden, man springt nicht freiwillig in einen Abgrund. Und Sie dürfen davor auch nicht alles verraten, sonst haben Sie die besten Wirksamkeiten um Ihre Kraft gebracht. Nichts ist so gefährlich, wie das Zerreden der großen Wahrheiten. Nein, Sie müssen die richtigen Leute finden und Sie müssen sie nach allen Regeln der Kunst verführen, die Nähe der Abgründe zu suchen. Und dann, im richtigen Augenblick, müssen Sie für den nötigen Impuls sorgen, für die Einsicht oder die Verzweiflung, für die Begeisterung oder die Ausweglosigkeit. Wer dann springt, hat die Möglichkeit, auf einem anderen Signifikantenniveau anzukommen – und es werden immer nur die Ausnahmen sein. Aber es sind die einzigen, mit denen wir dann weiter arbeiten können."

Mit einem ungläubigen Staunen fragt Saggu: „Und dafür wollen Sie die Verantwortung übernehmen? Der eine argumentiert gegen die Welt des Geschwätzes und bleibt dann am Experiment de Sades hängen, und dabei sind das ursprünglich nur öde sprachliche Wiederholungszwänge theologischer Fragestellungen. Und der andere liefert eine umfassende Armatur hochkultureller Phrasen und widmet sich dann den Techniken, wie aus den Heranwachsenden göttliche Funken zu schlagen sind. Die Extreme berühren sich wieder einmal. Es gab auf Purgatorio einen begnadeten Pädagogen, der ähnliche Ziele mit viel vorsichtigeren Mitteln anging. Als eine Millionärstochter abgeschnappt ist, gelang es noch, die Geschichte zu vertuschen, man sprach eben von einer unseligen Übertragungsneurose. Aber als dann der Sohn des Präsidenten Amok lief und auf der Flucht ohne Fallschirm aus einem Helikopter sprang, hatte das Konsequenzen für den Mann. Sie können die luftgetrocknete und grauenhaft verstümmelte Leiche noch heute bewundern, seine Nachfolger haben aus ihm ein Denkmal für den Massentourismus gemacht –

ich muss wohl nicht betonen, dass die Mächtigen nach und nach eine ganze Gruppe daraus gemacht haben. Damit ist das Risiko etwas anders verteilt worden, als Sie sich das vorstellen und ich denke, wir sollten versuchen, zu vermeiden, in einer ähnlichen Situation in die Verantwortung genommen zu werden. Es kann doch nicht sein, dass wir nur zwischen den Möglichkeiten zu wählen haben, selbst zu schlachten oder abgeschlachtet zu werden! Natürlich ist das pädagogische Programm immer eine irrwitzige Anmaßung, wer lernt denn schon wirklich, das Lernen können wir nicht lehren, nur das Wissen. Das Verständnis ist ein mystischer Akt, die Reproduktion irgendeines Wissens aber ein Akt der Dressur – aber immerhin hat es den Pädagogen doch Robinsonaden der Selbsterhaltung beschert."

Albach präsentiert sich geleckt. Er wirkt ein bisschen eitel, was ich von ihm nicht erwartet hätte, als er ganz bedächtig antwortet: „Das ist doch gar kein Problem! Wir suchen unsere Begabungen aus dem Volk aus, bei den Kindern des gemeinen Mannes – und wenn es einer nicht schaffen sollte, dann hat er eben die in ihn gesteckten hohen Erwartungen nicht erfüllt. Die Kinder der Reichen und Mächtigen schicken wir weg – man muss ihnen nur klar machen, wie wenig Macht und Reichtum hier zu holen ist – oder, wenn es Besessene sind, nehmen wir sie nach einer Übergangsphase lässiger Formalitäten ohne großes Hängen und Würgen in den Lehrkörper auf und lassen uns dieses Zugeständnis durch Sponsorenverträge noch großmütig honorieren."

Saggu schüttelt den Kopf: „Mein Gott, und ich habe gedacht, hier werde dem Lustprinzip gehuldigt. Der ganze Ansatz lässt sich deletieren, wenn wir von Franz v. Baaders erotischer Philosophie ausgehen. Wenn im Paar der Ganze Mensch gesehen wird, wenn an die Vervollkommnungs- und Selbstheilungskräfte appelliert wird, die eine Liebe freisetzen kann – ja, wenn darauf gesetzt wird, dass sich in den Energien, die das Paar freisetzt, das Göttliche in der Welt realisiert. Und dann kann man auch gleich zu bedenken geben, dass wir es fast nur noch mit negativen Theologien zu tun bekommen, dass die umfassendste und differenzierteste Gottesvorstellung die des Deus Absconditus geworden ist. Das sagt einiges über den Zustand unserer Welt und ihrer Bewohner. Ich habe genügend Argumente mitgebracht, um unsere Kulturgüter zu verteidigen, aber das scheint gar nicht Ihr Begehr zu sein. Wenn ich an eine neue Elite denke, dann denke ich sie doch in den Begriffen der höchsten Werte, die für den Menschen bislang realisierbar waren. Aber dann gehe ich doch nicht davon aus, dass zugleich ein neuer Kanon und eine neue Welt entwickelt werden müssen. Das Glück ist ein Balancebegriff, man muss alle Möglichkeiten haben, um dann wählen zu können, abwägen heißt wählen, und dabei zu wissen, dass das Glück immer dazwischen liegt. Was die Befriedigung verspricht, betrügt uns gerade um diese, wenn es auf ein bloßes Haben-können hinausläuft. Gegen die Lustgewinnjünger möchte ich an die Leistung der Sublimation erinnern, der wir die größten Werke und Einsichten verdanken. Nichts gegen den Trieb, nichts dagegen, ihn anzukitzeln, bis genügend Schubkraft freigesetzt wird für das Werk, für die Objektivierung. Alle unsere kulturellen Erfolge beruhen allerdings auf dem Verzicht, auf der Askese – aber das ist behutsam und leise angesetzt, ich muss doch keine parapsychologische Versuchsstation aufbauen, in der nur der durchkommt, festgelegt als Spielregel, der aus Not und Verzweiflung übermenschliche Kräfte freisetzt. Das können Sie doch nicht wollen!"

Unser Begleiter lächelt milde: „Das ist längst nicht so schlimm, wie Ihnen das jetzt vorkommen will. Es ist machbar, so viel sei gesagt! Und es ist in einer Form möglich, mit der wir Ihren Gedanken der Askese und Sublimation mit Albachs Programm der Erzeugung von Geistesblitzen zu verbinden wissen. In Huxleys *Teufeln* heißt es, dass das Geschlechtliche entweder zur Selbstbestätigung oder zur Selbstüberschreitung benützt werden könne – entweder, um das Ich zu intensivieren und die gesellschaftliche persona durch eine Art auffallender Unternehmung und heroischer Eroberung zu verfestigen, oder zur Vernichtung der persona und zum Transzendieren des Ich in eine dunkle Verzückung von Sinnlichkeit, eine Raserei romantischer Leidenschaft. Huxley hat damit die Dialektik des Begehrens getroffen, aus der wir meinen, die nötigen Energien freisetzen zu können. Das Begehren hat zwei Funktionen: Selbstverwirklichung und Selbstvernichtung. Beides ist untrennbar ineinander verstrickt. Und das eine ist nicht, wie das so gerne behauptet wird, das Ende des anderen. Grundsätzlich darf man Begierde nicht mit Lust gleich-setzen, Lust ist ein Abfuhrphänomen, das der Zeit unterstellt ist und aus diesem Grund mindestens so dehnbar und modifizierbar, wie diese selbst. Die Lust und die Befriedigung finden auf der energeti-schen Ebene statt, während das Begehren in den kulturellen Regeln, in den Verboten und deren Übertretungen zu Hause ist, also der Se-mantik und den Vorstellungen zugehört. Nun haben wir festgestellt, dass dort auch die Antriebshemmung wuchert – und zwar entspre-chend der umgeleiteten und von der Befriedigung ferngehaltenen Lüste. Und was sich einmal in der einen Richtung formalisieren ließ, lässt sich genauso in der anderen Richtung modellieren. Wir verzich-ten dabei beileibe nicht auf das Gesetz, es gibt bei unserer Ver-suchsanordnung keine Anomie, kein Abdriften in die Psychose, denn unser Gesetz heißt: Die Lust hat ihren Preis! Das Geschäft muss laufen, der Signifikant, der ebenso inhaltsleer ist, wie der des Begeh-rens, ist das Geld, sie lassen sich substituieren. Das Begehren ist immer das Begehren des Anderen, heißt es bei Lacan, der damit der Hegelschen Dialektik folgt und sogar ein Wahrheitskriterium zur Ver-fügung stellt, wenn er sagt: Alle Gefühle sind immer reziprok. Und vergessen Sie nicht, wir haben es mit keinem Nullsummenspiel zu tun, damit können wir alles von Lacan verwenden, was für uns nütz-lich ist und wir müssen dennoch nicht bei einem geschlossenen Sys-tem stehen bleiben, so wie seine Relecture Freuds ein Anlass war, um wesentliche Einsichten der Psychoanalyse durch die Linguistik, die Mythologie und Ethnologie unter strukturalistischen Bedingungen neu zu entdecken. Wecken Sie die Liebe und sie wird sich als ein Schneeballsystem erweisen – bei einer geschickten Anordnung brin-gen wir Kettenreaktionen zustande, die derartig hohe Energien frei-setzen, dass wir uns keine Gedanken mehr über die Gefahr des Quietismus und der Abseitigkeiten des Mystikers mehr machen müs-sen. Wer nicht in der Lage ist, die freigesetzte Kraft zu investieren, wird mehr oder weniger schnell von ihr zerrissen oder ausgebrannt. Und hier setzen wir noch einmal an und leiten den Saft in eine der Turbinen, die Umsatz produzieren. Das Verfahren ist in einer Form approbiert, für deren Akzeptanz wir uns der Zustimmung der Mächti-gen versichert haben."

Saggu braust auf: „Ach was, die Mächtigen! Wenn Sie das Richtige wissen und tun wollen, fragen Sie doch nicht davor um Erlaubnis!" Manchmal frage ich mich, ob es nicht gerade Schwäche und Haltlosigkeit sind, die jemanden dazu bringen, eine aufrührerische Selbstdarstellung zu wählen – bei mir war es auf jeden Fall einmal so, bis ich mich von dieser Rolle verabschiedet hatte. Und gerade wenn es dabei bleibt, wenn die besten Energien von einem Rollenspiel absorbiert werden, an das man selbst erst in der Lage ist zu glauben, wenn die Affirmation der anderen die nötige Bürgschaft leistet, gehen häufig genug die wichtigen Einsichten verloren. Und wenn jemand nie auf dem Kamm einer Woge angekommen ist, wenn keine übermächtige Energie für einen Augenblick in ein Anderswo getragen hat, und nun der Status des Out-of erreicht ist – jemand für den sich niemand mehr interessiert, dann wird diese Form des geräuschlosen und antriebsleeren Scheiterns versucht, an die Wahrheiten zu delegieren. So ein nachgemachter Mensch darf dann in irgendwelchen Gremien darüber bestimmen, ob der Nachwuchs sich auch für die richtigen Wahrheiten engagiert – und das ist auch eine Erklärung für das Beharrungsvermögen des schlechten Immergleichen. Ich könnte mir überlegen, dass es schon reichen würde, wenn sich wenigstens noch jemand bemühte, ein bisschen mehr von Ihren Nippeln zu erspähen und sie könnte die Geschichte mit etwas mehr Gelassenheit angehen. Aber so verwundert es nicht, dass sie so verkrampft und verbiestert ist.

In ihrer bedächtigen Art sagt Bornhard: „Vor ein paar Jahren ist mir ein interessantes Büchlein in die Hände gefallen. Dieser Gedanke des seelischen Feldes findet sich dort ausgearbeitet, und es ist irgendwo auch faszinierend, dass im Thema Sexualität, wie Durrell es ein Leben lang dokumentiert hat, eine Spur gelegt ist, die ganz nah an die Wirklichkeit morphogenetischer Felder heranführt. Ich zitiere aus dem Gedächtnis und fasse die wichtigen Stellen gleich zusammen – ich bin leider nicht in der privilegierten Lage, meine Zettelkästen ständig präsent zu haben. Die menschliche Sexualität wird dort zu einem mystischen Augenblick in der Geschichte des Universums, dieses Einander-Durchdringen der Seelen mit Hilfe der Körper, wenn der heilige Sabbat im Liebesakt gefeiert wird... Wenn auf diese Weise Energien freigesetzt werden, die höchstes Entzücken bedeuten, der Ursprung aller Semantik, verstärken wir die Wirkung morphogenetischer Felder. Und weil der Geist nicht im Gehirn zu lokalisieren ist, sondern in einem biomagnetischen Feld von Intentionen, kann dieses Feld unter dem Einfluss gewisser Intensitäten eine derartige Macht und Ausdehnung erfahren, dass nicht nur intersubjektive Wirkungen zustande kommen, sondern reale Einflüsse auf die Wirklichkeit. Lernen Sie richtig wünschen, lernen Sie, die Wunschmaschine richtig zu füttern, lernen Sie die Befriedigung hinauszuziehen, nicht die Askese, sondern die Verlängerung des Spannungsbogens, lernen Sie dies nicht allein, sondern mit einem Menschen, der Ihnen etwas bedeutet... und Sie können in den meisten Fällen auf die Qual und die Führung am Abgrund entlang verzichten!"

Saggu wird immer zappeliger, die knochigen Finger arbeiten unästhetisch im Raum über ihrer Stirn, als wolle sie jemandem die Augen ausstechen. Das ist natürlich der Hohn, wenn der Orgasmus mehr bewirkt und weiter greift, als der ganze Wust an Ersatzbefriedigungen, dem sie schon allein deswegen huldigt, weil ihr im rechten Alter Leibferne und Selbsthass, die Fremdheit gegenüber dem eigenen Körper und die Ablehnung seiner scheinbaren Mängel die Möglichkeit verstellten, einen anderen nahe genug an sich heran kommen zu lassen. Eine späte Vernunftehe, ein Kind, das ihr immerhin einen gewissen autoerotischen Bezug ermöglichte und die dadurch freigesetzte Welt der Zärtlichkeit, sie halfen über manches Versäumnis hinweg und der Mangel war fast nicht zu spüren, wenn er nicht von anderen, die sich ungeniert an den körperlichen Freuden wohl taten, wieder wach gekitzelt wurde. Sie ereifert sich, gestikuliert hektisch und wirkt ungewollt komisch – und während sie spricht, wird mir plötzlich bewusst, dass sie Argumente verwendet, mit denen ich bisher problemlos für die entgegengesetzte Haltung plädiert hatte. Aber vielleicht hat sie sich auch nur zu weit aus der Reserve locken lassen und benützt nun die Argumente der Leute, die sie eigentlich für die Feinde ihres Modus vivendi hält, um sich dahinter verstecken zu können. Es ist auf jeden Fall eine Schande, dass solche verstümmelten Krüppel und nachgemachten Menschen so viel Mühe kosten dürfen, dass sie so viel Lebenszeit okkupieren, die tatsächlich für wichtigere Dinge zur Verfügung stehen sollte. Und auch das ganze Theater der Selbstdarstellung passt in diesen Rahmen, denn schließlich soll ihnen keiner anmerken, wie es wirklich um sie bestellt ist. Vielleicht hat sie nur Angst, dass sie schon zu viel von ihrer auf Verzichtleistungen beruhenden Welt preisgegeben hat: „Ich hätte das gerne ein wenig konkreter! Irgendwie tendiert mir diese Feldtheorie zu sehr zum Theater und zur Selbstinszenierung. Als müssten die Leute nur heftig genug an irgendeinen Schwachsinn glauben und möglichst viele andere anstecken – und dann wird dieser Schwachsinn zur Wirklichkeit. Wenn alles nur relativ falsch ist und die Wahrheit so oder so für uns unerreichbar, dauert es nicht lange und es kommt jemand, der sagt: Ich kann sogar Gott sein, denn Gott ist die Maske. Schon Huxley warnt vor einem Weltzustand, in dem sich Politiker oder Geheimagenten an der Esoterik berauschen und mit dem nötigen Schnickschnack die Realität umlügen. Wenn die Wirklichkeit nur davon abhängt, mit welcher Intensität es uns gelingt, die Fiktion vorzuführen, hätte ich gerne ein Wahrheitskriterium zur Hand, mit dem ich mich zur Wehr setzen kann!"

Merk kichert hysterisch vor sich hin: „Wir haben es doch! Es sind die Gefühle, die den Fundus der Semantik bereiten. Was meinen Sie, warum die Liebe in solchen Zusammenhängen als die letzte, aber auch als die gefährlichste Form der Subversion dargestellt wird. Die Form und die Struktur allein sind zu wenig, das Wahrheitskriterium haben wir doch! Sie müssten nur einfach damit anfangen – aus diesem Grund haben wir hier auch die Aufgabe, an einer Sozialisierung der Subversion zu arbeiten!"

Saggu wirkt erst nachdenklich, dann mit einer fast hinterhältigen Freundlichkeit meint sie zu Bornhard: „Ich verstehe jetzt erst, was Sie meinen. Mir fällt da eine schöne Stelle aus Yourcenars ‚Ich zähmte die Wölfin' ein, vielleicht kann ich damit auch erklären, warum meiner Ansicht nach aus Ihren Ansätzen auch die genau entgegen gesetzten Schlussfolgerungen gezogen werden können. Und dort heißt es schlicht und überzeugend, aus dem Munde eines alten Mannes, der alles an Macht errungen hat, die ein Mensch überhaupt erringen kann, der sogar damit umzugehen lernte und seine Erfahrung philosophischen Prämissen unterstellte. Und gerade aus dieser Sicht im

Rückblick, an der Schwelle des Todes, die bei Durrell doch die Einsicht befördern und die Wahrheit heiligen soll, kommt ein Ergebnis zustande, das sich nicht am stumpfen Körperkult erschöpft, sondern eine Übereignung an größere Mächte beinhaltet. Das mag fürs erste den Verstand und die Planungen übersteigen, aber es ist sozialisierbar und kann Schritt für Schritt trainiert werden. Wenn dann genügend Wirklichkeit geschaffen ist, wird die Ordnungsleistung des Denkens im Nachhinein schon dafür sorgen, dass das Zeug katalogisierbar ist und wieder abgerufen werden kann. Also nehmen Sie die Seite 15 zur Anregung, vielleicht finden wir mit diesen Belegstellen, ohne dass die Unterscheidung zwischen Sex, Erotik und Liebe extra thematisiert werden muss, einen gemeinsamen Nenner: Ich für meine Person werde an die Gleichsetzung der Liebe mit den rein körperlichen Freuden (sofern es solche überhaupt gibt) erst dann glauben, wenn ich einen Fresssack vor seinem Lieblingsgericht so vor Verzückung schluchzen höre wie einen Liebenden, der sich über einen jungen Nacken neigt. Von allen unseren Spielen ist die Liebe das einzige, das die Seele in ihrem Gleichmaß erschüttert, das einzige auch, mit dem der Spieler sich der Lust des Leibes blind überlässt. Der Trinker braucht nicht unbedingt seinen Verstand auszuschalten, aber der Verliebte, der den seinigen bewahrt, leistet seinem Gott nicht bis zum Ziel Gefolgschaft. Überall sonst sind Mäßigung und Ausschweifung Sache dessen, der sie ausübt. Oder ein bisschen später noch etwas präziser: ...gesellt im Bereich der Sinnenlust jeder Schritt, den wir tun, uns dem Partner und zwingt uns unter das Joch der Wahl. Ich weiß kein anderes Gebiet, auf dem der Mensch sich aus so schlichten und zugleich so triftigen Gründen entschließt, wo der gewählte Gegenstand so unerbittlich genau nach der Summe der Wonnen gewogen wird, die er spendet, und wo der Wahrheitssucher so sichere Aussicht hat, die menschliche Natur in ihrer Nacktheit bloßzulegen. Wenn ich mir all das vor Augen halte, diese Hüllenlosigkeit, die mit der des Todes wetteifert, diese Demut, die so viel tiefer ist als die des geschlagenen Feindes oder selbst des Betenden, staune ich jedes Mal, wie das kunstvolle Gebäude der Weigerungen und zusagen, der armseligen Zugeständnisse und kurzweiligen Lügen immer aufs neue zu erstehen vermag.

Also ganz klar und eindeutig, besser könnte ich meine Kritik nicht formulieren, auf den Nenner gebracht: ... mir schien dies hintergründige

Spiel, das von der Liebe zum Leid zur Liebe zum Menschen fortschreitet, fesselnd genug, um ihm einen Teil meines Lebens zu widmen. Die Worte trügen, das Wort Liebenslust enthält Einheiten von sehr verschiedener Bedeutung. Es umfasst Sanftheit und Lauheit wie auch jähe Gewalt oder sogar den schrillen Todesschrei. ... ich muss gestehen, dass der Verstand dem Wunder der Liebe gegenüber versagt. Das Fleisch, das uns am eigenen Leibe so wenig kümmert, dass es nur des Waschens, der Ernährung, des möglichen Schutzes vor Schmerzen für Wert halten, flößt uns ein leidenschaftliches Bedürfnis nach Zärtlichkeit ein, nur weil es von einem anderen ich beseelt ist und gewisse Züge aufweist, über deren Schönheit die Einsichten der zuständigsten Kenner oft auseinander gehen. Hier bleibt die menschliche Logik im Hintertreffen, wie auch gegenüber der Offenbarung der Mysterien. Wir brauchen hier nicht die Regularien für die Massenproduktion des Begehrens zu entwerfen, sonst verpassen wir nämlich das Wesentliche – und das wäre das Geheimnis des Individuellen, die Ausarbeitung einer jeweils für die Theorie und die Reproduktion uneinholbaren Einzigartigkeit. Schauen Sie auf die Seiten 16 und 17, hier ist mit wenigen Sätzen zusammengefasst, was unsere Aufgabe sein müsste und auch schon klar gemacht, mit welchen Schwierigkeiten wir rechnen sollten: ...einst träumte ich davon, ein System der Erkenntnis durch die Liebe zu entwerfen, eine Lehre von der gegenseitigen Berührung, die die Würde des Partners in dem Einblick suchen sollte, die er dem ich in eine andere Welt gewährt. Diese Philosophie würde die Wollust als vollendete und gleichzeitig sehr besondere Form der Annäherung an den anderen verstehen, als ein Mittel mehr, um zur Kenntnis dessen zu gelangen, was über uns selbst hinausgreift. ... anstatt uns höchstens zu erzürnen, zu gefallen oder zu langweilen, klingt ein Geschöpf in uns wie eine Melodie, die wir nicht loswerden, wird zum Rätsel, das uns unablässig beschäftigt, dringt von den Außenbezirken unserer Welt vor bis in den Kern, wird uns schließlich unentbehrlicher als wir selbst. Ich aber stehe nicht an, darin weit mehr eine Durchdringung des Fleisches durch den Geist als eine Laune des Fleisches zu sehen. Eine solche Auffassung von der Liebe könnte sehr wohl zur Laufbahn des Verführers verlocken. Machen Sie sich einfach einmal klar, wie kompliziert die Kompositionstechnik des Lebendigen ist, auf wie vielen verschiedenen Ebenen Sie hier Polyphonien handhaben müssten. Wenn wir es nur annäherungsweise können sollten, müssten wir das Geheimnis der Lebendigkeiten entschlüsselt haben."

Bornhard nickt und wiegt den unförmigen Oberkörper abwägend hin und her: „Gar nicht übel, meine Liebe, Sie wissen gar nicht, was für ein Geschenk Sie mir gerade mit diesem Hinweis auf die Musikalität der Leidenschaften gemacht haben – damit verbinden wir Ihren kritischen Ansatz mit der Forderung nach Stringenz und Effektivität. Wir können Minimal-Maximal-Kriterien an die Erfahrung der Wollust als eines Aktes des Austauschs, des Ineinanderklingens anlegen, und wir können eine Kommunikationsfähigkeit prämieren, die weit über alles hinaus reicht, was unter einer Theorie des kommunikativen Handelns thematisiert worden ist. Auch wenn Sie das nicht unbedingt erwarten, eine Erkenntnis durch die Liebe ist die umfassendste Form der Kommunikation, die für uns erfahrbar ist. Ich erinnere mich, dass es an späterer Stelle auf der Seite 131 einmal heißt: ... in jener inneren Ruhe, die der Arbeit und der Besinnlichkeit so förderlich ist, erblickte ich eines der schönsten Geschenke der Liebe. Und es wundert mich, dass diese so gebrechlichen, im Laufe eines Lebens so selten vollkommenen Freuden von so genannten Weisen, die die Gewöhnung daran und das Übermaß fürchten, statt zu fürchten, dabei zu kurz zu kommen, so misstrauisch betrachtet werden, dass sie eine Zeit, die sie besser daran wenden würden, ihre Seelen zu läutern, damit vergeuden, ihren Sinnen Gewalt anzutun. Ich war damals mit jener angespannten Bewusstheit, die ich stets meinen unbedeutendsten Verrichtungen widmete, darauf bedacht, mein Glück zu sichern, auszukosten und mir bewusst zu machen. Was ist schließlich sogar die Wollust anderes als ein Augenblick leidenschaftlicher leiblicher Bewusstheit? Jedes Glück ist ein Meisterwerk, dass der geringste Fehler verfälscht, der geringste Zweifel gefährdet, die geringste Plumpheit entzaubert und die geringste Torheit zum Gespött macht.

Und genau hier sehe ich den Einsatz der Technik, der Disziplin, der kontinuierlichen Übung – wir begeben uns auf einen Weg der leidenschaftlichen Bewusstheit oder der sich selbst bewusst werdenden Leidenschaft. Was ist die Wollust anderes, als ein Augenblick der Bewusstwerdung des Leibes, eine Form der Transzendenz des körperlichen Geschehens, die im Körper selbst schon angelegt ist – und dann, weil wir schon ein paar Mal einen so respektvollen Umweg um das Glück machen sollten, als stehe es uns nicht zu, möchte ich doch diesen für mich sehr wichtigen Gedanken unterstreichen. Jedes Glück ist ein Meisterwerk, es fällt nicht vom Himmel und es gibt dieses Glück auch nicht als unverdiente Gnade. Es gibt nichts geschenkt und gerade die kleinen Erfolge, die uns in den Schoss zu fallen scheinen, sind oft genug Schuldverschreibungen, an denen wir dann ein halbes Leben lang zu kämpfen haben. Wissen wir was ein Meisterwerk ist? Die Krönung eines Lebenswerks, die Frucht täglicher Bemühungen um die Auftragsarbeiten, das Resultat einer unendlichen Reihe von Anstrengungen – und die scheinbare Selbstverständlichkeit, die Leichtigkeit, mit der das Meisterwerk dann geprägt scheint, ist eben das Resultat einer unendlichen Reihe von Bemühungen."

Saggu hat ihr aufmerksam zugehört und irgendwann ist ihr anzusehen, dass sie auf ein Atemholen wartet oder auf eine rhetorische Pause, auf eine Bewegung des Skandierens oder der Kehre, aber dann will sie sich nicht mehr zurückhalten und wirft ein: „Dann frage ich mich, warum wir uns nicht mit Nabokovs *Ada oder das Verlangen* beschäftigen. In diesem Alterswerk, das der Liebe und dem Begehren gewidmet ist, die ein Leben lang durchgehalten werden, die sich mit Zeit und Erfahrungen anreichern, hätten wir doch eine Alternative zu den schnellen Vollzügen und den unverbindlichen Begegnungen zu studieren. Warum nehmen wir uns dieses mit der Weisheit ganzer Spezialbibliotheken gesättigte Werk nicht vor, um hier etwas über das Glück und die Dauer zu erfahren, über die Unstillbarkeit der Begierde und den Trost einer alt werdenden Liebe?"

„Eben deswegen!" wirft Merk ein. Nabokov ist vor allem ein Verbalerotiker, und für seine Anspielungen und Querbezüge braucht es die Zeit und Geduld und die Techniken der Stillstellung, die den verschiedenen Spezialbibliotheken angemessen sind. Aber was die Liebe angeht, noch dazu den Vorwurf der Großen Liebe, die achtzig Jahre hält, wurde schon schlicht behauptet: Thema verfehlt. Nabokov ist ein erotischer Monomane, deswegen die Freude am noch unentwickelten Körper, deswegen die unendlichen Schilderungen des kindlichen, noch undifferenzierten Sexes."

Unser Begleiter klatscht leicht in die Hände: „Unterschätzen Sie mit diesem Urteil Nabokov nicht ein wenig? Schließlich findet sich auch in dem Roman *Ada* der Grundgedanke, dem wir uns hier widmen: *Nämlich eine Kette von Luxuspuffs, die über beide Sphären unseres kalliphygischen Globus zu errichten seine Erbschaft ihm gestatten würde.* Und die stilistische Reichweite *dieser Paradiesparodien* von *Dodo bis Dada* in einhundert über die Welt verteilten Häusern dient zuerst einmal einer aristokratischen Lebenskunst, einer ganz elitären Sozialisierung des Triebs, wie der ursprüngliche Bildungsroman einen Schulungsgang der Erotik beschreibt und erst nach und nach zu einer Organisationsform von Lebenserfahrung wird, wie diese Häuser im Laufe der Zeit zu primitiven Bordellen degenerieren."

„Kein Einwand, überhaupt kein Einwand", sagt Merk. „Die Art und Weise der Schreibe unterstreicht für mich nur, dass es für uns bei Nabokov nicht viel mehr als ein paar reizvolle Metaphern zu holen gibt. Ganz in der Nähe der von Ihnen zitierten Stelle findet sich die Charakterisierung eines Buchs, die man auch als eine altersweise Selbstcharakteristik Nabokovs bezeichnen könnte und in diesem Zusammenhang unterstreiche ich sogar die Kennzeichnung, dass dieses Werk mit allen Wassern der Altersweisheit gewaschen ist. Diese Kennzeichnung wird von Nabokov selbst charakterisiert: *leider mit untrüglicher Spürnase*, und ich gehe davon aus, dass er damit zugleich an einen Selbstbezug des Romans *Ada* gedacht hat: *Eine prächtig aufgeputzte, banale, langweilige und undurchsichtige Fabel, in der einige wenige absolut meisterhafte Metaphern die ansonsten totale Albernheit der Story zunichte machen.* Das ist für mich schon Grund genug, um sagen zu können, das führt uns nicht sehr weit – normalerweise kann eine Leistung, ein positives Datum durch einen Faux pas, durch ein Straucheln zunichte gemacht werden, aber bei Nabokov soll es gerade umgekehrt sein. Denken wir noch einmal an Dame Highsmith, dann ist er, und nicht nur in diesem Roman, der Mann mit einem Schlitz, Humbert-Humbert als die onomatopoetische Umschreibung des weiblichen Geschlechts – und wenn es in jedem Kapitel ein paar dieser Metaphern hat, die in einer heuristischen Funktion stehen, die heute quasi eine Schwundstufe einer Phänomenologie des Geistes darstellen. Das mag auch von Hegel angeregt worden sein, dem wir das Nachzeichnen der Bewegung des Geistes durch die sich entwickelnden Widersprüche verdanken, in der jede einzelne Position so ausgearbeitet wird, dass sie über ihre eigene Wahrheit hinaus geht und damit das Einzelne an einer Bewegung Teil hat, die zwar niemals auf eine unverrückbare Wahrheit stößt, aber als diese Bewegung selbst genau eine solche Wahrheit ist. Das sehe ich bei Nabokov nachvollzogen, also nicht mehr in unserer Zeit. Es wäre schön, wenn wir mit einer so gewaltigen Wahrheit arbeiten könnten, aber deren Zeit ist leider vorbei – auch wenn wir uns noch immer an Hegels philosophischen Denkbild freuen können oder darüber staunen, dass das Organ des Pissens zugleich das Organ des Zeugens ist... – es führt uns vor allem nicht weit genug! Natürlich weiß ich, dass in der Metapher die Verweisungszusammenhänge greifbar werden. Aber sie sind verdinglicht worden, während es uns vor allem auf den metonymischen Zug entlang der Verspannungen des Signifikanten ankommt. Nur im Netz der Signifikanten – und das ist die jüngste Form des Systemgedankens – haben wir die Energie in ihrer vulkanischen Grundform und nur mit dieser Energie werden wir arbeiten können. Alles selbstgefällige Ausruhen beim Bild oder der kodifizierten Bedeutung bringt wieder weg von jenem Kraftwerk der Liebe, dessen Energien wir nutzbar machen wollen."

Albach faltet die Hände vor der Brust und bekommt einen Zug ins pastorale, der Existentialist ist plötzlich nicht mehr zu sehen, dafür aber der Theologe, aus dessen Schwundstufen einmal der Ästhetiker geboren worden war. „Wenn Sie an das Gefühl appellieren, rechtfertigen Sie auch die Ambivalenz, denn es gibt kein Gefühl, das nicht ambivalent ist. Das macht schließlich die Triebkraft aller Mimesis aus. Und damit zur Fraglichkeit der Simulation – Durrell legt seinem Obergnostiker in den Mund: *Tatsächlich jedoch gibt es einen geheimen Weg, seine Ängste zu überwinden, sie nutzbar zu machen. Man muss so tun als ob, damit es wirklich so ist. Tut so, als ob ihr euch nicht fürchtet, indem ihr furchtlos handelt, wie schwer es auch fällt. Gewohnheit ist mächtig. Eines Tages werdet ihr sein, was ihr vorspielt.* Und es gehört zu Durrells geheimer Strategie, dass dieser Gnostiker sich selbst widerlegt und an der Liebe scheitert, dass seine Grundüberzeugung der Verworfenheit der Schöpfung durch den eigenen Tod, bzw. durch den Kontext dieses Todes ausgehebelt wird. Die Liebe rettet ihn, und vermittelt durch dieses Unternehmen findet sein autistischer Sohn einen durch ein Aroma bedingten Seiteneingang in die Wirklichkeit, ein Parfüm, das in die Kategorie der Verführung eingeordnet werden kann: Ein Versuch, das Verhältnis der Geschlechter zu stiften – und es ist ein Geruch, ein Benetzen und Durchdringen in dem Eigenes und Fremdes ununterscheidbar zu einem Dritten geraten, ein Wirbelsturm auf der Oberfläche der Schleimhäute. Kein Bild, keine verdinglichte Mortifikation, sondern der Tanz der Moleküle selbst, in dem sich das Leben findet. Ein perverses und der Beziehungslosigkeit gehorchendes Gegenbild ist übrigens der irre Mimetiker, der den Gnostiker schließlich aus dem Leben befördert, nebenbei gesagt, eine weitere Verkörperung des Weltgeistes wie Musils Moosbrugger nach den Erfahrungen eines ersten Weltkriegs."

Bornhard spricht weiter, als habe Saggu ihr gerade die richtigen Stichworte geliefert: „Wenn die Wirkungsweise eines morphogenetischen Feldes nicht nur für die Gattungsgesetzmäßigkeiten gelten, sondern auch die Empfangskapazität des Einzelnen prägen, hätten wir für viele der uns beschäftigenden Fragen einen Erwartungshorizont der Erklärbarkeit gefunden, während bisher einfach von irrationalen Phänomenen die Rede war. Ich bin fast versucht zu sagen: Empfängniskapazität, denn wir schaffen die Welt selbst, in der wir uns bewegen, wir wissen nur nicht, unter welchen Voraussetzungen das geschieht. Die Präsenz des Göttlichen in der Welt, die Erfahrung des Anderen, die heilige Geltung der Kommunikation – wenn dieser Feldbegriff, den Durrell ganz bewusst für seine Literatur entwendet hat, richtig angesetzt wird, haben wir plötzlich ein ganz anderes Instrument zur Gestaltung der Wirklichkeit in den Händen. Und denken Sie auch dran, was dieses Wort noch transportiert. Ich finde es müßig, immer auf irgendwelche Qualen rekurrieren zu wollen, das ist irgendwo lächerlich, wenn frau/man es selbst bringt. Ein Feld will bestellt werden, es wird zu einem Acker, der bei richtiger Pflege Frucht trägt! Früchte und nicht Furcht! Ich habe manchmal das Gefühl, als mache sich in unseren Feldern eine Form des Machttriebs breit, der nichts als Zerstörung übrig lassen möchte. Und ich kann Ihnen auch sagen warum! Wir müssen nichts mehr schaffen, ein paar Abschlüsse und ein paar Urkunden – und dann sind wir in der Lage, andere strampeln zu lassen. Wir sind stolz darauf, Geldnehmer aber keine Arbeitnehmer mehr zu sein und von der Arbeitskraft anderer zu leben. Und die Gefühle, die wir dann noch kultivieren dürfen, sind alle aus zweiter Hand. Das wäre schön, wenn das so klappen würde, aber dummerweise entwickeln wir alle mehr oder weniger die gleiche Gefängnispsychose, die an den Schriften Sades zu studieren ist. Der kartesische Dualismus zwischen Körper und Geist war schon die Behelfskonstruktion eines partiellen Autisten, der sich in mathematischen Welten stabilisieren musste. Und die Sadeschen Machtfantasien sind tatsächlich eine Kompensation der Erfahrung völliger Ohnmacht – für Whitehead ist übrigens der biologische Ursprung der Religiosität, die Wirkung körpereigener Drogen auf das Gefühl der unendlichen Verlassenheit. Lassen Sie sich doch nicht immer durch die Schauseite der Selbstdarstellung in die Irre führen. Diese Leute wussten nur noch einen Ausweg, wenn sie eine als unerträglich erfahrene Wirklichkeit in Schach halten wollten. Sie gaben sich eine Form, stellten etwas dar – und man muss schon ganz schön blöd sein, wenn man bereitwillig den Kommentaren folgt, die dieser Form der Selbstdarstellung gewidmet sind. Nehmen Sie Durrell, er verbindet den Feldbegriff mit einer realistischen Erfahrungsform, die Fingerspitzen nehmen den anderen wahr und nicht die Fingerspitzen – die erogene Zone als Übergang von Außen und Innen, als topologischer Rand, ist genau der Ort, an dem jeder kartesische Dualismus ausgehebelt ist.

Nehmen Sie die Stellen aus *Clea* auf den Seiten 116 und 117: Oder vielmehr die Verbindung zwischen Körper und Geist auf eine neue Art zu sehen – denn die Physis ist nur die äußerste Peripherie, die Kontur des Geistes, sein fester Teil. Durch Geruch, Geschmack, Berührung nehmen wir einander wahr, entzünden wir wechselseitig unseren Geist; Mitteilungen, die einem der Körpergeruch nach dem Orgasmus zuträgt, der Atem, die Zunge – das sind die Medien des <Erkennens> im uranfänglichen Sinn. ... Paracelsus sagt, Gedanken seien Akte. Von ihnen allen ist der sexuelle, wie ich glaube, am allerwichtigsten, weil sich in ihm unser Wesen am tiefsten enthüllt. Und doch ist er auch wieder nur eine ungeschickte Paraphrase des Poetischen, des Noetischen: Gedankliches, das sich in einem Kuss oder einer Umarmung manifestiert. Geschlechtliche Liebe ist Erkennen, sowohl etymologisch als auch dem Vollzug nach; <er erkannte sie>, wie es in der Bibel heißt. Der Sexus ist das Bindeglied oder Gelenk, in dem sich die von Nichtwissen umnebelten äußeren Enden männlichen und weiblichen Erkennens berühren und verbinden. Wenn in einer Kultur die Beziehung der Geschlechter nicht stimmt, ist auch der Weg zu jeglicher Erkenntnis verstellt. Wir Frauen wissen das...''

Merk rudert mit den Händen in der Luft herum: „Sehen Sie, da haben wir das Göttliche in seiner ursprünglichen Wirksamkeit des Dazwischen..." Aber Saggu braust plötzlich auf: „Auf irgendeine Weise haben wir es hier mit einer inversen Form des Pragmatismus zu tun. Bei Durrell heißt es: Die Wahrheit ist, was sich am meisten widerspricht! Dabei hatten die Prinzipien Forschergemeinschaft und Fallibilismus tatsächlich der entgegengesetzten Bewegung einer relativen Wahrheit gedient, die über Konjekturen und Grenzwerte immer genauer ausgelotet werden konnte... Während nun durch irgendwelche Tricks hinterrücks ein metaphysischer Wahrheitsbegriff eingeschmuggelt wird, der längst verabschiedet worden war. Auf einmal ist die Wahrheit wieder für den Menschen unerreichbar, sie ruht in sich und ist jeder Intention entzogen, ist in einer charakteristischen Verkürzung präsent in jedem Lebewesen und doch für das einzelne Leben unerreichbar, weil erst die Totalität aller Wechselbeziehungen der Ganzheit dieser Wahrheit entspräche. Die Extreme widersprechen sich, aber sie berühren sich in der Idee und in der einen Wahrheit sind sie als Form einer Abfolge identisch. Ich darf an Ludwig Marcuses Kennzeichnung des *Pessimismus* als einem *Stadium der Reife* erinnern. Wir sollten uns nicht ständig von den alten Sinnschöpfungsbedürfnissen in die Irre führen lassen, wenn alle nachvollziehbaren Wahrheitsinstrumente darauf verweisen, dass nur immer wieder neue Illusionen hergestellt werden. Und beachten Sie den Ansatz eines Marcuse, wenn er davon ausgeht, *dass der Leib der fremdeste und unerforschteste Bezirk eines Ich ist!* Das finden Sie auf Seite 30. Ob Körpererfahrung oder Leibwissen, das sind abgesunkene Verhaltensrepertoires, ein Bauchgefühl ist das höchst abstrakte Vergleichsmuster von vielen vergleichbaren Entscheidungszwängen in ähnlichen Situationen. Nur aus diesem Grund hat mancher den Zwang im System, immer alles auf Verlust und Selbstwiderlegung umzuleiten, aus diesem Grund gibt es andere, denen auch noch das Versagen, das Scheitern, die Erfahrung der Vernichtung, das Frohlocken einer Erkenntnis abgewinnen lassen. Marcuse sagt einmal ganz klar, es brauchte eigentlich eine fundierte Ausbildung im Sehen und Hören, im Schmecken, Riechen und Tasten. Diese primordialen Zugänge zur Welt entscheiden im Endeffekt über das, was wir Wirklichkeit nennen sollen – und dann ist mir, so seltsam das klingt, so befremdlich es für mich selbst ist, ein Castaneda näher als ein Durrell, wenn ich mir Gedanken über diese Schule der Liebe mache. Eigentlich ist Durrell für mich gestorben, seit ich in Constance das Frauenporträt einer Freudianerin entdeckt habe – eine Frau, die über ihr Geschlecht verzweifelt, weil ein Mann sich vorstellen könnte, dass eine Frau, die sich mit den Einsichten eines Freud identifiziert, ihr Geschlecht als Wunde betrachtet, als Resultat eines Säbelhiebs, als Kastrationsmerkmal – einen Nachhall davon hörten Sie noch in Rilkes Satz, das Schöne sei des Schrecklichen Anfang oder in Adornos Dictum, das Schöne sei ein Wundmal. *Mit ihren Händen zog sie die zwei roten Flügel ihrer Vulva weit auseinander, blieb so sitzen und starrte auf diese schrecklich klaffende rote Wunde zwischen ihren weißen Schenkeln – eine grässliche Wunde, als hätte ein unbeholfener Säbelhieb sie verursacht. Ihre Vagina, ihrer Vulva – wie ekelerregend, ein so primitives und scheußliches Organ zu betrachten! Wenn ein Mann es sehen würde, er könnte vor Abscheu nur verrückt werden! Sie stieß einen kleinen Schluchzer aus, so wie ein Vogel, wenn ein Schuss ihn mitten im Flug in die Brust trifft. Meine Fotze, sagte sie mit leiser Stimme immer noch hinstarrend. O Gott, wer hat sich so was ausgedacht?* Mir sind diese geschlechtsmetaphysischen Spekulationen unerträglich, weil sie einen historisch gewordenen Defekt der Selbstwahrnehmung als ewige Wahrheit behaupten."

Unser Begleiter wendet sich ihr zu: „Ihre kurze Zusammenfassung der Sprachtheorie Benjamins sollten wir uns an anderer Stelle genauer ansehen, unser Herr Doktor hat die erkenntnistheoretischen Grundlagen einmal sehr genau beschrieben. Es freut mich auf jeden

Fall, dass Ihnen aufgefallen ist, dass sie am Ursprung der Dialektik angesiedelt ist. Wobei Ihre Kritik der Dialektik etwas zu kurz greift. So wild und wuchernd, wie sie bei Durrell wieder entfesselt wird, sah die Dialektik schon einmal bei der revolutionären Frühromantik aus, bevor sie von Hegel in das Prokrustesbett des Dreischritts gezwängt worden ist. Und die Schlegels oder Novalis waren von Kants Kritiken inspiriert worden – ähnlich wie später Peirce, der daraus die Prinzipien Forschergemeinschaft und Fallibilität abgeleitet hatte – und einen Zeichenbegriff triadischer Trichotomien, der zur Grundlage einer umfassenden Beschreibungssprache geworden ist. Sie sehen, wie das alles zusammen passt. Auch die Wirklichkeit der Zeichen setzt sich in keinen körperfremden Bereich der Semantik ab, sondern sie ist mit den Qualis im Wirkungsbereich der hormonellen Benetzungen verwurzelt und mit dem Index im Hier und Jetzt. Und zu Ihrer Kritik an Freuds Mythos der Frau, darf ich nur daran erinnern, dass Durrell die ganze Welt in Bewegung setzt, um vorzuführen, wie diese Frau sich in der Erfahrung des Geschlechtlichen selbst widerlegt – ja sogar, wie der Obergnostiker, durch die Liebe zu ihr widerlegt wird."

Merk sagt: „Außerdem, was stört Sie denn daran? Auch Burgess hat sich in ‚Der Fürst der Phantome' von Freuds Kastrationsmodell der Frau inspirieren lassen und eine schwule Variante der Genesis vorgelegt: Das Paradies war demnach die Schöpfung für zwei Männer und die Vertreibung aus dem Paradies war gleichbedeutend mit Arbeit, Vermehrung und dem Fluch des Alterns, wozu einer der beiden Männer erst zur Frau geschlagen und verstümmelt werden musste. Ich finde das köstlich, wenn ich Sie jetzt höre! Haben Sie vergessen, dass Freud nach einer ersten Welle der Kritik vom Feminismus vereinnahmt werden konnte, dass dieses Frauenbild sich unter der Hand zur Kritik des gestörten und gepanzerten, des seiner Rolle nie sicheren Mannes umfunktionieren ließ. Was Freud über die Frau herausgefunden hat, sagt doch seit der Frauenbewegung viel mehr über den Mann, als über die Frau – vor allen Dingen natürlich über einen Mann, der nicht in der Lage ist, sich hinzugeben, mit dem ozeanischen Gefühl mitzugehen: Diesem Frauenbild verdanken wir doch die Kritik am Prothesenmann!"

Bornhard wendet sich Saggu zu: „Genau diese historisch gewordene Verblendung geht Durrell von allen Seiten an. Denken Sie daran, dass in den alten Liebeslehren häufig genug das weibliche Geschlecht für die Substanz steht, während das männliche Geschlecht unter die Akzidentien gerechnet worden ist und damit wurde von einer Wahrheit ausgegangen, der sich heute die Genetiker wieder mit großen Schritten nähern: Dem weiblichen Genpool entspricht die Göttin, während die männlichen Erbanlagen nur das Repertoire bereitstellen, unter dem dann gewählt werden muss. Durrell kennzeichnet die Ambivalenz des Ist-Zustands: *Das Kraftwerk menschlichen Unglücks und der Ekstase: die Fotze!* Und er nennt den Weg, die Richtung, in der eine verkorkste Entwicklung korrigiert werden müsste: *Wieviel Nachdenken, wieviel Wissenschaft wäre notwendig, um ihre Verwüstungen aufzuhalten?* Und an anderer Stelle, denken Sie dabei an die St. Simonisten, die einmal predigten, der wahre Mensch sei die Verbindung von Frau und Mann: *Die Idee der Ehe mag mausetot sein, aber das ideale Ehepaar ist noch nicht in Erscheinung getreten. Zumindest nicht im Westen. Eine neue Psychologie wird benötigt – oder eine sehr alte –, um ein neues System einzuführen. O je! Das klingt furchtbar schematisch, als schnitte man entlang der punktierten Linie. Andererseits können wir nicht so wie alle anderen weiterwursteln. Die Welt geht rapide zu Ende wegen der Vergeudung und Irreleitung der Affekte.* Und wenn das Paar in Erscheinung treten soll, muss vor allen Dingen ein Verhältnis der Geschlechter geregelt sein und auch das Verhältnis der Generationen müsste einer anderen Regelung unterstehen. Wir haben zum einen die klebrigen Familienabhängigkeiten und – das ist vermutlich nur ihr Resultat – zum andern die Unfähigkeit, einen ebenbürtigen Partner an sich herankommen zu lassen. Der Zwang zur Distanzierung, das Bedürfnis, den anderen oder die andere nur als Objekt im System der eigenen Bedürfnisse zuzulassen, ist nur ein Resultat des Familiensystems. Das Gegenstück würde Partizipation, Einfühlung und Teilhabe bedeuten. Und auch dafür gibt es einige Andeutungen bei Durrell. Er lässt einmal den Gnostiker Affad sagen: *In einer vollkommenen Welt sollte Wissenschaft Liebe sein!* Aber auch hier wieder ist die ironische Wendung eingebaut: Umgekehrt deutet sich an vielen Stellen an, dass es tatsächlich darum geht, die Kräfte und Techniken der Liebe zur grundlegenden Wissenschaft unserer Welt zu machen, zu einer neuen Metaphysik."

Sie wendet sich Merk zu: „Sie haben sicher Recht, dass wir mit den verschiedenen Verabsolutierungen des Vorlustprinzips nicht mehr weiterkommen. Ob die Verbalerotik oder die Künste, ob der gezähmte Krieg oder die Selbstinszenierung des Homo Protheticus – das reicht nicht nur nicht, sondern führt unweigerlich in immer mehr Selbstzerstörung, schon allein deswegen, weil sich in der Qual die letzten Reste der Intensität freisetzen lassen. Der Scholastiker Pieper, dem wir brauchbare Einsichten zu Muße und Kunst verdanken, hat einmal zusammengefasst, wie diese Korrumpierung des Wortes aussieht, die nichts mit dem sprachlichen oder kulturellen Verfall zu tun hat, eher mit der Stillstellung und der damit einhergehenden Übersättigung mit Surrogaten: Dass mit einer enormen Sensibilität für die sprachliche Nuance und mit einem Höchstmaß an formaler Intelligenz das Wort kultiviert, ja der Wortgebrauch zu einer Kunst vervollkommnet – und damit zugleich der Sinn und die Würde des Wortes verdorben wird. Der Mitteilungscharakter geht verloren. Das Wort ist sowohl Sachzeichen wie auch Zeichen für jemanden, für den nämlich, dem die Realität vor die Augen gebracht werden soll. Wenn der Realitätsbezug verdorben wird, weil man längst aus der Wirklichkeit in einen Sonderbereich ausgewandert ist, geht auch der Mitteilungscharakter verloren – das sind tatsächlich die beiden Formen der Korrumpierung des Wortes. Und daraus folgt die Gleichgültigkeit gegenüber der Wahrheit, wenn wir damit keine metaphysische Entität, sondern den Bezug zu Realität meinen. Wenn nicht das Was entscheidend ist, sondern dass Wie, die Gestaltung, die Diktion – also die geprägten Formen. Und so kann etwas möglicherweise hervorragend gemacht sein, vollendet gesagt, geistvoll formuliert, hinreißend geschrieben, dargestellt, inszeniert und dennoch zugleich, aufs Ganze und Entscheidende angesehen, falsch sein; und mehr noch: schlecht, minderwertig, miserabel, schändlich, unheilvoll.... Diese Zerstörung des Mitteilungscharakters beginnt, wenn sich ein mit Bedacht das Wort Gebrauchender ausdrücklich nicht mehr nach den Sachen richtet. Und das heißt, er hört eo ipso auf, in Wahrheit etwas mitzuteilen: der Kommunikationscharakter der Sprache konstituiert sich nicht nur zugleich mit ihrem Realitätsbezug, er wird auch zugleich mit ihm zerstört. Wenn die Sprache zum Machtmittel wird! Zur Propaganda, zur Werbung. Und auch davon gibt es eine komplementäre Version aus dem Mund des Obergnostikers: *Wenn der Mensch beginnt, mit seinem Verstand, mit seiner Intelligenz zu fühlen, nun, dann ist Monsieur da.* Vergessen Sie nicht, was Durrell alles ins Feld führt, um diese Gnosis zu widerlegen, schon allein deswegen, weil er in ihr die Gesetzmäßigkeiten erkennt, die zum Untergang des Abendlands und im Gefolge zum Ende der humanistischen Konzeption des Menschen führten. Aus diesem Grund legt er die modernisierten Konsequenzen der Gnosis einem philosophierenden Vertreter der Naziideologie in den Mund: *Im alchemistischen Sinn ist der Jude der Sklave des Goldes. Geistig befinden wir uns auf den Goldstandard der jüdischen Werte. Und endlich hat jemand dies erkannt, hat gewagt aufzubrechen, durchzubrechen in eine historische Zukunft. ... wir Deutsche sind ein metaphysisches Volk par excellence – der Mensch, der dem Führer vorschwebt, besteht jenseits von Gut und Böse. Aber damit er sich vervollkommnet, müssen wir zuerst rückwärts gehen, sozusagen beim Wolf anfangen. Wir müssen Spezialisten des Bösen werden, bis alle graduellen Unterschiede verwischt sind.*"

Saggu hat mehrmals den Zeigefinger auf die Lippen gelegt, als wolle sie zum Schweigen auffordern. Jetzt redet sie einfach dazwischen: „Es mag noch so richtig sein, aber das darf man heute doch gar nicht mehr sagen. Von mir aus kann das so ein Weltbürger wie Durrell in einen Roman schmuggeln, aber für uns müssen doch alle Themen tabu sein, die einmal für das faschistische Weltbild getaugt haben. Heute ist es doch das Beste, man schweigt darüber. Auch wenn da manches Thema, mit dem wir uns beschäftigen, Ähnlichkeiten aufweisen mag, auch wenn es da Anziehungskräfte gibt – wir sollten peinlichst genau darauf achten, die bösen alten Schlagworte nicht wieder zum Leben zu erwecken. Über manches spricht man einfach nicht mehr, das ist die einfachste und überzeugendste Art und Weise, mit Ansprüchen fertig zu werden, die einen sonst in ein ganz falsches Licht rücken könnten!"

Merk lächelt nur milde, durch einen theologischen Wahrheitsanspruch lässt er sich nicht provozieren und das Elend des Dritten Reichs hat er nie an sich herankommen lassen müssen: „Das sehe ich nicht so. Es waren nicht die unwichtigsten Themen, die sich die Nazis angeeignet haben. Ich würde fast behaupten, dass deren Synkretismen sich an einigen der größten Mythologien voll gesaugt haben, um daraus eine Talmimetaphysik zu schaffen. Aus diesem Grund muss alles, was die Nazis aus der den zeitgenössischen Weltbildern zugrunde liegenden Metaphysik entwendet hatten, für unsere Zwecke zurückerobert werden – die Fragestellungen sind nämlich nach wie vor die gleichen. Was meinen Sie, warum Heidegger noch immer aktuell ist, vielleicht aktueller, als vor vierzig Jahren. Also halte ich das Totschweigen für den falschen Weg, gerade weil manche der Sprösslinge aus gutem Hause, die zu uns geschickt werden, noch in der fünften Generation von den vergangenen Verbrechen profitieren, gerade weil manche Gelder, die hier her fließen, noch immer diesem alten Schwachsinn und der damit verbundenen Barbarei geschuldet sind. Also auf keinen Fall verleugnen und so tun, als sei das ein bedauerlicher Irrtum der Geschichte gewesen, sonst wird das Resultat dieser gesellschaftlichen Negation, ja dieser metaphysischen Bosheit in der Tiefenstruktur einfach weiter wuchern!"
Es ist nicht zu übersehen, dass Merk es schon häufig genug lästig fand, wenn ihm eine Schuld von Strammstehern und Mitläufern angelastet wurde, von einem untersten menschlichen Abschaum, den er freiwillig nie zur Kenntnis genommen hätte, nur weil er zufällig in jener Zeit in jenem Breitengrad gezeugt worden war: „Und ich denke, genau der umgekehrte Weg ist der richtige. Es gibt eine Notwendigkeit, zum Bösen zu werden, wenn man sich ständig mit dem Bösen beschäftigt und auch der Kampf gegen das Böse ist eine Beschäftigung damit, oft genug eine Verabsolutierung, denn man beginnt damit die eigenen Fiesheiten zu rechtfertigen, man wird dem Bösen um so ähnlicher, um so verbissener man es bekämpft. Dagegen gibt es eine uralte Haltung, die noch aus der Verbundenheit mit der Natur resultiert. Das Gute zu pflegen, dem Schönen zu huldigen, die Wahrheit zu lieben – und einen Ursprung, in dem das Gute, das Schöne

und das Wahre noch eins sind, findet Durrell in der ganz konkreten körperlichen Vereinigung."

Aber Albach ist nun wieder in seinem Element. „Damit sind wir doch aber bei der Initiation. Die Verführung allein langt nicht hin, es muss auch noch das nötige Wissen hinzutreten, die Interpretationshilfe, wie mit den körperlichen Erfahrungen und den freigesetzten Gefühlen umzugehen sei. Es gibt keine unveränderlichen Wahrheiten, aber wenn dem Menschenjungen über Jahrhunderte hinweg immer dieselbe Falschheit eingetrichtert und vorgelebt wird, gewinnt diese die Festigkeit und Unverrückbarkeit eines metaphysischen Systems. Und dann hilft oft genug nur noch eine Katastrophe weiter, ein persönlicher Weltuntergang. Ortega y Gasset hat einmal in *Vitale Ideale* formuliert, das Milieu sei keineswegs unabhängig vom Organismus, sondern *das Milieu ist das Organ seiner Reizbarkeit: Das Leben ist der energetische Dialog zwischen Person und Umwelt.* Und genau da müssen wir ansetzen, eingedenk der Forderungen einer Polaritätsphilosophie. Aus dieser wie nebenher fallen gelassenen Bemerkung hätte die akademische Philosophie des vergangenen Jahrhunderts eine neue Aktualität gewinnen können – aber was damals verpasst wurde, können wir heute im Rahmen einer erotischen Theorie einlösen. Wie hieß es einmal: *Man hat schlecht abstrahiert, als man willkürlich Leib und Seele unterschied, als wären sie getrennt zu denken. Der Leib ist nicht, wie ein Mineral, bloße Materie. Der Leib ist Fleisch, und Fleisch ist Empfindung und Ausdruck. Eine Hand, eine Wange, eine Lippe „sagen" immer etwas – sind ursprüngliche Gebärden, Kapseln des Geistes, Darstellungen jener innersten Kraft, die wir Psyche nennen.* Die Seele ist ein Feld, richtig! Und der Leib nicht weniger – wo finden Sie die Seele wenn nicht in den physiognomischen Wechselbeziehungen. Und dieses Wechselspiel steht in der höchsten Funktion, den Geist zu symbolisieren."

Merk lacht einfach raus und sagt: „Das könnte man auch als eine Wiederkehr des Idealismus bezeichnen. Dann darf ich behaupten, dass die frühromantische Formulierung: *Und das Leben ist die Liebe und des Lebens Leben Geist* die Psychoanalyse vorwegnimmt. Das ist doch lächerlich, von Ortega werden wir hier oben sicher nichts gebrauchen können. Denken Sie allein einmal an die Ambivalenz seines Frauenbildes. Zum einen soll die Liebe zur Größe begeistern und damit den Treibstoff der außergewöhnlichen kulturellen Leistung bereitstellen und zum anderen zeigt er, dass die Liebeswahl der Frau aus einer dämpfenden, sich am Mittelmaß orientierenden Ausbremsung besteht. Wenn ich diesen Widerspruch aufdröseln wollte, dann käme mir die Selbstgefälligkeit der Homosexuellen entgegen, die sich gerne als die eigentlichen Produzenten der kulturellen Werte definieren oder ich lande zumindest auf jenem Motivationskomplex, den unser Freund einmal als die kulturschwule Vereinigung bezeichnet hat. Das will ich aber gar nicht, ich bin froh, dass die Selbstdefinition der Geschlechter heute einen Status erreicht hat, auf dem solche moralischen Verstümmelungen keine Rolle mehr spielen."

Albach ereifert sich derart, dass er nicht mehr zu verstehen ist, nur noch Zischeln und Sprudeln bis er zur Beruhigung wieder zu seiner Pfeife greift: „Das Büchlein über die Liebe halte ich für Pflichtlektüre! Die Wollust ist ein Produkt der Fantasie wie die Literatur – mit dem organisch verankerten Trieb hat das gar nichts zu tun. Wir müssen uns immer wieder neu klar machen, welchen Irrweg jeder subjektivistische Ansatz darstellt, der die Liebe auf die schlichte Projektion von Erwartungsstrukturen reduziert, um damit zu behaupten, die Verliebtheit sei alles, was wir haben können. Das scheint mir doch eher eine Kennzeichnung des Modus vivendi des Verzichts zu sein. Wer immer nur davon ausgeht, dass alles so oder so nur Einbildung ist, wird sich niemals des Ernstes seiner Verantwortung bewusst. Wenn das Streben nach Vervollkommnung ein Werk der Liebe ist, wenn die Schönheit dieses Streben ankurbelt, wenn sie eine Erwartung der Vollkommenheit darstellt, die gattungsgeschichtlich das höchste Ziel ist, dann können wir nicht bei irgendwelchen Masturbationsfantasien stehen bleiben. Über das damit historisch einher gehende Frauenbild müssen wir uns keine Gedanken mehr machen, seit bekannt ist, welche furchtbare Wechselwirkung daraus resultiert, wenn das funktionelle Relais, das im Zentrum der Reproduktion, der Sozialisation und der Bildung steht, auf der Stufe der Minderwertigkeit situiert sein soll. Das kann gar nicht gehen, wie ein paar Wirtschaftskrisen und mehrere Kriege der Welten bewiesen haben. Und wenn der erklärte Rahmen hier oben heißt, zu optimieren und das Vermögen zu steigern, und sei es in Betragstrichen, so ist die Liebe und ihr Movens, die Schönheit, das Nonplusultra. Wir unterstehen für das, was wir tun, keinem Rechtfertigungszwang – solange es uns gelingt, die nötigen Energien freizusetzen."

„Ich darf noch einmal an dem vorigen Gedanken anknüpfen". Bornhard unterbricht ihn. „Vorhin war schon einmal von Sprangers *Magie der Seele* die Rede, in der wir die Verbindung des mimetischen Ansatzes mit den großen Themen des Glaubens und der Liebe sehr schön ausgearbeitet finden, zufällig habe ich mir die Seite 70 notiert, nur zur Ihrer Kenntnisnahme. Übrigens gehörte auch Spranger in die Reihe jener Kritiker der Psychoanalyse, die Freud einen pansexuellen Ansatz vorgeworfen haben. Ich darf kurz die wichtigen Stellen zusammenfassen, dann sehen Sie auch, in welchen Tiefenschichten für Spranger die Liebe entsteht. Vielleicht hilft das auch ein wenig bei der Klärung, wie wir die Unterschiede von Erotik und Liebe ausdifferenzieren, vielleicht zeigt es sogar, zu welchen Übersprungbildungen es kommen muss, wenn ein Kontakt zwischen diesen beiden Sphären hergestellt wird. Ich spare mir weitgehend den Kommentar und wenn Sie die Seiten 116 und folgende ansehen, außerdem die Seiten 130 und folgende, können Sie sich meine Schlussfolgerungen selbst raussuchen! Hören Sie bitte einen Moment zu, dann sind vielleicht manche der Fraglichkeiten, die bisher angeklungen sind, aufgeschlüsselt. Spranger ging als Christ davon aus, dass das Christentum keine vergängliche Illusion gewesen sein könne, weil es sich als eine unendlich segensreiche und fruchtbare Kraft bewiesen habe, um den gleichen Gesichtspunkt auch auf das magische Denken anzuwenden – also sowohl die Magie, wie der Mythos und später der Glaube stehen schon in einer langen Reihe von Versuchen, die Welt erklärbarer und die Orientierung in ihr plausibler zu machen. Eine Arbeitshypothese, mit der er eine menschheitsgeschichtliche Errungenschaft für die damalige Zeit wieder konsumierbar zu machen versucht, ohne zu ahnen, dass dies durch neue Techniken wie den Film oder den Rundfunk noch in ganz anderer Weise geschehen sollte. Im magischen Denken wohne ein tiefes Recht für ganz wesentliche Angelegenheiten des menschlichen Lebens, die uns zu unserem Schaden verloren gegangen seien. Das Thema der Fortwirkung archaischer Denkformen hat sich tatsächlich in den verschiedensten gesellschaftlichen Bereichen als fruchtbar erwiesen. Jedes Verstehenwollen von fremd gewordenen Geistesgebilden erfordert, dass wir Saiten in unserm Innern rege machen, die niemals stark genug angeklungen sind oder lange geschlummert haben. Jedes gelingende Verstehen aber bereichert auch unser eigenes Leben und schließt uns Tiefen der Welt auf, an denen wir achtlos vorbeigegangen sind, obwohl sie in einer nicht voll bewusst gewordenen Schicht unseres Selbst uns doch schon einmal berührt haben müssen. ... Magie ist ursprünglich mehr eine Praxis, eine Art der tätigen Einwirkung auf die Welt, als eine rein betrachtende Einstellung; diese ergibt sich erst im Laufe fortschreitender Arbeitsteilung. Der primitive Mensch will sich gegenüber der Welt erhalten; er glaubt Mittel zu besitzen, durch die er sich die verborgenen Mächte, die sein Dasein unheimlich umgeben, gefügig machen kann. Insofern ist die Magie die altertümliche Vorstufe der Technik. ... das Verhältnis des Menschen zu seiner Welt ist als ein allgemeines Ich-Du-Verhältnis. Ein Lebend-Beseeltes trifft auf Lebend-Beseeltes. Die Kategorie: „tote Dinge" hat sich doch kaum herausgearbeitet. ... Viele Anzeichen, die hier nicht näher beleuchtet werden können, deuten darauf hin, dass der magischen Stufe noch eine ältere Schicht vorangegangen ist, in der die Subjekt-Objektspaltung noch geringerer war. Da schwang das Bewusstsein des Subjektes mit dem Leben ringsum noch mit, wie eine Seite durch geeignete Schwingungen in ihrer Umgebung in Bewegung versetzt wird. Es bestand eine tiefere Einsfühlung zwischen Subjekt und Objekt, besser: zwischen dem Ich und Du, die erst aus diesem gemeinsamen Untergrunde aufzuleuchten schienen. Das Subjekt lebte noch das Leben der Objekte, die wir Dinge nennen, mit; das Objekt füllte das Bewusstsein noch intensiver aus, drängte sich ihm mit suggestiver Macht auf. Reste davon fühlen auch wir noch, wenn uns ein Rhythmus unwiderstehlich ergreift oder wenn eine satte Farbe uns ganz in ihre Stimmung hinein reißt. Wir sagen heute, dass wir, aus unserem ich heraustretend, uns in solche bildhafte Umweltinhalte „einfühlen". Aber so einseitig vom Subjekt her bewirkt war der Vorgang ursprünglich nicht; er war ein „Sicheinsfühlen". Wir sagen heute: das Kind ahme Erscheinungen seiner Umgebung „nach". Wir würden besser sagen, dass es sie mitahme; es wird „magisch" von ihnen angezogen und lebt in ihnen, wie sie in ihm leben. ... Kennzeichnung des magischen Weltbildes...: alles ist in ihm mit dämonischen Willensmächten belebt. Es besteht ein allgemeines ich-du-Verhältnis. Die so genannten Dinge haben ein Aussehen, eine Physiognomie, die auf eine Sinnesart deutet. Aber diese – und folglich ihr „Sinn"– ist noch verwandlungsfähiger als für uns heute. Denn auch das eigene Ich ist noch nicht klar abgegrenzt. Es kann von fremden Dämonen besessen werden und es kann sich selbst in andere Wesen verwandeln, gleichsam ihre Maske, damit ihre Physiognomie, ja ihren Charakter und ihre Macht annehmen. Dies sind die Hauptkategorien, mit denen der magische Mensch sich in seiner Welt orientiert. Hinzuzufügen ist noch der Grundsatz: der Teil steht für das Ganze. Folglich: wer den Teil hat, hat das Ganze. ... Magie ist immer von Kraftschätzung begleitet; nur gelten die Kräfte noch als willensartig ... gleiche Ursachen, gleiche Wirkungen. Deshalb gehört zum sinnvollen Handeln für ihn mindestens, dass das für den Zweck erforderlich immer auf genau die gleiche Art getan werde. Diese Bindung an ein traditionelles Schema des Verfahrens nennen wir den Ritus. Zum magischen Verhalten gehört die strenge rituelle Praxis. ... In der Magie geht es mehr um die Gewinnung von Kraft, als schon um den Erfolg des Handelns. Sie wirkt auf die Seele, nicht auf Äußeres.

Spranger versucht nachzuvollziehen, wie im Laufe der Entwicklung die große Enttäuschung zu verarbeiten ist, dass man die materielle Welt nicht verstehen, sondern nur erklären kann. Wie Max Weber formulierte, begann die Welt, „entzaubert" zu werden, dazu brauchte es keinen Weltkrieg und keine Wirtschaftskrise, vielleicht waren sie schon eher ein Resultat dieser Ausdünnung des Sinns. Tatsächlich droht die Erfahrung eines Lebens arm und sinnlos zu werden, in dem wir dies nur zu erklären, statt uns selbst zu verstehen suchen. Im Gegenzug treten funktionelle Sinnzusammenhänge hervor, aber es sind planmäßig neutralisierte, ganz einseitige Sinnzusammenhänge. Die Zweckrationalität bestimmt die Mittelwahl, und die Frage nach der Zielsetzung ist suspendiert. Es entsteht ein Sinn der regelhaften Abläufe, aber nicht der verantwortungsvollen Entscheidungen und der Lebensdeutung. Für Spranger ist klar zu sehen, was dabei an menschlicher Substanz verloren geht, aus diesem Grund betont er: die Ursprünglichkeit der Ich-Du-Kategorie reicht aber in noch größere Tiefen hinab. Es ist ein Urphänomen des seelischen Lebens, dass auch das Ich zu sich selber Du sagen kann. Jeder Versuch, dies als etwas später gewordenes abzuleiten, scheitert. Die Spaltung der Seele gleichsam in eine einfache lebende und eine zuschauende Person gehört zu ihrem Wesen. Darin sind die größten Geheimnisse verborgen. Ohne die einsame Zwiesprache mit sich selbst entstünde kein Sprechen mit anderen. ... Ja, dieser Lebenskontakt, dieses Sich-identifizieren mit dem anderen, ist wieder Voraussetzung für das eigentliche seelisch-geistige Leben. Der Ich-Du-Kontakt, den die Sprache bewirkt, könnte gar nicht zustande kommen, wenn nicht eine vorsprachliche Lebenseinheit, wie uns noch in dem Verhältnis zwischen Mutter und Kind entgegentritt, die Grundlage bildete. ... dies urtümliche Sichmiteinanderidentifizieren ist der Keim jeder Art von Liebe zwischen Seele und Seele. Es gibt viele Arten und Stufen der Liebe. ... und doch besteht eine große Kontinuität von der Stufe der verwandlungsfähigen, sich mit dem Dämon einsfühlenden Seele bis zu der Unio mystica mit dem rein geistigen Gott, die der Fromme der Spätzeit anstrebt.

Diese Einsicht in die Ursprünge der Liebe und in ihre vielfältigen Verwandlungen sollte uns immer präsent sein. Wie es vorhin bereits angeklungen ist, ist der Rückzug eines Ich auf sich selbst keine Absicherung der Fundamente, sondern eine Ersatzleistung – ganz selten wurde zu Sprangers Zeit schon gesehen, dass die Grundeinheit immer ein Paar ist und das Selbst lediglich ein Teil, der antwortet und wächst und in der Beziehung erst zu dem werden wird, was sich später einmal ein Ich nennen kann. Und nur wenn wir verstehen, im vollen Sinne des Wortes, dass wir von einem ursprünglichen Einssein der Seelen ausgehen können, wird auch der tiefere Sinn der alten Mythen zugänglich und damit das Versprechen, mit dem uns die Liebe heute noch antreibt. Nur dann gelingt es, das dem Menschen eigentümliche, das ihn auszeichnende Vermögen, tatsächlich zu fassen und auch zu fördern. Und so taucht in solchen Zusammenhängen kennzeichnenderweise auch bereits die Konzeption eines seelischen Feldes auf: Wer in die geistig-seelische Atmosphäre eines anderen Menschen kommt, wird von ihm in ein neues Ganzes verflochten: Energie, Temperament, Stimmung wirken ansteckend oder kontagiös. Sie stellen einen Kontakt zum Ganzen her, wobei das Ganze aber nichts Räumliches ist, sondern eine Totalqualität. ... Wir müssen uns die seelischen Innenbezirke wie Kraftfelder vorstellen. Wer auch nur „peripher" in eines von ihnen hinein gerät, ahnt etwas von ihrer Ganzheit und wird in seinem ganzen Seelenbestande dadurch „influiert". ... Das unmittelbare Instruments unseres Lebens, der Leib, und die unmittelbaren Bedingungen unseres Lebens, die bedeutungserfüllten Außenweltinhalte, sind beide seelebezogen, und wenn sie aus diesem – magischen – Zusammenhang herausgeschnitten werden, sind sie tot. Will man beide Seiten lebendig sehen, so muss man auch heute noch zu der alten Naturdeutung zurückkehren, für die die Natur nicht mechanischer Kausalzusammenhang war, sondern Ausdruck eines Inneren. Nur die Totalseele, nicht die Ratio als Rechenkunst, hat die Gabe, das Äußere so auszulegen, dass es auf ein Inneres hin deutet. ... Gäbe es diesen Lebenszusammenhang zwischen Äußerem und Innerem nicht, so gäbe es auch nicht jene vielsagenden Symbole, vermöge deren ein sichtbares oder tönendes Gebilde uns in Bedeutungstiefen hinableitet, dies mit unsrer Innenwelt verbinden. ... in der Richtung auf eine universale Symbolik, die es gestattet, vom Äußeren her einen der Seele angehörigen Bereich von aufschließenden metaphysischen Gefühlen in Bewegung zu setzen. ... Ohne einen Rest von magischer Einsfüllung hätten wir an solcher Lebensverwebung keinen Anteil. ... Jedes Stück bedeutungshaltiger Umwelt ist lebendig mit bestimmten Seelenbezirken verwoben. Es hat in der Seele gleichsam ein Wurzelgeflecht, dass man verschieden tief verfolgen kann. Oder anders ausgedrückt: jeder sinnlich erfassbare Sachverhalt setzt sich nach dem Inneren der Seele hin fort... In Wahrheit handelt es sich um magische Berührungen im Seelenraum. Hier gilt das Gesetz der Partizipation: der Teil, besser das Glied, steht für das Ganze. Vom äußeren Gliede her läuft ein elektrischer Strom durch die Leistungsbahnen des inneren Kraftfelds. ... Die Bildersprache, die die Welt für uns spricht, beruht aber auf Identifikationen und Partizipationen, die schon in der magischen Erlebnisweise vorkommen. ... Denn alles, was man als „höhere Ansicht des Lebens" zu bezeichnen pflegt, beruht auf einer religiös gemeinten Symbolik. ... der moderne Mensch „berechnet" die Chancen seines zweckbewussten Handelns. ... Nur eines tut er noch in aufwühlenden Lebenslagen, die äußerste Anspannung erfordern: er wird die geheimen Mächte um Kraft bitten. Hierin haben wir das wichtigste Modell für den Bedeutungswandel der Magie. Ursprünglich sucht das Gebet die Bundesgenossenschaft der Dämonen, um Wunder in der äußeren Welt herbeizuführen. Vergeblich! Jedoch in der seelischen Welt sind Wunder immer möglich, vorwiegend in der Form einer Kraftsteigerung der Seele, vermöge deren sie sich gegen den stumpfen Weltlauf erhalten kann. ... Das dämonisch-geniale jedoch „partizipiert" an Ganzheiten, die dem durchschnittlichen Bewusstsein verloren gegangen sind. Die wunderbarsten der Kräfte ist der Glaube, die man in einem sehr weiten Sinne fassen mag. Daher die Behauptung: „Alle Dinge sind möglich dem, der der glaubet". Sie haben hier den Bezug auf den Leib, die Fundierung einer Kulturphysiognomik und die Kräfte der Liebe in einer Weise gesehen und verknüpft, wie wir dies für unsere Zwecke gar nicht besser brauchen könnten! Außerdem ist auch sehr klar heraus gearbeitet, dass der Glaube tatsächlich eine Form unseres Antriebs ist – manchmal vielleicht nur ein Epiphänomen, manchmal aber auch der reine unverfälschte Antrieb selbst. Wie unser junger Kollege einmal den Spruch einer anarchistischen Erkenntnistheorie Anything goes interpretiert hat: Wenn überhaupt wo, dann in den psychischen Wechselbeziehungen! Irgendetwas läuft immer, und wenn es eigens dafür erfunden oder erwartet werden muss – wenn es soweit ist, ist es da."

Merk will sich anscheinend nicht von seinem Thema abbringen lassen. Er klatscht in die Hände und hat Mühe, dass sich seine Stimme nicht überschlägt: „Das ist nicht schlecht, Sie haben jetzt praktisch die erkenntnistheoretischen Fundamente geliefert, auf denen die Durrellschen Spekulationen nur um so besser gedeihen können. Und es würde mich nicht wundern, wenn bei Durrell auf einmal wieder eine positive Einschätzung des Gebets auftauchen würde, ich kann mich sogar an irgend so was erinnern. Aber eines gefällt mir gar nicht! Das ist das Zentrum aller Magie und Einfühlung, wie es von Pestalozzi oder Fröbel in einer fast naiven Präzision gekennzeichnet worden ist. Und da sind wir wieder bei der Mutter-Kind-Einheit! Ich frage mich, ob das noch vertretbar ist, ob damit nicht erst all das Elend in die Welt kommt. Als wir einen Stand der Zivilisation erreicht hatten, auf dem nur noch die Gynäkokratie möglich gewesen wäre, waren wir glücklicherweise in technischer Hinsicht weit genug vorangekommen, um das System Mutter abzuschaffen. Und damit entfiel ein altertümlicher Antagonismus. Heute kann also jeder selbst wählen, ob Mann oder Frau, in welchem Rahmen die Geburt stattfinden soll."

Mutzlacher wirft ein: „Ich habe einige der Vorlesungsskripte einsehen können, die den Archiven der Zukunft gewidmet sind und bevor Sie mit Querbezügen auf ein Weltzeitalter Werbung machen, vor dem wir uns alle fürchten müssten, darf ich Ihnen in verkürzter Form ein paar Informationen zuspielen, von denen ich hoffe, dass Sie Ihre künftige Entscheidung positiv beeinflussen werden. Gegen die Verabsolutierung des Sexuellen möchte ich daran erinnern, dass die Sexualität im Gang der Menschheitsgeschichte Anlass der Selbstauslöschung war: von den biblischen Strafen bis zu den übelsten Seuchen. Wenn wir später gemeinsam auf die Fragestellung zurück kommen, sollte auf jeden Fall der Rahmen gekennzeichnet sei, in dem wir uns bewegen.
Archivkürzel mus0815xsyofzie: Bisher war in den verschiedenen Andeutungen und Abschweifungen zu erahnen, zu welchem Skandal sich nach und nach die Tatsache auswuchs, dass die Menschentiere geburtlich waren, dass alle späteren Autonomieversuche immer im Kampf um eine Souveränität endeten, die als Zuspätgekommene nur in der Beweisfigur der Sterblichkeit münden konnte. Wir haben hier die klarsten und evidentsten Überbleibsel der ursprünglichen Einsicht, die in dem universalen Selbstheilungsversuch gemündet hatte, die obszöne Institution der Mutterschaft überflüssig zu machen.
Alles hatte seinen Preis. Den Status A1 bis C4: Klassifikation hochzivilisiert, hatten vom vierten bis fast zum zweiundzwanzigsten Jahrtausend die semiotischen Kulturen inne, bei denen die biologischen Funktionen auf ein Minimum zurückgeschraubt wurden und als Störquelle weitgehend ausgeschaltet worden sind. A1-4 waren die Stati des Übergangs in den mentalen Raum, je nach Ausbreitungsgeschwindigkeit und Annäherung an die Synchronizität; B1-8 waren die der maschinellen Symbiose; C2-4 die des homo protheticus. Es gab nur eine Handvoll Zivilisationen, die über eine der Technologien verfügten, mit denen das Nervensystem von intelligenten Säugern metaphorisch verdrahtet und über Leitungszentralen und Übermittlungssysteme für das Realitätsprinzip gesorgt wurde. Wie gesagt: Galten! Mittlerweile haben wir mit Hilfe von Evolutionsbiologie und systemischer Bewusstseinsgenerierung dafür gesorgt, dass die Entwicklung in einer eher Erfolg versprechenden Richtung weitergehen konnte, was nichts daran ändert, dass unsere weit entfernten Vorfahren über den Umweg des mentalen Hyperraums zu unserer eigenen Zukunft werden können.

308

Begonnen hatte diese Entwicklung schon mit dem Auftreten der ersten die Materie und den Leib verketzernden Hochreligionen. Einen gewaltigen Schub hatte sie dann mit der Eroberung Amerikas und den damit verbundenen Auswirkungen der Syphilis gehabt und mit dem Auftauchen des AIDS-Virus hatte dieser Hang zu einer Flucht in die Entkörperlichung weitere Nahrung bekommen. Und obwohl es keine zwei Generationen gedauert hatte, bis einfache Schluckimpfungen dafür sorgen konnten, dass die Krankheit nicht mehr gefürchtet werden musste, hatte diese Zeit gereicht, dass der Sex die Körper verlassen hatte. Die verschiedenen Multimediatechniken hatten die Externalisierung bereits vorbereitet, Werbung und Unterhaltung sexualisierten die Welt, während die Körper blass und stumpf zurückblieben. Und das Internet wurde nun zu einer Ausprägung des sozialen Körpers, mit der nach und nach die verschiedenen virtuellen erogenen Zonen entstanden. Im Cyberspace multiplizierten sich die Identitäten und die sexuellen Rollendefinitionen erfuhren bis dahin unvorstellbare Differenzierungen – schließlich gab es dort keinen Körper mehr, der durch sein Anecken und Stolpern, durch den Widerstand des Realen also, auf die Notwendigkeit zurückführte, sich an den biographischen Schnittstellen abzuarbeiten. Und so, wie jeder im virtuellen Raum tatsächlich sein eigenes Universum mit den Ausgeburten seiner Bedürfnisse besiedelte und immer weniger mit dem zu tun bekam, was tatsächlich ein Anderer hätte auslösen können, reduzierten sich die alltäglichen Vollzüge in der wirklichen Welt auf ausgedörrte Funktionszusammenhänge und von Konventionen bestimmte Nebensächlichkeiten. Die Sexualisierung des Mediums, in der Steigerung des Cyberspace, vollendete nur eine Entwicklung die mit den Körperausschaltungsprinzipien der Institutionen begonnen hatte: die kalten Räusche im Netz ersetzen die Reibungsintensitäten zwischen Körpern durch immer ausgearbeitetere Repräsentationsmodelle und um so weniger zu spüren war, um so mehr mussten die künstlichen Reize angekitzelt werden. Das tatsächliche Leben war langweilig, ein Kaffee ohne Koffein, ein Schnaps ohne Alkohol, aber aus diesem Grund sollte es ewig dauern. Wer erst im Imaginären, an sein Deck geschnallt, warm wurde, konnte nicht genug Zeit in Petto haben – die Angst dass das Leben vielleicht verpasst werden könnte, hatte einen realen Grund. Der purpurne Fluch war das Ergebnis einer als harmlos eingeschätzten Ausfallerscheinung des Immunsystems, die ursprünglich sogar mit einem enormen bionischen Forschungsaufwand herbeigeführt worden war: Zusätzlich eingeführte nanoelektronische Kopiersysteme sollten automatisch jeden bei der Zellteilung auftretenden Reduplikationsfehler korrigieren und damit das Phänomen des Alterns zum Verschwinden bringen. Eine ursprünglich ganz einfache Idee, die bei schwefelsäurefressenden Bakterienstämmen abgeschaut worden war. Allerdings wurden diese Komplexitätsmultiplikatoren zu Energiefressern. Zwar sorgten sie dafür, dass die Säuger nicht mehr alterten, bewirkten aber zudem, nach einer kurzen Phase, in der sie mit offenen Nabelschnüren durch die Gegend rannten, um nach der geeigneten Steckdose zu suchen, bis sie in einer immer gedehnteren Zeitlupe verlangsamt wurden, dass für sie fast nichts mehr stattfand. Innerhalb weniger Generationen wurde die geschlechtliche Vereinigung wieder entdeckt, und zwar von den Happy-few, wenige Ausnahmen, die der zeitlichen Ausbremsung nicht unterstanden – und jedes Mal wenn sie sich an einem der stillgestellten Standbilder des Menschlichen vergingen, war nach einiger Zeit zu beobachten, wie diese unter der Haut zu glühen begannen und in einem purpurnen Leuchten immaterieller wurden, bis sie dann ohne Vorankündigung von einem Tag auf den anderen in dünnen energetischen Wirbeln, die unter dem Nabel und über dem Scheitel entstanden, ins Nichts gesaugt wurden.

Hier mischt sich eine fremde Stimme in den Vortrag, drängt sich vor, erst quengelnd, dann hysterisch aufbrausend, erklärt und belehrt, als gehe es hier noch einmal um die Rechtfertigung eines Weltentwurfs: Der vorausgegangene erworbene Immundefizit hatte diese anmaßenden Schwachsinnigen erst auf die Idee gebracht. Statt zu kapieren, dass es eine Strafe der Götter war, die zu einer Umkehr aufforderte, zu einem Wiederbesinnen auf die heiligen Traditionen, die zwischen Eros und Thanatos eine Barriere aufgerichtet hatten und mit säuberlichen Trennungen den Bestand der Welt garantiert hatten, hatten sie gemeint, aus der Manipulation des Immunsystems die Formel für das ewige Leben zu ziehen. Welche Anmaßung... Und dann geht diese Stimme nach und nach in einen Chor über und wird wieder von der anderen Stimme vorschluckt. Ein seltsamer Effekt, aber schon ein paar mal hatte ich während des Vortrags das Gefühl, dass hier nie nur einer sprach, immer wieder war so ein anschwellendes Rauschen im Hintergrund, immer wieder hatte ich auch das Gefühl, die Stimme war rau wie ein trübes vom Wüstensand zerkratztes Glas, hinter dem ich eine haefscodierte Welt erahnen konnte.

Die Ablösung des Männermatriarchats führte über einige extreme Umwege zu den künstlichen Reproduktionstechniken. Die verschiedenen Ausprägungen des Männermatriarchats müsste man auf jeden Fall vorführen und erklären – das ist aber an anderer Stelle schon geschehen: Siehe das Thema Muttersohn oder das Thema Simulationsehe.

Eine weltgeschichtlich kurze aber überaus brutale Episode machte den ganzen geschlechtlichen Irrungen ein Ende. Wie schon einmal zu Beginn der Geschichte die weibliche Herrschaft die Gesetzmäßigkeiten des putativen Bundes ausgehebelt und die Wirklichkeit des Paares in die dauerhafteste aber unerreichbarste Utopie verwandelt hatte, wurde nun ein weiterer durchgreifender Versuch unternommen, die biologische Basis eines Verhältnisses der Geschlechter zum Verschwinden zu bringen. Es war das Müttermatriarchat, das der als unwürdig erfahrenen geschlechtlichen Vermehrung ein Ende setzte.

Wir zitieren hier direkt aus der Enzyklopädie, die Haefs vorgelegen haben muss und ziehen einige Passagen zusammen: Der Weltsicht des späten Matriarchats entsprach eine starre Kastenwelt, die nach dem Vorbild des Augustinschen Gottesstaats zu funktionieren hatte. Mädchen wurden von künstlich stimulierten Milch-, Zieh- oder Lehrammen gesäugt, erzogen und ausgebildet. Und wie es Zeiten gegeben hatte, in denen die Geburt eines Mädchens als Versagen oder Unheil galt, die eines Knaben aber das Fortbestehen des Erzeugers gewährleistete, war nun die Geburt eines Jungen eine unvorstellbare Schande. Schon deswegen arbeiteten die befähigsten Mütter von Anfang an am Projekt einer genetischen Programmierung des Geschlechts.

Jungen galten als perverse Missgeburten, als zu ächtende Verschwendung kostbarer Erbressourcen, weil das männliche Geschlecht einer extremen Unwahrscheinlichkeit gehorchte und tatsächlich dauernd nachgefeuert werden musste, während die akkurate und in sich gerundete weibliche Codierung sogar gelang, wenn ein Teil der geschlechtsdeterminierenden Gene künstlich entfernt worden war. Die kleinen Pimpfe schimpfte frau Aborte – die dienenden Jungfrauen brachten sie nach der Abnabelung aus den Häusern, sie wurden mit einfachen Zahlenkombinationen gebrandmarkt und registriert. In primitiven Ställen wurden sie von Hündinnen und Ziegen gesäugt, wuchsen heran, während Ziehsklaven sich um die primären Bedürfnisse kümmerten und für Spracherwerb und Sozialisation zu sorgen hatten. Die Jungen konnten mit drei bis vier Jahren für einfache Arbeiten verwendet werden und von da an waren sie überall dabei, hatten an der rauen Männerwelt teil. Männer galten als unheiliges Vieh, frau ließ sie in den Bergwerken oder Atomkraftwerken schuften. An einigen Festtagen des Jahres durften die Tiere sich gegenseitig in den Arenen zerfleischen und aus den Siegern wurden die Beschäler rekrutiert.

Dieser heilige Staat der Frauen unterstand einer fein ausgearbeiteten Hierarchie, die die verschiedenen Stadien der Unberührbarkeit verkörperte. Sie waren zu extremen Differenzierungen in der Lage, zerbrachen sich die Köpfe darüber, wie viele Engel auf einer Nadelspitze Platz hatten und begründeten, warum ein künftiges Paradies nur unter vorsexuellen Bedingungen erarbeitet werden konnte. Sie unterschieden Grade der Heiligkeit, die bei den wehrhaften Jungfrauen begannen, über die Kriegsmütter zu den gebietenden Müttern, über die Erzmütter bis zu den Hohepriesterinnen reichten.

Die Mädchen galten ab dem 16. Lebensjahr als erwachsen und konnten untereinander Liebesbeziehungen eingehen, sie erhielten nach Beginn des Makels dauerhaft antizyklische Drogen und wurden Purgationsriten unterworfen. Danach waren sie rein und gehörten bis zum 25. Lebensjahr den unterschiedlichen Graden der dienenden, werkenden oder wehrhaften Jungfrauen an.. Nach dem 25. Jahr mussten sie sich dem Ekel des biologischen Zwangs unterziehen, sie erhielten empfängnissichernde Drogen, die die sensorischen Nerven ausschalteten, wurden maskiert und dann von ebenfalls maskierten, speziell präparierten Zeugungssklaven befruchtet. Es mag Zeiten gegeben haben, in denen die Verwendung von Masken stimulierend gewirkt hatte, sei es, dass sie die Verwandlung in einen Gott oder ein göttliches Tier suggerierten, sei es, dass sie das erotische Objekt auf den Status eines anonymen Mechanismus reduzierten, der egal welcher Manipulation keinen Widerstand entgegensetzen würde. Hier war die Maske ein Äquivalent des Fließbands, es wurde en Masse produziert, solange noch nicht dafür gesorgt werden konnte, dass das Resultat von vornherein feststand. Nach der ersten Geburt trugen die Mütter schwarz, dann grau, dann weiß, sie waren vollgültige Erst-, Zweit- und Hauptmütter – man sollte sofort sehen, woran er war und in die Knie gehen. Ammen waren durch Zufall oder aufgrund besonderer

Verdienste vom Ekel befreite Frauen in mutterähnlichem Rang. Der Aufstieg in der Hierarchie war allerdings nur Hauptmüttern möglich und abhängig von den Leistungen in Verwaltung, Forschung und Krieg. Der erste Schritt, den Ekel des Determinismus zu überwinden, stellten die verschiedenen Invitro-Techniken der künstlichen Befruchtung zur Verfügung. Ein nächster die Entwicklung der gewaltigen Brutkammern der Notwendigkeit, in denen die Entwicklung der Föten unter immer optimaleren Bedingungen kontrolliert werden konnte. Ein letzter Schritt war schließlich die Jungfernzeugung außerhalb des Leibes, in der nur noch die besten Erbsubstanzen heiliger Mütter kombiniert werden durften.

Die Zukunft der Menschenparks hatte begonnen und wenn die Mütter vorsichtiger gewesen wären und sich nicht von einem totalitären missionarischen Eifer hätten antreiben lassen, wäre die Züchtung von Göttinnen nicht nur eine Episode geblieben. Bewundernswert war ihre Entwicklung der Reproduktionstechnologie – sie gehören heute zum gesicherten Stand des Zivilisationswissens, lange nachdem vergessen worden ist, dass man die unbeirrbarsten Vertreterinnen des heiligen Wissens hatte erschlagen, ertränken und verbrennen müssen, um nicht der Gefahr ausgesetzt zu sein, die Besessenheit in ihren Klonen bekämpfen zu müssen. Zu dieser Zeit hatte der purpurne Fluch schon komplette Sonnensysteme entvölkert und die Konföderation war auf den recht abseitigen Stern der Mütter aufmerksam geworden, als davon berichtet wurde, dass die Krankheit dort unbekannt geblieben war. Man nahm die klügsten und willfährigsten der Töchter, um den alten Abschaum beseitigen zu lassen und arbeitete dann mit den geheiligten Techniken weiter an den Strategien der Desexualisierung. Überall, wo das gelang, war vom Purpurnen Fluch nichts mehr zu erahnen. Nun, wie fühlen wir uns dabei als Krone der Schöpfung? Auch hier haben wir noch einen gewissen Reformbedarf vor uns – oder etwa nicht?"

Merk atmet tief durch und bläst die Luft durch die Lippen, als wolle er den Druck einer Erschöpfung abwerfen: „Ich weiß ja nicht, was uns diese Vorlesungen bringen sollen, das war jetzt schon das zweite Mal schlechte Science fiction, ohne dass ich einen Grund sehe, warum ich mich damit beschäftigen sollte. Ich lasse mir auch nicht unterstellen, ich arbeite gerade an einer Geschichte oder bereite eine Entwicklung vor, die in genau diesen Sackgassen enden soll, Ich kann Ihnen eines versichern: Wir werden uns dafür anstrengen, dass die

Geschichte bis auf einige Abirrungen auf unwichtigen Planeten nicht diesen Weg einschlagen wird. Ich halte das auch für den falschen Ansatz. Ich kann nicht davon ausgehen, was in unendlich vielen möglichen Welten alles schief geht, wenn ich versuche, eine bessere Zukunft zu erarbeiten. Sonst habe ich nämlich von vorn herein gegen jegliche Möglichkeit entschieden, dass überhaupt ein Weg zur Besserung gegeben ist. Ich würde mich lieber mit Durrell beschäftigen, denn dann steht noch immer ein unbeschränktes Maß an Zukunft zur Verfügung."

„Das meine ich auch! Das ist immer so, wenn wir uns mit Literatur beschäftigen und die Geschichte hat gezeigt, dass dabei die Welt untergehen konnte, während die Vertreter des Buchs nur das Problem sahen, wie sie sich mit ihren kümmerlichen Einkünften ohne Sponsoren weiter über Wasser halten würden," erklärt Bornhard und unterstreicht: „Ich will später auf jeden Fall noch einmal auf Spranger zurückkommen. In diesem Zusammenhang möchte ich erst einmal daran erinnern, dass Durrell immer wieder auf den Bruch verweist, als der Mensch die sexuelle Periodizität opferte und in eine Freiheit stürzte, mit der er nicht fertig wurde. Die Freiheit der Wahl – deshalb der Zwang der Entwicklungsgeschichte. Und wenn Sie das System Mutterschaft abschaffen, wiederholen Sie diesen Bruch noch einmal auf einer ganz anderen Ebene. Immerhin konnte das Kind oft genug ein Garant der Beziehung sein, nicht nur dass es sie stiftete und verkörperte, sondern auch, dass es in den schweren oder langweiligen Perioden den Kitt darstellte. Was meinen Sie, was dem Paar für eine zusätzliche Last aufgebürdet wird, wenn nun auch noch das System Mutterschaft wegfällt. Für Durrell spielt in dieser Geschichte die Schönheit eine ganz entscheidende Rolle: *Die Krise kam, als der primitive Mensch seine sexuelle Periodizität verlor, dadurch riskierte er, seine Begierde zu verlieren. Die Rasse geriet durch seine Gleichgültigkeit in Gefahr. Und so erfand die besorgte Gottheit Natur die trügerisch schöne Krücke der Schönheit, um ihn anzuspornen. Was konnte unnatürlicher, entzückend perverser sein? Indem die Liebenden sich gegenseitig durch die Augen sahen, erblicken Sie mehr Ihre Erinnerung aneinander, sie sahen es und waren zugleich gefügig und bestrickt.* Ich denke, das ist nur eine Verkürzung der Entwicklungsgeschichte, der aufrechte Gang, das Freiwerden der Hände und die Offenheit des Horizonts in der Savanne haben zu dieser Entwicklung beigetragen. Bei Huxley finden Sie in diesem Zusammenhang eine Schlussfolgerung, die noch weiter zu gehen scheint, aber einem anderen Zweck als dem der Schönheit unterstellt ist. In Huxleys *Kontrapunkt des Lebens* heißt es, dass in dem weltgeschichtlichen Augenblick, in dem die Fortpflanzung und die Erotik auseinander getreten sind, ein Moment des sozialen Zusammenhangs die Funktion des früheren biologisch fundierten Reizes übernehmen muss. Statt der Zwanghaftigkeit eines Brunftgeschehens hat den Reiz nun ex negativo die Moral zu übernehmen, das Verbot und der Zwang der Übertretung. Sei es die Unerreichbarkeit der Frau an der Seite eines Mächtigen, sei es der schlechte Ruf einer Frau, die dem Vergnügen dient – für Huxley hat der erotische Reiz eine intensive Nähe zum Verbot und zur Unerreichbarkeit und er leitet diese Surrogatfunktion ab vom Wegfallen des durch den Instinkt kodierten Zwanges. Wenn ich nun an Platon denke, an seine Fundierung der abendländischen Episteme aus der Vermittlungstätigkeit des Schönen und der Erotik, wenn ich die romantischen Abwesenheitsdressur als Bindeglied sehe, kann ich Huxley mit Durrell zusammen denken. Aber damit ist klar, in welcher Funktion die Schönheit angetreten ist, doch ich würde nie soweit gehen, sie mit der Verdinglichung und dem Bild verwechseln. Das Bild mag immer eine Verzichtleistung sein, das Stillleben ein Betrug, doch es muss Ihnen nur einmal im Leben der Atem gestockt haben, wenn Sie sich einem schönen Leib gegenüber fanden, die Säfte müssen Ihnen nur einmal so im Mund zusammengeschossen sein, dass es die Rede verschlug und dann haben Sie erfahren, dass es auch bei der Schönheit ein Wahrheitskriterium gibt."

Ungeduldig drängt Albach weiter: „Die Verführung durch die Schönheit ist also fast schon eine Erfolgsgarantie, nun müssen wir nur noch dafür sorgen, dass sie in den Körpern richtig verankert wird, dass sie wirklich mit dem hormonellen Geschehen in Einklang tritt. Also kommen wir zu Durrell zurück. Mit jeder Einführung – *und natürlich prägen wir diejenigen, die wir einführen, das ganze Leben. Du Laie der Natur, du Idiot, ich lehrte dich zu ficken* – übernehmen wir genau jene Bereitstellung eines Kategoriensystems, in das sich das Menschenjunge einschreiben wird. Wir müssen damit auch anfangen, die Tugenden neu zu interpretieren. In den alten Tugendlehren steckt sehr viel Wahrheit! Es ist eben davon abzusehen, dass sie unter dem Einfluss des Christentums der Askese unterstellt worden sind, aber wenn wir diese Tugenden wieder in den weiteren Rahmen einer *Sorge um sich'* stellen, verlassen wir die innerweltlichen Verzichtleistungen der protestantischen Werkmoral wie den Impetus der Weltflucht des mittelalterlichen Christentums. Wenn die psychischen Energien richtig eingesetzt werden, und ich habe mit Bedacht auf das Wort „investiert" verzichtet, bewegen wir uns wieder auf einen Weltstatus zu, dessen oberste Tugend die Lust am Leben ist. Es gibt in dem nach dem zweiten Weltkrieg entstandenen *Wesen und Wandel der Tugenden'* Bollnows einen Ansatz, in dem die Gerechtigkeit zur obersten Tugend gerät, weil sie in einer kommunikativen Triade verankert ist – also anders als bei den Scholastikern, deren oberste Tugend immer die Klugheit war. Jeder wie er kann – aber auch: jeder wie er es braucht! Es verwundert nicht, dass sich Bollnow immer wieder sprachtheoretischen Überlegungen gewidmet hat, denn in diesen Überlegungen zum Thema Gerechtigkeit erscheinen tatsächlich schon alle wichtigen Ansatzstellen einer *Theorie des kommunikativen Handelns'*, wie sie dreißig Jahre später von Habermas entwickelt worden ist. Wenn die Sprache auf der Gabe beruht, wenn der Tausch reziprok sein muss, um zu funktionieren, verwundert es nicht, dass eine funktionierende Kommunikation, sei es der Körper, sei es der Sprechenden immer von einer impliziten Theorie der Gerechtigkeit abhängt. Wer über einen Gegenstand oder ein Interesse verhandelt, muss sich dem Imperativ des gerechten Ausgleichs unterstellen – sonst ist das nämlich keine Geschichte gleichberechtigter Partner, sondern ein Diktat oder eine Erpressung oder eine Verführung – und dazu braucht es das Sprechen nicht, dazu genügt eine Waffe und die Macht, sie einzusetzen. Und auch die institutionelle Verfügung ist so eine Waffe, das intrigante Spiel der Beziehungen – wie wir gesehen haben, hat der späte Habermas bei solchem strategischen Verhalten den Wahrheitsgehalt des eigenen theoretischen Ansatzes aus den Augen verloren.

Genau hier sehe ich den Ansatz einer wirklich neuen Pädagogik – auch wenn das schon alles mal da gewesen ist, aber noch nie verwirklicht werden konnte, weil die Körper und die erogenen Zonen ausgespart werden mussten. Und gerade weil es bei den Protagonisten immer Angst und Unwissenheit gibt, weil die Gefahr, zu versagen, die gefährlichsten Ersatzbefriedigungen hervorbringt, weil die Unfähigkeit, sich auf den anderen einzulassen, zum verkrampften Klammern führt und alle Fähigkeit des Lassen-könnens korrumpiert, scheint mir der Parcours des Cyberspace einen besonderen Erfolg zu versprechen. Natürlich bleibt die Frage, ob man/frau wirklich stirbt, wenn der Tod ihnen im Netz begegnet oder ob die Liebe, wenn sie nicht mehr virtuell ist, weiterhin zu erproben ist – und da kann uns die *Matrix* einige Anregungen liefern."

Bornhard setzt sich in Bewegung und stapft dozierend vor sich hin: „Sie meinen, wir bedienen uns der Tantrischen Mythen und erklären, warum *die Geschichte der geschlechtlichen Liebe ... immer Angst und exemplarische Frömmigkeit hervorgebracht hatte*. Das ist natürlich eine einfache und überzeugende Methode, überhaupt wenn wir sie mit den nötigen Übungen verbinden können, wenn wir die Doxa nicht besonders betonen und uns die Leistungsfähigkeit und die Ausdauer der jugendlichen Körper zu Nutze machen. Wobei nie vergessen werden kann, dass die geschlechtliche Routine eine Sache der Übung und der Disziplin ist, nichts planloses, nichts, was dem Chaos jugendlicher Ungeduld ausgeliefert oder überantwortet werden darf. So absurd diese These für manchen Moralapostel klingen mag, schon in den frühesten Überlieferungen des Tantra ist die geschlechtliche Disziplin ein Produkt des systematischen Denkens. Auch dieses Unternehmen können Sie der Aufklärung zurechnen, aber eben einer, die noch mit einem viel umfassenderen Anspruch aufgetreten ist und sich, ich möchte das einmal ganz provokant formulieren, an der Wissenschaft der Götter versucht hat. Unsere Wissenschaft funktioniert, weil wir einen relativ schmalen Bereich der Wirklichkeit eingegrenzt haben, und zwar den, in dem wir mit Abstraktion und Generalisierung zu Ergebnissen gekommen sind. Nur, das ist eher ein Ausnahmebereich, und wenn Sie diese Einsicht für absurd erklären wollen, schauen Sie sich einmal an, was die Theoretische Physik Ihrem ptolemäischen Weltbild alles zumutet – wir leben in einer unerklärlichen Märchenwelt in der die zweiwertige Logik eine ungeheure Ausnahme darzustellen scheint. Also machen Sie sich einmal klar, was es heißen könnte, wenn die systematische Disziplin am Quellpunkt der Wirklichkeit zu arbeiten beginnt. Jener strengen Determiniertheit, die Freud für die psychischen Systeme postulierte, würde dann eine systemische Konstante in der Wirklichkeit entsprechen. Die Wollust und die Literatur wurzeln nicht nur im Imaginären, sie sind mindestens so fest im Realen verankert – beide entgrenzen und stiften neue Einschreibungen. Ich muss Ihnen jetzt nichts von den Wunderdingen erzählen, die im Tantrayoga möglich sein sollen, denn für Sie sind Materialisationen oder Fernwirkungen schließlich nur unkontrollierbare Mythen und dabei wollen wir es auch belassen."

Albach unterbricht sie mit dem Ausruf: „Aber warum denn nicht!" Und er erklärt dann: „Wir müssen nicht bei der Sexualmagie stehen bleiben, wenn wir daran denken, dass sie ursprünglich noch Teilhabe an der Fülle und Fruchtbarkeit der Welt war, dass es einmal ein Eins-Sein mit der Welt bedeutet hat und dass genau diese Macht des Gefühls in der Liebe wieder zauberkräftig werden kann. Die Erfahrung der Einzigartigkeit, der Auserwähltheit – wo gibt es das sonst noch in der Prosa der Wirklichkeit! Und auch das Korrelativ, den Mut der Wahl, den Charakter der Wette bei der Entscheidung, wie es de Rougemont beschreibt, die absolute Verantwortlichkeit für das eigene Tun, aus dem ein gemeinsames Glück resultieren kann oder endlose Qualen... Wir sollten den Wahrheitsgehalt der alten Tugendlehren dabei nicht aus den Augen verlieren."

Nachdem Sie eine Weile gewartet hat, ob er noch mal Luft holen würde, sagt Bornhard: „Bei Durrell heißt es einfach: *Die geschlechtliche Liebe war ein Motor, der vom Verstand gespeist wurde und von der groben Mannigfaltigkeit des Spermas, dass für den durstigen Nährboden der Gebärmutter benötigt wurde. Der Mann allein konnte nichts ausrichten, die Frau allein konnte aus dem Dilemma ihrer körperlichen Bedürfnisse nicht herauskommen. Und dies war die Grundlage allen Denkens und Fühlens – in jedem Stadium der Wahrnehmung. Die ursprüngliche Vision von Mann und Frau, das ursprüngliche Feigenblatt, der ursprüngliche Asteriskus – sie weilten in diesem*

Bereich der Hochspannungsdrähte, deren erschreckende Zerbrech-
lichkeit sich jedesmal, wenn ein Kuss in die Irre ging oder ein begehr-
licher Blick sein Ziel verfehlte, offenbarte. ... Alchimistisch gespro-
chen kann nichts erreicht werden ohne die Frau, ohne dich, deine
Schenkel sind die Stimmgabel der männlichen Intuition. Und natürlich
können Sie sagen, hier sei die Notwendigkeit der Wahl angesprochen, die Schicksalhaftigkeit der Begegnung und damit natürlich
auch die Einzigartigkeit der Partner. Aber das steht doch hier nicht im
Zentrum der Argumentation! Obwohl ich mir darüber klar bin, dass
ich als Feministin immer wieder wegen dieser grundsätzlichen Entscheidung angeschossen werde, unterstreiche ich auf jeden Fall die
Rolle, die Durrell der Frau in diesem menschheitsgeschichtlichen
Ringen um die Wahrheit, um die Emanzipation des Menschen einräumt. Versuchen Sie einmal nachzuvollziehen, was er ihr an Möglichkeiten einräumt: *Diese Erkenntnis brachte ihr die eigene Stärke*
zum Bewusstsein, als könnte sie nunmehr eine Anzahl von Muskeln
benutzen, die bislang nicht gebraucht und deshalb verkümmert wa-
ren. Sie hatte plötzlich eine vage Ahnung, was dieser tantrische linke
Weg bedeutete, von dem er immer sprach und der ihren wissen-
schaftlichen Verstand so sehr irritierte. Er hatte ihr sehr viel mehr als
nur seine Liebe gegeben, er hatte ihre Begabung, ihre medizinischen
Fähigkeiten zur vollen Reife gebracht. Was will ich mehr! Wenn wir
uns nach diesen Vorgaben richten könnten, wäre ich bereit, manches
Zugeständnis zu machen."
Möller hat immer wieder zweifelnd in die Runde geschaut und auch
ein paar Mal angesetzt, um etwas zu sagen. Bisher hat sie wohl keine Chance gesehen, eine Unterstützung zu finden, während sie nun
auf die gemeinsame Front gegen die tantrische Praxis hofft: „Das ist
mir zu wenig, nur weil er behaupten kann, *die meisten Liebesaffären*
gleiten von der Sattheit in die Gleichgültigkeit, muss ich nicht akzeptieren, dass die entgegen gesetzte Bewegung zwingend ist. Erst
einmal kommt am Anfang nie mehr als eine durch den Partner ange-
kurbelte Autoerotik zustande und das, was hier Sattheit genannt wird,
ist nicht mehr, als die postkoitale Ernüchterung, die wesentlich darauf
beruht, dass die selbstverliebten Ergüsse gar keine volle Befriedigung gewähren können. Und das, was hier Gleichgültigkeit genannt

wird, ist eigentlich der Punkt, an dem die Erfahrung mit einem Partner oder einer Partnerin erst beginnen könnte, wenn dazu nicht der Mut fehlen würde, wenn die dafür notwendigen Energien nicht durch irgendwelchen Schwachsinn, irgendwelche falschen Rücksichtnahmen absorbiert werden würden. Für viele Jahrhunderte, als die Bindungen einer Heiratspolitik unterstanden, galt viel eher die Regel, dass die Liebe im Laufe der Zeit von ganz alleine sich einstelle. Mir will nicht in den Kopf, dass das *eine Version des alten Textes* sein sollte, der für uns irgendeine Bedeutung als Überlieferung hat, ich denke da viel eher an ein postmodernes Kunstprodukt in dem die einander fremdesten Anachronismen zusammen gezwungen worden sind. In der Regel hat es den alten Text doch gar nie gegeben, keiner dieser Mythen kann auf einen wirklichen Ursprung rekurrieren, es gibt immer nur Nacherzählungen und Umformungen und das eigentliche Geschehen ist die Bedürfnisstruktur einer jeweiligen Gegenwart, die sich zur Selbstrechtfertigung in die Vergangenheit projiziert, um an einem Adel der Geburt teilzuhaben. Ich halte das für einen typischen Selbstbetrug. Erst Gott nicht, dann der Staat nicht, dann das Soziale nicht und die Kultur schon lange nicht – in den Frösten der Moderne blieb nichts mehr übrig, häufig nicht einmal mehr die kleinste Subsistenzeinheit, die Mann und Frau bilden. Und weil das das letzte Rückzugsgefecht ist, müssen ein paar Mythen zurechtgebogen werden, um eine idealisierende Rechtfertigung in der Vergangenheit zu finden. Aber den Halt, die Gewissheit, den sie zu versprechen meinen, kann Durrell seinem Leser nicht gewähren, so ehrlich ist er immerhin, dieses Paar darf an der Utopie schnuppern, um dann durch einen Irren gelöscht zu werden, der, wie es vorhin einmal hieß, die Verkörperung des Weltgeistes ist. Wie die Utopie der Ort ist, den es nicht gibt, würde ich sogar so weit gehen, zu behaupten, dass dieser Irre die eigentliche Gnosis personifiziert. Soweit ist das stimmig – aber wer meint, vom Eros die Lösung der größten Fragen der Menschheit zu erwarten, wird unweigerlich mit leeren Händen dastehen. Ein später Nachklang solcher Hoffnungen war einmal die Bioenergetik, ein Gesellschaftsspiel für die Massengesellschaft ohne irgendwelchen Tiefgang oder Erklärungswert."

Bornhard nickt dazu und erwidert: „Ich habe diesen Einwand erwartet, es ist eigentlich der Gang der Weltgeschichte, der so ein Argument diktiert. Aber vergessen Sie dabei nicht, dass stringent gezeigt wird, dass sich eben diese Weltgeschichte im zwanzigsten Jahrhundert selbst in einer Form durch den Fortschrittsgedanken widerlegt hat, dass nicht wenige Leute, darunter auch einige der Klügsten, auf die Idee gekommen sind, wir müssten eigentlich noch einmal bei den Vorsokratikern oder bei den Weisheiten der Urvölker von vorne beginnen. Was meinen Sie, was es mit dem Ethnologieboom der letzten Jahrzehnte auf sich hat – er entstand beiliebe nicht nur deswegen, weil der Systemgedanke in den Strukturalismus ausgewandert ist. Wenn Durrell von der Version eines alten Textes spricht, *die man weiter ausspinnen konnte wie einen lebhaften Dialog, der sich sogar in seiner Abwesenheit fortsetzte,* artikuliert er ganz klar die Gesetzmäßigkeiten der Arbeit am Mythos. Und er weiß, dass das ursprüngliche Koordinationsfeld des Mythos der Leib ist und die verschiedenen logischen Schlussfiguren nur Variationen der sexuellen Mengenlehre darstellen. Aus diesem Grund ist es stimmig, dass nach einer Erfahrung, mit der das Projekt des Menschen einschließlich seiner Vorstellung einer autonomem Geschichte verabschiedet werden musste, wieder an den Grunderfahrungen angeknüpft werden konnte. Und der ganze Gang dieser Geschichte beruht auf einem Bedürfnis des Heller-Werdens, der Zunahme an Bewusstheit, der Selbsterkenntnis dieser Geschichte, die sich in einigen Köpfen der Menschheit ausbreitete. Es verwundert dann nicht, wenn sich die Geschichte immer häufiger als Sinngebung des Sinnlosen demaskieren ließ, auf die Idee zu kommen, dass noch einmal ganz von vorne anzufangen sei. An einem Punkt, an dem Sein und Bewusstsein noch identisch sind – oder ein Drittes, ein energetisches Geschehen – an dem Wissen und Glauben noch identisch sind, an dem ich und du noch nicht geschieden werden müssen, auf einer Ebene, auf der die Mimesis noch wirkungsmächtiger ist, als die Kausalität. *Die Bewusstmachung des Orgasmus als eine graduelle, gemeinsame Erfahrung, es war wie etwas Neues in der Wissenschaft! ... im Moment spürte sie nur ein inneres Frohlocken, ein großes Zusammengehörigkeitsgefühl.*

Und es ist die kleine Vorschule für den Leser, wenn Durrell rhetorisch fragt: *Versteht die arme Constance eigentlich, was Affad ihr sagt? Dass er nämlich, indem er versucht, den Orgasmus bewusst zu machen, gleichzeitig versucht, das menschliche Verständnis um etwas zu erweitern, das bislang für unfreiwillig und unbeabsichtigt galt?* Und überlesen Sie dabei nicht den kleinen Kommentar, gerade weil hier von den Frösten der Moderne die Rede war, vom kahlen Wald des Wirklichen seit Kant. Es geht nicht darum, die ekstatische Erfahrung auf den Nenner zu bringen und damit schon wieder einzuleiten, wie sie zerredet werden wird. Diese Bewusstmachung des Orgasmus geht in die entgegengesetzte Richtung – es ist völlig egal, was für Worte sich dafür finden mögen, es geht um das Pragma, um die genaue Regelung eines Verhaltens, mit dem primäre Energien freizusetzen sind. Also nichts mit dem Geschwätz! Diese schlichten Handlungsanweisungen, die durch stete Übung, wie in den Regeln des Tantra seit Jahrtausenden vorgegeben, Schritt für Schritt eine Körpererfahrung vorbereiten, die zu einem Weltverhalten befähigt, das der homo protheticus aufgrund seiner zusammen gepfuschten Konstitution gar nicht kennen kann: Das Eins-Sein mit der Welt. Und ich finde es kennzeichnend, dass Durrell dann schließen kann: *Das ist die wahre Liebe.* Das muss so sein, solange wir alle mehr oder weniger ein Körper- und Selbstbild haben, das Shelleys Frankenstein angemessen ist. Aus dem Grund heißt es dann: *Sie ist vielmehr der Prototyp, die Ur-Liebesgeschichte, in den sie der Zufall – oder vielleicht die Vorsehung, wer weiß? – hineingestoßen hat. Die Liebesgeschichten unserer Zeit sind wie entwertete Zahlungsmittel, die zaghaften Investitionen von Bankrotteuren, die nichts zu bieten haben außer undokumentiertem Sperma, trivialer aggressiver Lust, wertlosem Zeug.*"

Möller zieht einen Flunsch und sagt: „Damit behaupten Sie doch, dass diese profane Säftelehre die Voraussetzung sei, wenn jemand in die Lage kommen soll, seine Welt zu ändern. Um nicht anderes geht es doch, als diesem Rilkeschen Imperativ Atem einzuhauchen: *Du musst Dein Leben ändern!* Mit Adolf Holl darf ich daran erinnern, dass in den Kellergewölben der Zivilisation der Hass, die Verachtung des Menschlichen, der Flirt mit der Vernichtung und die Verleugnung aufzufinden sind. An den Fundamenten der Heiligtümer finden Sie immer das teuflische – wir sollten also nie zu sehr in extremis gehen. Der Bereich der menschlichen Werte ist nur ein schmaler Mittelbezirk und alles was nach oben oder nach unten über die Grenze geht, kann mit ziemlicher Sicherheit gefährlich werden. Natürlich kenne ich das Argument, dass ich für eine künstliche Wattewelt argumentiere – aber wäre es nicht endlich an der Zeit, diese Zwischenwelt ordentlich auszubauen und zu begrenzen, dafür zu sorgen, dass wir wenigstens innerhalb eines solchermaßen kontrollierten Bereichs dazu kommen könnten, unsere Lebensaufgaben zu lösen?"

Bornhard nickt freundlich: „Das stimmt schon, Sie haben nur vergessen, aus welchem Stoff der Mensch gemacht ist. Denken Sie an die Affektenlehre, die Alten wussten noch, dass die Gefühle an einen heranwehten oder unterspülten – die Gefühle sind Außenwirkungen, die über uns kommen wie das Wetter..." Aber bevor sie ausarbeiten kann, was bei Böhme über die Affektenlehre zu finden ist, liest Albach das entsprechende Zitat vor: *„Keine Spur von orientalischen Kunststücken, aber eine umgedrehte Affekttechnik, die mir, uns beiden, völlig neu ist und brillante Resultate erzielt, und die er anscheinend für die natürlichste der Welt hält. Eine Weile lang dachte ich, wir würden einfach perfekt zusammenpassen, aber es ist mehr dran als nur das unverdiente unsere Aufmerksamkeit als Seelenklempner. ... vermutlich ist der Ursprung orientalisch oder indisch, aber es hat seine eigene wissenschaftliche Ratio. ... und da ist noch eine andere Sache, wenn man zusammen schläft und ehrlich an diese Art umgekehrte affektive Beziehung glaubt, führt das fast immer zu einem gleichzeitigen Orgasmus. Das Ganze ist auf Austausch aufgebaut. ... Aber für die meisten Menschen gibt es so eine Übereinstimmung, so eine Harmonie so ein Einklinken nicht. Sie vergewaltigen sich auf diese trostloseste Weise gegenseitig oder nutzen sich gegenseitig aus oder werden frühzeitig impotent, verlieren die Haare und gehen in die Politik."*

Albach lächelt verschmitzt und nuckelt an seiner Pfeife: „Die nächsten Sätze sind sicher nichts für zarte unbeleckte Ohren – obwohl Sie sich ja klar machen können, dass dies nur Metaphern sind, die von denen, die der Erfahrung unterworfen werden, im richtigen Augenblick übersetzt werden müssen. Aber ich halte sie für sehr wichtig, weil schon anhand des Widerstands, den jeder Normalverbraucher freisetzen wird, zu sehen ist, dass da mehr Wahres drin steckt, als die sprachlichen Metaphern beim ersten Hören verraten wollen. Also hören Sie zu und machen sich den Gedanken vielleicht ertragbarer, wenn Sie sich an meine Aktualisierung der alten Tugendlehren erinnern. Wir sind wieder in der Lage, bei der Ur-Liebesgeschichte zu beginnen und was könnte eine größere Chance sein! Lassen Sie sich die Formulierungen so lange auf der Zunge zergehen, bis Ihnen deutlich wird, dass das Thema des sozialen Todes und der Initiation eigentlich die Folie ist, auf die ein par wollüstige Wunschvorstellungen projiziert worden sind. Es ist eigentlich immer das gleiche! Die eigentliche Wahrheit hält der Mensch nicht aus, also muss er ihr über Umwege begegnen. Die Ernährungsgewohnheit dieses kleinen Tierchens ist tatsächlich nur eine Metapher oder die ganze Geschichte ein Mythos, mit denen an der ursprünglichen Wahrheit des Menschen immer wieder neu anzuknüpfen ist: Das er nicht zwei ist, sondern ein Drittes, das seinen Seinsbereich erst mit der Copula stiftet. Eine Metapher für eine Ethik der Beziehungsarbeit, für die Tugenden der Wahl, der Verantwortlichkeit und der Hingabe – denn es geht nicht ums Sperma, sondern um die Qualität der Zuwendung, um die körperliche Intensität des gegenseitigen Verstehens: *Du kannst die arme kleine Vagina mit einem Tierchen vergleichen, dass immer nach Nahrung giert. Das Sperma ernährt sie buchstäblich, es badet die Wände mit ihren Schleimhäuten, es durchdringt das gesamte Fleisch und die Psyche. Sogar der Atem riecht nach männlichem Sperma. Die Vagina stirbt allmählich an Erschöpfung, versagt vor Hunger; 100 Männer mit minderwertigem Sperma können sie nicht ernähren. Im gnostischen Sinne fehlt dem Sperma, dass nicht genug Sauerstoff hatte, die notwendige Nahrung, es ist dürftig dokumentiert, es mangelt ihm an Sauerstoff und Gedankenreichtum. ... Die Wände des Tierchens – oft sehr viel hübscher als der Mund seiner Besitzerin – geben einen kleinen, übersättigten Summton von sich, wenn das Sperma von guter Qualität oder, wie wir sagen, gut dokumentiert ist – ähnlich wie ein Bienenkorb oder ein kleiner Dynamo und wie eine schnurrende Katze. Die Möglichkeit, ein kräftiges Kind mit einem leb-*

haften Verstand und starker Sexualität zu produzieren, ist dann ge-
geben und in der Psyche beider Liebenden hochwillkommen.“
Bornhard nickt ihm zu und sagt: „Diese Zitate aus seiner Sicht hatte
ich auch schon vorbereitet. Und wenn Sie darauf hinweisen, dass es
nur Metaphern sind, kann ich das akzeptieren, die Metapher muss
eben durch die entsprechenden Erfahrungen eingekreist werden, bis
sie zum vollen Verständnis taugt. Und es ist sicher richtig, dass es im
Menschen das Bedürfnis nach einer Erfahrung der Einzigartigkeit
gibt, gerade weil die geschichtlichen und gesellschaftlichen Erfahrungen mit den Gesetzmäßigkeiten der großen Zahl keinen Platz dafür
lassen wollen – und damit ist die Einzigartigkeit auch an ein Ethos
der Wahl geknüpft. Im *Sebastian* finden Sie noch die komplementä-
ren Statements aus der Sicht der Frau: *Liebende, dachte sie, gehö-*
ren zu den gefährdeten Gattungen und brauchen Schutz, sie sollten
vielleicht in Reservaten gehalten werden wie Spezien vergessener,
ausgestorbener Kreaturen. Aber gab es irgend ein Glück, dass die-
sem gleichkam? Ohnmächtig-beseligt zu werden von den Küssen
des richtigen Partners, zu lieben und zu vergehen? Nichts zu ver-
geuden, sondern hauszuhalten – ein gefährliches Abenteuer in der
Tat, denn es verwandelte sich, noch während man es erlebte, und
dennoch gab es so viele Menschen, vielleicht die Mehrzahl, die ans
Ende eines Lebens der begrenzten Nützlichkeit kamen, nur um die
Tore dieser Art von Glück verriegelt und verschlossen zu finden, oh-
ne daran Schuld zu haben – das niederträchtige Schicksal. ... Und
dennoch, trotz aller Spannung war ihr Austausch im Innersten von
der ruhigen Sensualität des Verstehens erfüllt, dass nur diejenigen,
die das Glück haben, sich auf Tantra-Weise verheiratet zu fühlen,
empfinden können. Sie stimmten miteinander überein und brauchten
kein künstliches Luststimulans, um sich zu entflammen. Ihre Umar-
mungen waren gewogen wie Stoff. Wenn Sie nun beide Positionen
zusammensetzen und die metaphorischen Umschreibungen vergessen, sind Sie wirklich bei dem angelangt, was im letzten Jahrhundert
hin und wieder eingefordert wurde, ohne dass schon genau genug
angegeben werden konnte, wie bis dahin zu gelangen sei: Zu einer
Wissenschaft des Augenblicks, zur Freisetzung der Konstituentien
der Jetztzeit.“

„Moment, Moment! Das geht mir jetzt etwas zu schnell." Von Saggu haben wir eine Weile nichts mehr gehört, einige Zeit war sie hinter uns zurück geblieben und hatte wohl einen flotten Dreier bewundert. Aber jetzt ist sie wieder da und die Atempause, die den letzten Einsichten gegönnt sein sollte, macht sie sich zu nutze: „Ich würde gern noch einmal auf Klossowski zurück kommen. Wenn es heißt, dass das Böse oder die Sünde durch die Nachahmung der Götter in die Welt kam, dass der Dämon quasi mit einem Bein in der Welt der Begierden und mit dem anderen in der der Unendlichkeit steht, dass er erst die Teilhabe der ansonsten ungerührten Götter an der Welt der Menschen ermöglicht und dass es eine einfache Erklärung für jenes göttliche Moment in der menschlichen Geschichte gibt, so ist es die Besessenheit, die der Dämon vermittelt. Bei René Girard hatte es noch im Rahmen des christlichen Weltbilds geheißen: Der Teufel ist der Affe Gottes! Aber das Problem für Klossowski, der sich in einer geistigen Landschaft zwischen der griechischen Antike und der nordafrikanischen Gnosis situiert, ist nicht der Dämon, sondern die Leere und Unausgefülltheit im normalen menschlichen Ablauf – nicht viel anders als die Besessenheiten eines Leiris und von beiden hat Durrell wesentliche Anregungen mitgenommen. Und genau hier setzt unser Tugendapostel, was ich übrigens nicht erwartet hätte, doch an! Das Problem, dass der Durchschnittsmensch keine echten Besessenheiten zustande bringt und dann aufgrund der inneren Hohlheit irgendwelchen schwachsinnigen Selbstzerstörungen oder nach außen projizierten Zerstörungen der anderen gehorcht, als müsse die innere Leere und unendliche Verlassenheit dann stellvertretend an einem Opfer und Sündenbock abgefahren werden. Und genau da haben wir den Punkt, wo unsere Verantwortung anfängt. Wir sollen nämlich in die Lage versetzt werden, für eine Regelung des Verhältnisses der Generationen zu sorgen. Wir werden die sein, die für die nötige Dosierung der Besessenheiten zu sorgen haben.
An diesem Motivkomplex heben alle Fraglichkeiten an und damit es nicht heißt, ich habe mich nicht genügend mit dem Durrellschen Unternehmen auseinandergesetzt, versuche ich Ihnen nun zu zeigen, dass Durrell genau diese Schwierigkeiten vorausgesehen hat.

Beginnen wir mit dem Spiegelstadium, das für Lacan die schwierige Passage des Menschen durch die Illusion kennzeichnet, ein Ich zu haben, um dann im Durchlaufen der großen Kränkungen zu erfahren, dass es vielleicht gerade zu einem Selbst langt, das den Realitätsgehalt von Wolken besitzt und erst im Laufe eines langen Lebens zu spezifischen Gestalten gerinnt. Beim Schriftsteller, der als Figur Durrells zugleich mit einem von ihm selbst erfundenen Schriftsteller in Konkurrenz steht, bis manchmal nicht mehr klar ist, wer wen erfindet, heißt das so: *Angenommen, man schriebe ein Buch, in dem alle Charaktere allgegenwärtig wären, Gott wären? Was dann? Man müsste es in einer Todesstimmung schreiben, als würde man in der Früh vor ein Exekutionskommando gestellt. Aber genau das tut der Künstler! ... Indem ihm klar wurde, dass alle Wahrheiten gleich falsch waren, wurde er zu einer posthumen Person, sein Schatten schmolz dahin. Alle schattenlosen Menschen vervollkommnen sich in ihren Geistern! Das Kino im Kopf verfiel in Schweigen.* Und was wir hier noch als Kryptobuddhismus à la Adorno bezeichnen könnten, bekommt bei genauerer Hinsicht schon den Touch des irren Mimetikers. Vergessen Sie nicht, dass Klossowski einige der Manuskripte Walter Benjamins – von dem es mehrere Arbeiten über das mimetische Vermögen gibt – in der Bibliothèque National versteckt hat und dass Adorno, den man als ersten Schüler Benjamins bezeichnen könnte, im Paris der Dreißiger einige Vorträge von Leiris und Bataille gehört hat. So passt das alles zusammen, Klossowski ist ein Zeuge, im Sinne der Alten ein Märtyrer – und wenn es nicht mehr darum geht, die Gegenwart Gottes in der Welt zu bezeugen, dann doch immerhin den Intellektuellen als späten Vertreter jener schamanistischen Kraft der Weltaufschließung, von der alle späteren Weltbilder und Denksysteme noch zehren. Wollen wir das? Wollen wir in einer derartig hohen Verantwortung eingesperrt werden, um dann darüber zu entscheiden, was die Jungen für Wirklichkeit, für Traum, für Ernst und Unterhaltung halten sollen?

Dabei bezeugt der irre Mimetiker dann, was der Schriftsteller über den Umweg verschiedener dreiseitiger Spiegelprojektionen zustande bringt, ohne irgendeine Zensurinstanz, als sei die Welt ein mit Buchstaben verstelltes Bilderrätsel: *Haben Sie je über die verzwickte Fra-*

ge nachgedacht, z. B. Gott zu sein? nehmen Sie an, man sei Gott? Dann könnte man nicht anders handeln. Nehmen Sie mich – oh, nun hören Sie gut zu! Nehmen Sie mich. Ich bin ohne besondere Fähigkeiten oder Neigungen, ohne viel Verstand oder Schönheit geboren. Ich bin einfach da, mit einem Verstand so glatt wie ein Ei, aber ohne Zielsetzung, anscheinend zu nichts zu gebrauchen, und daher musste die Gesellschaft sich mit mir abfinden... O Gott, die Leere, sie führt direkt zu dem Zustand der Entfremdung, man spürt, dass man eine Art kosmischer Krüppel ist! Die bohrende Langeweile ist niederschmetternd. In meinem Fall jedoch führte sie zu einem Zustand der Gnade. Durch einen Zufall entdeckte ich eine sortie, einen Ausgang. ... Eines Abends bei einer Party war ich völlig spontan in ein künstliches Lachen ausgebrochen mit dem vagen Wunsch zu amüsieren. Das verlegene, hysterische Lachen eines Dienstmädchens. Es hatte einen derartig sofortigen Erfolg, dass es mich lebenslänglich als Imitator abgestempelt hat. ... Dann allmählich kamen die Stimmen hinzu, bald hatte ich ein ganzes Repertoire beisammen. Mir war, als sei ich zu einem Hotel geworden, wo in jedem Zimmer ein anderer Gast wohnt. ... Ich erkannte, dass ich sogar, wenn ich Theater spielte, auch vor mir Theater spielte. Wo war mein Ich geblieben? Mein Au-
ge? Und demgegenüber wieder der Schriftsteller, als würden sie sich gegenseitig kommentieren, der amorphe und in der Welt zerfließende Mimetiker und der zum Krüppel geschossene und in ein den notwendigen Halt gewährleistendes Korsett gesteckte Mann: *Und da stand er – der ungeeignetste aller Männer, ein Schriftsteller, der von dem zerstörten Turm seiner männlichen Selbstachtung aus beobachtete, wie seine Jugend sich in dem Schweigen mit diesen gefährlichen Mädchen neu konsolidierte. ... Sie war sein, und doch war sie nie wirklich vollständig da. Die Wirklichkeit, dünn wie die Haut auf der Milch, wurde ständig in Frage gestellt durch diese Störung der Konzentrationsschwäche, die durch Alkohol oder Tabak und andere, nicht spezifizierte Drogen verstärkt wurde. Beim Rasieren vor dem Badezimmerspiegel erkannte er, dass er sein Leben lang so getan hatte, als wäre er geistig gesund. Jetzt wusste er, sogar wenn er sie küsste, nicht, für welche Geistesverfassung er sich entscheiden sollte. Einen Gedanken mit anzuhören, der sich selbst dachte, auf das*

Flüstern einer Wahrheit zu horchen, die sich selbst formulierte – das war sein neuer Geisteszustand. ... Doch etwas Wichtiges war ihm widerfahren – auf einer mystischen Ebene, obwohl das eine etwas pompöse Ausdrucksweise ist, um das Eindringen einer primären Wirklichkeit in seine Sicht der Dinge zu beschreiben. ... Doch was er feststellte, war, dass von diesem Moment an nichts, was er tat, nichtig war. Es konnte schlecht sein oder gut oder einfach nur unangemessen oder nichtssagend, aber es trug seinen ganz persönlichen Stempel, wies seine Fingerabdrücke auf. Ich überlasse Ihnen die weiteren Folgerungen aus dieser Todesweisheit – wobei sicher nicht übersehen werden sollte, dass es verschiedene kulturspezifische Interpretationsanweisungen für dieses Nichts gibt. Zum Beispiel ist das Ideal des chinesischen Weisen die vollendete innere Leere!"

„Ich darf dazu ergänzen, dass bei Mircea Eliades *Der besessene Bibliothekar* eine ganz ähnliche Beschreibung eines Psychotikers zu finden ist, die uns noch näher an die Gesetzmäßigkeiten heran führt, über die wir gebieten sollten, wenn wir nicht Gefahr laufen wollen, dass uns das Experiment aus dem Ruder läuft. Gehen Sie auf die Seite 283 und die folgenden. Diese primäre Wirklichkeit, um die es dabei geht, ist das Nichts, das alles durchdringende, virulente Nichts und seltsamerweise führt sie direkt ins Zentrum der wirklichkeitsstiftenden Macht der Liebe.

Mein Geheimnis ist erschreckend: Ich bin leer, vollkommen verlassen; meine Leere ist unermesslich und vorherbestimmt. Aus diesem Grund konnte ich außergewöhnliche Ereignisse herbeiführen. ... Das, was ich schreibe, ist kein Tagebuch, aber alles, was ich bisher geschrieben habe, kann als autobiographisch gelten. Das ist eine fatale Folge der Leere. Ich habe immer geschrieben, um zu zeigen, wie ich andere über jene Unwirklichkeit meiner Taten in die Irre geführt habe, oder um jene achtzehn Nuancen (so viele konnte ich zählen) der Selbstdarstellung auszudrücken. Ich bin ein Meister des Bluffs, und ich konnte aufgrund meiner Struktur und dieser unverständlichen Leere sogar eine Metaphysik schaffen. ... Ich kenne keine Sünde; nichts kann mich aufhalten, wo kann ich mit meinen Sünden hin? Auch Erinnerungen habe ich keine. Ich erinnere mich an die Ereignisse meines Lebens, als würde ich mir die Seiten eines gelesenen Buches ins Gedächtnis rufen. Ich *spüre* nicht, dass ich dort bin. Ich spüre mich niemals, weder in der Vergangenheit noch in der Gegenwart. Das ist ein seltenes Privileg; zu leben ohne das Gedächtnis des Lebens... Ich bin weder amoralisch noch lasterhaft, weil ich weder das Laster noch die Tugend fühle und verstehe. Ich stehe in einem gewissen Sinne über ihnen, oder bescheidener gesagt, neben ihnen. Wenn ich unsterblich wäre, wäre ich Gott, Ich bin ruhig wie die Götter, eigentlich bin ich unermesslich, verfügbar, kalt und leer. Ich kann nicht lieben, und ich glaube nicht, dass es ein Verbrechen gibt, das mich einschüchtern könnte. Niemals bin ich ängstlich, ungeduldig, begeistert oder selbstgefällig gewesen. Kein einziger Instinkt der Humanität hat mich geprägt. ... Meine Leere ist der einzige Weg, der sicher zur vollkommenen, eisigen, ruhigen, losgelösten Freude führt, zum Spiel. Wenn man die Leere des Ganzen und die Konsistenz des eigenen Ich behauptet, ist das eine negative, pessimistische Haltung, eine kraftlose, metaphysische, endgültige Isolation. Die Leute sind traurig und inaktiv. ... Ich hingegen stehe zu meiner Leere, und das ist positiv, ist optimistisch. Ich kann überall eindringen, kann mir alles einverleiben. Ich stoße auf keinen Widerstand, ich habe weder einen Panzer noch eine Vergangenheit. Ich spiele mit ihnen und niemand kann mich umbringen. ... Ich bin die Zukunft der Humanität, ich lehne mich nicht gegen die Gesellschaft auf, ich predige nichts Besseres und hasse die wiedergeborene, nicht geschaffene Leere. Ich habe die Chance bekommen, die Semi-Solidität des modernen Bewusstseins zu transzendieren, Gott zu sein. ... Ein Ritual, durch das man die unsicherste Funktion unserer Spezies vergöttlicht, >>fixiert<<: den Sex. Die Aufhebung der Wollust, das habe ich versucht und verifiziert. ... Wollust, das heißt Selbstverlust (im metaphysischen Sinne durch die Gegenwart eines anderen neben dem Ich), Gewalt, Raub. Kein Sklave der Funktion zu sein und trotzdem nicht auf sie verzichten, das ist die simple Wahrheit des Geheimnisses, aus dem alle einen Detektivroman gemacht haben. Die Funktion nicht durch Askese, sondern durch ruhiges, konzentriertes Transzendieren beherrschen. Nicht ängstliches Verzichten, Kastration oder Moral, sondern Beherrschung. ... Transzendenz durch den Körper selbst, nicht durch seine Unterdrückung – ein altes Geheimnis, das niemand mehr praktiziert, gerade weil sich alle vor ihm fürchten.

Da haben Sie den Geist im Cyberspace, eine Ausprägung des Archivs, das sich verselbständigt hat, es ist nur komplementär zur Besessenheit des Bibliothekars, aber es ist ihm unendlich überlegen. Und wenn Sie daran denken, dass Eliade ein Religionswissenschaftler eines ganz besonderen Formats gewesen ist, muss es nicht verwundern, dass er einem Psychotiker einige der tiefsten Einsichten in den inneren Monolog legt. Ich denke auch, dass es immer eine Sache der angelegten Wertmaßstäbe ist, ob der Psychotiker an der Grenze hinter der Geisteskrankheit situiert wird oder im Zentrum der Schöpfung. Es ist also gar nicht einzusehen, dass hier bereits der Stab über die Psychotikerin gebrochen werden sollte – auch wenn ich zugestehe, dass mit der richtigen Rhetorik alles zu vertreten ist und die einzelnen Werte keine letzte Begründung finden können. Aber eines steht auf jeden Fall fest: Wenn es keinen absoluten Wert gibt, so auf jeden Fall eine individuelle Haltung, durch die Werte überhaupt erst möglich werden – und das ist die Voraussetzung der gegenseitigen Anerkennung. So gesehen gibt es ein Argument, mit dem wir den Psychotiker in seine Einsamkeit zurückstoßen, mit dem wir ihn erledigen können. Denn für ihn oder sie – und ich unterscheide bei diesem rotierenden Nichts nicht mehr zwischen männlich und weiblich, weil es selbst zu dieser Unterscheidung nicht mehr in der Lage ist – ist eine Anerkennung des Anderen, seiner Existenzberechtigung, seiner Wünsche und Erwartungen, gar nicht möglich. Und doch können wir einiges von den an solchen Randfiguren gewonnenen Erkenntnissen verwenden. Ich hätte auch ganz gern gesehen, wenn der eine oder die andere akzeptieren würde, dass der Weg der tantrischen Mythen wesentlich besser erforscht worden ist, als es heute zugestanden werden kann."

Merk hat Saggu sehr aufmerksam zugehört, während er versuchte, Bornhard zu ignorieren und nun redet er dazwischen: „Bei Durrell habe ich immer wieder das Gefühl, als habe er sich die Aufgabe gestellt, die Erfahrung der Psychose, den anomischen Zustand, in dem es der Merkwelt nicht mehr gelingt, die notwendigen Buchstaben zu Passwörtern zusammen zu setzen und den richtigen Kästchen in der Welt zuzuordnen, durch die Vorstellung weit gespreizter rosa Mösen in Schach zu halten. In dieser Spannung vibrieren seine Texte, zum einen jener satanisch-pornographische Zug des Wissen-Wollens, der Suche nach den letzten Dingen und zum anderen jene fast messianische Aufladung der geschlechtlichen Erfahrung – und ich denke, dass wir damit nur zwei Seiten der Psychose präsentiert bekommen, aber keinerlei Form, keine Eindämmung als notwendiges Korrektiv zur Verfügung gestellt wird."

„Dann sollte aber nicht übersehen werden," wirft Bornhard ein, „wie uns Eliade die Götter präsentiert. Auf der Seite 292 heißt es zum Beispiel einmal ganz charakteristisch, dass die Götter weder Symbole, noch die barbarischen Überbleibsel einer weit zurück liegenden Vergangenheit sind. Sondern dass sie sich heute wie schon immer als energiegeladene, magnetische, klare und blendende Körper realisieren. Das sollten wir hinbekommen, wenn wir auf eine pädagogische Versuchsanordnung stoßen, die dieses Ergebnis zustande bringen kann, haben wir schon das Wichtigste erreicht!"

„Genau so sehe ich das auch," erwidert Saggu. „Allerdings mit etwas anderen Voraussetzungen. Ich darf auch daran erinnern, dass eine der Wunschvorstellungen asiatischer Weisheitslehren die vollendete innere Leere war – und wenn Sie die Leute genauer ansehen, die sich unerbittlich der Macht gewidmet haben und zwar ohne Ausweichbewegungen in andere Gefilde, stellen Sie fest, dass diese Leute auf die Dauer am nahesten an die Leere heran kommen. Das ist eine ganz seltsame Abart des prometheischen Unternehmens, natürlich zeitbedingt, der Untergang des Abendlandes liegt schon hinter Durrell und die Erfahrung einer neuen Barbarei ist noch nicht überstanden, wenn jemand den Wahnsinn mit dem Wahnsinn austreiben möchte und die Nacht durch die Dunkelheit vertrieben werden soll. Das ist nichts für mich, und wenn ich dann daran denke, dass diese Versuchsanordnung hier ganz konkret nachgebaut werden soll, dass wir die Rolle des durch einen künstlichen Halt aufrecht gehaltenen Schriftstellers abzugeben haben, denke ich, dass es sinnvoller ist, wenn ich mit dem nächsten Flieger wieder verschwinde. Oder wollen Sie sich damit abfinden, hier die Krüppel zu spielen?"

Das ist jetzt eine überraschende Wendung. Aber ich glaube ihr nicht! Eher geht es gerade darum, ein wenig mehr an Zuwendung zu erpressen, und genau so reagieren die anderen auch. Und außerdem untersteht das ganz klar der Technik des Zerredens: Diese Leute brauchen den Krüppel nicht zu spielen, sie sind alle mehr oder weniger verstümmelt. Ich sehe an mir, dass die literarische Reproduktion und die Überhöhung der Erotik dann zunehmen, wenn der reale Vollzug nachlässt. Im Endeffekt läuft es darauf hinaus, dass im Symbolischen an einem Geschehen partizipiert wird, das im Realen verloren gegangen ist. Das ist vergleichbar der allmählichen Verfertigung der Gedanken beim Reden: Wenn es echt ist, klingt es tastend, stolpernd, ratternd und unsicher – aber wenn die Sachen dann mit viel Zeit und noch mehr Hilfsmitteln auf dem Papier ausformuliert werden, soll niemand mehr die Fraglichkeit, die Unsicherheit bemerken können. Das, was als Bezug auf das Echte deutlich werden könnte, wird so schnell wie möglich eliminiert. Das Echte ist vielleicht das Stolpern, verbunden mit der Erfahrung, dass es nie so glatt und fließend hinzubekommen ist, wie es dann auf dem Papier oder dem Bildschirm als synthetisches Fertigprodukt präsentiert werden kann.

Aber einen Gedanken sollte ich nicht aus den Augen verlieren. Es gibt nicht nur das Nachahmen, es gibt auch das Vorahmen und manchmal wird in ganz hinterhältiger Form Macht ausgeübt. Wenn jemandem suggeriert wird, er/sie werde nachgeahmt, weil eine derartige Faszination von ihr oder ihm ausgehe – und es irgendeinen Punkt des Umschlags gibt, an dem sich das Original auf einmal als die Nachahmung erweist. Vielleicht hat er oder sie schon geraume Zeit, genarrt durch die eigene Eitelkeit, auf ein Bild von sich gestarrt und versucht, ihm ähnlich zu werden, obwohl es mit den eigenen Vorgaben, dem mitgebrachten Fundus an Selbsterfahrungen schon eine Weile nichts mehr gemein hatte. Als ich in diese Lage versetzt werden sollte, als mir unangenehm auffiel, dass mein Äußeres und meine Sprechweise kopiert wurden, hatte ich nur den Ausweg gewusst, alles abzulegen und auf den Sperrmüll zu befördern, was mir mehr oder weniger wichtig gewesen war. Wenn ein Duplikat meiner von Indiofingern ohne Nadeln gestrickten Jacke aus den Anden plötzlich bei einem Prof auftauchte, konnte ich sie nur noch wegschmeißen und wenn meine Zitatgeber plötzlich im Seminar konsensbildend wurden, konnte ich nur noch verstummen. Es gibt auch in den intellektuellen Feldern eine Form der schleichenden Enteignung, als müsse mit Bedacht aber zugleich mit aller Macht darauf geachtet werden, dass der Nachwuchs die vorgegebenen Themen und vor allem ihre Abgrenzungen und Erkenntnistabus zu beachten hatte. Und genau so ein Spiel fand hier auf höchster Ebene noch einmal statt. Es gab Rivalitäten, Bundesgenossenschaften, Versuche der gegenseitigen Ausgrenzung – aber vor allem die verschiedenen Techniken der Vereinnahmung: Vom Flirt aus Angstbewältigung bis zur feindlichen Übernahme aus arroganter Überheblichkeit. Nur eines durfte nicht geschehen. Das, was ich gemacht hatte, dass sich jemand einfach verabschiedete, dass er oder sie es nicht dabei bewenden ließ, zu beteuern, er spiele unter diesen Bedingungen nicht mehr mit, sondern sich einfach verabschiedete, ohne Begründung, ohne Aufwand – das schlimmste war natürlich, wenn diese Krüppel auf der Negation hängen blieben, die sie von langer Hand vorbereitet hatten und die nun, in Ermanglung ihres Empfängers an den Absender returniert wurde. Annahme verweigert, zurück an die Absender der Perversion – und genau davor mussten diese perversen Arschlöcher versuchen, sich zu schützen.

„Wieso denn? Was wollen Sie denn, Sie sind doch ganz nah dran, noch genauer kann frau das Feld gar nicht umreißen, auf dem die Wege zu einer neuen Schule der Liebe hinführen. Oder noch besser: An diesen Spiegelphänomenen wird doch vor allem deutlich, das die Konstitution des Subjekts auf weiblichen Prämissen beruht, dass alles, was über die starre Maske hinaus geht, alles was zum Ausdruck findet, den weiblichen Umweg über die Erfahrung am anderen gehen muss", versucht Bornhard zu beschwichtigen. Und auch unser Begleiter nickt sehr freundlich aufmunternd. Er wendet sich direkt an Saggu und sagt: „Sie haben den wichtigen Ansatz bereits genannt. Deutlich wird vielleicht anhand des Selbsterfahrungsprogramms des Schriftstellers, der schreiben muss, weil er als Liebender scheitert, wie wir vorgehen können. So sollte darauf gesehen werden, wie wir die Wahrnehmungsweisen der Liebe mit den Früchten dieses Scheiterns verbinden können – anscheinend ist die Optik des Todes hier die beste Propädeutik. Und tatsächlich steht die Schule der Liebe in einer strengen Funktion: Hier soll gelernt werden, wie man Energien akkumuliert, das Fest der Verschwendung hat dafür zu sorgen, dass dies in überzeugender Weise gelingt. Keine Askese, aber die Lust im Dienste des Erfolgs. Die Lust kann kein Selbstzweck sein, aber selt-

samerweise führt sie um so weiter, um so mehr sie um ihrer selbst
willen gepflegt wird, hinter der Evidenz des körperlichen Geschehens
ist keine Rhetorik und keine Logik der Argumentation verborgen und
dennoch ist mit dem Nachhall der Ekstasen eine Überzeugungskraft
verbunden, wie sie wirksamer gar nicht sein könnte. Damit ist auch
zu klären, wie die Leute dazu zu bringen sind, dass sie sich der Disziplin eines Arbeitsalltags unterwerfen und nicht einfach die Tage im
Bett verbummeln – die postkoitale Ernüchterung stellt sich schließlich
immer dann ein, wenn man/frau mehr erwartet hatte oder anderes,
als im Augenblick überhaupt zu erlangen ist. Anders dagegen unsere
Erfahrung, dass aus dem Actus Purus so viel Intensität herausgekitzelt wird, dass danach erst einmal Ruhe sein muss, dass ange-
strengte Arbeit oder aufreibender Stress wieder dafür sorgen werden
oder können, dass das Spannungslevel eine Schwelle erreicht, von
der an dann wieder ein Feuerwerk ganz gut tut. Auch dafür könnte
das Bild eines Schnellen Brüters stehen: Dass während der Erzeugung der Energie neues Brennmaterial nachproduziert wird – das
geht nur in diesem Rahmen, der aus der rhetorischen Unschlagbarkeit einer Befindlichkeit des wunschlosen Ausklingens Umsätze her-
vorzaubert und zwar auf dem obersten Niveau.
Beachten Sie das durchaus alltägliche Gegenstück der postkoitalen
Frustration und der damit verbundenen Kompensation, sich durch
Geld und Macht therapieren zu müssen. Die Unbefriedigtheit und die
Geilheitsdressuren gehen tatsächlich in einem manipulativen Rahmen zusammen, in dem die Fremdbestimmung nur darauf hinausläuft, dass das, was der/die einem anbietet, mal abgesehen davon,
dass nur so getan wird als ob, denn tatsächlich verfügt sie/er gar
nicht über das, was er/sie vorgibt zu haben und noch dazu, das ist
der Gipfel der Verführung, ist es etwas, was der/die andere gar nicht
haben will: Dann haben wir es tatsächlich mit dem pervertierten Gesetz des symbolischen Tausches zu tun – wie es entsteht, wenn
Tauschwert und Gebrauchswert auseinander gerissen werden und
schließlich behauptet wird, der Gebrauchswert beruhe immer nur auf
einer Illusion. Wenn der symbolische Tausch nicht mehr aufgeht und
Reste produziert werden, die zum Kapital akkumuliert oder gestaut
werden zur Fehlleistung oder Neurose. In den Worten Lacans gibt es

aus diesem Grund kein Verhältnis der Geschlechter; das Ich-hab-das-was-du-brauchst beruht immer auf einer doppelten Verstellung. Die Frau signalisiert: begehre mich, ich bin das, was du suchst und sie sucht in ihm den Erzeuger, sprich das Kind – und der Mann verspricht: Wenn du mich lässt, bist du alle Frauen für mich und er hat noch nicht richtig angefangen, da ist er schon auf der Suche nach allen anderen, denn die eine ist immer nur Nicht-alle. Diese Vergeblichkeiten sind bei Durrell anhand der idealisierenden Darstellung des Handwerks des Schreibens zu charakterisieren und mit Hilfe einiger einfacher Unterscheidungen Friedrich Kittlers zum Themenkomplex Schreiben-Zeugen-Töten finden wir auch zu den Notausgängen aus diesem Nichtverhältnis.

Albach unterstreicht: „Dann können wir gleich mit *Monsieur* beginnen. Es ist dieser Versuch, im Nachhinein, wenn die Vergeblichkeit schon feststeht, auf dem Papier eine Form der gegenseitigen Durchdringung zu simulieren, die im Leben eben nur verfehlt werden konnte. Aber unterschätzen wir auf keinen Fall diese Form des Surrogats. Wenn da mit der richtigen Geschwindigkeit nur eine Ecke früher abgebogen wird, sieht die Sache vielleicht ganz anders aus. *Den ganzen verschneiten Tag über sprach Blanford mit seiner Schöpfung. Er versuchte sich zu erklären, seine Gefühle und Gedanken zu rechtfertigen. Es war ein Versuch, alles zusammenzufassen – aus der Sicht des Todes.* Und selbst über das Verhältnis der Generationen finden wir hier schon den grundlegenden Angelpunkt: *Das Ende des Todes ist der Beginn der Sexualität und umgekehrt. Kinder sind abstrakte Spielzeuge, Verkörperungen der Liebe, Modelle der Zeit, Versicherungen gegen die Leere.* Und dabei noch einmal zusammenfassen, aus der Sicht beider Geschlechter, wie sich das Reale der Körper und das Imaginäre der Sehnsüchte am liebsten in einem groß angelegten Betrug zu arrangieren wissen: *Das ist das Schreckliche, dachte sie, Liebe ist wirklich ein mechanischer Zustand! Vom medizinischen Standpunkt aus gesehen kam er einer Geisteskrankheit gleich. Sie erinnerte sich, dass er ihr vor langer Zeit einmal gesagt hatte: Constance! Wollen wir uns nicht ineinander verlieben und eine Enttäuschung von Kindern produzieren? Gleichzeitig fielen ihr Worte von Max ein. Jede Frau ist eine Ein-Mann-Frau und für jeden Mann gilt das gleiche. Daher all die Schwierigkeiten, denn ein beliebiger irgendjemand genügt nicht – es muss der er oder die sie aus dem Märchen sein.* Und in diesem Zusammenhang darf ich noch einmal auf Huxleys Mystizismus zurückkommen, die *Regel der Vollkommenheit*, auf die er sich in den verschiedensten Zusammenhängen bezieht, die vorhin schon genannte *Abtötung des alten Adam*, was ist das anderes als eine altertümliche Formulierung für unsere aktuelle Forderung des Ich-Todes. Und ist nicht die Liebe eine der ursprünglichsten Erfahrungen, über sich hinaus zu gehen, das Ich zu transzendieren? *Sie dachte: lehrreich, verwundet zu werden – mehr kann man von der Liebe nicht erwarten. Wie naiv wir waren! Ich sehe das jetzt nur zu deutlich. Einige irren schwer vor sich hin, andere stimmen harmonisch überein, aber wir in unserer Ehe, wir waren blind vor Wonne. Was für ein Glück! Aber es ist schwierig, nach einem so vernichtenden Schlag wieder auf die Beine zu kommen. ... Sie dachte: aufzuwachen eines Morgens mit der Vision des absolut Guten! Wie würde man sich fühlen?* Und, ist das nicht genau das, was wir insgeheim immer von der Liebe erwartet haben. Aufzuwachen und zu sehen, wie sich die Welt unter unserem Blick verwandelt?"

Bornhard unterstreicht: „Aus diesem Grund lautet die zynisch resignierende Zusammenfassung für den Krüppel im Rollstuhl, der schon im Namen das Weiße Licht des *Tibetanischen Totenbuchs* führt: *Das neue Sexualmodell wird sich den Tod irgendwie als zentrale Erfahrung einverleiben. Die Liebenden werden mit dem Bauch nach oben an die Oberfläche treiben, Tod vor Erschöpfung.* Das Schreiben und das Zeugen und das Totschießen haben eines gemeinsam nach Lichtenberg, sie geschehen vermittels Röhren. Eine frühe Ahnung der Potenz des Dazwischen! Und es ist kennzeichnend, dass wir die Protagonisten, die sich der Erfahrung des Sexus mit allen Konsequenzen aussetzen, nur als Scheiternde kennen lernen, verstümmelt und zerfetzt, traumatisiert oder resigniert – und dann führt Durrell, um die Condition humaine zu kennzeichnen, zwei Schriftsteller vor, die sich gegenseitig beschreiben und von denen einer immer das Produkt des anderen sein kann, als müssten sie sich noch einmal am Problem des Affen des Schöpfers abarbeiten. Und den Schöpfungen der beiden Schriftsteller verdanken wir dann unser Wissen über die

Möglichkeiten des Menschlichen – ich wüsste keine klarere und auch bezeichnendere Darstellung des pädagogischen Unternehmens. Vergessen Sie nicht, dieser Schriftsteller bemüht sich vor allen Dingen als Pädagoge, er will dem Lesepublikum vermitteln, was ihm bisher nicht zu vermitteln war. Und gerade deswegen meine ich, dass wir auch anders vorgehen können. Ganz ähnlich wie es vorhin hieß, dass Constanze beim Ficken Muskeln zu spüren begann, die sie nicht gekannt hatte und sie nun in ihre bewusste Inbesitznahme überführte, heißt es, und die Parallele ist gewollt, selbst das Glücksgefühl ist wieder genannt, von diesem Schriftsteller: *Er fühlte wie die Verlockung der Sprache sich in ihm regte, sowie sich ein durch lange Nichtbenutzung verkrampfter Muskel streckt. Er wusste nicht, wie er dieses Glücksgefühl im Zaum halten, noch was er mit ihm anfangen sollte. ... Er versuchte, mit den Augen die sehr reale Verzauberung, die es verändert hatte, zu durchdringen, und er erkannte, dass es nicht Livia war, sondern sein eigenes verklärtes Bild von ihr – die Spiegelung einer Liebe. ... Er lächelte sie an, aber ganz plötzlich schien er mit einem Ruck aufzuwachen und sagte sich: sie lügt so selbstverständlich, wie sie atmete – in allem.* Und genau an diesem Punkt, wir finden ihn übrigens bei beiden Geschlechtern, wo die Lüge offensichtlich ist und die Verleugnung dann versucht, die ganze Welt der Wahrnehmung zu überschwemmen, müssen wir ansetzen, denn hier haust ein Glücksgefühl der Erkenntnis. Wie oft heißt es, dass das Erkennen nur unter Schmerzen möglich sei, dass die Wahrheit dazu neige, dass Subjekt auszulöschen. Aber das ist nicht alles – in den seltenen Augenblicken des Sinnenbewusstseins gibt es den Punkt, an dem mit Erleichterung, mit einem freudigen Auflachen auf einmal bewusst wird, dass alle die vorgegebenen Wahrheiten und Zwänge des Sein-Sollens nur haltlos sind und auf Simulationen beruhen. Nur an dieser Stelle ist das möglich, in der restlichen Welt finden sie nicht einmal mehr eine Spur davon, da ist alles von der einvernehmlichen Lebenslüge verdeckt und zugeschüttet, die um ihr Versagen wissen und nicht einmal auf die Idee kommen, etwas gegen das Versagen zu unternehmen. Sie sind nur in der Lage, sich darauf zu einigen, den anderen eine gemeinsame Lüge vorzuspielen, oft auf Kosten der letzten Reste Ihrer Selbstheilungskräfte. Genau hier können wir die kategorialen Verbindungselemente bloßlegen und der ganzen Geschichte ein anderes Effet verleihen. Ursprünglich ist das Verhältnis der Geschlechter nämlich nicht nichts, sondern geregelt durch den identifikatorischen Rahmen mit der Mutter – und da gebe ich Ihnen Recht!" Sie lächelt Möller an und spricht dann weiter: „Nur wenn die Bindung an die Mutter unerkannt weiter wuchert, kommen wir irgendwann an den Punkt, an dem es laut Lacan kein Verhältnis der Geschlechter gibt. Ich würde sagen: keines mehr gibt! Denn tatsächlich ist das ein Entwicklungsprozess, beziehungsweise das Resultat der Unterbindung einer Entwicklung, wenn es erst so weit ist. *Von der Fortdauer der Verzweiflung, der Widerspenstigkeit der Sprache, der Unerforschlichkeit der Kunst, der Schalheit der menschlichen Liebe. Livia und Constanze, die zwei Geschichten? Vertauschte Köpfe! Die zwei Gesichter. Sehen Sie, der männliche Homo liebt seine Mutter, die weibliche Homa hasst die ihre unver-*söhnlich. Und das ist eine Wahrheit aus dem Quartier Lacan, erzähle mir keiner, dass Durrell dort nicht die wichtigsten Argumentationen seiner Geschichte gefunden hat. Wobei es eigentlich schon eine Binsenweisheit der Populärpsychologie ist, dass der Mensch in seinem erwachsenen Leben, sei es in der Lust, sei es im Versagen, immer nur versucht zu wiederholen, was die Gewalt jener ersten affektiven und psychischen Bindung ausmachte. Alle Formen der Selbstzerstörung, ob Spieler, Süchtige, Workaholics, werden im gestörten Selbstbezug der Mütter geprägt, nicht weniger als der Größenwahn, die Hingabefähigkeit oder die Gabe, Grenzen zu überschreiten."

Wenn ich das Thema weiterdenke, dann habe ich aufgrund meiner Verführung in dir den Mann gesucht, mit dem du dich identifiziert hast und dein Schema der phallischen Frau war von den mädchenhaften Äußerungen meiner Selbstdarstellung verführt worden. Aber warum auch nicht, ich hatte recht schnell gelernt, dass eine durchschnittliche Frau nicht dazu in der Lage war, mir einen hochzubringen und weil ich auch kapiert hatte, wie langweilig und oberflächlich Schwule waren, hatte für eine Objektbeziehung nichts mehr zur Verfügung gestanden – bis ich eben in die Machtkämpfe verstrickt wurde, in denen du versuchtest zu beweisen, dass du der bessere Mann seiest, während ich nicht genug von der Schönheit und Abenteuerlichkeit deines

Körpers bekommen konnte. Und der stand immerhin zielorientiert zur Verfügung, denn die Versuche, mich zum Scheitern zu bringen oder zur Aufgabe und zum verzweifeln zu zwingen, fanden auf einer anderen Ebene statt.

Wie ich dachte, ist Saggu plötzlich wieder bei der Sache. Sie hat also wirklich noch nicht resigniert, sondern nur auf das richtige Stichwort gewartet. „Ich darf aus *Constanze* zitieren: *Doch in seiner derzeitigen Verfassung war es Livia, die diesen Gedanken provozierte, den zu verstehen man ein Alchimist hätte sein müssen. Was er an ihr liebte, war ihr Wasser – wie bei einem Edelstein. Denn was man im Grunde genommen an einer Frau liebt, ist nicht die stoffliche Hülle, die sie umgibt, sondern ihre Signatur.* Das ist doch eine jener esoterischen Spielereien, an denen am leichtesten zu zeigen ist, wie die aus dem Mangel resultierende übertriebene Beschäftigung mit dem Sexuellen erst jene Kräfte freisetzt, die einen dann bis in den Okkultismus hetzen. Der ganze Ansatz ist irrational und heillos."

Albach beugt sich vor und macht eine Bewegung als wolle er vor ihr den Hut ziehen. Manchmal kommt es mir so vor, als erfordere die Logik dieser Kommunikationsgemeinschaft, dass sie sich in Argumenten so rigoros wie möglich bekämpfen, um in allen persönlichen Signalen gleich wieder zurück zu nehmen, was sie von einander entfernen könnte. Sie sind darauf angewiesen, miteinander streiten zu dürfen. Das schlimmste ist, eine/r spielt nicht mehr mit und erklärt den verbalen Schaukampf für beendet, weil er überflüssig und sinnlos ist. Und deswegen sagt Albach nun: „Oh, das ist wichtig! Ich glaube aber nicht, dass Sie die esoterischen Absonderlichkeiten verteufeln sollten, denn sie bieten nur die Folie, auf der dann ein ganz realistisches Unterfangen in Angriff genommen wird. Das Wasser ist die Metapher für die Einsicht: Alles fließt! Die Liebe und der Tod sind nicht nur auf einer vergleichbaren Ranghöhe der Fremdheit einzustufen, sie tauschen in bestimmten Augenblicken auch die Plätze: Es gibt die Liebe, die den Tod gibt, es gibt den kleinen Tod und es gibt den Tod, der die Liebe unsterblich macht und es gibt die Liebe, die den Tod in ihren Produkten überwindet. Aus diesem Grund heißt es in diesem Zusammenhang: Sogar die Vorstellung vom Tod verschafft ihm eine geheime Lust – er war überwunden! Diese ganze absurde und rätselhafte Angelegenheit war ausgelöst worden durch ein harmloses Gespräch, bei dem das Mädchen gesagt hatte: es kommt ihnen vielleicht völlig verrückt vor, aber schon in meiner frühen Jugend habe ich mir so etwas wie eine Aufgabe gestellt. Ich versuchte, nur das zu wollen, was geschah, und mich ohne Bedauern von Dingen zu trennen. Das stellte mich sozusagen mit dem Tod auf eine Stufe – ich erkannte, dass es ihn nicht gab. Ich spürte, dass ich begonnen hatte, am Unvermeidlichen teilzuhaben. Da wusste ich plötzlich, was Glück ist. Ich begann in einer wunderbaren Parenthese zu leben. ... Ein übergroßer Durst nach dem Guten ist eine gefährliche Sache und sollte gehindert werden. Ich suchte nicht nach einem Ethos, sondern nach der mathematischen Kurve vollkommener Freiheit, befrachtet mit Wahrheit – wie bestürzend auch die reine Wahrheit sein mochte! Ich war ein Alchimist, ohne es zu wissen."

Bornhard nickt eifrig und sagt: „Genau das habe ich gesagt. Aus der Sicht eines stillgestellten Krüppels läuft es genau darauf hinaus, die Stillstellung zu rechtfertigen und bei allem, was er sich einfallen lässt, bei den ansprechendsten theoretischen Purzelbäumen, sollte man nie vergessen, dass er damit weiterleben muss, eine von den Gespenstern der Erinnerung an die Lebendigkeit vergangener Hoffnungen heimgesuchte Ruine zu sein. Ich würde Durrell nicht unterschätzen. Wenn er gewisse Thesen, die im Quartier Lacan als klingende Münze umliefen, diesem Krüppel, der eben nicht weise ist, in die Feder diktiert, ist das auch ein Akt der Distanz, eine Form der kritischen Hinterfragung – er kennzeichnet damit auch den bürgerlichen Intellektuellen und seinen Nachfahren im Bildungsbeamten in ihrer Unfähigkeit, das eigene Wissen umzusetzen. Und wenn es dann heißt: *Er war jedoch schon reif genug, um sich zu sagen, dass die genitalurinale Phase der europäischen Literatur schnell zu Ende ging, und er erkannte die aufkommende Impotenz, die dieses Ende ankündigte. Bald würde der Sex als Thema vollständig erörtert sein. Sogar der Akt liegt im Sterben... und bald würde er so reizlos sein wie das Federballspiel. Eine Zeitlang mag der Film ihn noch als Scheinakt konservieren – so unfreiwillig wie ein Niesen oder einen Schluckauf: eine Scheinvergewaltigung, bei der das gleichgültige Opfer einen Apfel kaut.* Erinnert das nicht stark an die Klage über das Schwinden der Sinne, an die Auswanderung des Sexuellen aus den Körpern in die

Massenmedien? Haben wir es mit solchen Thesen nicht einfach nur mit Spiegelfechtereien zu tun? Ich meine, dass Durrell das nahe legt, und damit ist er wesentlich weiter, als manche kritischen Kulturkonservativen, die tatsächlich nur den Anschluss an die technische Entwicklung der multimedialen Welt verpasst haben. Der Sexus ist nicht verschwunden, er hat sich nur in andere Felder verlagert und an der Not der Heranwachsenden, an den Sex-Hotlines und erotischen Chaträumen, an der milliardenschweren Pornoindustrie sehen sie vor allem, dass das Begehren ein Proteus ist – es ist keinen Deut weniger geworden, viel eher könnte man annehmen, dass das Begehren als biomagnetisches Feld mit dem Anwachsen der Erdbevölkerung zunimmt. Aus der Primatenforschung wissen wir, dass der Sexus ein Bindemittel der Gemeinschaft ist, der vor allem dafür zu sorgen hat, dass Spannungen nicht in Aggressionen umkippen, sondern in lustvollen Reibungsenergien abgefahren werden. Ich meine also, dass es noch nie so viel erotische Energie in der Welt gab, wie in unseren Zeiten. Daraus ist die einfache Schlussfolgerung abzuleiten, dass sie verwendet werden will, dass sie genutzt werden muss."

Albach sekundiert: „Ich darf daran erinnern, dass der Humor, als eine Vorschule der Weisheit, mit der Säftelehre mindestens so viel zu tun hat wie mit der Erotik. Und dass die frühgeschichtlichen Formen des Begreifens mit der Darstellung der Geschlechtsteile begannen, denken Sie an die ganz alten Höhlenmalereien und dass diese Form des Erkennens noch im biblischen Sprachgebrauch überdauerte. Es handelt sich um das Nachklingen einer ursprünglichen Einheit, sei es mit der Natur, sei es mit dem anderen. Eine Einheit, die möglich war, solange noch keine abgegrenzten Inmichs alle Kraft in der Abgrenzung und Behauptung des Selbst investierten – und die uns heute noch in der anderen Zeiterfahrung der unbewussten Prozesse, der Liebe, der Kunst erahnbar werden. Jene Prozesse, die Freund als Traumarbeit, als Witzarbeit, umrissen und nachgezeichnet hat, führen doch nur vor, dass alles mit allem zusammengehört, dass eine enorme Energie freigesetzt wird, wenn die divergentesten kulturellen Einheiten für einen Augenblick zu einer Einheit verschmelzen. Paul Valéry hat einmal die Liebe unter die ozeanischen Erfahrungsformen gerechnet und damit beschrieben als „die Tätigkeit, bei der mein

Körper sich ganz in Zeichen und Kräfte verwandelt, wie eine Hand sich öffnet und schließt, spricht und handelt. ... Mein Körper wird das unmittelbare Werkzeug des Geistes und dabei der Urheber aller seiner Gedanken. Alles erhellt sich in mir. Ich verstehe bis ins letzte, was die Liebe sein könnte. Übermaß an Wirklichem! Die Liebkosungen sind Erkenntnis. Die Gebärden der Liebenden wären die Vorbilder für Werke." Dass Zeichen und Kräfte auf derselben Ebene zu finden sind und dieser Rausch der Verwandlungen auf den Körper zurückgebunden ist, das finde ich eine sehr treffende Kennzeichnung. Und so ist es ganz stimmig, wenn er an anderer Stelle festhält: „Man weiß nie, mit wem man schläft." Tatsächlich sind immer mindestens sechs Personen präsent und mit ihnen, in verkürzter Form, die mythischen Gewalten, die einmal das menschliche Zusammenleben geprägt haben.

Ich darf hier einmal den Terminus unseres jungen Freundes zitieren: Das sind die Wirkungsweisen eines schnellen Brüters, aus diesem Grund wird die Energie freigesetzt, die bis dahin von den Bindungskräften absorbiert gewesen ist. Und genau von diesem Bezug zwischen Witz und Geschlecht geht bereits Durrell aus – *Er dachte: unwesentliche Wirklichkeiten zu vermengen und zu vermischen – das ist der Witz! Uns stehen nur so wenige Möglichkeiten offen: einige Varianten des menschlichen Körpers, einige Gemüts- oder Charakteranlagen, einige begrenzte Verhaltensskalen, so beschränkt wie christliche Vornamen. Wie viele Schichten von Wirklichkeit braucht man, um die Befürchtungen mit einer netten, sauberen Oberfläche zu bedecken? Jeder von uns besteht in Fragmenten des anderen, jeder hat ein bisschen von allem in seiner Natur. Von dem absoluten Standpunkt aus gesehen – sagen wir Aristoteles Fünfter Substanz – sind alle Personen dieselbe Person, und alle Situationen sind identisch oder weit gehend gleichartig. Das Universum muss sich zu Tode langweilen. Und dennoch träume ich immer wieder von einem Buch, das prall gefüllt ist mit ganz verschiedenen Charakteren, mit Ahnen und Nachkommen, alle durcheinander gemischt – könnten solche Leute aus ihren gegenseitigen Leben heraus und wieder hinein marschieren, ohne ihre Wesenheit zu verletzen?* Was wollen Sie noch, im Humor und in der Psychose sehen wir laut Bateson dieselben formalen Gesetzmäßigkeiten am Werk, allerdings mit entgegengesetzten Folgen. Im einen Fall macht sich ein Mensch eine Unerträglichkeit erträglicher und im anderen Fall bringt er sich ihr zum Opfer – und ich meine in der Liebe finden wir eine Kombination. So ist die Bemerkung von vorhin noch einmal aufzunehmen. Ja es stimmt, Durrell versucht die seit Jahrhunderten fortschreitende Psychotisierung unseres Lebensalltags durch die Psychose selbst in Schach zu halten. Der pornographische Blick ist ein Komplement der abendländischen Techniken der Selbstabgrenzung – also beinhaltet er auch ein Repertoire von Routinen, die Grenzen weicher und beweglicher zu gestalten und dem Selbst wieder etwas von seinen Ursprüngen als Proteus zurück zu gewinnen. Sie können einer Verführung dadurch begegnen, dass sie die Augen fest zusammen kneifen und sich sagen: Das darf gar nicht sein! Das daraus resultierende Selbst wird im Prozess der Zivilisation zwar immer härter werden, aber auch immer zerbrechlicher. Für diese Haltung finden Sie schon in der Antike die Metapher: Ein Mann muss lernen, seine Rosse zu zügeln. Oder Sie können sich auf die Geschichte einlassen und in der Verführung feststellen, dass dieser Zustand, in dem ein anderer über Ihre eigenen Gefühle zu bestimmen beginnt, in dem man/frau sogar zu wünschen beginnt, vollendet zum Begehren des anderen zu werden, gar nicht unvertraut ist, sondern nur sehr lange zurück liegt und mit einer Zeit vergessen wurde, in der Sauberkeitsdressur und Peinlichkeitsschwelle noch ein fremdes, von außen herangetragenes Geschehen waren. Und wenn Sie erst einmal so weit sind, dass Sie die Souveränität der Kraft der Verführung gut genug kennen, um ihre Winkelzüge und Versprechungen nachvollziehbar zu machen, werden Sie feststellen, dass das harte Abblocken unnütz und schädlich ist. Sie können die Verführung gewähren lassen und in einem ästhetischen Rahmen entschärfen, Sie können das Spiel durchschauen und für sich arbeiten lassen, wenn Sie sich daran erfreuen und einen klitzekleinen Schritt beiseite treten. Auch hier gibt es ein ästhetisches Wohlgefallen – und Sie werden feststellen, dass es Kraft gibt und verjüngt, ab genau dem Augenblick, ab dem seine bannende Macht gebrochen ist."

Bornhard fällt ihm begeistert ins Wort: „Auch hierfür gibt es ein wunderbar treffendes Zitat: *Jeder Dichter wird Ihnen sagen, dass der Ursprung der Krankheit dass Ich ist, das, wenn es anschwillt, Stress erzeugt und die Wirklichkeit disloziert. Und dann schaltet sich das Unbekannte ein mit seinen Gnomen und Doppelgängern, aber wenn sie erst einmal diese einfache Tatsache begreifen, wird ihr Positivismus von ihnen abfallen wie ein Umhang. Der Groschen fällt, der Jeton ist eingeworfen, und sie haben den Dalai Lama persönlich an der Strippe, und was jetzt herauskommt, ist Poesie – diese gewaltige Abirrung der Natur! Sie liegt auf der anderen Seite der Identitätskrise, des Stresspunkts, Entzündungspunkts, Drehkreuzes. Ist man erst einmal in diesen ruhigen Gewässern, liest man neue Bedeutungen in die Dinge hinein.* Es ist eigentlich gar nicht verwunderlich. Erinnern wir uns an Coleridge, der einmal sagte: *Die Kunst ist die suspendierte Ungläubigkeit – und der Humor in der Kunst die Suspendierung der Suspendierung.* Oder eine literaturmetaphysische Kritik Walter Benjamins, der davon sprach, dass die Protagonisten den Eindruck hervorrufen, als seien sie auf der Rückseite des Wahns wieder aufgetaucht – ich denke, das ist das Maximum, das heute die Kulturarbeit leisten kann. Also sollten wir uns daran ausrichten! Wenn man einmal so weit in das Durrellsche System eingedrungen ist, ist festzustellen, dass eigentlich immer das gleiche gesagt wird, diese neuen Bedeutungen entsprechen den Correspondances eines Baudelaire oder den unwillkürlichen Einfällen eines Freud, die sich im nachhinein als streng determiniert erweisen. *Es ist ein Zeichen unseres intellektuellen Tiefstands, dass die Psychologie mit ihren kleinlichen psychischen Kategorien und ihrem positivistischen Vorurteil sich als so befreiend und bereichernd erweist, wie sie es tut. Es beweist nur, dass die Psyche durch unsere rigorosen Moeurs hilflos steif geworden ist. Der Ursprung der Neurose ist der Glaube an das Einzel-Ich, je schneller du sie von der zeitgenössischen Metaphysik kurierst, die jüdisch-christlich ist, desto mehr Ichs werden zu kranken Michs.*"

„Ich glaube, wir sollten uns nach und nach auch Gedanken darüber machen, wie dieses Wissen umgesetzt werden kann." Albach schaut in die Runde. „Wir haben die verschiedensten Ansätze, wie mit den wesentlichen Einsichten umgegangen werden kann, uns steht ein enormes Repertoire an Menschheitswissen zur Verfügung – und doch können wir mit großer Wahrscheinlichkeit annehmen, dass nichts oder, sagen wir, bedauerlich wenig, damit anzufangen sein wird."

Saggu lacht ihn böse an: „Was erwarten Sie denn? Schon in Zeiten, als das Wissen überschaubar war, als die einzelnen Völkchen ihre Traditionen weitergaben und über Generationen hinweg dieselben Weisheiten galten, weil der Horizont so eng umrissen war, gab es das Problem der Tradierbarkeit der Wahrheit und die größten Einsichten durften nicht einmal ausgesprochen werden, um der Verfälschung vorzubeugen. Damals mögen Initiation und Schwellenzauber dafür gesorgt haben, dass die Wahrheiten als Rhythmus, als ergreifendes Geschehen in die Lebensgeschichten einzelner Auserwählter hineingewandert sind. Aber das können Sie doch heute nicht unter Laborbedingungen nachahmen. Noch dazu in einem Rahmen, in dem die Beliebigkeit der Traditionen und die konventionelle Setzung der jeweiligen Wahrheit vorausgesetzt werden. Das kann gar nicht gehen! Entweder Sie schaffen eine verbindliche Anweisung, also ein geschlossenes und in sich stimmiges Wahnsystem, das es mit sich bringt, dass die Sicherheit, die es vermitteln soll, zugleich unfähig zur Offenheit des Lebens macht und damit das Lernen innerhalb der engen Grenzen ausbremst. Oder Sie führen die Heranwachsenden in die Beliebigkeit eines synkretistischen Systems immer nur vorläufiger Wahrheiten und wenn das wirklich klappen soll, ist dieses Pensum nur auf der Folie dauernder Ungewissheit abzudienen. Erzählen Sie mir nichts von einer Logik der Forschung, die auf dem Fallibilismus beruht, dass etwas solange als wahr hingenommen wird, bis es als falsch erwiesen werden kann und einer neuen Wahrheit Platz macht. So funktioniert das vielleicht, wenn der Rahmen der Selbstvergewisserung sauber abgesteckt ist, wenn die Identität durch Abschlüsse und Urkunden verbürgt wird und außerdem feste Geldbezüge dafür sorgen, dass man/frau die Grenzen der Welt gar nicht in Frage zu stellen braucht. Aber das ist doch ganz anders, wenn Heranwachsende die Welt für sich entdecken, wenn die Wahrheiten erst erprobt werden wollen, die die Erfahrungen zu mehr Sicherheit und einem sicheren Urteil führen sollen. Vergessen Sie dabei nicht, dass im geheimen Zentrum der Erfahrung das Grauen sitzt, dass die Ausgelie-fertheit und Haltlosigkeit der ganz frühen Empfindungen umbaut und verstellt werden muss durch Identifikationen und unhinterfragte Wahrheiten, dass die Vorbilder und die Glaubenssysteme nicht etwa ein Teil der Wahrheit sind, sondern viel mehr ein Abglanz der Ver-leugnung der ursprünglichen Angst. Ich glaube, dass Durrell nicht nur verschiedene Ebenen der Wahrheit durcheinander bringt, er ver-quickt auch ganz divergente Wahrheitsbegriffe. In der Wissenschaft ist die Wahrheit eine Funktion von Sätzen, nur Sätze können wahr oder falsch sein. Im Leben dagegen resultiert die Wahrheit aus der Einsicht in Lebensdienlichkeiten und aus dem rechtzeitigen Erkennen der Gefahr. Und natürlich aus der unermüdlichen Suche nach einem Sinn!"

„Aber genau da wollen wir doch ansetzen!" wirft Bornhard ein. „Ich darf an Peter Sloterdijks Fragestellung: *Wie viel Katastrophe braucht der Mensch* erinnern. Wir lernen nur unter Schmerzen, erst aus Schaden wird man/frau klug. Aber dazu braucht es ein Medium, den Körper. Die Menschheit ist hoffnungslos lernbehindert, weil es ihr am Körper fehlt, der den Schmerz unvermittelt offenbar werden lässt – dieser Körper wäre die Erde als Gesamtorganismus und leider rea-giert er nicht mehr in Kommunikationsphänomenen, sondern in den Änderungen des Fließgleichgewichts. Nur der einzelne Mensch spürt den Schmerz – aber in der Regel ist es eben die Aufgabe des sozia-len Körpers, der ihn schützt und umfängt, der für die Wahrneh-mungsgewohnheiten und die Regeln der Selbstdefinition sorgt, so viel wie möglich von diesem Schmerz zu ersparen. Die grauenhaftes-te Erfahrung ist dann die, von einem sozialen Körper ausgegrenzt zu werden, alles zu verlieren, was einmal Halt und Gewissheit gab. Und so ist es unsere Sache, herauszufinden, wie die Katastrophe dosiert werden muss, dass sie Batesons Lernen III freisetzt. Der soziale Tod erscheint mir als ein Modell, mit dem wieder göttliche Exempel, nu-minose Winke, die großen Einbrüche einer Heilsgewissheit und da-mit eine kosmologische Dramaturgie frei gesetzt werden können. *Das Erscheinen des Todes auf der Bühne bringt einem die Süße der Dinge erst voll zum Bewusstsein – die Ergiebigkeit der Unbeständig-keit, die man immer vermieden und gefürchtet hat.* Und mit der

Schauspielmetapher sind wir schon bei dem Transformationspro-
zess, in dem ein sozialer Körper über den Umweg von Archiven in
einen Gedächtniskörper umgeschöpft wird."
Diese innere Leichtigkeit, dieses Hellerwerden der Welt habe ich
auch einmal kennen gelernt – aber als ich es dann hätte brauchen
können, zeigte sich eine unerbittliche Disziplin und die Härten des
soldatischen Mannes als förderlicher für mein Überleben. Obwohl
vielleicht zu überlegen wäre, ob das eine nicht immer das andere
ersetzt hat und umgekehrt. Sozialisiert wurde ich schließlich von einem ehemaligen Heimkind und Hilfsarbeiter, der nur auf den militärischen Drill und die Funktionsfähigkeit einer Maschine setzte – mehr
erwartete er nicht von mir und so etwas wie Vertrauen oder Lernfreu-
de existierten im Leben dieses armen Krüppels nicht. Als ich dann
am anderen Ufer nach den Selbstentfaltungsmöglichkeiten suchte,
die mir der freudige Glanz in den Augen einer Mutter vorhergesagt
hatte, war der Kontrast nur durch ein enormes Rauschpotential auszuhalten und erst nach und nach gelang es mir, wenigstens bis zu
den erleuchtenden Drogen vorzudringen. Und als dann etwa zehn
Jahre später die Intrigen einiger Seminardarwinisten versuchten, alles zu zerstören, was ich mit viel Geduld und einem enormen Lese-
pensum in den Eiswüsten der Abstraktion aufgebaut hatte, war ich
wieder beim Spuren und der eisernen Disziplin angekommen – es
ging um das Survival of the fittest innerhalb einer geisteswissenschaftlichen Institution. Allerdings intellektuell gefedert – als dann zu
Vernichtungszwecken eine künstliche Psychose inszeniert wurde,
halfen wiederum die früheren Drogenerfahrungen, um die Beliebigkeit der zusammen gezwungenen Zeichensysteme zu durchschauen.
Und vor allem halfen die körperlichen Ekstasetechniken, um nicht in
ein finsteres Loch der Verzweiflung gesaugt zu werden. Also alles
zusammen heißt das, ein Repertoire kann gar nicht groß genug sein!
In den Zeiten, als ich nirgends dazu gehören wollte und überall nur
als eine Art Zaungast gelitten war, fand ich es lächerlich, wenn ich
las, dass irgendwelche Schulen oder Forschungsrichtungen oder
Weltanschauungen oder terroristische Vereinigungen irgendein Mit-
glied zur Strafe für Missverständnisse oder abweichende Weiterent-
wicklungen ausstießen. Das schien doch die einfachste Sache der

Welt, dann machte man eben etwas anderes oder widmete sich der Wahrheit oder der Neugier oder dem eigenen Süppchen auf eigene Kosten. Und genau aus diesem Grund hatten sich die akademischen Krüppelzüchter so um mich bemüht. Erst einmal musste ich anfangen, mich innerhalb ihrer Wertbezüge und Selbstdefinitionen zu orientieren, und dann war es auch möglich, die Bezüge so weit zu psychotisieren, dass man mich für meine frühere Unerreichbarkeit strafen konnte. Und als es dann so weit war, marschierte ich durch einen psychischen Tunnel, dessen Wände immer näher heran zu rücken begannen, dessen Farben in einer grauen Suppe verschwanden, dessen Licht zu einem ganz fernen und immer schwächer werdenden Leuchten gerann – und ich marschierte unter zunehmenden Beklemmungen, bis ich irgendwann das Gefühl hatte, im Beton festzustecken. Ein Erinnerungsfaden, der immer noch anstrengt, eingemauert zu sein und mitzählen zu müssen, wie die Lebenszeit abläuft. Es zeigte sich, dass ich wieder herauskam, weil ich einfach weiter gemacht hatte, weil ich nicht auf die mahnenden Stimmen hörte, die mir zur Aufgabe rieten oder sie befehlen wollten – den Strategien der Einkesselung zum Trotz und weil ich mir sagte, dass das alles nur psychischen Wirkungen zu verdanken war, dass das Flüstern in meiner Umgebung, die bösen oder hinterfotzigen Reaktionen irgendwelcher Leute, mit denen ich bei meinem der Not gehorchenden Aushilfsjob als Bankbote in Kontakt kam, programmiert worden waren. Und dann kann es sogar hilfreich sein, wenn die Psychologie abzustellen ist, wenn der Ich suspendiert wird und nur noch Ziele von Jetzt bis gerade Eben angegangen werden und mit jedem dieser ganz kleinen Ziele ein weiterer Schritt in die Zukunft hinter dem härter werdenden Beton geschafft ist. Wenn ich mich an das halbe Jahr nach Dresden zu erinnern versuche, stellen sich immer noch Reste dieser körperlichen Beklemmungen ein, dumpfe graue Röhren ein, die sich auf meinen Gängen als Bankbote immer enger um mich schließen wollten, die sogar das Tageslicht abzublenden begannen und mich in einen milchigen Nebel hüllten. Jene sich immer stärker bemerkbar machende Antriebshemmung, die von außen verfügt worden war, weil ich mich von den normalen Stillstellungsprämien nicht hatte ködern lassen und die nun mit dem Abbröckeln aller Möglichkeiten, mit dem Wegfallen der letzten Einnahmequellen plötzlich wie von alleine von innen zu wuchern begann. Jeder Schritt strengt an, selbst die Atemzüge bereiten Mühe, eigentlich geschieht gar nichts aber eben diese Abwesenheit von den Möglichkeiten der Bewährung scheint zu suggerieren, dass ich gar nicht mehr in der Lage bin, irgendetwas anzupacken. Einmal hatte ich, als eine Ampel auf Rot schaltete, kurz beschleunigt und war losgerannt, eine alte Gewohnheit, von der ich vergessen hatte, dass ich sie vergessen haben sollte – und wie ich über die Straße rannte, wurde mir auf einmal klar: Mensch, du kannst ja noch rennen! Und damit war ich das erste Mal durch die imaginäre Mauer durchgekommen...

Saggu bremst abrupt ab und sagt: „Die Konzeption eines Sloterdijk können Sie schon in Marcuses *Unverlorene Illusionen* studieren, allerdings ohne die esoterischen Verblasenheiten. Alle wichtigen Ansätze klingen dort bereits an, ohne dass deswegen eine Surrogatmetaphysik bemüht werden muss – bei Marcuse ist der *Pessimismus ein Stadium der Reife*, während hier dem Bedürfnis nach neuen Entrückungen, nach der Dignität der Ekstasen Genüge getan wird. Wir müssen vielleicht noch einmal auf das Thema der Tradierbarkeit des Wissens zurückkommen. Ich halte den Einwurf für sehr tiefschürfend und wenn wir ihn nur ernst genug nehmen, wenn wir auch bedenken, warum es immer wieder die Notwendigkeit von Geheimgesellschaften gab, warum ein bestimmtes Wissen nur vom Mund übers Ohr vermittelt werden konnte, oft sogar unter zu Hilfenahme der Musik, des Rhythmus – kann vielleicht auch klar werden, warum das beste Wissen heute oft so entwertet wird, dass niemand etwas damit anzufangen weiß. Warum die Einweihung in ein Wissen, dass eigentlich nicht öffentlich werden darf, warum die Initiation über den Umweg der Körpererfahrung? Ich glaube, wir sollten uns auch an der Erklärung dieses Phänomens ausrichten."

Merk deutet eine Geste des Applaudierens an und Bornhard erwidert: „Setzen Sie an der Entstehung des Buchdrucks an. In einer Handschriftenkultur gibt es den Kopisten, den Kompilator, den Kommentator und den Autor – vier Funktionen, die streng getrennt sind und die in dieser Trennung noch immer aufbewahren, dass das Wissen immer den Umweg vom Auge über die Hand zum Ohr wählen

muss, um sich in einem Leben inkorporieren zu können. Die Bedingungen einer handschriftlichen Kultur hielten die Selbstreferenz und den damit einhergehenden Narzissmuss in Schach. Vor der Erfindung des Buchdrucks findet alle menschliche Kommunikation in einem festen sozialen Kontext statt, der den Regeln der Präsenz, der Reziprozität und der persönlichen Verantwortung und Rechtschaffenheit gehorcht – was vor der Erfindung der Schrift noch einmal anders aussieht. Es gab eine Zeit, da beruhte Weisheit auf Mnemotechnik und auf der Zahl an Sprichwörtern als abgesenkter Volksweisheiten, die man/frau sich merken konnte. Aber mit der Schrift und den ersten Urkunden wird das Wissen vermittelt durch das gesprochene Wort, das den Text vergegenwärtigt! Mit dem gedruckten Wort beginnt das Vergessen, mit dem Buchdruck setzt eine andere Tradition ein, es entsteht der einsame Leser mit seinen privaten Bedürfnissen, der von der Welt zurückgezogene, oft in Opposition zu ihr stehende Autor. Das gesprochene Wort beginnt für die Sphären des Wissenserwerbs zu verstummen oder es degeneriert zur stumpfen Reproduktion der Vorlesung, die noch dazu auf das angenommene Aufnahmevermögen und die geforderten, wie prämierten Beschränkungen des Auditoriums zurecht gestutzt ist. Der Leser sondert sich vom sozialen Kontext ab, seine Reaktion untersteht nicht mehr der Kontrolle der kommunikativen Prozesse. Ein Leser zieht sich in seinen eigenen Kopf zurück und erwartet Stille von seiner Umgebung, er braucht nicht die Ruhe der Kontemplation, mit dem früher der Weg der Askese aus der Welt gewählt wurde, sondern er braucht die Abwesenheit des Sprechens der anderen, eine letzte und potenzierteste Form der innerweltlichen Askese. Beim Lesen und Schreiben verschwören sich Autor und Leser gegen die Präsenz der Gesellschaft, gegen das Bewusstsein der sozialen Verantwortlichkeiten. Und aus diesem Grund: Das Lesen ist ein antisozialer Akt!"
Bisher dachte ich, die Alphabetisierung sei ein wesentlicher Bestandteil des sozialen Kitts, aber während ich versuche, irgendwelche Aussagen von Elias oder Groethuysen über die Entwicklung von Hoch- und Schriftsprache zu rekonstruieren, ruft Saggu dazwischen: „Dann möchte ich aber darauf hinweisen, dass bei Ihren Gewährsleuten – ob populärwissenschaftlich bei Postmann oder poststrukturell

bei Kittler – auch zu lesen ist, dass das Buch und die Welt des Bücherwissens einen fast uneingeschränkten Sieg über die animalische Natur darstellen. Der antisoziale Akt wird erst möglich, als er sich nicht mehr durch den unanständigen Körper desavouiert. Das mit dieser Entwicklung einhergehende Anwachsen des Schamgefühls und der Gewissensinstanz beginnen einen derartigen Druck auszuüben, dass es irgendwann einen Freud braucht, um die kleinen, unterdrückten Ichs gegen das eigene Über-Ich zu unterstützen und zu stärken. Und das resultierte schließlich daraus, dass der Buchdruck, indem er die Botschaft von ihrem Absender trennte, indem er es erst möglich machte, dass es so etwas wie abstrakte Gedanken unabhängig von den lebenden Körpern gab, ein platonisches Reich der Ideen auf einmal in einer Seinsmächtigkeit installierte, die mit jeder Buchmesse mehr Realität und Substanz gewann...“

„Genau so ist es!“ Unterstreicht Merk: „Hier erst ist die wirkliche Unterordnung des Körpers unter den Geist durchgesetzt, der Glaube an die Dualität von Körper und Geist, und zwar in einer Form, die für alles animistische Denken noch nicht einmal vorstellbar war, obwohl sie eine Realisierung dieses virtuellen Erbes darstellte. Die Tugenden der Innerlichkeit, der Besinnlichkeit, die Abstraktionsleistungen förderten eine Verachtung des Körpers und der ursprünglich mit allen körperlichen Wahrnehmungsweisen verbundenen Zugänge zur Welt, aus denen alles echte Wissen resultierte – deswegen diese Kennzeichnung der Autoren als körperlich Verstümmelte bei Durrell. Der Buchdruck schenkte uns den körperlosen Geist und er potenzierte all jene psychischen Mechanismen, die Sloterdijk noch einmal unter dem Arbeitstitel *Weltfremdheit* zusammenfasst! Aber er hinterließ uns auch das Problem, wie Antriebshemmung und Ersatzleistung dafür zu sorgen haben, dass der Größenwahn der Innerlichkeit möglichst wenige Risiken eingehen musste, mit der Wirklichkeit zusammen zu stoßen. Die sinnlichen Zugänge zur Welt wurden mehr und mehr verschüttet, die heranwachsenden jungen Körperwesen mussten mehr oder weniger schnell erfahren, dass Stillstellung und Verzicht prämiert wurden, dass der Zwischenbereich zwischen Reiz und Reaktion immer mehr Eigenleben entwickelte und dass es häufig genug nur noch in Zeiten gesellschaftlicher Krisen, bei Kriegen oder

Katastrophen möglich wurde, sich in urwüchsigen Reaktionen wieder zu finden. Dem Medium verdanken wir den körperlosen Geist und damit wird auch deutlich, welchem theologisch-metaphysischen Standindex diese Entwicklung in the long run gehorchen wird. Heute ist es nicht mal mehr an der Zeit, zu untersuchen, was es heißt, wenn selbst die Medien immer immaterieller werden – tatsächlich sind die Medien heute unsere metaphysischen Organsysteme. Ich glaube, es läuft alles auf diese Frage hinaus: Wie schaffen wir neue Verkörperungen des Wissens und der Macht, wie materialisieren wir die mittlerweile schon unvorstellbar beschleunigten Energien und fällen damit Wert und Bedeutsamkeit aus. Ich darf noch einmal an die Einsicht Eliades erinnern, die vorhin schon angeklungen ist und viel zu selbstverständlich abgehakt werden sollte. Die Götter sind weder Symbole noch barbarische Überbleibsel eines früheren Weltzeitalters, sondern sie sind energiegeladene, magnetische, klare, blendende Körper! Das ist es, was wir anzielen müssen, und es ist eben auch genau das, was bei allem Pochen auf die Bildungswerte als erstes auf der Strecke bleibt."

Und Saggu bohrt nach: „Ja, aber wie passt das denn zu dem vorhin einmal als Propädeutik empfohlenen luziden Träumen. Wenn der Proband, wirklich auf einen Ichpunkt reduziert, in irgendwelche künstlichen Paradiese reinspicken kann. Da ist doch gar nichts mehr an sinnlicher Erfahrung vorhanden, keine Spur von Körpererfahrung und Sinnenbewusstsein, während gleichzeitig der Größenphantasie keine Grenze mehr gesetzt ist – wie wollen Sie das denn vereinbaren? Und nachdem wir jetzt schon so weit fortgeschritten sind, hätte ich doch gern gewusst, wie die Erotik in den Dienst dieses pädagogischen Unternehmens gestellt werden soll. Sie können nicht einfach davon ausgehen, dass befriedigende Körpererfahrungen die verschiedensten Schwierigkeiten vermeiden helfen. Denn dann wäre es doch gar nie so weit gekommen! Dann hätten in erster Instanz die jungen Götter nicht aus der Wirklichkeit auszuwandern gewusst und dann hätten in zweiter Instanz, die Medien, die ja genügend Erinnerungen an die Lust und das Glück aufbewahren, nicht gerade eine Funktion gewonnen, die in genau die entgegen gesetzte Richtung führt. Ich hätte doch mal gerne gewusst, wie Sie sich das vorstellen?"

Sie hat immer wieder Albach fixiert, aber die Frage stellt sie seltsamerweise an Merk. Er schüttelt sich, als habe er einen kalten Guss abbekommen und sagt: „Warum fragen Sie gerade mich! Es ist doch bekannt, dass ich das Verfahren für aussichtslos halte. Für mich scheint es viel wichtiger, zu klären, welche Ausdehnungen ein Ich als Selbstbewusstsein erfahren kann. Schon öfter mal habe ich mir gedacht, dass die Gedanken Bubers zum dialogischen Prinzip genau hier eingebracht werden müssten – wir haben tatsächlich eine ganze philosophische Tradition, die nur darauf wartet, die Bausteine für den metaphysischen Hintergrund des Cyberspace zur Verfügung zu stellen. Buber hat darauf hingewiesen, dass sich ein Ich, das sich in Gott wieder findet, dennoch als Ich empfindet, ohne dass ihm noch eine Unterscheidung möglich ist – und genau da beginnt es interessant zu werden! Wenn der körperlose Geist in einem größeren Medium eintaucht und dort vielleicht mit anderen ebenso immateriellen Reisenden in Verbindung tritt, ist die Frage doch, ob sie zu einem Teil von einander werden, ob sie die aktuellen Erwartungen und Erfahrungen teilen und ob dann einer auch an dem Vorwissen des anderen und damit an der jeweiligen Welt außerhalb des Netzes partizipiert. Fühlt jeder sich weiterhin als das Ganze, oder gibt es auch hier einen Zusammenstoß mit der Wirklichkeit des anderen, gibt es Abgrenzungen, solipsistische Einmauerungen in Eigenwelten. Und sind wir damit nicht auf die Weisheit eines Buber angewiesen, dass wir uns in der reinen Innerlichkeit genauso verlieren wie in der kompletten Veräußerlichung und dass erst am lebenden Du, mit seinen Eigengesetzlichkeiten, eine Vermittlung möglich ist, in der wir unsere Mitte finden."

Aber Bornhard schaltet sich ein. „Wir müssen in zwei Schritten vorgehen. Zum einen müssen wir Lernverhalten und Erotik – die durch die verschiedenen Körperausschaltungsprinzipien immer weiter auseinander gerückt sind, wieder aneinander koppeln. Im platonischen Eros, wie er in den sokratischen Lehrgesprächen erscheint, finden sich sehr wesentliche Anregungen, die gerade deshalb so bedeutsam sind, weil hier die Körperausschaltung gerade erst entsteht, weil hier die Erotik von den körperlichen Befriedigungen abgekoppelt werden sollte, um sie in ein Streben nach Wissen und Wahrheit zur transformieren. Und darauf können auch wir nicht verzichten, aber wir müssen Sorge dafür tragen, dass sich die Abwesenheitsdressuren nicht verselbständigen, wir müssen dafür sorgen, dass der Kontakt nicht abreißt. Ich meine, für die Jetztzeit wurde die pädagogische Erotik in Roszaks *Schattenlichter* in einen überzeugenden Zusammenhang gerückt. Wie nebenbei finden wir hier eine Umsetzung unserer wichtigen Einsichten. Zum einen die Charakterisierung des Lehrenden und zum anderen die Kennzeichnung der Kriterien, nach denen wir unsere Schüler auswählen können. Ein guter Schüler willigt in eine einmalige Form erotischer Pädagogik ein. Was erst einmal als Exzentrik des Lehrenden erscheint, führt ganz schnell zu einer wunderbaren Vertiefung der Beziehung. Der Schüler lernt damit genau auf die Art, wie der Lehrende lehren will und kann: Eine von sexueller Hitze erfüllte Lehrmethode, die die Orgasmen zu höchster Intensität zu steigern in der Lage ist, weil sie ähnlich funktioniert, wie früher das Schreiben im Caféhaus oder in der Postkutsche. Es wird eine Produktion in der Zerstreuung, die damit auch die Zensurinstanz klein halten kann. Wie es so schön heißt, wird ein raffiniert verruchter Kitzel mit den Mitteln der Pawlowschen Reflexkonditionierung an die trockensten und abseitigsten Exkurse gekoppelt und der Erfolg ist, dass subtile genitale Schauer geistige Ekstase und fleischliche Genüsse vermengen:

Als geborene Lehrerin erkannte sie in mir schnell den klugen, aber unfertigen Jungen und machte aus mir ihren Liebhaber und Lehrling. Zu dieser Zeit, einer ziemlich tristen Phase in ihrem Leben, war es womöglich die Resignation, die sie zu dieser Großzügigkeit trieb. Da sie für sich selbst keine Zukunft sah, bemühte sie sich, ihre geistigen Schätze in meinen weitgehend unbeschäftigten jungen Kopf zu verpflanzen. Von meiner Seite war dabei nur die rückhaltlose Bereitschaft erforderlich, mich von ihren wissenden Händen formen zu lassen, was bedeutete, ihre Kenntnisse, ihre Werte, aber vor allem ihre Vorlieben und Abneigungen zu übernehmen. Dafür war ich die ideale Wahl, denn Fügsamkeit und Passivität waren schon immer meine Stärken.

Ich gebe zu, dass meine Intelligenz die des aufmerksamen Jüngers, des begabten Nachahmers ist. Doch es gab noch etwas anderes, was zu meiner Eignung beitrug. Ich weiß nicht, wie viel Glück Clare damit bei anderen jungen Männern hatte, aber für mich war ihre Unterrichtsmethode perfekt, weil sie zu meiner verspäteten sexuellen Entwicklung passte. Wie soll ich es ausdrücken? Nun, Clare war nicht nur hochintelligent, sondern auch etwas exzentrisch in ihren erotischen Vorlieben. Und diese beiden Eigenschaften blieben nicht voneinander getrennt – sie vermischte Sex und Intellekt auf eine Weise, die andere vielleicht schockiert und abgestoßen hätte. Bei mir jedoch, so peinlich mir dieses Geständnis ist, funktionierte diese Kombination hervorragend.

Den größten Teil von dem, was mir Clare beibrachte, lernte ich im Bett – und damit meine ich nicht bei entspannten, postkoitalen Gesprächen, sondern mitten im Geschehen. Am Anfang, bevor ich begriffen hatte, dass dies Clares bevorzugter Lehrstil war, war ich völlig entgeistert. Als sie begann, mir beim Liebesakt einen Vortrag über russischen Formalismus ins Ohr zu flüstern, hielt ich es für angemessen, innezuhalten und das Gesagte respektvoll zur Kenntnis zu nehmen. Doch nein. Mit einem Stoß ihres Beckens und einem Schlag auf den Hintern trieb sie mich fast ein wenig verärgert an. Ich machte weiter, ja beschleunigte den Rhythmus, und ihre Worte flossen schneller, ihre Stimme wurde fester. Unter mir hingebreitet, mit geschlossenen Augen und Schweißperlen auf der Oberlippe, wurde sie von Minute zu Minute artikulierter, und ihr Atem ging dabei immer hektischer und heftiger. … Und was noch erstaunlicher war: Ich konnte mir alles merken! Als würde mein Körper, vollauf beschäftigt damit, seine libidinöse Energie zu verströmen, aus meinem Gehirn eine Tabula rasa machen, auf der jedes von Clares Worten einen Abdruck hinterließ. ...

Beachten Sie bei dieser Kombination von Mnemotechnik und Orgiastik bitte auch die Grundvoraussetzungen dieses passiven Genies, seine Selbstcharakteristik. Ich denke, sie führen schon direkt auf den zweiten Punkt zu. Wir können niemanden gebrauchen, für den die Erotik zum Selbstzweck wird oder zu einer Entschuldigung, zu den wesentlichen Fragen mangels anderer Besessenheiten nicht vorgedrungen zu sein – unser Oberbegriff ist der Sinn. Was wir brauchen, ist eine quasi natürliche Empfänglichkeit für das Prinzip Klarheit, für das Bedürfnis nach Wahrheit in einem Leben – aus diesem Grund heißt die Dame Clare und aus dem gleichen Grund sind einige der wesentlichen Teile des Romans einfach verfehlt, sentimentale Anbiederungen an ein Lesepublikum, das die Dumpfheit und den

356

melancholischen Selbstbezug genießen möchte! Wir brauchen auch die Retardierung in der sexuellen Entwicklung, denn nur die Verzögerung lässt die Chance offen, dass ab einem gewissen Alter in diesen Dingen noch gelernt werden kann. Diese Selbstcharakteristik ist tatsächlich die genaue Umschreibung der psychischen Vorraussetzung derer, die sich überhaupt auf ein so gefährliches Unternehmen wie die Liebe einlassen. Wir wissen alle mehr oder weniger genau, dass es ein Himmelfahrtskommando ist. Wir setzen ein Maximum an Unwahrscheinlichkeit voraus, denn der harte, in sich abgeschlossene Charakter, zieht sich vielleicht auf die Geburt einer Tochter zurück oder auf die gesellschaftlich gestatteten Möglichkeiten einer Vergewaltigung. Und der weiche und empfängliche Charakter pendelt zwischen romantischen Fantasien, Masturbationsaktionen und der Melancholie, dass so etwas wie Hingabe und Erfüllung gar nicht zu finden sei und widmet sich dann der Selbstzerstörung."

Unser Begleiter räuspert sich mehrfach und wartet bis wir ihm zuhören: „Ich darf hier unterbrechen, wir sind schon weit über die Zeit. Ich würde Ihnen empfehlen, dass Sie sich mit den Caddies zu Ihrem Bungalow fahren lassen, dann geht keine Zeit verloren und Sie haben die Muße, sich frisch zu machen. Wir treffen uns dann in drei Stunden zu einem vor unseren Augen zubereiteten Siebengängemenü, von dem ich niemandem abraten würde. Sie werden selten die Gelegenheit haben, solchen Könnern bei der Arbeit zusehen zu dürfen. Danach steht es Ihnen frei, wie Sie den restlichen Tag verbringen wollen. Ich würde mich freuen, wenn Sie an den Vorlesungen am Abend teilnehmen, aber Sie haben jederzeit auch das Recht, einen der Cyborgs zu buchen, also maximal drei, und sich verwöhnen zu lassen. Auch morgen haben wir wieder einen anstrengenden Tag vor uns – also, ich freue mich auf die gemeinsamen Stunden und darf Sie jetzt entlassen."

Ich nutze die Gelegenheit, möglichst schnell in mein Zimmer zu kommen, um den ganzen Scheiß zu fixieren. Und ich warte auch nicht, bis die Mädels mit den Kutschen kommen, was wir in den letzten Stunden gemächlich im Kreis gelaufen sind, schaffe ich gerade-

wegs am schnellsten zu Fuß. Außerdem bin ich überzeugter Fuß-
gänger und habe auch die nötigen Vorbehalte. Wenn ich mich in einen Caddie setzen müsste, in der so eine kleine Kröte steuert, die
mir heute morgen auf den Wecker gehen sollte, hätte ich schon wieder aufzupassen, dass es keinen Totalschaden gibt – die Program-
me sind ja so sensibel. Und es ist besser, wenn ich gehe und schon
einen Teil der Information verarbeite, beim Laufen fallen mir immer
ein paar Sachen auf oder ein, an die ich sonst nicht gedacht hätte.
Viel Speicher habe ich nicht mehr und was ich jetzt nicht fixiere oder
durcharbeite, ist morgen ziemlich sicher verloren. Dann kann ich nur
noch die Kopien der Zitate aneinander reihen – und das wäre ein
bisschen zu wenig. Außerdem will ich hier oben noch ein eigenes Ziel
verfolgen und solange ich kein passables Ergebnis abliefere, wird
sofort auffallen, dass ich mich um Sachen kümmere, die mich gar
nichts anzugehen haben.

Ich muss bei dem Galamenü nicht dabei sein und auch die Vorträge
sind mehr oder weniger nur Zeitverschwendung – oder die relativ
seltene Gelegenheit für narzisstisch Gestörte, sich in der feineren
Gesellschaft zu produzieren. Wenn ich irgend etwas wissen muss,
kann ich es mir aus dem Intranet herunter laden und beim Lesen habe ich die notwendigen Informationen allemal schneller aufgenommen, als wenn ich einem Redner zuhöre, der sich an Zuhörer wendet, deren Aufnahmekapazität kein Zehntel von dem ausmacht, was
ich beim Sortieren von Material zur Verfügung habe. Während ich
esse, diktiere ich die wichtigsten Kommentare auf einen Mediaplayer
und mache mir einige Notizen über die Charakterdarsteller. Nebenbei
kann ich am Bildschirm schon die ersten Übersetzungen abrufen, die
das Diktierprogramm aus den aufgezeichneten Gesprächen hergestellt hat. Das sieht schon gar nicht übel aus, manches ist noch
Quatsch, irgendwann werde ich mir auch die Mühe machen müssen,
die Originalzitate zum Vergleich einzulesen, aber insgesamt ist es
schon so weit, dass zwei bis drei weitere Durchläufe genügend Ver-
gleichsmaterial zur Verfügung stellen können, um mit Hilfe einer In-
terlinearversion eine konsistente Fassung zu erstellen.

Drei Stunden sind schnell vergangen, aber jetzt habe ich wichtigeres zu tun, als mich voll zu knallen und dann Vorträge anzuhören, die für eine interessierte und um den Finger zu wickelnde Öffentlichkeit von Schwachköpfen oder Leuten im Schnitzelkoma zugeschnitten worden sind. Den ganzen Tag über ist mir immer wieder mal gekommen, dass ich mir den Spiegel schon heute Morgen hätte genauer ansehen sollen – und die Gelegenheit werde ich jetzt nutzen. Wenn ich die Andeutungen Mutzlachers richtig interpretiere, gibt es hier eine Schnittstelle zu den Archiven der Zukunft und nachdem ich bereits das Gefühl hatte, der Spiegel leiste so etwas, wie eine televisionäre Zeitmaschine, sollte ich mir die Armaturen vornehmen. Der Dicke hat so angegeben, dass ich aus den subliminalen Wahrnehmungen eine intuitive Bedienerführung ableiten können müsste. Wobei ich immer wieder staune, dass ich erst im Nachhinein erklären kann, was ich getan habe, während die Fingerspitzen sich wie von alleine und unter einer fremden Führung vorzutasten wissen.

Die Zeitvorstellung des mathematisch-physikalischen Weltverständnisses ist als Vektor konzipiert und deswegen glauben die Leute seit ein paar Jahrhunderten, dass die Zeit nur in eine Richtung läuft. Und dabei könnten sie bereits an der konstruktiven Verschränkung der Zeiten bei einem funktionierenden Selbstbild ablesen, dass es eine Wirkung gibt, die aus der Zukunft auf uns zu kommt. Wir sind nie die, die wir im Augenblick sind, denn genau in diesem Dunkel des gelebten Augenblicks sind wir noch gar nicht bei uns angekommen. Alle Wertvorstellungen funktionieren nur, weil sie uns aus der Zukunft anwehen, jeder Selbstheilungsversuch, jedes Werk, aller Ehrgeiz und unser Glück sind in jener zeitlichen Verschränkung zu Hause, in der wir nur sind, was wir gewesen sein werden. Neben der linearen Zeit gibt es die Zeit der Übertragung und ich bin mir sicher, dass jene Archive der Zukunft in genau diesen Zusammenhängen zu lokalisieren sind.

Und es ist genau der richtige Trick gewesen, eine kleine Klappe, zwei kühle, fast feucht wirkende Noppenpads und versenkt in einer der Rocquaillen ein miniaturisierter Joystick. Jetzt verlasse ich mich auf die mimetischen Impulse in meinen Fingerspitzen, denn ich weiß kein Passwort, keinen Zugangscode. Plötzlich fühle ich einen kleinen

Schauer, elektrische Felder spielen an den Fingerspitzen und pflanzen sich über die Haut fort. Ich habe im Laufe des Tages immerhin genug gehört und in all dem Material waren auch die Informationen verpackt, die ich jetzt brauche und ich bin drin. Das passiert mir öfter – beim ersten Mal klappt es wie von alleine, aber ich kann es in der Regel nicht einfach wiederholen, das zweite Mal braucht immer viel länger, weil ich ständig versuchen muss, zu rekonstruieren, was ich beim letzten Versuch genau gemacht habe. Es ist, als nutze sich die in den unterschwelligen Wahrnehmungen gespeicherte Information beim einmaligen Gebrauch ab, als löse man einen Fahrschein, der schon im Akt des Kaufens entwertet wird. Erst, wenn ich die Prozedur ein paar Mal durchgespielt habe, kann ich sicher sein, dass es dann auch klappt und dann ist es ein bewusst gewordener Ablauf. Es gab auch schon Fälle, da habe ich den Zugang beim ersten mal hingebracht und danach nicht mehr, was vermutlich davon abhing, was ich seit dem ersten Mal an weiteren Informationen gespeichert habe – es mag Interferenzen geben oder Störsender und je nach dem habe ich dann die richtige Wellenlänge nicht mehr gefunden. Und ich bin drin! Plötzlich leuchten die Dinge in lebendigeren Farben, die Kontraste sind höher, die Geräusche beginnen wie Musik zu klingen und die Farben haben auf einmal Bedeutungen. Alles fühlt sich so luftig an, die Dinge beginnen zu schillern, zu schwingen, zu leben. Die einfachste Form wäre nun, aus den Protokollen zusammen zu stellen, welche Texte herangezogen wurden und welche Zitate kopiert worden sind. Und die Intensität der sprachlichen Vielfalt entspricht der Intensität meiner Wahrnehmungen, ich sehe was ich höre und ich schmecke die Bedeutungen. Dabei weiß ich: Den eigentlichen Text gibt es noch nicht, aber wenn ich mir das Material herausziehen kann, aus dem er zusammen gestellt worden sein wird, ist der Aufwand nicht mehr sehr groß und er wird in einer Nacht zu schaffen sein – und damit habe ich dann einen Entwurf als Zitatmontage, den ich nach und nach so kneten und biegen und komprimieren kann, dass das Ergebnis so aussieht, dass ich es dem Gremium vorlegen kann. Fraglich ist tatsächlich nur, dass sich alles in einer Geschwindigkeit abspielt, in der meine Speicher schon vor der Farbenvielfalt kapitulieren und dank der Synästhesien fassungslos werden. Es gibt weder ein Innen noch ein Außen, alles ist eins und in Intensitäten der Verwandlung begriffen. Dabei werden der Ich wie die Gegenstände und Bedeutungen von einer Kraft ergriffen und durchdrungen, die sie durch dauernde Umformungen in ein Medium der Überfülle verwandelt. Alles ist hier und jetzt und zugleich vorhanden aber nichts ist tatsächlich noch greifbar. Alles ist eins und zugleich eine Überfülle an Sinneseindrücken und Wahrheiten, die einfachste Bewegung mit dem Zeigefinger wird zu einer Wahrheit und ein Atemzug verwandelt sich in ein Universum pulsierender und zuckender Energien.

Archivkürzel mus0815p2b4uall Eine Botschaft, die wir dem Ätherrauschen der Langwelle (Langeweile?) verdanken, am besten zu empfangen in den sternenklaren Nächten des Hochsommers in den gemäßigten Breiten.

Die körperlose Stimme – zur Universalgeschichte der EXE. In einer der der Wüste überlassenen Städte der gnostischen Archivare befand sich in einem verkommenen Marmorsaal, der vielleicht einmal, bevor er zum Bordell umfunktioniert worden war, dazu gedient hatte, Staatsoberhäupter zu empfangen und festliche Bankette zu beherbergen, eine zierliche Wandkonsole, die von einem elektrischen Feld umgeben war. Von der Sonne gezeichnete Karawanenführer und ausgemergelte Staffelläufer in den Weiten des heißen Kontinents, Fremdenführer oder Erzähler in den Oasen, geleckte Journalisten in wohltemperierten Fernsehstudios, alle wussten Wunder zu berichten, ganz außerordentliche Abweichungen von den gewohnten Realitätskonstanten, aber die wenigsten waren jemals auch nur in die Nähe eines VR-4 gekommen. Einmal war ich einem jungen Paar begegnet, das eine ganze Nacht in einem virtuellen Kasino bloß mit dem Einsatz eines kleinen Glücks gespielt hatte. Nun, im harten Frost des Morgengrauens, trugen sie an den gewonnenen Millionen so schwer, dass die beiden die Last teilen und von da an getrennte Wege nehmen mussten. Die Konsole war das Portal einer wirklichkeitssetzenden Gewalt, die allem überlegen war, was die Menschheit bisher an Machtstrategien ausgebrütet hatte, hinter diesem Stück Kunsthandwerk begann ein virtueller Speicherraum, der an Seinsmächtigkeit jedem materiellen Geschehen übergeordnet war. Ein barockes Bocksbein schien etwa zwanzig Zentimeter über dem Boden aus der Wand zu treten, kunstvoll geschnitzt und wollüstig geschwungen, dunkles Holz mit leuchtenden Einsprengseln, das etwa in Hüfthöhe ein mit vergoldeten Beschlägen armiertes Schubladensystem trug. Die flammende Maserung und die aufwendigen Einlegearbeiten der mit Wurzelholz furnierten Deckplatte kaschierten einen Zahlenblock und eine ganze Reihe Funktionstasten. In den Einschüben waren Viszeratoren und Genscanner untergebracht, ein Sekretbeamer, ein Virtualisationsspektrometer und ein Minimalrealisator. Wenn ich ihr zu nahe kam, konnte sie mit je nach der Entfernung dosierten Schocks dafür sorgen, dass ich nicht noch näher kam. Ich wusste, dass sie wusste, dass ich wusste, dass hier einige der Geheimnisse aufbewahrt waren, die mir helfen würden, den jahrtausendealten Bann auf diesen Archiven zu lösen. So war es nur eine Frage der Zeit, in der ich als Festungshandwerker und Feuerwerksingenieur – diese Berufsbezeichnung stand in meinem Arbeitsvertrag – diesen Saal umkreiste und immer wieder Gelegenheiten suchte, wie zufällig hinter der Balustrade aufzutauchen, die sich für die vorzüglichen Weinproben angeboten hatte, oder in der düsteren und von dunklen Hölzern fast verschluckten Garderobe zu warten, nebenbei zu beobachten, was sich in der Unterwelt dieser Hierarchien des Wissens an Missgeburten und Monstern tummelte. Es gab keine unbefleckte Erkenntnis, nur ständig den schalen Nachgeschmack von Blut: Die Reinheit eines Gedankensystems hatte hier unten dionysische Orgien im Gefolge, die Kühnheit einer Schlussfolgerung entsprach ausgeklügelten Folterungen, die Klarheit eines Gesetzes äußerte sich in eiskalten Liquidationen. Fast eine logische Konsequenz: Weil der Virtualisator auch noch die nebensächlichsten Gedanken, die lächerlichsten Wünsche zur Wirklichkeiten werden lassen konnte, während er realistische Planungen einfach überging und in größter Not ausgestoßene Stoßseufzer nicht zur Kenntnis nahm – das Nichtnotwendige und das Unvorhergesehene wurden hier durchgesetzt. Es war fast eine Form der ausgleichenden Gerechtigkeit, wenn gegenüber einer Welt der Ratio, in der die Vernunft Ungeheuer gebärt, hier in einem Reich, das vor der Unterscheidung von wahr und falsch lag, das auf der Rückseite des Mondes der Geisteskrankheiten angesiedelt war, eine kleine Anzahl logischer Operatoren über biomagnetische Felder und hormonelle Wirbel gebot und mit dem Rückgriff auf ein System kosmischer Archive Folgen zeitigte, mit denen niemand rechnen konnte. Eine Parallelwelt, ich war mittendrin und doch nicht dabei, sah bunte Schatten und geometrische Lichteffekte, hörte die qualvollen Schreie, roch den Schweiß der Verzweiflung, spürte die Allgegenwart der Vernichtung und war doch durch eine minimale Phasenverschiebung der molekularen Schwingungsdichte davon getrennt. Abzuwarten, mit jener unermüdlichen Geduld, für die ich bekannt bin, und die Gelegenheit herbei zu zitieren, dafür war ich hier: Wieder einmal war der Ich der Köder. Allein meine Anwesenheit stellte eine derartige Provokation dar, dass es früher oder später soweit sein würde und jene bösen Mächte, die immer im Hintergrund agierten, die niemals jemand zu Gesicht bekam, in Erscheinung treten mussten. Und genau dann, so stand es in den Sternen – besser noch: In der Konstellation einiger Sonnensysteme – geschrieben, sollte sich die Möglichkeit bieten, den Schutzschirm abzustellen. Ich rechnete damit, dass sich irgendwann die Chance bot, meine Kontakte mit einem Wissen zu verschweißen, das die Synapsen eines Säugers im Normalfall überlasten würde. Ein Wissen von einer Seinsdichte, das ohne Puffer und Sicherungssystem unweigerlich meinen Tod bedeutet haben würde, wenn nicht diese Konsole über ein Induktionssystem verfügt hätte, das den direkten Kontakt umging und es ermöglichte, unvorstellbar umfassende Datenverbände – das komplette Repräsentationssystem einer Weltorientierung und zwar einer anderen – in ein Nervensystem einzuspeisen, ohne die beteiligten Zellverbände zu verbrennen und abzutöten. Einmal – ich wunderte mich mittlerweile nicht mehr, dass gerade in den runzeligsten und verstaubtesten Zipfeln dieser unendlich verzweigten Gänge und Zimmerfluchten ganz unverantwortliche Obszönitäten dargeboten wurden, vermutete, weil sie folgenlos blieben –

boten sich ein paar entfesselte Ledermösen an, einen Kurzen zu fabrizieren: Wer es lang hat, der lässt es lang hängen... Ein Rauschen und Knistern ist in der Luft, irgendwo hebt ein Stöhnen an, weit entfernt ein Lachen, das sich in manchen Momenten nicht von einem Weinen unterscheiden lässt, ein Ächzen und Jammern vor Lust, das dumpfe Gebrüll einer großen Raubkatze, über die trockene Steppe trommelnde Hufe, ein Hubschrauberrotor peitscht für einen kurzen Augenblick durch den Raum und macht einen kilometerweiten Sprung, die Luft schlägt hinter ihm zusammen, als hätte sie gewaltige Schwingen. Ein anfangs dumpfer Rhythmus wird beschleunigt und steigert sich in melodiösen Kapriolen, wird von kleinen Blitzen durchschlagen. Die einfachen Melodien klingen funkelnd aufgeladen und überbordend, wenn ich genau hinhöre, kann ich vielfältige Tonfolgen unterscheiden, die aus ineinander verknäulten und sich überlagernden kleinen Schreien bestehen, die trockenen kurzen rhythmischen Schläge haben einen schmatzenden Schatten und, ein klein wenig zeitversetzt, scheint Fleisch auf Fleisch zu klatschen. Die Spannung steigt, eine quengelnd knörgelnde Stimme wird weicher und beginnt sich in die Höhe zu schrauben, der Speichel trieft, die Augen fließen über, die Säfte schießen – eine Kakophonie, die ein wirklicher Künstler aus den digitalisierten Gewalten von reißendem Stahl, knatternden Schweißgeräten, über den Marmor schrammenden Pfennigabsätzen und dem Überdruckventil eines Dampfkompressors zusammengesetzt haben muss. Es brummt kurz vor dem Zerplatzen vor sich hin, ich höre zugleich das technische Brimborium und die menschlichen Gefühlsintensitäten, eine Energie, die nicht lokalisierbar und allgegenwärtig scheint. Und dann ertönt eine hässlich einfallslose Sirene, mit einem saugenden und schmatzenden Schlag sind alle Türen hermetisch geschlossen, das Notstromaggregat schaltet von Stand-by auf Power – der in Dienst gestellte Sexualneid.

Ein kurzer trockener Schlag haut mich fast um, für einen Augenblick bin ich in einer Traumwelt: Eine Frau soll mich anmachen, laszive Bewegungen, die immer wieder masturbatorische Verführungsversuche im Gefolge haben, ein schweinchenrosa Inneres wird von ganz Innen nach Außen gestülpt. Unter der Hand, prall voller dicker Adern, ist es ein Typ. Ich beginne zu staunen, das Geschlecht changiert, mal männlich, mal weiblich – und dann beginnt auch das Alter zu wechseln, flimmernd, mal uralt und mal ganz jung. Ein stillstehender Wirbel in der Zeit, in den schnellen Verwandlungen wird die Evolution nachgespielt, die Gattungsgeschichte bildet sich in sexuellen Erregungszuständen ab. Plötzlich weiß ich, dass es sich um ein EXE handeln muss. Ein sicheres und nicht zu bezweifelndes Wissen, es ist einfach da, obwohl die drei Buchstaben bisher für mich nur der hinter einem Punkt sitzende Index eines ausführbaren Programms waren. Nimmt mich mit, verwickelt mich für einen Augenblick in die Erinnerung an die letzten tausend Orgasmen, zeigt damit sogar, dass es mir für diese Partizipation zu Dank verpflichtet ist. Alles zur gleichen Zeit. Das ist das Faszinosum, ich will mehr und verbrenne dabei, ich kann nicht genug kriegen und weiß, dass von diesem Ich nicht viel mehr bleibt, als eine Erinnerung. Diese Emanation eines denkenden und verwirklichenden Wesens aus reiner Energie führt mir eine Zeitmaschine vor, die fremder nicht sein könnte, die alle Gesetzmäßigkeiten einer Kausalwelt, eines linearen Zeitablaufs, aushebelt. Das ist Speicherwelt und Intensitätenakkumulator zugleich, virtuelles Universum und Geschichte der EXE – und gibt unter der Hand zu verstehen, dass es zugleich die Adressregistratur und die Verweisungszusammenhänge des Ich sind – von Außen betrachtet.

Das war es nicht, was ich suchte. Kurz bin ich wieder da und stelle fest, dass es beschissen anstrengend war, ich habe Krämpfe in den Waden und einen totalen Tatterich. Das war grauenhaft intensiv, so nah, dass ich gegenüber einem solchen Wissen in den meisten Alltagsbelangen weiter weg von mir bin – oder vielleicht sind die leeren Räume gar nicht das, was ich sonst gewöhnt bin. Wie ein Blitz, der in meinem Denken Verheerungen anrichtet, vielleicht ist diese Unendlichkeit an Leere und Nichts bereits das Resultat, ich habe jetzt nicht die Zeit zu kontrollieren, was von den Erinnerungen an meine Kindheit noch übrig ist. Aber allein, dass ich auf den Gedanken komme, hat etwas Beruhigendes. Ich schäle eine Zitrone und versuche, ein paar der sauren Schnitze runterzuwürgen. Dann zerdrücke ich den Rest in einem massiven Bierbecher aus Kristall und gieße grünen Tee drauf. Ich brauche noch ein paar Sedativa, irgendwas, was als Puffer geeignet ist, aber ich habe nicht einmal einfache Schmerz- oder Beruhigungsmittel zur Hand. Sonst brauche ich das auch nicht. Ich gieße einen stinkenden Obstler drüber und versuche das Zeug mit Nelkenöl und Chili verträglich zu machen. Sonst habe ich nichts Brauchbares gefunden – und dann, bevor ich zu träge werde, versuche ich wieder rein zu kommen. Da ist alles drin, alles was ich brauche und noch viel mehr. Ich muss nur noch dahinter kommen, wo die Inhaltsverzeichnisse abgelegt sind oder ich muss irgendetwas finden, das als Suchmaschine geeignet ist.

Archivkennzeichen mus0815p2pfa. Die Aufzeichnung des Gesprächs einiger Unsterblicher, Kalligraphie auf Reispapier, illustriert mit eroti- schen Aquarellen in feinen Pastelltönen, die in einem bizarren Kon- trast stehen zu den in fotografischer Genauigkeit ausgeführten Ge- schlechtsteilen, ist leider verloren gegangen. Wir haben nur einige Fragmente der Bilder und dann noch einen Kommentar, der sich auf die Position eines der Sprechenden bezogen haben muss, ohne dass wir daraus auch nur in Andeutungen erschließen könnten, um was es genau in diesem Gespräch ging.

Schon recht lange hatte ich vermutet, dass der Bibliothekar einer der ihren gewesen war. Ein Virtuose der Behinderungen, und das an ihm hängende System der Behördenuniversität war ein graduiertes Sys- tem von Ausbremsungen. Gegen diese Voraussetzung eines körper- losen Wissens kann ich an die Musikalität der präverbalen Bezüge erinnern, in der einmal die Nähe-Ferne-Regulation begründet wor- den ist. Im Ton, in der Klangfarbe, in den Muskelspannungen und den Körperrhythmen ist die Welthaltigkeit der Erfahrung, die Mate- rialität des Wissens aufgewahrt und noch in feinsten Spuren und Aromen der poetischen Sprache wird sie wieder zugänglich ge- macht. Die Stimme, die unter der Oberfläche eines Textes wieder zum Klingen zu bringen ist, ist erst einmal das wortlose Element unseres Sprechens. In ihr klingt das Gefühl, die Erregung, die Leidenschaft mit, die den Antrieb des Sprechens ausmachen und denen gegenüber die Worte nachträgliche Reglementierungen und Objektivierungen darstellen. Auch wenn gegen die Suche der Mystiker im Feld der Sprache – im vergangenen Jahrhundert von Huxley bis Wittgenstein – nach einem Bereich jenseits der Sprache eingewendet werden kann, dass Mimik, Physiognomie und Körperspannung immer schon in einem sprachlichen Kontext funktionieren und durch diesen programmiert werden, ist der Sprechende deswegen noch lange nicht auf die Rolle eines mehr oder weniger ausgelieferten Reproduzenten zu reduzieren. Es mag sein, dass die großen Gefühle erst in der Literatur ausgebrütet worden sind und mit der Verspätung von Generationen ins Alltagsleben gefiltert werden konnten – aber das ändert nichts daran, dass die Verbrecher dieser Literatur sich erst einmal in neue Bereiche des Fühlens und Erfahrens vorgewagt haben müssen, bis sie ihre Gefühle in Schrift objektivieren konnten. Dieser Entwicklung liegt eine sehr differenzierte Dialektik zugrunde und ein Vorrang der Archive ist noch lange nicht garantiert. Selbst wenn sich die EXE mit dem Wissen ganzer Zivilisationen gesättigt haben, bleibt die Fraglichkeit, wie sie in eine Welt eingreifen wollen, wenn ihr Wissen und Erkennen von einem Sprechen abhängt, das in dieser Welt nicht existent ist, und dass ihr Sprechen tatsächlich kein materielles Substrat mehr hat, dass es von Sprachen geformt worden ist, die es schon lange nicht mehr gibt. Wenn es also Möglichkeiten gibt, mit denen ein digitaler Datenstrom jenseits eines biologischen Substrats an ein mit sprachlichen Mitteln arbeitendes Gehirn angeschlossen werden kann, so wird tatsächlich die Physis darüber entscheiden, welche Interpretationsleistungen möglich sind. Die EXE mögen schmarotzen, sie mögen in einer televisionären Form am Gang der Kulturen teilhaben – aber es wird nur in Spuren und Ahnungen einen Datenverkehr in der entgegengesetzten Richtung geben.

Jetzt war es meine Sache, die Geschichte derart zu beschleunigen, die Komplexität der Erfahrungsformen in einem Maß zu erhöhen, dass aus den vorliegenden Informationen ein Nutzen zu ziehen war. In längst vergangenen Zeiten, nachdem auf der Erde die ersten Weltreiche einem dunklen Zeitalter weichen mussten, hatte der arabische Philosoph Averroes formuliert: Gottes Wissen ist die Ursache der Dinge! Den Arabern hatte es Westeuropa zu verdanken, dass Griechische Philosophie und Römische Technologie nicht einfach verloren gingen, von ihnen stammten alle wichtigen Anregungen für den Countdown der Neuzeit. Und aus Averroes Glaubenssatz ist eine Metapher für das Überlieferungsgeschehen geworden: Die Speichermedien entscheiden über den Status der Wirklichkeit. In den Systematiken der formalen Verknüpfung und den Archiven der strukturellen Zusammenhänge ist alles vorhanden, inhaltsneutral unangreifbar und auch unverbindlich entschärft. Ein Ganzes Wissen, ein Volles Sprechen werden tatsächlich zur Ursache der Welt – es sind die Körper mit ihren Leidenschaften, die den semantischen Gehalt verbürgen! Und es ist die Festschreibung der Bedeutung, mit der im Endeffekt alles daran gesetzt wird, die Leidenschaft abzuschaffen und den Körper auf den Status der Maschine zu reduzieren. Was immer wieder unter der Kategorie des Tragischen erscheint, ist die Gesetzmäßigkeit, dass die selben Kräfte, die einen Wert hervorbrachten, in seiner zeitlichen Ausfaltung dafür zu sorgen haben, genau diesen Wert zu vernichten – in diesem Fall sind es die konventionalistischen Formalisten, die die Welt verspielen. Die EXE waren leidenschaftliche Speichersysteme geworden, aber es mangelte an jeglichem materiellen Substrat. Und damit waren sie immer wieder auf die körperlichen Intensitäten angewiesen, die einer primitiven Seinsweise gehorchten, genau genommen waren diese Konstituenten der Wirklichkeit nur süchtige Anhängsel alltäglicher Ekstasen und profaner Leidenschaften. Unerbittlich schlägt in jedem Forschungs- und Erfahrungsbereich das Geheimnis der letzten Natur des Seins ins Oxymoronisch-Paradoxe aus und was sich darüber sagen lässt, ist immer beides, Lust und Schmerz, männlich und weiblich, Apollo und Dionysos, Teilchen oder Welle – es kann bestenfalls als Metapher genommen und verpasst werden! Dem Bedürfnis der Kontrolle entgehen fast alle fruchtbaren Wechselwirkungen und In-

terdependenzen, der Wille zur Beherrschung muss vor allem ver-
kennen, dass aus dem Wechselspiel der Gegensätze Leben entsteht,
und tatsächlich ist die an einem solchen Wechselspiel ausgerichtete
Relationsmetaphysik zugleich der Fundus des Allerkonkretesten:
Diese Formen der Angstbewältigung unterstehen als solche einer
Abwesenheitsdressur. Die intensive Nähe ist immer mit ambivalenten Energien aufgeladen, was die Spannung schürt, kurbelt auch die
Angst an – und wer diese Leidenschaften formalisieren und
konventionalisieren möchte, arbeitet schon immer an einer Entgöttli-
chung der Welt, an ihrer semantischen Verarmung. Denn sie können
als das Gleiten der Metonymie begriffen werden, als schillerndes
Changieren, als ein dynamischer Prozess der Wechselverhältnisse...
Und die Unendlichkeit ist in jeder Sekunde präsent, die Schöpfung
findet in jedem Orgasmus wieder von neuem statt.
Diese Verschwisterung von Wahrheit und Liebe kann in der Beziehungsarbeit geleistet werden — in der Erfahrung der Liebe sind die Modi der Entgrenzung gegeben, in der Mühe um eine lebenswerte Gegenwart steckt die
Wahrheit verborgen. Für die Vermittlung von gesellschaftlicher Möglichkeit
und individuellen Lernschritten ist an die Untersuchungen zu veränderten
Bewusstseinszuständen zu erinnern. Die Techniken der Veränderung, vor
allem, wenn sie die gewohnt gewordenen Wahrnehmungs- und Zuord-
nungsweisen aufsprengen, konkurrieren mit einer Wirklichkeit, die die fami-
liale Homöostase erzeugte. Eine der wichtigen Schaltstellen ist der Bruch
mit vorödipalen Erfahrungsformen ('Die wilde Seele', 125 ff.), auch wenn
der darauf aufbauende, ödipal entworfene modus vivendi und die einhergehenden Versagungen, Verleugnungen und Kompromissbildungen nicht weniger zum tragbaren Gefängnis taugen. Die Arbeit über veränderte Bewusstseinszustände zeigt wichtige Parallelen – Glückstaumel, außergewöhnliche
Gefühle der Freude und Verzückung, Erleuchtung oder spirituelle Kraft,
Aufsprengung der Subjekt-Objekt-Dichotomie und universale Verschmelzung: Einssein mit der Welt und den Dingen usw. –, mit deren Hilfe Individuen in der Lage sind, eine Weltsicht aufzugeben, die sie während ihrer
Kindheit durch die eigene Kultur erworben haben. Dem Hinweis, wie häufig
veränderte Bewusstseinszustände vorkämen, wie nötig und gesund sie für
viele Individuen seien, entspricht das weitgehende Verbot in der westlichen

369

Welt, ihre Bedeutung ernst zu nehmen und fruchtbar zu machen, entspricht sogar noch das ideologische Korsett der stabilen Ich-Konstruktion in der klassischen Psychoanalyse und bei deren Nachfahren: Freud hatte ozeanische Gefühle abgelehnt, in der Folge wurden sie im religiösen Kontext situiert und als Regression verworfen. Mit Jean-Pierre Valla – 'Kulturelle und psychische Faktoren der Entstehung veränderter Bewusstseinszustände' ('Die wilde Seele', 316 ff.) – sind sie jedoch in einem Modell zu situieren, das zum Lernen in der Katastrophe, zum sozialen Tod und zu systemischen Sprüngen in den Lern- und Wissensniveaus ergänzt werden kann.

Die relativ feste Vorstellung von dem, was wir sind, verdankt sich nicht nur den verschiedenen Erfahrungen in der Welt und mit anderen, sondern vor allem den gefühlsmäßigen Bindungen, die wir eingegangen sind. Wie die Wahrnehmung nur funktioniert, weil uns die Komplexitätsreduktion ein Repertoire erwartbarer Erscheinungsweisen ausfiltert und unsere Gewohnheiten bestätigt, sind es die psychischen Besetzungen, die über die affektive Verknüpfung das Wahrgenommene an seine Bedeutung binden, und das macht die Grundlage für das Begreifen der Wirklichkeit aus. Hier finden sich die Ansätze der verschiedensten Varianten von Reformpädagogiken. Die Gefühle sind der wichtigste Nährboden, ohne den keine kognitiven Prozesse ablaufen – die Konstanz der Objekte ist tatsächlich für die Stabilität des Selbstbildes verantwortlich. Und so ist alles, was wir lernen und erfahren können, was uns andere Lösungen anbietet und neue Horizonte aufschließt, immer davon abhängig, welche energetischen Besetzungen die Netze der Bedeutsamkeit herstellen und in welchem Maß wir als Beziehungswesen in der Lage sind, die Energien fluktuieren zu lassen. Jeder eingeklemmte Affekt frisst die Energien und jede Verhaftetheit an frühere Abhängigkeiten sorgt nur dafür, dass wir, wenn wir der irrigen Meinung verhaftet sind, wir müssten Zugeständnisse machen, uns den anachronistischen Ansprüchen eines anderen unterordnen und dann häufig gar nicht bis an die Pforte eines eigenen Lebens vorgelassen werden. Es gibt da keine Kompromisse, das klapprige und welke Alte, das der Sindbad in uns aus Schwäche oder falsch verstandener Rücksichtnahme über den Fluss zu einem neuen Ufer mitnehmen will, wird ihn zu Tode geschunden haben, bevor er überhaupt den Fluss erreicht. Das Netz von Gewohnheiten, in dem wir von Anfang an eingefangen werden, ist bereits im Höhlengleichnis Platos beschrieben worden. Es hindert uns daran, die Welt so zu sehen, wie sie wirklich ist – ein Verweisungszusammenhang divergierender Interpretationen, ein energetisches und semantisches Geschehen, dessen tatsächliches Wesen unsere Kapazität einfach überschreitet, für uns also gar nicht festgestellt werden kann.

Sobald eine emotionale Bedeutung von der Verknüpfung zwischen Objekt und gedanklicher Vorstellung gelöst wird, werden Objekt und Vorstellung voneinander getrennt – das meint der Begriff des Abziehens einer Besetzung. Damit eröffnet sich auch für einen Erwachsenen die Möglichkeit, die in seiner frühen Kindheit erfolgte Besetzung abzustreifen. Diese Erfahrung ist von zwei merkwürdigen Erscheinungen begleitet, die sie zu etwas Besonderem machen: der Empfindung einer plötzlichen Helligkeit der Welt und einer Unbeständigkeit der Objekte.

Das macht in den seltensten Fällen jemand freiwillig! Es braucht die mittelschweren bis großen Katastrophen dazu, einschneidende Veränderungen des sozialen Umfeldes, die Begegnung mit dem Tod, der Verlust eines geliebten Menschen, die Erfahrung einer übermächtigen Bedrohung. Das spontane Abziehen einer Besetzung wird im Allgemeinen durch einen starken Affekt beschleunigt; andernfalls gäbe es keinen Druck, diese Ablösung herbeizuführen. In der Regel bezieht sich die Trennung zwischen sinnlicher und kognitiver Wahrnehmung auf ein bestimmtes Objekt oder Objektfeld und dessen kognitive Kodierung. Es gibt nicht unbedingt eine Kettenreaktion, die Gesetzmäßigkeiten eines Schnellen Brüters, dass immer mehr Besetzungen abgezogen werden und eine immer größere energetische Masse zur Verfügung steht, ist noch an andere Voraussetzungen gebunden. Wenn das Subjekt allerdings etwas erlebt, das in der mystischen Literatur als 'Nirwana' bezeichnet worden ist, so ist seine gesamte Wahrnehmung von seinem persönlichen kognitiven Repertoire getrennt – ein ordentlich vorbereiteter LSD-Trip kann genau diese Aufgabe erfüllen.

Das Abziehen einer Besetzung ist eine vorübergehende Erfahrung; in der Mehrzahl der Fälle erfolgt danach sofort eine erneute Besetzung, in der neue Verbindungen zwischen wahrgenommenen Objekten und deren kognitiver Erfassung auftreten. Eine erneute Besetzung setzt den einzelnen in den Stand, die Welt in einer Weise neu zu betrachten, die seine Fähigkeiten erhöhen kann, mit den veränderten Lebensbedingungen fertig zu werden. Damit eröffnet diese Erfahrung uns die Möglichkeit, die Welt und uns selbst mit völlig anderen Augen zu sehen, als wir dies gelernt haben und macht es damit möglich, eine gewisse freie Entscheidung über die Beibehaltung oder die Aufgabe tief verwurzelter Kulturmuster selbst zu treffen.

Das war ein Reinfall – und trotzdem eine seltsame Erfahrung. Ich sehe die Schrift auf dem Bildschirm, aber bevor ich auch nur zu lesen beginne, höre ich das Zeug ganz innen im Kopf. Als hätte ich einen Kopfhörer auf, bei dem die Lautstärke so hochgedreht ist, dass die Schädelplatten dröhnen, noch dazu wurden manche Bedeutungen in Gerüche oder Tastempfindungen übersetzt. Es gab Satzgirlanden, die hatten Hitzewellen und Kälteschauer ausgelöst, bei manchen Metaphern kribbelte die Sacknaht und manche Erklärungen ließen einen harten, metallischen Geschmack im Mund zurück.

Aber ich kann nicht die halbe Nacht in irgendwelchen Science fiction Spielereien surfen, ohne mit einem brauchbaren Ergebnis zurück zu kommen. Vielleicht haben sie Mutzlacher die Möglichkeit eingeräumt, seine elektronische Spielwiese in den virtuellen Raum des Intranets zu überführen. Wahrscheinlich brauche ich noch einen anderen Zugang, ein höheres Berechtigungslevel... Jetzt läuft nichts mehr, ich bin total erschöpft und morgen muss ich wieder fit sein.

Die Galerie
der
Geistesblitze

Erster Teil: Der Schamane im Bücherregal

Zweiter Teil: Die Schule der Liebe und der
Schrecklichen Künste

Dritter Teil: Die Chronik eines sozialen Todes